Christian Baumgarten

Systemnahe Programmierung mit Borland Pascal

Christian Baumgarten

Systemnahe Programmierung mit Borland Pascal

Mit vollständiger „Turbo Vision im Grafikmodus“ auf Diskette

Turbo Vision™ ist ein eingetragenes Warenzeichen der Borland Cooperation

Additional material to this book can be downloded from http://extras.springer.com.

Ursprünglich erschienen bei Friedr. Vieweg & Sohn Verlagsgesellschaft mbH, Braunschweig/Wiesbaden 1994
Softcover reprint of the hardcover 1st edition 1994

Gedruckt auf säurefreiem Papier

ISBN 978-3-322-87239-5 ISBN 978-3-322-87238-8 (eBook)
DOI 10.1007/978-3-322-87238-8

Vorwort

Das vorliegende Buch entstand aus dem Bedürfnis heraus, für die PC-Programmierung unter MS-DOS oft benötigte Informationen griffbereit zur Hand zu haben. Es handelt sich somit im wesentlichen um ein *Handbuch* – d.h. ein Nachschlagewerk – und nicht um ein *Lehrbuch*. Es kann und soll die Original-Handbücher nicht ersetzen, sondern ergänzen. Dennoch aber werden viele Beispiele gegeben (die auf der beiliegenden Diskette auch als Dateien vorliegen), wie Probleme gelöst werden können, einschließlich eines umfangreichen 'Rezeptes', wie sich Borlands *Turbo Vision* in den Graphikmodi von CGA, EGA, VGA und HERCULES realisieren läßt.

Insofern werden Grundkenntnisse in Pascal und Assembler – inklusive objektorientierter Programmierung – und die Möglichkeit, bei Verständnisschwierigkeiten die Original-Dokumentation(en) zu Rate zu ziehen, vorausgesetzt.

Dies ist kein Buch ausschließlich für Fortgeschrittene – wenn auch passagenweise für blutige Anfänger im Bereich der PC-Programmierung vermutlich schwer verständlich. Weiter fortgeschrittenen Programmierern – insbesondere solchen mit soliden Kenntnissen in Assembler – rate ich an, das Buch *querzulesen*, d.h. Kapitel oder Abschnitte, die Bekanntes darstellen, zu überspringen bzw. es eben als Nachschlagewerk zu gebrauchen.

Das Buch ist in Themenbereiche gegliedert, und die vorderen Kapitel sind deshalb nicht unbedingt für das Verständnis der späteren erforderlich. Eine Ausnahme hiervon bildet Kapitel 14 über die Turbo Vision im Graphikmodus (TGV), in dem Kenntnisse aus den Kapiteln sieben und acht vorausgesetzt werden.

Der Themenkreis des Buches ist weit gefächert und es war daher nicht möglich, jedes Thema wirklich erschöpfend zu behandeln.

Ich habe mich bemüht, sorgfältig vorzugehen, und alle dargestellten Quelltexte und Programme gründlich zu prüfen. Fehler sind dennoch nicht völlig auszuschließen. Ich kann deshalb für die Richtigkeit der in diesem Buch gemachten Angaben und für die Fehlerfreiheit der Programmtexte keine Garantie geben und keinerlei Haftung für eventuell durch fehlerhafte Informationen entstehende Schäden übernehmen. Ich bitte hierfür um Verständnis.

Mein besonderer Dank gilt den Mitarbeitern des Verlages Vieweg sowie allen, die mich bei der Erstellung des Manuskripts unterstützt haben, insbesondere meiner Lebensgefährtin Pia für ihre Geduld.

Für Hinweise, konstruktive Kritik und Anregungen in schriftlicher Form bin ich dem Leser dankbar.

Christian Baumgarten

Inhaltsverzeichnis

1 Zentrales: Die CPU

Eigentlich müßte in der Überschrift dieses Kapitels CPU in der Mehrzahl stehen, da ja von *der* CPU beim PC nicht die Rede sein kann. Zwar haben die verschiedenen Prozessoren, die im PC eingebaut werden, alle als kleinsten gemeinsamen Nenner den 8086, aber die Unterschiede sind dennoch erheblich. Bereits der 80286 arbeitet *eigentlich* in einer vollkommen anderen Betriebsweise - dem 'Protected Mode' - als der 8086. Und die *eigentliche* Betriebsart des 80386 (32-Bit Daten- und Codesegmente, Seitenverwaltung u.s.w.) unterscheidet sich vom 80286 auch mehr als nur in Details.

Dennoch wird der Turbo-Pascal-Programmierer im Grunde Programme für den 8086 schreiben, vielleicht um 80286er-Befehle erweitert. Erst Borland Pascal (für Windows) verschafft die Möglichkeit, *echten* 286er-Code zu erstellen - d.h. Programme für den Protected Mode zu schreiben; und das, obwohl der 80386 bereits seit Jahren auf dem Markt und vermutlich auch schon weiter verbreitet als der 8086 oder 80286 ist.

Trotz all dieser Unterschiede und Fortschritte werde ich weiterhin von der CPU reden und damit den 80286, 80386 und i486 (jeweils in 16-Bit-Betriebsart) meinen. Der 8086 wird hingegen nur bedingt gemeint sein, da er erstens keinen Protected Mode kennt und zweitens viele Assembler-Befehle nicht kennt, die in den Quelltexten dieses Buches selbstverständlich benutzt werden. Die erweiterten Befehle des 80386/i486, die auch ab und an verwendet werden, sollen hingegen nicht vorausgesetzt werden. Werden sie in den Quelltexten verwendet, so wird die (neue) Variable Test8086 daraufhin getestet, ob diese Befehle zur Verfügung stehen. Wenn von der CPU die Rede ist, so ist indes nicht die FPU (FLOATING POINT UNIT bzw. Coprozessor) gemeint.

1.1 Registerstruktur und Datenformate

1.1.1 Die Register des 80X86

Der 8086 besitzt acht 'allgemeine' 16-Bitregister, AX, BX, CX, DX, SI, DI, SP, BP, von denen bei vier Registern noch einmal die oberen und unteren 8 Bit als einzelne 'Register' ansprechbar sind: AL, AH, BL, BH, CL, CH, DL, DH. Daneben besitzt er noch 4 Segmentregister CS, DS, ES, SS, den Befehlszeiger IP sowie das Flaggenregister FLAGS. Abbildung 1.1 zeigt das Grundformat des 80X86-Registersatzes.

Abbildung 1.1: Die Register des 8086

Bits	15..8	7..0
Byte	AH	AL
Wort	AX	
Byte	BH	BL
Wort	BX	
Byte	CH	CL
Wort	CX	
Byte	DH	DL
Wort	DX	
Wort	SI	
Wort	DI	
Wort	SP	
Wort	BP	

15..0
CS
DS
SS
ES
IP
FLAGS

Grundlegend für alle Prozessoren der Reihe ist die segmentierte Speicheradressierung. Der Speicher wird danach in mindestens drei logische Bereiche (Segmente) eingeteilt:

- Das Code-Segment, in dem das Programm steht, das abgearbeitet wird. Das Register **CS** bezeichnet diesen Bereich.
- Das Daten-Segment, in dem sich die Daten des aktuellen Programms befinden, bezeichnet durch das **DS**-Register.
- Das Stack-Segment, bezeichnet durch das **SS**-Register.
- Das **ES**-Register hat keine vorgegebene Funktion und steht zur freien Verfügung.

In der Betriebsart *Real Mode*, der ursprünglichen Betriebsart des 8086, bilden die Register CS, DS und SS einen Teil der physikalischen Adresse des bezeichneten Segments. Diese Adressen müssen keineswegs verschieden sein (und sind es bei COM-Programmen auch grundsätzlich nicht), da die Segmentierung - wie gesagt - eine logische Aufteilung des Speicherraums darstellt und die Segmentregister allein noch keine vollständige Adresse bezeichnen. Zu einer vollständigen Adresse gehört stets noch der *Offset* in das jeweilige Segment. Der Offset in das Codesegment wird durch den Index-Pointer IP gebildet, der Offset in das Stacksegment durch den Stack-Pointer SP oder den Base-Pointer BP. Der Offset in das Datensegment wird (allerdings nicht ausschließlich) durch den Source-Index SI gebildet.

Die physikalische Adresse bildet die CPU im Real Mode durch das Anhängen von vier binären Nullen an den Inhalt des Segmentregisters und Addition des Offsetwertes. Damit stehen maximal 20 Bit zur Adressbildung zur Verfügung, was einem Adressraum von einem Megabyte entspricht.

Im *Protected Mode* wird die physikalische Adresse anders gebildet. Der Inhalt der Segmentregister ist dann ein sogenannter *Selektor*, über den ein Index in einer *Deskriptorentabelle* bezeichnet wird. Der bezeichnete (selektierte) Segment-Deskriptor enthält dann u.a. auch die physikalische Adresse des bezeichneten Segmentes. Auch hier sind die Segmente logische Speicherbereiche, so daß für den gleichen physikalischen Speicherraum verschiedene Deskriptoren und somit Selektoren zur Verfügung stehen können.

Ab dem 80386 sind die allgemeinen Register sowie IP und die Flags 32-Bit-Register und werden als solche mit EAX, EBX, ECX, EDX, ESI, EDI, EBP, ESP, EIP und EFLAGS bezeichnet. Außerdem wurden zwei weitere universell einsetzbare Segmentregister eingeführt. (Abbildung 1.2 zeigt die Registerstruktur ab dem 80386). Ob die Register als 16- oder 32-Bit-Register angesprochen werden, hängt von dem D-Bit des jeweiligen Segment-Deskriptors ab, das die Standardoperanden- und/oder Standard-Adresslänge vorgibt. (Hierzu mehr in Kapitel 12).

Alle 'allgemeinen' Register der CPU erfüllen im Zusammenhang mit bestimmten Befehlen spezielle Aufgaben. Der 'Akkumulator' AX z.B. ist (auf dem 8086) *immer* einer der Operanden bei Multiplikation und Division und ist z.T. über spezielle (kürzere) Befehle ansprechbar. Funktionen geben in Turbo-Pascal ihre Ergebnisse über den

AL/AX (u.U. + DX) weiter. AX ist insofern das 'allgemeinste' Register. Allerdings kann das AX-Register bis zum 80286 nur bei einem Befehl (XLAT) zur Offsetadressierung verwendet werden.

Abbildung 1.2: Der 80386- / i486-Registersatz

Bits	31..24	23..16	15..8	7..0
Byte			AH	AL
Wort			AX	
Doppelwort	EAX			
Byte			BH	BL
Wort			BX	
Doppelwort	EBX			
Byte			CH	CL
Wort			CX	
Doppelwort	ECX			
Byte			DH	DL
Wort			DX	
Doppelwort	EDX			
Wort			SI	
Doppelwort	ESI			
Wort			DI	
Doppelwort	EDI			
Wort			SP	
Doppelwort	ESP			
Wort			BP	
Doppelwort	EBP			

31..16	15..0
	CS
	DS
	SS
	ES
	FS
	GS
	IP
EIP	
	FLAGS
EFLAGS	

Das 'Counter-Register' CX wird bei vielen Befehlen implizit als Zählregister verwendet, etwa bei den Schleifenbefehlen Loop, Loope, Loopne wie auch bei den Stringbefehlen mit dem Repeat-Präfix und den Rotations- und Schiebebefehlen. Das DX-Register wird auch zur Portadressierung verwendet. Der Stackpointer SP steht nicht zur allgemeinen Nutzung zur Verfügung, da der Stack *immer* ansprechbar sein muß. Der Basepointer BP bildet den sogenannten 'Stackframe' und wird somit zur Adressierung von Übergabeparametern verwendet, SI (Sourceindex) und DI (Destinationindex) werden bei einigen Befehlen implizit zur Offsetadressierung benutzt und auch das BX-Register spielt z.B. beim Befehl XLAT eine Sonderrolle. Die Register haben also sehr spezielle und unterschiedliche Funktionen, ihnen allen gemeinsam ist jedoch, daß sie keine Segmentregister sind.

Im Flaggenregister FLAGS werden je nach dem Ergebnis einer Operation bestimmte Bits gesetzt oder gelöscht. Ist das Ergebnis einer Subtraktion (bzw. eines Vergleichs) Null, so wird z.B. das 'Zeroflag' ZF gesetzt. Die Flags haben folgende Anordnung:

```
Bit         15 14 13 12 11 10 9  8  7  6  5  4  3  2  1  0
Funktion    -  -  -  -  O  D  I  T  S  Z  -  A  -  P  -  C
```

Bit	Bedeutung
C:	Carryflag (Übertragsflag)
P:	Parityflag
A:	Auxiliary-Carry-Flag (nur für Rechenoperationen mit Dezimalzahlen)
Z:	Zeroflag (Ergebnis einer Operation ist Null)
S:	Signflag (Ergebnis ist negativ)
T:	Trapflag; ist dieses Flag gesetzt, so wird nach der Ausführung eines Befehls ein Traceinterrupt (Interrupt-Nr.1) ausgelöst. (Zum Debuggen im Einzelschrittmodus.)
I:	Interruptflag, erlaubt (I=1) oder sperrt (I=0) Interrupts.
D:	Directionflag; legt die Richtung von Stringoperationen fest (0 = aufwärts).
O:	Overflowflag (Überlaufsflag)

Ab dem 80386 umfaßt das erweiterte Flagregister (EFLAGS) noch folgende Bits:

Bit	Bedeutung
16	RF = 1 (Exceptionunterdrückung)
17	VM: Virtual Mode Flag (Läßt sich nur von Programmen der Privilegebene 0 setzen oder löschen).
14	NT: Nested Task Flag (Taskverschachtelung)
12..13:	IOPL (IO-Privelege Level)

Beim 80286 existieren weitere Register, die im Protected Mode eine bedeutende Rolle spielen:

GDTR: Global Descriptor Table Register

LDTR: Local Descriptor Table Register

IDTR: Interrupt Descriptor Tabel Register
als Zeiger auf die gültigen Deskriptortabellen.

MSW: Machine Status Word mit folgender Belegung:

```
Bit          31 ...... 4  3  2  1  0
Funktion     G ------ ET TS EM MP PE
```

(ab 80386 bildet das MSW die unteren 16 Bit des CR0)

Bit	Bedeutung
PE:	Protected Mode Enable
MP:	Numerischer Coprozessor
EM:	Software Emulator für den x87
TS:	Taskstate (Taskwechsel hat stattgefunden)
ET:	1/0 = 387 / 287
PG:	Paging Enable (80386-Seitenverwaltung im Protected Mode)
(Beim 80286 existieren nur die unteren 16 Bit)	

Das IP-Register bildet zusammen mit dem CS-Segmentregister die Adresse des jeweils nächsten Befehls, der ausgeführt werden soll. Auf diese Register wird somit ausschließlich über Jump- und Call-Befehle 'zugegriffen', das Codesegmentregister kann aber auch zum Zugriff auf Daten genutzt werden, indem ein Segment-Override-Präfix vor den Befehl gesetzt wird.

Will man in einem 16-Bit-Segment auf die 32-Bit-Register zugreifen oder umgekehrt, so muß die Operandenvorgabe mit einem Befehlspräfix (66h) überschrieben werden. Gleiches gilt für die Adressbildung, da die Indexregister, mit denen auf den Speicher zugegriffen wird, ja ebenfalls 32 Bit umfassen. Wird somit ein Adresspräfix (67h) benutzt, so wird die Standardadresslänge überschrieben. (Unter Windows oder DPMI stehen unmittelbar nur 16-Bit-Segmente zur Verfügung. Die erweiterte Adressbildung des 80386 wird nur bei 32-Bit-Adressierung aktiviert).

1.1.2 Das Befehlsformat des 80x86

Wer ausschließlich Turbo-Pascal programmiert, muß sich im Grunde mit dem Format der Maschinenbefehle des 80X86 nicht befassen. Aber schon bei der Programmierung mit dem eingebauten Assembler kann es wichtig sein, dieses genauer zu kennen.

Der 80x86 hat folgendes Befehlsformat:

```
[Lock-/Repeatpräfix]
[Adresspräfix]
[Operandenpräfix]
[Segment-Override-Präfix]
[Operations-Code][MOD-R/M-Byte][SIB-Byte][Displacement][Direktwert]
```

Alle Präfixe sind optional. Das SIB-Byte existiert nur für die erweiterten Adressierungsmodi ab dem 80386. Ob Displacement und / oder ein Direktwert benötigt werden, hängt vom Befehl ab. Folgende Präfixbytes sind definiert:

```
LOCK                 F0h
REP/REPE/REPZ        F3h
{ Befehlwiederholung bis (E)CX=0 oder ZF=0, nur bei
MOVS/STOS/LODS/SCAS/CMPS/INS/OUTS }
REPNE/REPNZ          F2h
{ Befehlwiederholung bis (E)CX=0 oder ZF=1, nur bei SCAS/CMPS  }
OP-SIZE-OVERRIDE     66h
{ ab 386: Überschreiben der 16/32-Bit Standard-Segment-Vorgabe }
ADDRESS-OVERRIDE     67h
{ ab 386: Überschreiben der 16/32-Bit-Standard-Segment-Vorgabe }
SEGMENT-OVERRIDE:    CS       DS       SS       ES       (FS)     (GS)
                     2Eh      3Eh      36h      26h      64h      65h
```

Im Operationscode (1..2 Byte) sind oftmals bestimmte Bits von besonderer Bedeutung:

W-Bit: 0:Byteoperand 1:Wortoperand

S-Bit: Vorzeichenbit für Erweiterung eines 8-Bit-Direktwertes auf 16 oder 32 Bit.

D-Bit: Direction-Bit = 0 für REGISTER => SPEICHER, sonst 1.

Das **MOD-R/M-Byte** enthält die Informationen über die Adressierungsart des Speicheroperanden:

```
Bit: 7  6  5  4  3  2  1  0
     [MOD] -------- [ R/M  ]
```

(Die mittleren drei Bits sind fast immer Teil des Opcodes).

Das **SIB-Byte** wird erst ab dem 80386 verwendet und erlaubt bei 32-Bit-Adressierung erweiterte Zugriffsarten. Das SIB-Byte hat folgenden Aufbau:

```
Bit        7 6 5 4 3 2 1 0
Bedeutung  [SS] [ IDX ] [ BAS ]
```

(Mehr dazu im nächsten Abschnitt.)

Die Displacementwerte sind vorzeichenbehaftet, wenn es sich um Displacementwerte relativ zu einem Indexregister handelt und können 8 (displ8), 16 (displ16) oder 32 (displ32) Bit umfassen. Analoges gilt für die Direktwerte (imm8/imm16/imm32).

1.1.3 Die Adressbildung

Im Realmodus werden 20-Bit-Adressen aus je einem Segmentregister und einem Indexregister und/oder einem Direktwert gebildet. Der Wert des Segmentregisters wird um 4 Bit nach links geschoben (mit 16 multipliziert), das Indexregister (IP) und ggf. ein Direktwert werden addiert. Der minimale Abstand zweier Adressen mit gleichem Offset beträgt somit 16 Byte, was einem 'Paragraphen' entspricht. Dies entspricht der Speicherblockgröße und -ausrichtung, die auch von Ms-Dos vorgesehen wird (vergl. Kapitel 11).

Die physikalische Adresse ist durch Segment und Offsetwert eindeutig bestimmt, jedoch nicht umgekehrt; d.h. zwei verschiedene 32-Bit-Zeiger (Segment:Offset) können durchaus die gleiche physikalische Adresse bezeichnen. (Bei der Vergabe von Heapspeicher werden die Zeiger von Turbo Pascal 'normalisiert', d.h. der Offsetwert beträgt stets 0 oder 8; in diesem speziellen Fall ist der Zeigerwert eindeutig durch die Adresse bestimmt.)

Die für den Speicherzugriff zur Verfügung stehenden Modi zeigt Tabelle 1.1.

Allgemein beziehen sich Adressen, die mit BP als Indexregister gebildet werden, auf das Stacksegment und alle anderen auf das Datensegment, solange keine explizite Segmentvorgabe (Overrideprefix) vorliegt. Außerdem gilt für die Stringbefehle grundsätzlich, daß das Zielsegment durch ES gebildet werden muß. Ein Überschreiben durch ein Segment-Override-Prefix ist in diesem speziellen Fall nicht möglich.

Tabelle 1.1: Adressierungsarten des 80x86

Mod	R/M	Implizites Segment	Indizierung
00	000	DS	BX+SI
00	001	DS	BX+DI
00	010	SS	BP+SI
00	011	SS	BP+DI
00	100	DS	SI
00	101	DS	DI
00	110	DS	imm16
00	111	DS	BX
01	000	DS	BX+SI+displ8
01	001	DS	BX+DI+displ8
01	010	SS	BP+SI+displ8
01	011	SS	BP+DI+displ8
01	100	DS	SI+displ8
01	101	DS	DI+displ8
01	110	SS	BP+displ8
01	111	DS	BX+displ8
10	000	DS	BX+SI+displ16
10	001	DS	BX+DI+displ16
10	010	SS	BP+SI+displ16
10	011	SS	BP+DI+displ16
10	100	DS	SI+displ16
10	101	DS	DI+displ16
10	110	SS	BP+displ16
10	111	DS	BX+displ16

Register werden dann adressiert, wenn der Mod-Wert im Mod-R/M-Byte drei beträgt. Welche Register gemeint sind, hängt jedoch auch von der aktuellen Operandenlänge ab. Bei FPU-Befehlen bezeichnet der Wert in R/M die Stackposition. Welches Register bei CPU-Befehlen angesprochen wird, zeigt Tabelle 1.2.

Tabelle 1.2: Registeradressierung

MOD	**R/M**	**16-Bit-Operand**		**32-Bit-Operand**	
		w=0	w=1	w=0	w=1
11	000	AL	AX	AL	EAX
11	001	CL	CX	CL	ECX
11	010	DL	DX	DL	EDX
11	011	BL	BX	BL	EBX
11	100	AH	SP	AH	ESP
11	101	CH	BP	CH	EBP
11	110	DH	SI	DH	ESI
11	111	BH	DI	BH	EDI

Ab dem 80386 gelten bei 32-Bit-Adressierung bestimmte Sonderregeln. Abgesehen davon, daß als Indexregister die erweiterten 32-Bit-Register verwendet werden, gilt für alle *Speicher*adressierungen mit R/M = 100, daß ein SIB-Byte vorhanden ist. In diesem Fall tritt die **s**kalierte, **i**ndizierte **B**asis-Adressbildung in Kraft, eine Art Tabellenadressierung mit Operandenlängen zwischen einem und acht Byte.

Bei der SIB-Adressierung gelten folgende Regeln:

[SS]-Wert	**Skalierungsfaktor**
00	* 1
01	* 2
10	* 4
11	* 8

Die durch das SIB-Byte ermöglichte indizierte und skalierte Adressierung unterstützt somit den Zugriff auf Arrays aus Bytes / Worten / Doppelworten / Quadworten direkt. Jedes der allgemeinen Register kann als Indexregister für den Zugriff auf solche 'Arrays' genutzt werden. Man erkennt sofort, daß die SIB-Adressierung ein sehr flexibles und mächtiges Instrument für den differenzierten Speicherzugriff darstellt. Um so bedauerlicher ist es, daß sie erst ab dem 80386 zur Verfügung steht und als 386er-Befehlsform auch von dem in Turbo-Pascal eingebauten Assembler nicht unterstützt wird.

[IDX]-Wert	Indexregister
000	EAX
001	ECX
010	EDX
011	EBX
100	undefiniert
101	EBP
110	ESI
111	EDI

[BAS]	Adressbildung
000	[EAX + Skalierung * Index + Displacement]
001	[ECX + Skalierung * Index + Displacement]
010	[EDX + Skalierung * Index + Displacement]
011	[EBX + Skalierung * Index + Displacement]
100	[ESP + Skalierung * Index + Displacement]
101	MOD
	00: [Dis32 + Skalierung * Index]
	01/10 : [EBP + Skalierung * Index + Displacement]
110	[ESI + Skalierung * Index + Displacement]
111	[EDI + Skalierung * Index + Displacement]

Die Größe des Displacement-Wertes wird durch den MOD-Wert des MOD/RM-Bytes festgelegt:

[MOD]	Displacement
00	-
01	dis8
10	dis32

Im Protected Mode wird statt des Wertes, der im Segmentregister steht, die Segmentbasisadresse addiert, die in dem Segmentdeskriptor steht, auf den das Segmentregister verweist.

1.1.4 Die Segmente

Jedes Programm, daß aus einer EXE-Datei geladen wurde, verfügt über mehrere Segmente, mindestens ein Code-Segment, ein Datensegment und ein Stacksegment. Turbo Pascal erzeugt für jedes Modul, aus dem ein Programm compiliert wird, ein eigenes Code-Segment, d.h. für jede UNIT und das Hauptprogramm jeweils ein eigenes Codesegment. Damit ist die Größe des Programms nur durch den zur Verfügung stehenden Arbeitsspeicher beschränkt, jedes Modul für sich darf jedoch maximal 64 KB Code umfassen. Weiterhin bedeutet dies, daß alle Prozeduren und Funktionen, die im Interfaceteil einer UNIT deklariert sind, als 'FAR' deklariert sind, d.h. daß ihre Adresse stets einen Segment- und einen Offsetanteil enthält. Alle Prozeduren und Funktionen hingegen, die ausschließlich lokal (innerhalb einer Unit oder innerhalb einer Prozedur) deklariert sind, werden standardmäßig als 'NEAR' codiert. Im diesem Fall besteht ihre Adresse nur aus einem Offsetanteil. (Dies zu wissen, ist besonders bei direktem Zugriff auf Übergabeparameter wichtig).

Besondere Bedeutung besitzt das **Stacksegment**, da es der Aufnahme aller lokalen Parameter/Variablen und aller Rücksprungadressen dient. Der Stack wächst in Richtung absteigender Adressen. Wird also ein Wert auf den Stack gelegt, so wird der Stackpointer dekrementiert. Der Stack kennt nur Worte oder (ab 386) Doppelworte, d.h. auch Parameter vom Format Byte müssen als Worte auf den Stack gelegt werden (Das Hi-Byte ist dann ohne Bedeutung).

Da der Stack in Richtung absteigender Adressen wächst, wird bei einem Doppelwort zuerst das Hi-Word und *danach* das Lo-Word auf den Stack gelegt, so daß das Doppelwort gemäß der Intelkonvention (Lo-Byte first, Lo-Word first) auf dem Stack liegt. Das gleiche gilt für Far-Zeiger: Stets wird der Segmentanteil zuerst (d.h. auf der höheren Adresse) auf den Stack gelegt. Vor dem Aufruf einer Funktion oder Prozedur werden alle Übergabeparameter auf den Stack gelegt. Dann erst wird die Funktion aufgerufen. Die Funktion selbst erzeugt dann einen 'Stackframe', um auf die Übergabeparameter zugreifen zu können und schafft ggf. Platz für eigene (lokale) Variablen.

Wer sich die Adressierungsmodi angesehen hat, dem ist vielleicht schon aufgefallen, daß der Stackpointer nicht als Indexregister vorgesehen ist und daß bei allen Adressierungsarten, in denen der Basepointer (BP) vorkommt, das Stacksegment impliziert ist. Dementsprechend wird auch der Stackframe gebildet: Der Basepointer wird gesichert und der Stackpointer auf den Basepointer überschrieben. Danach erfolgt der Zugriff auf die Übergabeparameter relátiv zum Basepointer. Ein Beispiel:

```
Procedure  XY(a,b:word); far;
var c:word;
{ Aufbau des Stackframe: ----------------------           }
  push bp          { Basepointer sichern                   }
  mov bp,sp        { SP nach BP                            }
  sub   sp,2       { Platz für lok. Variable c schaffen    }
{ ------------------------------------------               }
  mov ax,[bp+8]    { Parameter a  nach AX                  }
  mov [bp-2],ax    { AX nach Variable C                    }
etc.
```

Der Stack sieht in diesem Beispiel folgendermaßen aus:

Offset	**Inhalt**
BP+8	A
BP+6	B
BP+4	Segment der Rücksprungadresse
BP+2	Offset der Rücksprungadresse
BP	gesicherter Basepointer
BP-2	C

(Man muß sich um diese Vorgänge allerdings weder in Turbo-Pascal, noch beim eingebauten Assembler Sorgen machen, da der Aufbau des Stackframes sozusagen durch die 'Anweisung' *begin* (bzw. *asm* bei Assemblerroutinen) automatisch erfolgt. Bei TASM ist dies anders: Der Programmierer erzeugt den Stackframe.)

Hierbei unterscheiden sich Prozeduren, die als 'FAR' deklariert wurden, von solchen, die 'NEAR' sind. Prozeduren, die innerhalb anderer Prozeduren deklariert wurden, erhalten zusätzlich Zeiger auf die lokalen Variablen der übergeordneten Prozedur(en). Die Methoden eines Objekts erhalten zudem implizit einen Zeiger auf 'sich selbst'.

Vor der Rückkehr aus einer Prozedur oder Funktion muß also der Stack 'aufgeräumt' werden, und alle Parameter müssen beim Rücksprung vom Stack entfernt werden:

```
mov  sp,bp    { Platz für die lokalen Variablen löschen, falls vorh. }
pop  bp       { BP restaurieren                                      }
ret  4        { Rücksprung und 4 Byte vom Stack (A und B)            }
```

Auch diese Befehle werden vom TP-Compiler mit der *end*-Anweisung automatisch eingebaut, sind bei TASM jedoch vom Programmierer vorzusehen.

Bei einer Prozedur, die innerhalb einer Prozedur deklariert wurde (und daher auch nur dort definiert ist), muß der lokalen Prozedur zusätzlich die Möglichkeit des Zugriffs auf lokale Parameter der übergeordneten Prozedur eröffnet werden. Dies geschieht durch die implizite Übergabe des Basepointers der übergeordneten Prozedur. Ein Beispiel:

```
Prozedur Papa(X,Y:Word);
 var Lokal:Word;
 Prozedur Kind(Z:word);
  begin                 { von Kind }
    Lokal:=Z;
  end;                  { von Kind }
 begin                  { von Papa }
  Kind(X-Y);
 end;                   { von Papa }
```

Die Prozeduren würden folgendermaßen compiliert:

```
Papa:
  push bp         { Stackframe                                  }
  mov  bp,sp
  sub  sp,2
  mov  ax,[bp+8]  { X - Y berechnen                             }
  sub  ax,[bp+6]
  push ax         { Ergebnis auf den Stack                      }
  push bp         { BP für Zugriff auf lokale Parameter         }
  call kind       { Kind aufrufen                               }
  mov  sp,bp      { Stack aufräumen                             }
  pop  bp
  ret  4

Kind:
  push bp          { Stackframe ohne lokale Variablen erzeugen  }
  mov  bp,sp
  mov  ax,[bp+6]   { Z = X- Y nach AX                           }
  mov  di,[bp+4]   { BP der Prozedur Papa nach DI               }
{*}
  mov  ss:[di-2],ax { AX nach Lokal                             }
  pop  bp           { Stack aufräumen                           }
  ret  4
```

Man beachte, daß Papa als global bekannte Prozedur über einen FAR-CALL aufgerufen wird, Kind jedoch als lokale Prozedur über einen NEAR-CALL. Entsprechend verschieben sich die Positionen der lokalen Parameter auf dem Stack. Der Stack sieht innerhalb von Kind an der Stelle {*} folgendermaßen aus:

Offset	Offset	Inhalt
DI+8	BP+18	X
DI+6	BP+16	Y
DI+4	BP+14	Segment der Rücksprungaddresse (Papa)
DI+2	BP+12	Offset der Rücksprungadresse (Papa)
DI	BP+10	gesicherter BP von Papa
DI-2	BP+8	Lokal
	BP+6	Z (= X - Y)
	BP+4	BP von Papa
	BP+2	Offset der Rücksprungadresse (Kind)
	BP	gesicherter BP von Kind

Durch die Übergabe des Basepointers an die lokale Prozedur ist diese somit in der Lage, die Parameter und lokalen Variablen der übergeordneten Prozedur zu addressieren, und zwar unabhängig davon, wie sie aufgerufen wurde. (Es könnten ja auch zwei lokale Prozeduren existieren, die sich gegenseitig aufrufen.)

Das **Datensegment**, in dem die globalen Variablen liegen, wird gewöhnlich wesentlich einfacher adessiert, nämlich mit dem schlichten Offset der Variablen als Direktwert. Units haben kein eigenes Datensegment im Gegensatz zu dynamischen Linkbibliotheken (DLLs), die jeweils ein Datensegment für sich benutzen und daher auf die globalen Variablen des Hauptprogramms keinen Zugriff haben. Daher sind Prozeduren in DLLs stets alle relevanten Parameter zu übergeben. Da DLLs unter Windows von verschiedenen Programmen (bzw. Instanzen eines Programms) benutzt werden können, darf man auch keine Annahmen darüber machen, welchen Wert eine Variable gerade hat, die in einer DLL deklariert wurde, sobald diese von Nutzern der DLL verändert werden kann. Nur Variablen, die bei der Initialisierung der DLL einmal gesetzt werden und danach nie wieder verändert werden, sind stets gültig.

COM-Programme haben übrigens kein eigenes Datensegment, d.h. ihr Code- und Datensegment (und Stacksegment) sind identisch.

Im Datensegment darf im Protected Mode kein Code stehen, bzw. dieser darf nicht ohne weiteres ausgeführt werden. Will man also z.B. einen Binärtreiber auf den Heap laden und danach einen Routine in diesem Treiber ausführen, so muß man sich im Protected Mode einen sogenannten *Aliascodeselector* für das Segment verschaffen, da der Heap als Datensegment fungiert. Ein Aliasselektor ist ein Selector, der auf das gleiche Segment im Arbeitsspeicher verweist, aber die komplementären Attribute besitzt.

Äquivalentes gilt für das **Codesegment** im Protected Mode: Es darf nur über einen Aliasselektor schreibend darauf zugegriffen werden.

Den Aliasselektor zu einem Codesegment erhält man durch schlichte Addition von *SelectorInc* zum Codesegmentselektor. Beim Datensegment ist dies äquivalent, d.h. durch Addition von SelectorInc erhält man den entsprechenden Codesegmentselektor zum Datensegment. Bei globalen Variablen auf dem Heap ist dies jedoch nicht so. Hier helfen die Funktionen der UNIT WINAPI.

1.2 Die Datenformate

Turbo Pascal bildet die 8- und 16-Bit-Formate auf Standarddatentypen ab. So existieren Shortint und Byte (bzw. Char) als 8-Bit-Datentypen mit bzw. ohne Vorzeichen, Word und Integer als die entsprechenden 16-Bit-Formate. Funktionsergebnisse mit acht Bit werden in AL übergeben, 16-Bit-Formate in AX, d.h. daß die Ergebnisse nach dem Funktionsaufruf in AL bzw. AX stehen müssen. Hierauf ist besonders bei Assemblerroutinen zu achten. Funktionen, die nicht als 'Assembler' deklariert wurden, sorgen selbst dafür, daß der über die Anweisung 'Funktion:=Ergebnis;' zugewiesene Wert am Ende der Funktion nach AL bzw. AX geschrieben wird. Dies wird in der Form realisiert, daß der Turbo-Pascal-Compiler stets stillschweigend eine lokale Variable für das Funktionsergebnis anlegt (und zwar direkt unterhalb des Stackframes). Wird dem Funktionsbezeichner ein Wert zugewiesen, so wird dieser nicht direkt in das entsprechende Register geschrieben, da noch Anweisungen folgen können, die diesen Wert wieder überschreiben würden, sondern in diese lokale Variable. Erst am Ende der Funktion wird das Ergebnis in den Akkumulator (AX) geladen.

Um zu verstehen, warum Turbo Pascal z.B. drei verschiedene 8-Bit-Formate anbietet - Byte, Char und Shortint - obwohl diese vom Prozessor gar nicht unterschieden werden, ist es nötig, ein wenig auszuholen.

1.2.1 Binärzahlen

Bit kommt von **B**inary Dig**it** und bezeichnet eine binäre Ziffer, d.h. einen Wert von 0 oder 1. Der Umgang und das Rechnen mit binären Zahlen ist ein wenig gewöhnungsbedürftig, bietet aber andererseits eine Reihe ganz erheblicher Vorteile.

Die Darstellung von Zahlen basiert praktischerweise immer auf einer Einheit, danach auch *Basis* des Zahlensystems genannt. Das Dezimalsystem basiert auf der Zehn als Basis, was nichts anderes bedeutet, als daß der Umfang an *Ziffern*, die zur Darstellung einer Zahl herangezogen werden, genau zehn ist, nämlich '0'..'9'. Eine *Anzahl* hängt freilich nicht davon ab, wie man sie darstellt. Man könnte auch mit Strichen (oder Fingern) zählen, oder wie die Römer mit Buchstaben. Allerdings bilden solche Zählmethoden einen Sonderfall, da sie nicht so systematisch sind, wie unser Zahlensystem.

Die 'Anzahlen' 0..9 stellen wir durch die entsprechenden Ziffern dar. Die Anzahl zehn läßt sich demnach aber nicht mehr mit *einer* Ziffer darstellen, es sei denn, man erweitert den Umfang an Ziffern, z.B. um die Buchstaben 'A'..'F'. In diesem Fall kann man mit einzelnen Ziffern bis fünfzehn zählen, und man würde die Anzahl fünfzehn durch 'F' darstellen. Der Umfang an Ziffern muß aber begrenzt sein, da sonst für jede noch größere Zahl eine neue Ziffer erfunden werden müßte. Dies wird durch eine Zerlegung bewerkstelligt. So wird im Dezimalsystem die Zahl 'fünfzehn' in 'fünf' + 'zehn' zerlegt, d.h. 15 = 1 * 10 + 5 * 1. Die Zahl 273 wird in 2 * 100 + 7 * 10 + 3 * 1 zerlegt. Diese Zerlegung läßt sich aber mit Hilfe der Exponentialschreibweise noch weiter systematisieren:

$$273 = 2 * 10^2 + 7 * 10^1 + 3 * 10^0.$$

Damit wird auch klar, wieso das *Dezimal*system wirklich auf der zehn basiert und nicht etwa auf der neun (als größter Ziffer).

Will man nun Zahlen in einem anderen System darstellen, z.B. im Hexadezimalsystem (Ziffern '0'..'F'), so geht man genauso vor:

$$\begin{aligned} 111h &= 1 * 10h^2 + 1 * 10h^1 + 1 * 10h^0 \\ &= 1 * 16d^2 + 1 * 16d + 1 \\ &= 256d + 16d + 1 \\ &= 273d. \end{aligned}$$

(h steht für hexadezimal, d für dezimal)

D.h. 273d ist gleich 111h.

Genauso kann man den Vorrat an Ziffern aber auch auf zwei beschränken, '0' und '1'. Die Zahl 273d wird dann in Zweierpotenzen zerlegt. Die größte Zweierpotenz, die gerade noch kleiner ist als 273, ist 256 = 2^8, als Rest bleibt 17d u.s.w.

=> 273d = $1 * 2^8 + 1 * 2^4 + 1 * 2^0$ = 100010001b.

Diese Zahl hat 9 binäre Ziffern und ist somit durch ein Byte mit acht Ziffern nicht mehr darstellbar, woraus folgt, daß mit einem Byte nur die Zahlen 00000000b..11111111b entsprechend 0..255 dezimal darstellbar sind. Dies scheint extrem wenig zu sein. Man könnte meinen, ein solcher Datentyp sei deshalb nicht sehr nützlich. Wenn man aber bedenkt, was z.B. durch 256 Farben auf einem Bildschirm alles darstellbar ist, oder wie viele Zeichen ein Zeichensatz mit 256 Zeichen umfassen kann u.v.a.m., so wird man vielleicht bald anderer Meinung sein. In der Tat benötigen die meisten Zählvorgänge in der Programmier-Praxis noch nicht einmal ein Byte.

Der Pascal-Datentyp 'Shortint' umfaßt ebenfalls acht Bit, jedoch mit Vorzeichen. Wie aber werden negative Zahlen binär dargestellt ? Es läge nahe, für das Vorzeichen ein Bit zu reservieren. Das wäre sicherlich die einfachste Methode, sie hätte allerdings (mindestens) einen gravierenden Nachteil: Es gäbe eine 'positive' und eine 'negative' Null. Das würde das Rechnen mit solchen Zahlen nicht gerade vereinfachen. Tatsächlich wird ein anderer Weg eingeschlagen, das sogenannte 'Zweierkomplement'. Dieses erhält man, indem man alle Bits der Zahl invertiert, d.h. das 'Einerkomplement' bildet, und dann eins addiert. Die Negation von 00000001b ist demnach 11111110b + 1 = 11111111b = -1. Auch bei dieser Methode gibt das höchste Bit den Ausschlag, ob die Zahl positiv oder negativ ist, sie hat jedoch den Vorteil, daß erstens -0 = +0, da bei einer Begrenzung auf acht Bit -0 = 11111111b + 1 = 00000000 ist und zweitens, daß es für die Algorithmen von Addition bzw. Subtraktion unerheblich ist, welches Vorzeichen die zu addierenden oder zu subtrahierenden Zahlen haben: Die Bitmuster sind identisch: - 2 + 2 = 0 schreibt sich binär bei 8-Bit-Zahlen zu 11111110b + 00000010b = 0. Der Überlauf wird dann entsprechend im Flagregister angezeigt. Der Prozessor unterscheidet bei Addition und Subtraktion weder zwischen Byte und Shortint noch zwischen Word und Integer. Dem Assemblerbfehl *add al,bl*, der den Wert von BL zu AL addiert, ist es gleichgültig, ob diese Register vorher mit Turbo-Pascal Daten vom Typ Shortint oder Byte (oder auch Char) geladen wurden. Es ist somit reine Interpretationssache, ob ein 8-Bit breites Datum eine

Zahl (mit oder ohne Vorzeichen), ein Zeichen des ASCII-Zeichensatzes (ein 'Character' also) oder auch ein Pixelmuster darstellt. Der Turbo-Pascal-Compiler wird zwar bei dem Programm

```
var i:byte;
begin
 i:='A';
end.
```

mit einer Fehlermeldung abbbrechen, nicht jedoch bei folgendem Programm:

```
var i:byte;
begin
 asm
  mov al,'A'
  mov i,al
 end;
end.
```

Die beiden Programme sind im Prinzip identisch, dennoch aber muß in Pascal das Ascii-Zeichen 'A' über die Anweisung i:= ord('A') in den Datentyp Byte 'konvertiert' werden. Diese 'Konvertierung' ist im Grunde keine, sondern nur eine Uminterpretation, dennoch aber hat sie ihre Funktion. So würde z.B. die Anweisung write(i) im obigen Programm die Zeichenfolge '65' erzeugen, write('A') allerdings das Zeichen 'A'.

Es gibt auch Assemblerbefehle, die Unterschiede zwischen Zahlen mit und ohne Vorzeichen machen. Zum einen sind da die Multiplikations- und Divisionsbefehle für vorzeichenbehaftete Zahlen **IMUL** und **IDIV** im Gegensatz zu denen für vorzeichenlose Zahlen (**MUL** und **DIV**), zum anderen gibt es zwei Sorten von Vergleichen und bedingten Sprüngen, die auf den ersten Blick unverständlich erscheinen. Der Befehl **JA** (jump if above) erzeugt ein anderes Ergebnis als der Befehl **JG** (jump if greater). Das kommt daher, daß die Bezeichnungen above/below sich auf den Vergleich vorzeichenloser Zahlen beziehen (Worte), während die entsprechenden Relationen für vorzeichenbehaftete Zahlen (Integer) greater/less sind. Die Befehlsfolge

```
cmp ax,bx
jge @@label  (jge = jump if greater or equal)
...
@@label:
```

erzeugt also genau dann einen Sprung, wenn das Register AX *als Integer interpretiert* 'größer' ist als das Register BX (als Integer interpretiert).

Der Vergleichs- u. Sprungbefehl für den Datentyp Word würde

```
cmp ax,bx
jae @@label
...
@@label:
```

lauten. Der Vergleichsbefehl tut hierbei nichts anderes, als die Flaggen so zu setzen, *als ob* BX von AX subtrahiert worden wäre, ohne dabei allerdings den Wert von AX zu ändern. Der bedingte Sprung erfolgt jedoch nicht deshalb, weil ein Vergleich mit einem bestimmten Ergebnis stattgefunden hat, sondern deshalb, weil im Flaggenregister die entsprechenden Flaggen gesetzt oder eben nicht gesetzt sind. Dies bedeutet, daß zwischen Vergleich und Sprunganweisung beliebig viele Befehle stehen können, solange diese Befehle den Inhalt des Flag-Registers nicht beeinflussen. Man kann aber auch das Flaggenregister mit dem Befehl Pushf auf den Stack legen und erst später auswerten. Dieser Sachverhalt kann in Assemblerroutinen von großem Nutzen sein.

Da negative Zahlen durch das Zweierkomplement dargestellt werden, ist es für die korrekte Interpretation eines Wertes unerläßlich, zu wissen, wieviele Bits bzw. Bytes er umfaßt. Steht z.B. im Register AL die Zahl -1, und in AH eine Null, so steht im Register AX weder das eine noch das andere, sondern 255. Will man den Wert, der in AL steht, als 16-Bit-Zahl erhalten, so muß AL entsprechend erweitert werden. Hierfür stehen die Maschinenbefehle CBW (Convert Byte to Word: AL als vorzeichenbehaftete Zahl nach AX) und CWD (Convert Word to DWord: AX => DX:AX vorzeichengerecht) zur Verfügung. Steht etwa in AL -1 (= 11111111b), so wird der Befehl CBW alle Bits in AH mit 1 belegen, so daß in AX ebenfalls -1 (= 11111111 11111111b) steht. Bei vorzeichenlosen Zahlen hingegen müßte AH einfach mit Null belegt werden, unabhängig davon, welchen Wert AL aufweist.

1.2.2 32-Bit-Formate

Neben den 8- und 16-Bit-Formaten bietet Turbo Pascal noch das 32-Bit-Format 'Longint' für vorzeichenbehaftete ganze Zahlen zwischen -2^{32} .. 2^{32}-1, sowie das 32-Bit-Format 'Pointer'. Die 32-Bit-Formate werden als Funktionsergebnis in den Registern DX:AX übergeben, d.h. das höherwertige Wort (bzw. der Segmentanteil) in DX, das niederwertige Wort (bzw. der Offsetanteil) in AX.

Da bis zum 80386 kein 32-Bit-Register zur Verfügung steht, müssen etwaige Operationen auf 32-Bit-Zahlen mit mehreren Assemblerbefehlen nachgebildet werden. Natürlich lassen sich im Prinzip beliebig lange Zahlenformate bilden und diese auf entsprechend viele Worte verteilen, so wie sich beliebig lange Zahlen mit entsprechend vielen Ziffern darstellen lassen. Will man solche Zahlen per Assembler addieren, so muß man lediglich beachten, daß dabei natürlich ein Übertrag entstehen kann. Eine Additionsroutine für Longint-Zahlen sähe z.B. folgendermaßen aus:

```
Function LongAdd(a,b:Longint):Longint; Assembler;
 asm
  mov ax,a.word[0]  { Lo-Word nach AX                       }
  mov dx,a.word[2]  { Hi-Word nach DX                       }
  add ax,b.word[0]  { Lo-Word addieren, Übertrag im Carryflag }
  adc dx,b.word[2]  { Hi-Word mit Übertrag addieren         }
 end;
```

(Das Funktionsergebnis steht automatisch in DX:AX)

Auf einem 80386 ließen sich natürlich auch direkt die 32-Bit-Register verwenden. Leider werden diese Befehle vom eingebauten Assembler nicht unterstützt, so daß man gezwungen ist, einen externen Assembler zu benutzen (z.B. TASM, der im Lieferumfang von Borland Pascal enthalten ist). Eine solche Routine könnte folgendermaßen aussehen:

```
LongAdd  Proc Far
 push bp            { Framepointer sichern                    }
 mov  bp,sp         { Stackframe erzeugen                     }
 .386               { 386-er Befehle zulassen                 }
 mov  eax,[bp+10]   { Erster Wert nach EAX                    }
 add  eax,[bp+6]    { Zweiten Wert addieren                   }
 shld edx,eax,16    { Die oberen 16 Bit von EAX nach DX kopieren }
 .8086              { wieder auf 8086 umschalten              }
 pop  bp            { Framepointer restaurieren               }
 ret  8             { RET und Parameter vom Stack             }
LongAdd endp
```

Die Befehle für die Subtraktion lauten SUB (ohne Carryflag) und SBB (mit Carryflag). Man sieht, daß sich der Einsatz der breiten Register für 32-Bit-Addition kaum lohnt, da das Ergebnis ja doch wieder in den Registern DX:AX (und nicht in EAX) übergeben werden muß. Dies ist bei Multiplikation und insbesondere bei der Division anders. Der 8086 kennt keine Befehle, um 32-Bit-Werte zu multiplizieren oder zu dividieren. Die Operationen IDIV/DIV teilen maximal einen 32-Bit-Wert durch einen 16-Bit-Wert, nicht aber zwei 32-Bit-Werte durcheinander. Es gibt meines Erachtens auch keine brauchbare Methode, diese Befehle zur Division von 32-Bit-Zahlen einzusetzen, es sei denn, der Teiler ist effektiv maximal 16 Bit breit. Stattdessen kann man allerdings für den 8086/80286 einen anderen Algorithmus benutzen. Er hat allerdings den Nachteil, relativ langsam zu sein, da das Ergebnis Bit für Bit berechnet wird, so wie man bei einer Division auf dem Papier ebenfalls Ziffer für Ziffer berechnet.

1.2.3 Das Rechnen mit ganzen Zahlen

Bei dem Rechnen mit ganzen Zahlen gilt es, einige Besonderheiten zu beachten, die auf das Rechnen mit Fließkommazahlen so nicht zutreffen:

1) Alle Zahlen und Rechenergebnisse sind Ergebnisse Modulo 2^n, wenn n die Anzahl an binären Stellen ist, die zur Darstellung verwendet wird.
2) Addition und Subtraktion sind bei der Darstellung über das Zweierkomplement 'identisch', d.h. die Vorzeichen spielen bei additiven Operationen keine Rolle.
3) Die ganzzahlige Division ist stets eine Division mit Rest:

   A = (A DIV B) * B + A MOD B

   Dies bedeutet, daß Division und Multiplikation i.a. nicht kommutativ sind:

   (A *B) div B ist *größer oder gleich* (A div B) * B !
4) A div 2^n = A shr n , und A * 2^n = A shl n.

   D.h., daß Division durch oder Multiplikation mit Zweierpotenzen sich durch (wesentlich schnellere) Schiebebefehle ersetzen lassen.
5) Es gibt zwar das Quadrat jeder ganzen Zahl als ganze Zahl, nicht jedoch jede Quadratwurzel einer ganzen (pos.) Zahl ist eine ganze Zahl. Stattdessen wird eine Routine vorgestellt werden, die eine Quasiwurzel aus einer positiven Integerzahl zieht, d.h.

ISQRT(I) = TRUNC(SQRT(i)), ohne dabei allerdings die Fließkommaroutinen SQRT und TRUNC zu verwenden.

6) Das Rechnen mit ganzen Zahlen ist exakt. Solange man nicht mit größeren Zahlen zu rechnen versucht, als die Anzahl binärer Stellen zuläßt, ergibt sich niemals ein Fehler durch Rundung, während dies bei Fließkommazahlen sehr wohl der Fall sein kann. (Das Prüfen auf Gleichheit zweier Zahlen, das bei Fließkommazahlen problematisch ist, ist bei ganzen Zahlen sehr wohl zulässig und sinnvoll).

Die UNIT DWORDS enthält einige Routinen zum Rechnen mit ganzen, vorzeichenlosen Zahlen von 32 Bit Länge. Addition und Subtraktion fehlen, da wie gesagt die Operationen mit den entsprechenden Longint-Operationen identisch sind. Die Funktion D_GGT berechnet den größten gemeinsamen Teiler zweier Doppelworte, die Funktion D_KGV das kleinste gemeinsame Vielfache. Die Routinen sind natürlich vor allem dann von Interesse, wenn man mit Brüchen (und ohne Rundungsfehler) rechnen möchte. Die Funktion DSQRT, die die 'Quadratwurzel' eines Doppelwortes berechnet, basiert auf einem an sich bekannten Algorithmus zur Berechnung von Wurzeln:

$$x_{n+1} = 1/2 * (x_n + a / x_n).$$

Die Reihe der x_n konvergiert (bei beliebigem Anfangswert x_0) extrem schnell gegen die Quadratwurzel von a. Dieser an sich für Reelle Zahlen entworfene Algorithmus funktioniert (fast) ebensogut bei ganzen Zahlen:

$$x_{n+1} = (x_n + a \text{ div } x_n) \text{ shr } 1.$$

(Zu meiner großen Überraschung fand ich im Quelltext der Turbo Vision ebenfalls eine Routine, die die 'Quadratwurzel' einer Integerzahl berechnet. Sie wird dort zum 'Tiling' von Fenstern eingesetzt. Die Routine funktioniert nach dem Irrtumsprinzip: Sie inkrementiert einen Zähler von 1 an aufwärts solange, bis sein Quadrat größer als der Radikant ist. Man vergleiche einmal die Geschwindigkeitsdifferenz zwischen dieser Methode und derjenigen aus der UNIT DWORDS !)

Die UNIT QWORDS entspricht der UNIT DWORDS weitestgehend. Leider jedoch läßt sich mit Turbo Pascal nur über Tricks ein Funktionsergebnis erzeugen, das länger als 4 Byte ist, so daß die meisten Routinen der UNIT QWORDS als Prozeduren formuliert wurden. Der Datentyp QWORD entspricht dem Datentyp COMP, ermöglicht es jedoch, Modulo-Operationen auszuführen und somit Ganzzahlrechnungen und Bruchrechnungen im eigentlichen Sinne durchzuführen und zwar auch ohne Einbindung des Fließkommaemulators. Denn der Datentyp COMP - ein 64-Bit-Integer - wird in Turbo Pascal als 'numerischer' Typ nicht durch die CPU, sondern durch die FPU bearbeitet. Das steigert durch die Einbindung des Fließkommaemulators den Programmumfang erheblich.

```
unit dwords;
interface

type dword=longint;

function dstr(a:dword):string;
{ Doppelwort in String konvertieren }

function dval(s:string;var a:dword):integer;
{ String mit Integerwert in Doppelwort konvertieren }

function dmul(a,b:dword):dword;
{ Zwei Doppelworte multiplizieren }

procedure dDivMod(a,b:dword;var d,m:dword);
{ Quotienten und Rest der Division von A durch B errechnen }
{ D = A DIV B; M = A MOD B                                  }

function D_GGT(a,b:dword):dword;
{ Größten gemeinsamen Teiler zweier Doppelworte berechnen }

Function D_KGV(a,b:dword):dword;
{ Kleinstes Gemeinsames Vielfaches zweier Doppelworte berechnen }

function DSqrt(D:DWORD):WORD;
{ Der Eigabeparameter D muss <= $FFFE0000 sein, da das  }
{ Ergebnis sonst nicht mehr als Wort darstellbar ist !  }

implementation

function  dmul(a,b:dword):dword;                 external;
procedure dDivMod(a,b:dword;var d,m:dword);      external;
{$L DWORDS.OBJ}

function DSqrt(D:DWORD):WORD; assembler;
{ Algorithmus, wie im Text beschrieben: }
{ Xn+1 = 1/2 * (Xn + a/Xn)              }
 asm
```

```
    mov cx,d.word[2]
    cmp cx,$FFFE
    ja  @@error
    je  @@max
    mov si,d.word[0]
    or  cx,cx
    jnz @@start           { D < $10000 ? }
    cmp si,8              { D <= 8 ? }
    je  @@Is2
    jb  @@small
@@start:
    mov bx,$A5A5        { Startwert                  }
@@1:mov dx,cx           { DX:AX = CX:SI              }
    mov ax,si
    div bx              { Durch Xn teilen            }
    add ax,bx           { Addieren..                 }
    shr ax,1            { ..und durch 2 teilen       }
    cmp ax,bx           { Xn+1=Xn ?                  }
    je  @@2
    inc ax
    cmp ax,bx
    je  @@2
    mov bx,ax
    jmp @@1
@@max:
    mov ax,-1 { = $FFFF }
    jmp @@exit
@@error:
    xor ax,ax
    jmp @@exit
@@small:
    cmp si,4
    jae @@Is2
    mov ax,1
    or  si,si
    jnz @@exit
    dec ax
    jmp @@exit
@@Is2:
    mov ax,2
    jmp @@exit
@@2:
    mov ax,bx      { Ergebnis überprüfen: }
    mul ax
    cmp dx,cx
    jne @@3
    cmp ax,si
@@3:jbe @@4
```

```
    dec bx
    jmp @@2
@@4:mov ax,bx
@@exit:
 end;

function D_GGT(a,b:dword):dword;
{ Anwendung des "Euklidischen Algorithmus": }
{ A : B = D , Rest M   ; Falls M>0 dann:   }
{ B : M = D1, Rest M1    usw., bis M = 0.  }
 var d,m:dword;
 begin
  repeat
   ddivmod(a,b,d,m);
   a:=b;
   b:=m;
  until (m=0);
  D_GGT:=a;
 end;

Function D_KGV(a,b:dword):dword;
 { Kleinstes gemeinsames Vielfaches zweier Zahlen A und B ist     }
 { (A * B)/GGT(A,B) ; z.B. KGV(6,15) = 6 * 15 / 3 = 2 * 15 = 30  }
 var c,m:dword;
 begin
  ddivmod(a,d_ggt(a,b),c,m);
  D_KGV:=DMUL(C,B);
 end;

function dstr(a:dword):string;
 var s:string;
     i:byte;
     d,m:dword;
 begin
  s[0]:=#0;
  while (a<>0) do
  begin
   ddivmod(a,10,d,m);
   s:=chr(m+48)+s;
   a:=d;
  end;
  if s[0]=#0 then dstr:='0' else dstr:=s;
 end;

function dval(s:string;var a:dword):integer;
 var i:byte;
 begin
  dval:=0;
```

```
  a:=0;
  i:=1;
  while (i<=ord(s[0])) and (s[i] in [' ','+']) do inc(i);
  while i<=length(s) do
  begin
   if s[i] in ['0'..'9'] then
   begin
    a:=dmul(a,10);
    a:=a+ord(s[i])-48;
   end else
   begin
    dval:=i;
    exit;
   end;
   inc(i);
  end;
 end;

end.
```

Das eingebundene Assembler-Modul enthält 80386er-Befehle. Deshalb ist es günstiger, dieses Modul mit TASM zu compilieren und einzubinden, als die Maschinenbefehle einzeln mit dw XXXX oder *inline* zusammenzusetzen. Die 386er-Befehle werden natürlich nur aktiviert, wenn die Variable Test8086 anzeigt, daß die aktuelle CPU diese Befehle auch verarbeiten kann. In diesem Fall ist die Verarbeitungsgeschwindigkeit durch die Nutzung der 32-Bit-Register ein vielfaches.

Hier ist es:

```
;*******************************************************************;
;                                                                   ;
;        Copyright (c) 1993 by CHRISTIAN BAUMGARTEN 1993            ;
;                                                                   ;
;        DWORD CALCULATION ROUTINES FOR 8086/80386er CPUs           ;
;                                                                   ;
;*******************************************************************;

        TITLE DWORDS

        LOCALS

DATA SEGMENT  BYTE PUBLIC
        EXTRN   TEST8086:BYTE
DATA ENDS

CODE SEGMENT  BYTE PUBLIC
```

```
 ASSUME   CS:CODE,DS:DATA

;*********************************************************************

     PUBLIC  DMUL
     PUBLIC  DDIVMOD

DMUL     PROC  FAR  ; FUNCTION DMUL(A,B:DWORD):DWORD;
          MOV   BX,SP
          CMP   TEST8086,2
          JB    @@86
          .386
          MOV   EAX,DWORD PTR SS:[BX+4]
          MUL   DWORD PTR SS:[BX+8]
          SHLD  EDX,EAX,16
          .8086
@@EXIT:   RET   8
@@86:     MOV   AX,SS:[BX+4]
          MUL   WORD PTR SS:[BX+8]
          MOV   DI,DX
          MOV   SI,AX
          MOV   AX,SS:[BX+4]
          MUL   WORD PTR SS:[BX+10]
          ADD   DI,AX
          MOV   AX,SS:[BX+8]
          MUL   WORD PTR SS:[BX+6]
          ADD   DI,AX
          MOV   DX,DI
          MOV   AX,SI
          RET   8
DMUL     ENDP

DDIVMOD PROC  FAR  ; PROCEDURE DDIVMOD(A,B:DWORD;VAR D,M:DWORD);
          PUSH  BP
          MOV   BP,SP
          CMP   TEST8086,2
          JB    @@86
          .386
          XOR   EDX,EDX
          MOV   EAX,DWORD PTR [BP+18]
          DIV   DWORD PTR [BP+14]
          LES   DI,DWORD PTR [BP+10]   ; EAX nach D schreiben
          MOV   ES:[DI],EAX
          LES   DI,DWORD PTR [BP+6]    ; EDX (Rest) nach M schreiben
          MOV   ES:[DI],EDX
          .8086
@@EXIT:   POP   BP
          RET   16                     ; 4 Doppelworte vom Stack
```

```
@@86:   mov  si,[bp+14]
        mov  di,[bp+16]
        mov  ax,[bp+18]
        mov  dx,[bp+20]
        xor  cx,cx
        xor  bx,bx
        push bp
        cmp  dx,di
        jb   @@3
        mov  bp,021H
@@1:    rcl  cx,1
        rcl  bx,1
        sub  cx,si
        sbb  bx,di
        jnb  @@2
        add  cx,si
        adc  bx,di
@@2:    cmc
        rcl  ax,1
        rcl  dx,1
        dec  bp
        jnz  @@1
        jmp  @@4
@@3:    xor  ax,ax
        xor  dx,dx
        mov  bx,di
        mov  cx,si
@@4:    pop  bp
        les  di,[bp+10]
        mov  es:[di],ax
        mov  es:[di+2],dx
        les  di,[bp+6]
        mov  es:[di],cx
        mov  es:[di+2],bx
        JMP  @@EXIT
DDIVMOD ENDP

CODE ENDS
END
```

1.2.4 BCD-Zahlen

Binary **C**oded **D**ecimals sind binär codierte (oder 'gepackte') Dezimalzahlen. Die Codierung besteht darin, daß für jede Dezimalziffer genau ein *Nibble* (= vier Bit) vorgesehen wird. Die Dezimalzahl 1234 wird z.B. durch die BCD-Zahl 1234h dargestellt. Die CPU kennt Befehle, die das Rechnen mit BCD-Zahlen erleichtern. Der Befehl **DAA** (**DAS**) etwa ersetzt das Register AL durch einen BCDkorrigierten Wert nach einer Addition (Subtraktion) von (gepackten) BCD-Zahlen. Steht im unteren Nibble von AL vor der Anwendung von DAA ein Wert größer 9, so wird von diesem Nibble zehn abgezogen, das obere Nibble um einen inkrementiert und das Auxiliary-Carry-Flag gesetzt. Ergibt das obere Nibble hiernach einen Wert größer 9, so wird entsprechend vom oberen Nibble 10 abgezogen, und der Übertrag wird im Carryflag angezeigt. Turbo Pascal unterstützt das Rechnen mit BCD-Zahlen nicht.

1.2.5 Ungepackte Dezimalzahlen

Ungepackte Dezimalzahlen enthalten im Gegensatz zu gepackten BCD-Zahlen in jedem Byte nur eine Dezimalziffer (im unteren Nibble). Die CPU stellt insgesamt vier Befehle (**AAA, AAS**, **AAM**, **AAD**) zum Rechnen mit ungepackten BCD-Zahlen zur Verfügung. Die Befehle **AAA/AAS** dienen der Korrektur nach der Addition/Subtraktion von ungepackten Dezimalzahlen, AAM dient der Korrektur nach einer Multiplikation, und AAD dient der Korrektur *vor* einer Division:

```
AAM:     AH := AL DIV 10
         AL := AL MOD 10
AAD:     AL := AH * 10 + AL
         AH := 0
```

Weitere Informationen hierzu können z.B. dem Turbo-Assembler-Handbuch entnommen werden.

1.2.6 Der Datentyp String

Turbo Pascal stellt einen Datentyp 'String' zur Verfügung, der einzige zusammengesetzte Datentyp, der in Turbo Pascal als Funktionsergebnis erlaubt ist. (Man kann dies nutzen, um z.B. andere Datentypen, die 'in' einen String 'gelegt' werden, ebenfalls zu Funktionsergebnissen zu machen. Dies kann die Programmierung etwa von Komplexen Zahlen erheblich vereinfachen.

Ein String ist im Grunde nichts als eine Zeichenfolge, also ein 'Array of Char', dessen nulltes Zeichen - als Byte interpretiert - die Länge des Strings bezeichnet. Somit kann ein Pascal-String maximal 255 Zeichen aufnehmen. Neben dem Pascal-String steht ein (in Pascal) neuer Datentyp PCHAR (in der UNIT STRINGS) zur Verfügung. Ein PCHAR ist ein Zeiger auf ein Array of Char, dessen Länge jedoch nicht in einem Längenbyte mitgeteilt wird, sondern quasi durch den Inhalt: Ein PCHAR ist ein String, dessen letztes Zeichen ein Nullzeichen (Ascii 0, nicht '0' !) ist. Die maximale Länge eines PChars ist somit durch die Segmentlänge gegeben. Der Typ PCHAR wurde eingeführt, weil er der Standard-Stringtyp von Windows ist. Aber auch Ms-Dos erwartet in praktisch allen Funktionsaufrufen, bei denen ein String übergeben werden muß, nullterminierte Stringtypen. Natürlich haben beide Stringvarianten ihre Vor- und Nachteile. Nullterminierte Strings können bis zu 64KB lang sein, während der Turbo-Pascal-String maximal 256 Byte umfassen kann. Dafür ist die Länge eines nullterminierten Strings nur relativ aufwendig herauszufinden, und ein nullterminierter String darf eben keine Null enthalten. Die mit Borland Pascal mitgelieferte UNIT STRINGS enthält alle notwendigen Funktionen, um die Stringtypen ineinander zu konvertieren, bzw. um nullterminierte Strings zu bearbeiten.

1.3 Die Stringbefehle

Die Bearbeitung von Strings bzw. stringartigen Datenstrukturen ist die eigentliche Domäne aller Assemblerprogrammierung. Das liegt daran, daß gerade kurze Schleifen in Assembler programmiert sehr viel schneller durchlaufen werden als äquivalente Schleifen in den meisten Hochsprachen (einschließlich Turbo Pascal). Der Grund hierfür ist einfach: Durch die effektive Nutzung der CPU-Register als 'lokale Variablen' kann man die Anzahl der Speicherzugriffe - und insbesondere die Anzahl der 'LES'- und 'LDS'-Befehle - extrem reduzieren. Dies spielt besonders dann eine Rolle, wenn eine kurze Schleife nicht nur einmal, sondern gleich x-mal durchlaufen wird. Dies ist der Fall, wenn Zeichenketten verarbeitet werden sollen. Ein weiterer Grund für die Geschwindigkeitssteigerung durch die Programmierung in Assembler liegt darin, daß die CPU-Befehle zur Bearbeitung von Strings ein *Repeat-Prefix* erlauben, das dafür sorgt, daß ein Befehl selbst bereits eine bedingte Schleife darstellt. Während der Bearbeitung dieses Befehls ist es deshalb nicht notwendig, den jeweils nächsten (iterierten) Befehl einzulesen. Die Bearbeitungszeit eines Befehls wird dadurch derart minimiert, daß es auf einem 80286er - PC sinnlos ist, den DMA-Controller einzusetzen, um Daten aus einem IO-Port zu lesen, da die CPU die Stringbefehle REP INSB/REP INSW sowie REP OUTSB/REP OUTSW unterstützt, die diese Aufgabe genauso schnell erledigen (bzw. schneller, da die CPU ab dem 80286 oft schneller getaktet ist, als der veraltete DMA-Controller, vergl. Kapitel 3.1).

In diesem Kapitel werde ich die UNIT CPU vorstellen, in der hierfür einige Beispiele gegeben werden. Sie enthält Prozeduren und Funktionen, mit denen der Inhalt größerer Datenbereiche (Strings) verglichen, bewegt oder durchsucht werden kann. Verfügt man über einen 80286 (oder höher), so können auch ganze Speicherblöcke auf einmal über einen Port gelesen oder geschrieben werden.

In Kapitel 14 über die Turbo Vision im Graphikmodus werden ebenfalls einige Beispiele dafür gegeben, wie man mit Hilfe von Assemblerroutinen Strings (bzw. Bitmaps) schnell bearbeiten kann.

Die UNIT CPU umfaßt eine Reihe von Assemblerroutinen, die im wesentlichen auf der Anwendung der Stringbefehle (MOVS/ STOS/ SCAS/ CMPS) basieren. Diesen Befehlen läßt sich ein REP(E/NE)-Präfix voranstellen, so daß der Befehl CX-mal wiederholt wird oder aber die Abbruchbedingung erfüllt ist. Das Angenehme an den Stringbefehlen ist neben der Option des REP-Prefix aber auch, daß die Offset-Register stets automatisch 'mitgeführt', d.h. entsprechend in- bzw. dekrementiert werden. (Allein dadurch sind ja Blocktransfers überhaupt möglich).

Als erstes sollen die FILL-Routinen vorgestellt werden, da sie am leichtesten zu übersehen sind.

1.3.1 Speicherbereiche füllen

Turbo Pascal stellt die Prozedur FillChar zur Verfügung. Die hier vorgestellte Version *FILLB(Var Buff;Count:Word;What:Byte)* arbeitet schneller, da sie nicht nur den Befehl STOSB benutzt, sondern den Befehl STOSW. Da diese Variante immer ganze Worte abspeichert, ist die Routine beim Auffüllen größerer Bereiche praktisch doppelt so schnell wie die FillChar-Routine:

```
Procedure FillB(Var Buff;Count:word;what:byte); external;

FILLB   PROC FAR
        MOV  BX,SP            { BX als Framepointer benutzen    }
        CLD                   { DF=0: Aufwärts füllen           }
        LES  DI,SS:[BX+8]     { Adresse von Buff nach ES:DI     }
        MOV  CX,SS:[BX+6]     { Count nach CX ,                 }
        JCXZ @@EXIT           { CX = 0 ? Wenn ja => Exit        }
        MOV  AX,SS:[BX+4]     { What => AL                      }
        MOV  AH,AL          { AH ebenfalls mit 'What' füllen    }
        SHR  CX,1           { CX durch 2, LSB Bit nach CF       }
        JNC  @@1            { CF=0 ? Wenn ja, nur Worte füllen  }
        STOSB
```

```
@@1:          REP  STOSW        { CX Worte füllen                      }
@@EXIT:       RET  8            { Return & Parameter vom Stack         }
FillB        ENDP
```

In dieser Routine wird BX als 'Framepointer' benutzt. Dies hat den Vorteil, daß BP nicht erst gesichert und restauriert werden muß. Diese Technik wird oft eingesetzt, wenn BX nicht anderweitig benötigt wird. Natürlich kann es auch vorkommen, daß man einen Speicherbereich nicht byte-, sondern wortweise (etwa mit einem Bitmuster) füllen möchte. In diesem Fall hilft die Prozedur FILLW:

```
FillW          PROC  FAR ; Procedure FillW(Var
Buff;Count:word;what:Word);
               MOV   BX,SP
               CLD
               LES   DI,DWORD PTR SS:[BX+8]
               MOV   CX,WORD PTR SS:[BX+6]
               JCXZ  @@EXIT
               MOV   AX,WORD PTR SS:[BX+4]
               CMP   TEST8086,2    { Liegt eine 386er CPU vor ? }
               JB    Short @@86
               .386
               SHR   CX,1
               JNC   Short @@1
               STOSW
@@1:           PUSH  AX
               PUSH  AX
               POP   EAX
               REP   STOSD
               .8086
               JMP   @@EXIT
@@86:          REP   STOSW
@@EXIT:        RET   8
FillW         ENDP
```

In dieser Routine wird kurz angedeutet, wie man mit TASM zwischen 386er und 8086/80286 umschaltet. Natürlich sind diese Routinen sehr einfach, aber sie verdeutlichen, wie man mit den Stringbefehlen des 80x86 umgeht. Insbesondere muß stets festgelegt sein, welche Richtung das Directionflag vorgibt, und der Wert in CX muß korrekt belegt sein. Natürlich sind diese Routinen dennoch riskant: Wenn man sie einsetzt, sollte man sehr genau wissen, wie groß der Datenbereich ist, den man füllen will. Ein falscher Einsatz dieser Routinen kann böse Folgen haben, wenn etwa nachfolgende Daten ungewollt überschrieben werden.

1.3.2 Daten verschieben

Auch die Move-Prozedur von Pascal läßt sich jedoch durchaus noch verbessern, da auch sie lediglich mit dem Befehl MOVSB arbeitet. Die hier vorgestellte Version überprüft (genau wie dies die Pascal-Version tut), ob die Datenbereiche überlappen. Wenn dies der Fall ist und die Datenquelle die niedrigere Adresse hat, muß die Transferrichtung umgedreht werden, da sonst Bereiche überschrieben werden, bevor sie verschoben werden können.

```
_Move         PROC    FAR ; _Move(var source,dest;count:word);
               mov  bx,sp    ; BX als Framepointer
               push ds       ; DS sichern, da DS:SI später auf     S
                             ; Source
               cld           ; zeigen muß. Directionflag löschen.
               cmp  Test8086,2        ; Prozessortyp testen und
               pushf         ; Ergebnis auf dem Stack sichern
               mov  cx,ss:[bx+4]      ; Count nach CX
               jcxz @@ende       ; CX = 0 ? Wenn ja, dann => Exit
               mov  dx,cx
               les  di,dword ptr ss:[bx+6]    ; Zieladresse laden
               lds  si,dword ptr ss:[bx+10]   ; Quelladresse laden
               cmp  si,di                  ; Welche Adresse liegt
               ja   @@Upper                ; höher ?
               add  si,cx        ; Hier: Abwärtstransport
               add  di,cx
               popf          ; Prozessortyp ?
               jb   @@86low
               .386          ; 386er Befehle zulassen
               std           ; Abwärts !
               and  cx,3     ; Alles, was kleiner als ein DWORD ist
               jcxz @@2      ; vorher Byteweise verschieben
               dec  si       ; Erstes Byte adressieren
               dec  di       ; dito
               rep  movsb
               inc  si
               inc  di
@@2:           sub  si,4     ; Erstes DWORD adressieren
               sub  di,4     ; dito
               mov  cx,dx    ; CX restaurieren
               shr  cx,2     ; und durch 4 teilen
               rep  movsd    ; Doppelworte verschieben
               .8086         ; 386er-Befehle verbieten
               jmp  @@ende   ; fertig
@@86low:       std           ; 8086: Abwärts.
               shr  cx,1
               jnc  @@3
               mov  al,[si-1]    ; Restbyte verschieben
```

```
                mov  es:[di-1],al
@@3:            sub  si,2       ; Erstes Wort adressieren
                sub  di,2       ; dito
                jmp  @@1
@@Upper:        popf            ; Aufwärts: 386er CPU ?
                jb   @@86
                .386
                shr  cx,1
                jnc  @@5
                movsb
@@5:            shr  cx,1
                jnc  @@6
                movsw
@@6:            rep  movsd
                .8086
                jmp  @@ende
@@86:           shr  cx,1
                jnc  @@1
                movsb
@@1:            rep  movsw
@@ende:         pop  ds
                RET     10
_Move          ENDP
```

Diese Routine hat es schon etwas mehr in sich. Man muß bei der Adressierung der bzw. des Restbytes schon einen Moment überlegen, was genau zu tun ist. Die Routine ist zwar etwas umfangreicher, aber für größere Datenmengen auf einem 8086/286 fast doppelt so schnell wie 'MOVE' und auf einem 386 DX oder i486 fast viermal so schnell. Es gibt durchaus Aufgaben, für die dieser Zeitunterschied nicht unerheblich ist.

Aber neben diesen im Prinzip schon vorhandenen Routinen lassen sich die Stringbefehle des 80x86 noch anderweitig mit Vorteil einsetzen.

1.3.3 Daten vergleichen

Sollen z.B. zwei Datenblöcke verglichen werden, so leisten die Stringbefehle ebenfalls gute Dienste. Hierfür existiert die Funktion CMPS. Sie ergibt TRUE, wenn die ersten Count Worte in Source und Dest gleich sind, sonst FALSE.

```
Function COMPS(var Source, Dest; Count:Word):boolean;
COMPS       PROC    FAR
                MOV    BX,SP           ; BX als Framepointer
                CLD                    ; Aufwärtsrichtung festlegen
```

```
              PUSH   DS             ; Datensegment sichern
              MOV    CX,SS:[BX+4]   ; Count nach CX
              JCXZ   @@OK
              LES    DI,SS:[BX+6]   ; Zieladresse laden
              LDS    SI,SS:[BX+10]; Quelladresse laden
              SHR    CX,1         ; Wortweise vergleichen
              JNC    @@1
              CMPSB
              JNE    @@NO         ; Erstes Byte verschieden ?
              JCXZ   @@OK         ; Nur ein Byte vergleichen ?
@@1:          REPE   CMPSW        ; CX-mal Wortweise vergleichen
              JNE    @@NO         ; Verschieden ?
@@OK:         MOV    AL,1         ; Datenbereiche sind gleich
              JMP    @@EXIT
@@NO:         XOR    AL,AL        ; Datenbereiche sind vershieden
@@EXIT:       POP    DS           ; DS restaurieren
              RET    10           ; Ende und Parameter vom Stack
COMPS       ENDP
```

Die Routine ließe sich natürlich auch so schreiben, daß der Index des ersten Bytes oder Wortes zurückgegeben wird, das verschieden ist.

1.3.4 Daten durchsuchen

Bleiben noch die Befehle REPE SCASB/W/D und REPNE SCANSB/W/D. Die erste Variante läßt sich dazu verwenden, einen unsortierten Datenbereich oder ein Array nach einem bestimmten Wert zu durchsuchen, die zweite Variante kann u.a. dazu benutzt werden, das Ende eines nullterminierten Strings zu finden. Die Befehlstypen SCAS/CMPS zusammen lassen sich beispielsweise dazu verwenden, eine Zeichenfolge in einem String zu finden. Eine solche Routine wird auch vorgestellt. Sie unterscheidet sich von der Turbo-Pascal-Funktion 'POS' im wesentlichen dadurch, daß sie ein ganzes Segment nach einer Zeichenfolge (also z.B. den Textpuffer eines Editors) durchsuchen kann - und nicht nur den 255-Byte-Bereich eines Pascalstrings.

```
SCANSB          PROC   FAR
; Function Scansb(var buff:Count:word;What:Byte):Word;
                CLD
                MOV    BX,SP
                MOV    DX,0FFFFH
                LES    DI,DWORD PTR SS:[BX+8]
                MOV    CX,WORD PTR SS:[BX+6]
                JCXZ   @@EXIT
```

```
                MOV   AL,BYTE PTR SS:[BX+4]
                REPNE SCASB
                JNE   @@EXIT
                MOV   DX,WORD PTR SS:[BX+6]
                SUB   DX,CX
                DEC   DX
@@EXIT:         MOV   AX,DX
               RET   8
SCANSB         ENDP

NSCANSB        PROC   FAR
; Function NScansb(var buff;Count:word;What:Byte):Word;
                CLD
                MOV   BX,SP
                MOV   DX,0FFFFH
                LES   DI,DWORD PTR SS:[BX+8]
                MOV   CX,WORD PTR SS:[BX+6]
                JCXZ  @@EXIT
                MOV   AL,BYTE PTR SS:[BX+4]
                REPE  SCASB
                JE    @@EXIT
                MOV   DX,WORD PTR SS:[BX+6]
                SUB   DX,CX
                DEC   DX
@@EXIT:         MOV   AX,DX
               RET   8
NSCANSB        ENDP
```

Die erweiterte 'POS'-Routine:

S1 enthält den 'Suchstring' und S2 den zu durchsuchenden Datenbereich. Len1 und Len2 sind die Datenbereichlängen in Bytes.

```
function SCANSX(var s1,s2;len1,len2:word):word; assembler;
 asm
            cld                 { Vorwärts suchen                       }
            push  ds            { Datensegment sichern                  }
            mov   bx,len1       { Len1 nach BX                          }
            mov   cx,len2       { Len2 nach CX                          }
            sub   cx,bx         { Zu durchsuchende Länge in S2          }
            jl    @@nothing     { Len2<Len1 ? Wenn ja => Nothing        }
            les   di,s2         { ES:DI == Zeiger auf S2                }
            lds   si,s1         { DS:SI == Zeiger auf S1                }
            lodsb               { Erstes Byte von S1 laden              }
            dec   bx            { Entsprechend BX dekrementieren        }
            jmp   @@start
@@restart:  dec   di
            mov   cx,dx
@@start:    jcxz  @@Compare     { Bis zum Ende gesucht ?                }
```

```
                repne scasb    { S2 nach erstem Byte durchsuchen     }
                jne   @@nothing { Erstes Byte nicht gefunden
                                  => Nothing }
@@Compare:      mov   dx,cx
                { Vergleich aller weiteren Bytes vorbereiten         }
                mov   cx,bx
                push  si         { SI sichern                        }
                repe  cmpsb      { Daten vergleichen                 }
                pop   si         { SI restaurieren                   }
                jne   @@Restart
                { Datenbereiche nicht gleich ? => Weiter             }
@@1:            mov   ax,di  { Gefunden ! => Position berechnen !    }
                sub   ax,s2.word[0]
                sub   ax,bx
                jmp   @@exit
@@nothing:      xor   ax,ax   { Position = -1, d.h. nichts gefunden }
@@exit:         sub   ax,1
                pop   ds
 end;
```

Im Gegensatz zur 'Pos'-Routine gibt diese Funktion -1 zurück, wenn nichts gefunden wurde und null, wenn der zu suchende String direkt am Anfang steht.

1.3.5 Daten durch IO-Ports schleusen

Wie schon gesagt, lassen sich ab dem 80286 Daten mit den CPU-IO-String-Befehlen schneller über Ports einlesen bzw. in Peripheriegeräte übertragen, als mit dem DMA-Controller.

Die UNIT CPU bzw. das Modul CPU.ASM enthalten hierfür die folgenden Routinen bereit:

```
procedure _INSB_(var buff;portNo,count:word);
procedure _INSW_(var buff;portNo,count:word);

procedure _OUTSB_(var buff;Count,PortNo:word);
procedure _OUTSW_(var buff;count,PortNo:word);
```

(Ihre Implementierung ist einfach und bringt nicht viel Neues, so daß der Quellcode hier nicht abgedruckt zu werden braucht).

1.3.6 Weitere Stringroutinen

Während die im vorhergehenden Abschnitt behandelten Routinen mit Strings im Pascal-Sinne nicht unbedingt etwas zu tun hatten, sondern vielmehr mit den 'String'-Befehlen des 80x86, so sollen im diesem Abschnitt noch einige Routinen vorgestellt werden, die Pascal-Strings bearbeiten. Zunächst zwei Routinen, die ein Upcase/ Dncase mit Strings des deutschen Sprachgebrauchs durchführen, d.h. auch die Umlaute in ihr jeweiliges Gegenstück verwandeln. Sie sind auf der beiliegenden Diskette in der UNIT CODES zu finden.

```
procedure UpCaseStr(var s:string); assembler;
 asm
    cld           { Vorwärts                              }
    les   di,s    { ES:DI == Zeiger auf S                 }
    mov   si,di   { SI == DI                              }
    seges lodsb   { Längenbyte laden..                    }
    mov   cl,al   { .. und nach CX schreiben              }
    xor   ch,ch
    inc   di
@@1:seges lodsb   { Erstes Zeichen laden                  }
    cmp   al,'a'  { Zeichen kleiner als 'a': Weiter       }
    jb    @@L
    cmp   al,'z'  { Zeichen größer als 'z' : Weiter       }
    ja    @@X
    sub   al,32   { 20h abziehen: Umwandeln in Großbuchstaben }
    jmp   @@L
@@X: cmp   al,'ä'{ Umlaute bearbeiten                     }
     jne   @@X1
     mov   al,'Ä'
     jmp   @@L
@@X1:cmp   al,'ü'
     jne   @@X2
     mov   al,'Ü'
     jmp   @@L
@@X2:cmp   al,'ö'
     jne   @@L
     mov   al,'Ö'
@@L:stosb         { Modifiziertes Zeichen zurückschreiben   }
    loop  @@1     { Nächstes Zeichen..            }
 end;

procedure DnCaseStr(var s:string); assembler;
 asm
    cld
    les   di,s
    mov   si,di
    seges lodsb
    mov   cl,al
    xor   ch,ch
    inc   di
```

```
@@1:seges lodsb
    cmp  al,'A'
    jb   @@L
    cmp  al,'Z'
    ja   @@X
    add  al,32
    jmp  @@L
@@X: cmp  al,'Ä'
     jne  @@X1
     mov  al,'ä'
     jmp  @@L
@@X1:cmp  al,'Ü'
     jne  @@X2
     mov  al,'ü'
     jmp  @@L
@@X2:cmp  al,'Ö'
     jne  @@L
     mov  al,'ö'
@@L:stosb
    loop @@1
 end;
```

Ein weiteres Problem, das oft auftritt, ist die Darstellung von Hexadezimalzahlen. Anhand dieses Problems soll der XLAT-Befehl vorgestellt werden. Die Umwandlung von Zahlen - Bytes, Words, Integers u.s.w - in eine Zeichenfolge, die die hexadezimalen Ziffern enthält, kann im Gegensatz zu der Umwandlung in eine Dezimaldarstellung durch einfaches 'Übersetzen' erfolgen, da jede Hexadezimalziffer durch genau ein *Nibble* dargestellt wird. Ein Nibble sind vier Bit, d.h. ein Byte umfaßt genau zwei *Nibbles*. Die Umwandlung geschieht also in zwei Schritten:

1) Isolation des zu übersetzenden Nibbles in AL
2) Anwendung des Befehls XLAT, wobei vorausgesetzt wird, daß das Registerpaar DS:BX die Adresse einer solchen Datenstruktur enthält:

```
const Hex:Array[0..15] of Char='0123456789ABCDEF';
```

Stand vorher in AL eine Null, so wird nach dem XLAT-Befehl dort '0' stehen (d.h. Ascii 48) u.s.w.

Auf diese Weise wird jede komplizierte und zeitaufwendige Fallunterscheidung vermieden. Auch der umgekehrte Weg - Umwandlung eines Hexadezimalstrings in einen numerischen Wert - ist gangbar, wenn auch etwas umständlicher. Die UNIT CODES enthält für beide Aufgaben die entsprechenden Lösungen bereit, wobei diese so gestaltet wurden, daß die zentrale Umwandlungsschleife nicht für jeden Datentyp neu implementiert werden muß.

Die Prozedur *BuildHexStr* z.B. kann alle Datentypen bis einschließlich 32 Bit Länge in ihr Gegenstück umrechnen, so daß sie für die Datentypen Byte/Shortint bis Longint und sogar Pointer genutzt werden kann.

```
{ Hilfsprozedur für Hexbyte/Hexword/Hexdword/HexShort/  }
{                  HexInt/HexLong                       }
{ Input:                                                }
{ ES:DI = Zeiger auf @Result                            }
{ CX   : Anzahl der Nibbles, die auszuwerten sind       }
{ DX:AX: Wert, der zu konvertieren ist.                 }
procedure _Buildhexstr_; near; assembler;
 asm
     std
     add  di,cx
     push cx
     lea  bx,hex
     mov  si,ax
@@1: mov  ax,si
     and  ax,$0F
     xlat
     stosb
     push cx
     mov  cx,4
@@2: shr  dx,1
     rcr  si,1
     loop @@2
     pop  cx
     loop @@1
     pop  cx
     mov  al,cl
     stosb
 end;

function HexByte(x:Byte):String; assembler;
 asm
  les  di,@result
  mov  cx,2
  xor  dx,dx
  mov  al,x
  xor  ah,ah
  call _buildhexstr_
 end;

function HexWord(x:Word):String; assembler;
```

```
asm
 les  di,@result
 mov  cx,4
 xor  dx,dx
 mov  ax,x
 call _buildhexstr_
end;
```

u.s.w.

2 Zentrales: Die FPU

Die Fließkommaeinheit - auch als Coprozessor bekannt - ist zunehmend ein normaler Bestandteil des PC. Dies liegt vorwiegend daran, daß der i486 in der 'normalen' - d.h. der DX-Version - standardmäßig bereits eine FPU enthält und die modernen graphischen (d.h. rechenintensiven) Anwendungen sich einer immer größeren Beliebtheit erfreuen.

Aber auch viele Aufgaben, die früher größeren Rechnern - z.B. Workstations - vorbehalten waren, werden zunehmend von den handlicheren PCs übernommen. Viele Meßplätze in Industrien und Universitäten werden inzwischen mit dem PC als universellem Rechner zur Meßdatenaufnahme und -auswertung versehen.

Um die FPU richtig und effektiv nutzen zu können, ist es wichtig, sich ein wenig detaillierter mit dieser Einheit auseinanderzusetzen. So zeigt sich bereits bei den Standard-Funktionen Sin/Cos/Exp u.s.w., daß die direkte Implementierung über BASM-FPU-Befehle deutlich schneller abläuft, als die Routinen von Turbo-Pascal.

2.1 Der Aufbau der FPU

Die Floating-Point-Processing-Unit 80x87 besteht im wesentlichen aus acht internen Registern von 80 Bit Breite. Diese Register sind als Stack organisiert. D.h., daß das Register ST(0) eine logische Position ist und keine physikalische - die oberste Stackposition nämlich. Wird ein Wert an diese Position geladen, so steht der Wert, der vorher an dieser Position stand, an der Position ST(1) u.s.w. Versucht man mehr als acht Werte in die FPU zu laden, so wird dies einen Laufzeitfehler auslösen. Man sollte also komplizierte Formeln lieber von vornherein in mehr als einer Zeile programmieren und Zwischenergebnisse in lokalen Variablen speichern, um das Problem zu vermeiden. Da sich die FPU den Besetzungszustand ihrer Stackpositionen notiert, sollte man bei Funktionen, deren Ergebnis über die FPU übergeben wird (also Ergebnistypen Single, Double, Extended und Comp) auch nicht von der 'erweiterten Syntax' Gebrauch machen, die es erlaubt, Funktionsergebnisse zu ignorieren und Funktionen wie Prozeduren aufzurufen, da in diesem Fall der FPU-Stack nicht 'aufgeräumt' wird. Das Ergebnis einer arithmetischen Operation wird wie bei der CPU in Zustandsflags festgehalten. Diese Flags lassen sich mit der Befehlsfolge FSTSW AX / LAHF (FPU - Statuswort in AX speichern / Highbyte der Flags mit AH laden) auf die CPU-Flags abbilden, so daß sie zur Auswertung durch bedingte Sprünge u.a. wie gehabt zur Verfügung stehen. Außer dem FPU-Statuswort existiert noch das FPU-Control-Word, das ähnliche Aufgaben erfüllt wie das Machine-Status-Word beim 80286 (und höher).

2.1.1 Das FPU-Status-Wort

Das FPU-Status-Wort hat folgende Belegung:

```
Bit           15 14 13 12 11 10 9  8  7  6  5  4  3  2  1  0
Belegung      B  C3 [T O P]  C2 C1 C0 ES SF PE UE OE ZE DE IE
```

Die drei Bits 'TOP' indizieren dasjenige FPU-Datenregister, das gerade die Stackposition Null ST(0) darstellt.

Die vier Control-Bits C0..C3 entsprechen den CPU-Flagbits und qualifizieren das Ergebnis der letzten Operation:

```
Controlbit    C0  C1  C2  C3
Flagbit       CF  OF  PF  ZF
```

Es fällt natürlich auf, daß es kein Status-Bit gibt, das dem Sign-Flag der CPU entspricht. Somit kommen als Verzweigungsbefehle nach der Befehlsfolge FSTSW AX / LAHF nur die Befehle JZ/JNZ/JB/JNB in Betracht, während die Befehle JG/JNG/JGE/JLE kein sinnvolles Ergebnis zur Folge haben.

Die Ausnahme-Bits IE..PE können direkt eine FPU-Ausnahmebedingung auslösen, es sei denn, die entsprechende Ausnahmebedingung ist durch das FPU-Control-Wort maskiert. Wenn sie nicht maskiert sind, so löst der Coprozessor einen Hardware-Interrupt IRQ 0Dh (Interrupt-Nummer 75h) aus. Der Turbo-Pascal-Compiler bindet in jedes Programm, das die FPU benutzt, eine Interruptroutine für Interrupt 75h ein, die dann den passenden Laufzeitfehler auslöst. Natürlich sind hier auch andere Lösungen als ein Programmabbruch denkbar. Wie man eine Fehlerbehandlung aufbauen kann, die solche und ähnliche Laufzeitfehler abfängt, ist (ein) Thema von Kapitel 13. Die einzelnen Bits haben folgende Bedeutung:

IE: Ungültige Operation (z.B. ungültiges Datenformat geladen)

DE: Denormalisierter Operand

ZE: Division durch Null

OE: Überlauf (Ergebnis übersteigt die Kapazität des Datenformats)

UE: Unterlauf (Ergebnis>0, aber nicht mehr darstellbar)

PE: Ungenauigkeitsbit (Zeigt an, daß gerundet wurde)

Das ES-Bit (und beim 487 das B-Bit) zeigen an, ob eines der Bits 0..5 gesetzt ist (Error Summary Bit), das SF-Bit zeigt einen Stackfehler an.

Das FPU-Statuswort wird mit 0 initialisiert.

2.1.2 Das FPU-Steuer-Wort

Die FPU verfügt neben dem Statuswort auch über ein Register mit einem Steuerwort, mit dessen Hilfe sich das Verhalten der FPU beeinflussen läßt. Es hat folgende Belegung:

```
Bit             15 14 13 12 11 10  9  8  7  6   5  4  3  2  1  0
Bedeutung     [reserviert][ RC ][ PC ] [res.] PM UM OM ZM DM IM
```

Die unteren Bits 0..5 dienen - wie gesagt - als Maskenbits für die entsprechenden Statusbits, die Bits 8 und 9 als Steuerbits für die Genauigkeit (**P**recision **C**ontrol), die Bits 10 und 11 für die Steuerung des Rundungsverhaltens (**R**ounding **C**ontrol). Es gilt folgende Belegung:

PC	**Genauigkeit der Mantisse**
0	24 Bits (Single)
1	reserviert
2	53 Bits (Double)
3	64 Bits (Extended)

RC	**Rundungsverhalten**
0	Runden auf nächsten oder geraden Wert
1	Runden abwärts
2	Runden aufwärts
3	Runden in Richtung Null

Daneben existiert noch das sogenannte 'TAG-Word'. Es enthält Informationen darüber, welche FPU-Datenregister frei oder belegt sind. Für jedes Datenregister sind 2 Bits reserviert (für das nullte die Bits 0 und 1, für das siebte die Bits 14 und 15), deren Belegung folgende Bedeutung hat:

0: Register normal belegt

1: Register mit dem Wert Null belegt

2: Register mit besonderem Wert belegt (NaN)

3: Register frei.

Das FPU-Steuerwort wird durch FINIT mit dem Wert 037Fh belegt. Diese Informationen werden im Normalfall vom Turbo-Pascal-Programmierer nicht unbedingt benötigt, da die Initialisierung der FPU von der UNIT SYSTEM vorgenommen wird. Nur im Ausnahmefall wird man sich also mit Details der FPU-Register befassen müssen.

Eines tut der Turbo - Pascal - Compiler allerdings nicht: Er sorgt nicht für den 'optimalen' Code und ignoriert die Möglichkeit der Parallelarbeit von CPU und FPU vollständig. Wer also optimierte Routinen schreiben möchte, dem stehen alle Möglichkeiten des eingebauten Assemblers BASM zur Verfügung. Es sei allerdings angemerkt, daß BASM die 80387-er Befehle (wie ja auch die 80386er - Befehle) nicht akzeptiert. Wer also auf FSIN/FCOS/FSINCOS nicht verzichten möchte, muß sich mit den Maschinenbefehlen oder mit eingebundenen TASM - Routinen behelfen. Allerdings kann man auch hier nicht unbedingt von einer *Parallelarbeit* sprechen, da sowohl BASM als auch TASM jeden FPU-Befehl durch ein FWAIT (9Bh) abschließen, so daß die CPU stets untätig bleibt, bis die FPU einen Befehl ausgeführt hat.

2.2 Die FPU-Befehle

Es gelten folgende Bezeichnungen:

m32real : 32-Bit-Gleitkommaformat (SINGLE)

m64real : 64-Bit-Gleitkommaformat (DOUBLE)

m80real : 80-Bit-Gleitkommaformat (EXTENDED)

m16int : 16-Bit-Integer (INTEGER)

m32int : 32-Bit-Integer (LONGINT)

m64int : 64-Bit-Integer (COMP)

m80dec : 80-Bit-BCD-Darstellung (kein Pascal-Typ)

Grundsätzlich besteht ein FPU-Befehl aus zwei Bytes mit folgendem Format:

```
         Befehlsbyte        Mod_R/M-Byte
Bit      7 6 5 4 3 2 1 0    7 6 5 4 3 2 1 0
         1 1 0 1 1 T T T    MOD L L L [R/M]
```

Das heißt, das erste Befehlsbyte umfaßt die Werte D8h..DFh. Wenn der FPU-Befehl auf eine FPU-Stackposition zugreift, so ist MOD = 11b, und die drei Bit von R/M bezeichnen die Stackposition (0..7). Bei Befehlen, die nicht auf den FPU-Stack zugreifen (und auch nicht auf den Speicher), ist MOD = 11b, und die R/M-Bits stehen zusätzlich zur Befehlscodierung zur Verfügung.

Bei Befehlen, die sowohl einen Speicher- als auch einen FPU-Stack-Operanden haben können, dienen die MOD-Bits zur Auswahl der Adressierung, d.h. MOD = 11b adressiert den FPU-Stack, MOD = 00b .. 10b adressiert den Speicher.

2.2.1 Die Arithmetik-Befehle der FPU

Die Arithmetik-Befehle sind sehr systematisch codiert, weshalb sie hier als erste vorgestellt werden. Ist der Wert von TTT = XX0, so handelt es sich um einen arithmetischen FPU-Befehl. Die oberen beiden Bits von TTT dienen dann der Auswahl der Operanden, während LLL die Operation festlegt.

In der Reihenfolge der Operanden entsprechen diese Befehle allerdings zum Teil nicht den üblichen Intelkonventionen.

Tabelle 2.1: Die FPU-Arithmetik-Befehle

LLL	Operation	Beschreibung
000	FADD/FIADD	Addieren mit Real/Integer
001	FMUL/FIMUL	Multiplizieren mit Real/Integer
010	FCOM/FICOM	Vergleichen mit Real/Integer
011	FCOMP/FICOMP	Vergleichen mit Real/Integer + Pop
100	FSUB/FISUB	Real/Integer subtrahieren
101	FSUBR/FISUBR	Invers Subtrahieren: Von Real/Integer abziehen
110	FDIV/FIDIV	Durch Real/Integer dividieren
111	FDIVR/FIDIVR	Invers durch Real/Integer dividieren

Tabelle 2.2: Die Arithmetik-Operanden der FPU

XX	Operanden/Adressant	Operanden/Adressant
	MOD = 00b..10b	MOD = 11b
00	ST,m32real/ST	ST,ST(i)/ST
01	ST,m32int/ST	---
10	ST,m64real/ST	ST,ST(i)/ST(i)
11	ST,m16int/ST	ST,ST(i)/ST(i) + POP

Tabelle 2.3: Beispiele für die FPU-Arithmetikbefehle

Assemblermemnonik	TTT	LLL	MOD	Operation
FSUB ST,ST(i)	000	100	11	ST:= ST - ST(i)
FSUB ST(i),ST	100	101	11	ST(i):= ST(i) - ST
FSUBR ST,ST(i)	000	101	11	ST:= ST(i) - ST
FSUBR ST(i),ST	100	100	11	ST(i):= ST - ST(i)

Das Ungewöhnliche ist beim Code XX=10b und FPU-Stack-Operanden, daß der Adressant dem zweiten Operanden entspricht. Das ist etwas gewöhnungsbedürftig, da die Intel-Konvention, an die sich auch jeder 80x86-Assembler hält, immer das Ziel zuerst nennt. Bei der Programmierung spielt diese Tatsache allerdings nur dann eine Rolle, wenn direkter Maschinencode benutzt werden soll (wie etwa bei *inline*-Anweisungen).

2.2.2 Lade und Transportbefehle

Bei den Lade- und Transportbefehlen gilt eine ebenso einfache Systematik wie bei den arithmetischen Befehlen. Dabei legt der Wert von TTT den Typ des Operanden fest, der Wert von LLL die Operation. Dabei ist zu beachten, daß intern alle Operanden grundsätzlich 80-Bit-Fließkommazahlen (Extended) darstellen. Eine Speicheroperation impliziert somit unter Umständen je nach gewähltem Operandentyp eine Rundung auf ein Format geringerer Genauigkeit bzw. auf einen ganzzahligen Wert bei dem Befehl FIST/FISTP.

TTT	Operandentyp
001	m32real
011	m32int
101	m64real
111	m16int

LLL	Operation
000	Laden
010	Speichern
011	Speichern+Pop

Wird ein Wert geladen, so steht er stets an der obersten Stack-Position ST(0). Alle anderen Werte, die bereits in die FPU geladen wurden, werden somit in ihrer Stackposition verschoben. Das Abspeichern eines Wertes bedingt indes nicht zugleich die Freigabe der entsprechenden Stackposition. Die Freigabe muß explizit mit dem Befehl FSTP/FISTP erfolgen.

Daneben existiert allerdings noch die Möglichkeit, eine Stackposition ohne Abspeichern des Operanden freizugeben. Der Befehl lautet FFREE ST(i). Dabei sollte man beachten, daß durch Anwendung dieses Befehls im Stack 'Löcher' entstehen können. FFREE ST(0) bewirkt, daß die oberste Stackposition freigegeben wird, nicht jedoch die Inkrementierung des Stackpointers wie bei einem POP-Befehl.

Zu den FST-Befehlen sei noch angemerkt, daß das Abspeichern von Werten in andere Stackpositionen die dort stehenden Werte überschreibt. Ein Abspeichern in eine noch nicht belegte Stackposition ist nicht möglich.

Ähnlich wie die CPU ist die FPU in der Lage, Registerwerte direkt mit Speicherwerten zu verknüpfen - jedoch nicht jedes Format. Das Format 'Extended' kann z.B. erst verarbeitet werden, wenn es in eine Stackposition geladen wurde. Dies verlangsamt nicht nur die Verarbeitung, sondern bedeutet auch mehr Code. Wenn man in Bezug auf die Rechengenauigkeit mit dem Format Double auskommen kann, sollte man deshalb den Gebrauch des Formats 'Extended' vermeiden.

Tabelle 2.4: Die FPU-Lade- und Transportbefehle

Befehl	TTT	LLL	Opcode
FLD m32real	001	000	D9h,ModRM/0
FST m32real	001	010	D9h,ModRM/2
FSTP m32real	001	011	D9h,ModRM/3
FLD m64real	101	000	DDh,ModRM/0
FST m64real/ST(i)	101	010	DDh,ModRM/2
FSTP m64real/ST(i)	101	011	DDh,ModRM/3

Fortsetzung Tabelle 2.4:

FILD m16int	111	000	DFh,ModRM/0
FIST m16int	111	010	DFh,ModRM/2
FISTP m16int	111	011	DFh,ModRM/3
FILD m32int	011	000	DBh,ModRM/0
FIST m32int	011	010	DBh,ModRM/2
FISTP m32int	011	011	DBh,ModRM/3
FLD m80real	011	101	DBh,ModRM/5
FSTP m80real	011	111	DBh,ModRM/7
FILD m64int	111	101	DFh,ModRM/5
FISTP m64int	111	111	DFh,ModRM/7
FBLD m80dec	111	100	DFh,ModRM/4
FBSTP m80dec	111	110	DFh,ModRM/6

Abgesehen von den Befehlen, die auf den Speicher zugreifen, stehen noch eine Reihe von Befehlen zum Laden präziser Festwerte zur Verfügung sowie zum Austausch von Registerinhalten.

Die Tabelle 2.5 führt neben diesen noch andere Befehle mit dem Opcode D9h (TTT = 001) auf. Dies sind vor allem Befehle, die weder arithmetisch noch transzendent sind und auch mit der FPU-Steuerung in keinem direkten Zusammenhang stehen, z.B. FCHS (Vorzeichen von ST(0) wechseln), FTST (ST(0) mit Null vergleichen), FABS (ST => ABS(ST)).

Man beachte, daß neben FTST auch der Befehl FXAM zur Verfügung steht, der es erlaubt, einen Operanden daraufhin zu untersuchen, ob er z.B. 'NaN' (Not a Number) entspricht oder sonst irgendwie *denormal* ist.

Tabelle 2.5: Weitere FPU-Lade- und Transportbefehle

Befehl	**TTT**	**LLL**	**MOD**	**R/M**	**OpCode**
FXCH ST,ST(i)	001	001	11	i	D9h,C8h+i
FCHS	001	100	11	000	D9h,E0h
FABS	001	100	11	001	D9h,E1h
FTST	001	100	11	100	D9h,E4h

Fortsetzung Tabelle 2.5:

FXAM	001	100	11	101	D9h,E5h
FLD1	001	101	11	000	D9h,E8h
FLDL2T	001	101	11	001	D9h,E9h
FLDL2E	001	101	11	010	D9h,EAh
FLDPI	001	101	11	011	D9h,EBh
FLDLG2	001	101	11	100	D9h,ECh
FLDLN2	001	101	11	101	D9h,EDh
FLDZ	001	101	11	110	D9h,EEh

Foldende Werte werden geladen:

FLDL2T Logarithmus zur Basis 2 von 10

FLDL2E Logarithmus zur Basis 2 von e

FLDLG2 Logarithmus zur Basis 10 von 2

FLDLN2 Natürlicher Logarithmus von 2

Diese verschiedenen Festwerte sind nützlich, wenn man Logarithmen und Exponenten zu den Basen 2, e und 10 ineinander umrechnen möchte. Daß die Festwerte 0, 1 und Pi häufig benötigt werden, versteht sich wahrscheinlich von selbst.

Neben Pi werden häufig noch die Werte 2*Pi, Pi/2 und Pi/4 benötigt. Diese erzeugt man sich sehr ökonomisch über den Befehl FSCALE, der allein den Exponenten verändert. Ebenso kann man bei den in der Mathematik häufig auftretenden Potenzen von zwei vorgehen, da der Befehl FSCALE sowohl schneller als auch frei von Rundungsfehlern abläuft. Er entspricht im Ergebnis den CPU-Befehlen shr/shl, weshalb es ein wenig ärgerlich ist, daß diese Befehle in der Pascal-Syntax nicht auch auf Gleitkommazahlen anwendbar sind.

2.2.3 Erweiterte Befehle (Tranzendente Funktionen u.a.)

Bei den transzendenten Funktionen gibt es einige Besonderheiten, die zu beachten sind. So muß der Operand für den Befehl F2XM1 beispielsweise im Bereich [0..ln(2)[liegen, damit das Ergebnis definiert ist.

Der Befehl FPTAN hingegen berechnet nicht nur den Tangens des Operanden, sondern lädt zugleich eine 1.0 an die Stackposition ST(1) u.s.w.

Tabelle 2.6: Die transzendenten FPU-Befehle

Befehl	**TTT**	**LLL**	**MOD**	**R/M**	**Opcode**
F2XM1	001	110	11	000	D9h,F0h
(ST:=2ST-1, wobei |ST|<= ln(2) sein muß)					
FYL2X	001	110	11	001	D9h,F1h
(ST(1):= ST(0) * Ln_2(ST(1)) + POP)					
FPTAN	001	110	11	010	D9h,F2h
(ST:=Tan(ST) , ST(1) = 1.0)					
FPATAN	001	110	11	011	D9h,F3h
(ST(1):= Arctan(ST(1) / ST(0)) + POP)					
FXTRACT	001	110	11	100	D9h,F4h
(ST:=Mantisse(ST) , d.h. [1..2] für positive Zahlen) (ST(1):= Exponent(ST))					
FPREM1 (ab 387)	001	110	11	101	D9h,F5h
(wie FPREM, aber nach IEEE-Norm)					
FDECSTP	001	110	11	110	D9h,F6h
FINCSTP	001	110	11	111	D9h,F7h
FPREM	001	111	11	000	D9h,F8h
(ST:= ST MOD ST(1))					
FYL2X1	001	111	11	001	D9h,F9h
(ST(1):= ST(0) * Ln_2(ST(1)+1) + POP)					
FSQRT	001	111	11	010	D9h,FAh
FSINCOS (ab 387)	001	111	11	011	D9h,FBh
(ST:=COS(ST), ST(1):=SIN(ST))					
FRNDINT	001	111	11	100	D9h,FCh
FSCALE	001	111	11	101	D9h,FDh
(ST:=ST * $2^{ST(1)}$)					
FSIN (ab 387)	001	111	11	110	D9h,FEh
FCOS (ab 387)	001	111	11	111	D9h,FFh

Tabelle 2.6 gibt einen Überblick über die transzendenten und andere nichtarithmetische Funktionen der FPU.

Die Befehle FSIN/FCOS/FSINCOS sind erst ab dem 80387 definiert. Bis zum 80287 ist es somit erforderlich, den Sinus mit Hilfe des Befehls FPTAN (oder über eine Potenzreihe) zu berechnen. Die UNIT FPU implementiert eine Sinus-Funktion. Hierfür ist es geschickt, das Argument des Tangens zwischen 0 und pi/4 zu halten, da der Wert des Tangens in der Nähe von pi/2 divergiert:

$$SIN(X) = 2\ TAN(X/2)\ /\ (1+TAN^2(X/2)).$$

Wobei der Wert von X bereits auf den Bereich von [0..pi/2] normiert sein muß.

Neben den nichtarithmetischen und transzendenten Funktionen verfügt die FPU noch über eine Reihe von Steuerbefehlen. Diese existieren zumeist in zwei 'Versionen' - mit und ohne Prüfung auf Ausnahmebedingungen. Die Version mit Prüfung wird schlicht durch ein FWAIT eingeleitet. Soll keine Prüfung erfolgen, so muß deshalb explizit der Befehl ohne Prüfung assembliert werden. Tabelle 2.7 bietet eine Übersicht über die FPU-Steuerbefehle.

Die FPU-Umgebung besteht für ein 16-Bit-Codesegment aus einem Record von 14 Byte Umfang, dessen Aufbau Tabelle 2.8 zeigt.

Der FPU-(Gesamt-)Zustand umfaßt weitere 80 Byte mit den FPU-Datenregistern in der Reihenfolge der Stackpositionen, so daß der FPU-Zustand 96 Byte umfaßt. Bei einem 80387/i486DX und einem 32-Bit-Segment umfaßt die FPU-Umgebung 28 Byte (*jede* Position wird durch 32 Bit dargestellt) und der Zustand dadurch 108 Byte.

Tabelle 2.7: Die FPU-Steuerbefehle

Befehl	**Opcode**	**Operation**
FINIT	9Bh,DBh,E3h	FPU Initialisieren mit Prüfung
FNINIT	DBh,E3h	FPU Initialisieren ohne Prüfung
FLDCW	D9h,ModRM/5	FPU-Control-Wort laden
FSTCW	9Bh,D9h, ModRM/7	FPU-Control-Wort speichern + Prüfung
FNSTCW	D9h,ModRm/7	FPU-Control-Wort speichern
FSTSW	9Bh,DFh, ModRM/7	FPU-Status-Wort speichern + Prüfung

Fortsetzung Tabelle 2.7:

FNSTSW	DFh,ModRM/7	FPU-Status-Wort speichern
FCLEX	9Bh,DBh,E2h	Ausnahmebedingung löschen (Clear Exception)
FNCLEX	DBh,E2h	
FLDENV	D9h,ModRM/4	FPU-Umgebung laden (14 Byte)
FSTENV	9Bh,D9h, ModRM/6	FPU-Umgebung speichern
FNSTENV	D9h,ModRM/6	
FSAVE	9Bh,DDh, ModRM/6	FPU-Zustand sichern (94 Byte)
FNSAVE	DDh,ModRM/6	
FRSTOR	DBh,ModRM/4	FPU-Zustand restaurieren
FFREE ST(i)	DDh/C0h+i	Stackposition ST(i) freigeben
FNOP	D9h,D0h	
FWAIT	9Bh	

Der Anwender wird die Befehle zum Sichern und Laden der FPU-Umgebung bzw. des FPU-Gesamtzustandes jedoch selten benutzen.

Sie sind vor allem für ein Multitasking-Betriebssystem wichtig, da bei einer Taskumschaltung neben dem CPU-Zustand natürlich auch der FPU-Zustand für eine Task gesichert werden muß. Ein ähnliches Problem ergibt sich bei der Anwendung von FPU-Befehlen in Interrupt-Handlern. Wenn man nicht sicher sein kann, daß das unterbrochene Programm die FPU gerade nicht nutzt, so ist es notwendig, den FPU-Zustand (wie ja auch die CPU-Register) vor etwaiger Nutzung der FPU zu sichern und hernach zu restaurieren. Da dies relativ zeitaufwendig ist, sollte man wenn möglich von einer Nutzung der FPU in Interrupthandlern absehen.

Tabelle 2.8: Aufbau eines FPU-Umgebungsblocks

Offset	Inhalt
0	FPU-Steuerwort (Controlword)
2	FPU-Statuswort
4	FPU-TAG-Wort
6	IP
8	CS
10	Offset des aktuellen Speicher-Operanden
12	Segment (oder Selektor) des aktuellen Speicher-Operanden

2.3 Die UNIT FPU

Einleitung

Nicht allein, um die Arbeitsweise der FPU-Befehle an Beispielen zu belegen, sondern auch deshalb, weil sie (bei vorhandener FPU) 3..5 mal schneller (!!) als die entsprechenden Turbo-Pascal-Routinen sind, werde ich im folgenden die UNIT FPU vorstellen, in der die grundlegenden transzendenten Funktionen implementiert sind. Wer Fließkommaarithmetik in seinen Programmen intensiver nutzt, sollte sich *in jedem Fall* mit der Assembler-Programmierung der FPU vertraut machen, da sich damit gerade auf 80386/387 und i486-er Rechnern ganz erhebliche Leistungssteigerungen gegenüber der Pascal-Implementierung erzielen lassen. Es ist (leider) eben nicht nur wichtig, 'gute' Algorithmen zu verwenden, sondern ebenso, diese Algorithmen auf rationelle Art zu implementieren. Ein Geschwindigkeitsvorteil von 3..5 entspricht einer Taktsteigerung von 16 auf 48..80 Mhz !

Die Unit FPU basiert auf einer Reihe von Prozeduren, die aus Gründen der Geschwindigkeit als NEAR deklariert sind. Diesen Routinen werden die Parameter in den ersten Stackpositionen übergeben, und sie liefern ihr Ergebnis auch in diesen ab. Die 'offiziellen' Funktionen, die im Interfaceteil der UNIT FPU auftauchen, tun selbst nichts weiter, als die Parameter in den FPU-Stack zu laden und die eigentlichen Rechen-Routinen aufzurufen. Das Ergebnis einer Fließkommafunktion wird in den FPU-Registern übergeben, so daß das Ergebnis bereits an der richtigen Stelle steht, wenn die Funktionen in BASM geschrieben werden.

2.3.1 Die Standardfunktionen

Die Standardfunktionen Sin, Cos, Exp, Ln (sowie Log=Logarithmus zur Basis 10 und Ld=Logarithmus zur Basis 2) sind in einem Assembler-Modul implementiert, da dies zum einen die Möglichkeit zur Nutzung der Befehle des 80387 eröffnet und zum anderen die lokale Abschaltung des Emulators ermöglicht. Die Funktionen liegen auch zum Teil 'ineinander', eine Technik, die ebenfalls mit BASM schwer zu realisieren ist. Die Datei heißt FPU.ASM.

Bei der Berechnung des Cosinus wird die Tatsache ausgenutzt, daß gilt COS(X) = SIN(X+PI/2). Der Sinus wird beim 80387 / i486DX mit dem Befehl FSIN berechnet und beim 8087/80287 über die Formel SIN(X) = 2 * TAN(X/2) / (1 + TAN^2(X/2)), wobei der Operand vorher auf den Wertebereich von 0..Pi/2 normalisiert wird. Auf diese Weise liegt das Argument des Tangens ausschließlich im 'harmlosen' Bereich von 0..PI/4.

```
NOEMUL
FRCos    proc near
  cmp    Test8087,0
  jne    short @@2
  INT    3EH
  DW     scCos    ; Emulatoraufruf, falls keine FPU vorhanden
  RET
@@2:
  fld    __pi_2   ; globale Konstante der UNIT FPU = Pi/2
  faddp  st(1),st
  jmp    @1X
FRSin    proc near
  cmp    test8087,0
  jne    short @1X
  INT    3EH
  DW     scSin
  RET
@1X:
  cmp    test8087,3
  jb     short @@287
         .386
         .387
  fsin                   ; 387 vorhanden: FSIN nutzen
  ret
         .8086
         .8087
@@287:                   ; 8087 oder 80287:
  fld    __pi2           ; __pi2 = 2 * pi
  fxch   st(1)           ; ST = X, ST(1) = 2*PI
```

```
    ftst                    ; X < 0 => SIN(X) = - SIN(-X)
    fstsw  tempword
    mov    ax,tempword
    sahf
    pushf
    jns    short @@1
    fchs
  @@1:
    fprem                   ; St:= X Mod (2*pi)
    fxch   st(1)
    ffree  st
    fincstp
    fldpi                   ; ST = PI, ST(1)=X
    fcomp  st(1)            ; X > PI (?) => SIN(X) = - SIN(X-PI)
    fstsw  TempWord
    mov    ax,Tempword
    sahf
    pushf
    ja     short @@2
    fldpi
    fsubp  st(1),st
  @@2:
    fld    __pi_2           ; ST = PI/2, ST(1) = X
    fcomp  st(1)            ; ST = X
    fstsw  TempWord         ; X > PI/2 (?) => SIN(X) = SIN(PI-X)
    mov    ax,tempword
    sahf
    ja     short @@3
    fldpi
    fsubrp st(1),st
  @@3:
    fld1
    fchs
    fxch   st(1)            ; ST = X , ST(1) = -1
    fscale                  ; ST = X/2, für die Formel:
                            ; SIN(X) = 2 * TAN(X/2) / (1 + TAN²(X/2))
                            ; Das Argument liegt immer zwischen 0 und pi/4
    fstp   st(1)            ; ST = X/2
    fptan                   ; ST = 1, ST(1) = TAN(X/2)
    fld    st(2)            ; ST = TAN(X/2) , ST = 1 , ST(2) = TAN(X/2)
    fmul   st,st            ; ST = TAN²(X/2), ST(1) = 1 , ST(2) = TAN(X/2)
    faddp  st(1),st         ; ST = TAN²(X/2) + 1, ST(1) = TAN(X/2)
    fdivp  st(1),st         ; ST = TAN(X/2) / (1+TAN²(X/2))
    fld1
    fxch   st(1)
    fscale                  ; ST = 2 * TAN(X/2) / (1+TAN²(X/2)) , ST(1) = 1
    fstp   st(1)
    popf
```

```
  ja    short @@20
  fchs
@@20:
  popf
  jns   short @@10
  fchs
@@10:
  ret
FRSin endp
FRCos endp
```

Die Datei FPU.ASM enthält daneben auch eine Routine, die auf 87 / 287er Coprozessoren zugleich Sinus und Cosinus berechnet, was zusammen sehr viel schneller geht als nacheinander, da für den Cosinus gilt:

$Cos(X) = (1 - Tan^2(X))/(1 + Tan^2(X))$

Der Arcustangens existiert als direkte FPU-Funktion:

```
FRArctan proc near
    cmp  test8087,0
    jne  @@1
    INT  3EH
    DW   scArcTan
    RET
@@1:fld1
    fpatan
    RET
FRArctan endp
```

Die Funktion Exp(x) wird über den FPU-Befehl F2XM1 berechnet. Da dieser Befehl jedoch ein Argument zwischen Null und Ln(2) erwartet, muß das Argument vorher in einen gebrochenen und einen geraden Anteil zerlegt werden:

$$F2XM1(X) = 2^X - 1$$
$$Exp(X) = 2^{Trunc(X * Ld(e))} * (F2XM1(Frac(X * Ld(e))) + 1)$$

```
FRExp   proc near
  cmp   test8087,0
  jne   short @@1
  INT   3EH
  DW    scExp
  RET
@@1:
  fldl2e
  fmulp st(1),st
  fld   st
```

```
      frndint
      fsub   st(1),st
      fxch   st(1)
      f2xm1
      fld1
      faddp  st(1),st
      fscale
      fstp   st(1)
      ret
    FRExp endp
```

Die verschiedenen Logarithmen lassen sich praktisch alle mit der gleichen Funktion berechnen, wenn eine FPU vorhanden ist.

```
    ; Logarithmen zu verschiedener Basis:

    FRLog     proc near    ; LOG = Basis 10
      cmp     Test8087,0
      jne     short @@1
      INT     3EH
      DW      scLog10
      RET
    @@1:
      FldLg2
      jmp     @Ln
    FRLd      proc near    ; LD = Basis 2
      cmp     Test8087,0
      jne     short @@2
      INT     3EH
      DW      scLog2
      RET
    @@2:
      fld1
      jmp     @Ln
    FRLn      proc near    ; LN = Basis e
      cmp     Test8087,0
      jne     short @@3
      INT     3EH
      DW      scLog
      RET
    @@3:
      fldln2
    @Ln:
      fxch   st(1)
      fyl2x
      ret
    FRLn endp
    FRLd endp
    FRlog endp
```

Das liegt daran, daß Ln(X) zur Basis B gleich dem Logarithmus zur Basis zwei von X (Ld(X)) multipliziert mit dem Logarithmus zur Basis B von zwei. Da der Befehl FYL2X sowieso schon die Multiplikation mit einem Faktor Y in ST(0) impliziert, so muß der entsprechende Faktor nur in ST(0) stehen:

1) ST = Logarithmus zur Basis B von 2
2) ST(1) = X
3) FYL2X aufrufen

2.3.2 Weitere transzendente Funktionen

Neben diesen bereits von Turbo Pascal angebotenen Funktionen sind in der UNIT FPU noch eine Reihe weiterer reeller Funktionen realisiert:

a) TAN, COT
b) ARCSIN, ARCCOS,ARCCOT
c) SINH, COSH, TANH, COTH
d) ARSINH, ARCOSH, ARTANH, ARCOTH
e) Y_POW(x,y) = X^Y
f) N_POW(x) = X^N
g) N über K
h) Scale(k) = 2^k
i) XScale(x,k) = X * 2^k

Die Funktion XScale ist vor allem deshalb von Interesse, weil bei vielen Berechnungen ein Wert durch Potenzen von 2 geteilt werden bzw. mit solchen multipliziert werden muß. Da dies im Binärsystem einer bloßen Änderung des Exponenten entspricht, ist es rationeller, hierfür den FPU-Befehl FSCALE zu nutzen.

Die Funktion X^N arbeitet mit einer direkten Potenzierung des Arguments (ohne Umweg über EXP(N * LN(X))) und basiert auf der Überlegung, daß X^N = SQR($X^{N \text{ DIV } 2}$) * $X^{N \text{ MOD } 2}$ ist. Für höhere Exponenten ist dieser Algorithmus bedeutend schneller als die N-malige Multiplikation von X mit sich selbst, da die Rechenzeit praktisch mit LN(N) wächst, statt mit N. Nebenbei wurde der Algorithmus nicht rekursiv, sondern in einer Schleife implementiert, was in praktisch jedem Fall günstiger (und schneller) ist, da erstens der Stack nicht so leicht überläuft und zweitens die Zeit für den CALL und die Übergabe der Argumente entfällt.

```
Function N_POW(x:float;N:word):float; assembler;
 asm
      mov     ax,n
      fld     x
      fld1
      xor     cx,cx     ; CX = Zähler
@@1:  shr     ax,1
      pushf
      rcl      cx,1
      popf
      jnz     @@1
@@2:  fmul    st,st
      shr     cx,1
      jnc     @@3
      fmul    st,st(1)
@@3:  jcxz    @@4
      jmp     @@2
@@4:  fstp    st(1)
 end;
```

Das Program FPUDEMO.PAS, das die Zeitmessung der UNIT TIMER mitnutzt, demonstriert den Zeitbedarf der verschiedenen Funktionen der UNIT FPU im Vergleich zu denen der UNIT SYSTEM.

2.4 Der Borland-80x87-Emulator

Turbo Pascal (incl. Borland Pascal) stellt einen Gleitkommaemulator zur Verfügung, der die FPU-Befehle auch dann zur Ausführung bringt, wenn ein Coprozessor nicht installiert ist. Das Konzept ist folgendes: Der Compiler fügt in ein Programm, das den Emulator nutzen soll, nicht die eigentlichen FPU-Maschinenbefehle ein, sondern modifizierte Befehle. Die FPU-Befehle hatten die Form D8h..DFh/MOD_RM; die entsprechenden Emulatorbefehle lauten CDh/(D8h..DFh)-A4h/MOD_RM (wobei die Aufrufe mit Segmentvorgabe gesondert betrachtet werden).

Die Emulatoraufrufe umfassen also ein Byte mehr als die entsprechenden FPU-Opcodes und zwar einen Interruptaufruf. Die Interrupt-Nummer ist das FPU-Befehlsbyte abzüglich A4h, so daß die Emulator-Interrupts die Nummern 34h..3Bh belegen. Tatsächlich sind auch die Interruptnummern 3Ch..3Eh für den Emulator reserviert.

Interrupt 3Ch wird für die Emulation von FPU-Befehlen genutzt, die eine Segmentvorgabe enthalten. Die Syntax des Emulators ist in diesem Fall etwas anders:

Das Prefix-Byte der Segmentvorgabe wird vom Compiler durch den Interrupt-Aufruf CDh 3Ch ersetzt. Das erste Byte des FPU-Opcode wird nun entsprechend der Segmentvorgabe modifiziert, in dem folgende Werte abgezogen werden:

Segmentvorgabe	**Wert**
ES	0
CS	40h
SS	80h
DS	C0h

Da die FPU-Opcodes stets zwischen D8h und DFh liegen, befinden sich die modifizierten Opcodes bei DXh, 9Xh, 5Xh und 1Xh.

Der Emulator-Interrupt 3Dh dient ausschließlich dem Befehl FWAIT, der Interrupt 3Eh dient der Bearbeitung der Standard-Pascal-Funktionen Sin,Cos,Exp u.s.w.

Ist ein Coprozessor nicht installiert, so wird die Interruptroutine die Funktionen desselben emulieren. Verfügt das System hingegen über einen Coprozessor, kann die Interruptroutine anhand der Rücksprungadresse auf dem Stack die Stelle im Code-Segment ermitteln, von der der Aufruf ausging, den Emulatoraufruf durch den eigentlichen FPU-Befehl ersetzen und alle überschüssigen Code-Bytes durch NOPs (90h) auffüllen. Danach wird die Rücksprungadresse um eins dekrementiert. Nach einem IRET landet die CPU direkt am FPU-Befehl. Jede nachfolgende Ausführung des gleichen Code-Fragments wird somit keinen Interrupt mehr auslösen, da der Code modifiziert wurde. Auf diese Weise verabschiedet sich der Emulator bei vorhandener FPU von selbst. Die Interruptroutinen werden also im Modus E+ stets in die EXE-DATEI aufgenommen und vor dem eigentlichen Programmstart installiert. Der Umfang eines Programms mit Emulator ist deshalb entsprechend höher.

Der einzige Haken an dem Konzept ist, daß die Routinen bei vorhandener FPU erst beim zweiten Durchlauf 'schnell' sind. Handelt es sich aber um eine DLL, ein Overlay-Segment oder um ein verwerfbares Protected-Mode-Segment, so kann dieses 'erste' Mal zur Laufzeit eines Programms durchaus öfter vorkommen, nämlich jedesmal, wenn der entsprechende Code neu von der Platte geladen wird. Aus der Sicht des Compiler-Bauers ist dieses Konzept sicherlich das einfachste, obwohl durchaus andere Methoden denkbar sind, die die erwähnten Nachteile evtl. vermeiden würden.

3 Die interne Peripherie

In diesem Kapitel sollen einige Bausteine besprochen werden, die zwar zur 'Peripherie' gezählt werden, aber keine Funktion als Ein-/ Ausgabegeräte erfüllen. Zur eigentlichen Peripherie gehören meines Erachtens Tastatur, Bildschirm, Maus, Festplatten etc., während die Bausteine DMA-Controller, Interruptcontroller, Timer etc. speziellen *internen* Zwecken dienen, die nicht von der CPU übernommen werden (können).

Ich werde auch nur eine Auswahl der Hardwarebausteine, die die CPU unterstützen, besprechen. Der DMA-Controller wird eigentlich nur erwähnt, um betonen zu können, daß es besser ist, ihn möglichst schnell wieder zu vergessen. Mir ist keine Anwendung bekannt, die auf dem PC/AT den DMA-Controller sinnvoll einsetzen könnte, da jeder Datentransfer von und zu I/O-Geräten mit den CPU-String-Befehlen (vergl. Kapitel 1.3.5) besser und schneller zu erledigen ist. Eine Programmierung des Interrupt-Controllers wird wohl auch nur in Ausnahmefällen nötig sein. Sehr interessant hingegen kann es sein, den Timer (und/oder) den Lautsprecher zu programmieren, sei es, um Zeitintervalle mit hoher Präzision zu messen, oder um in differenzierter Weise Töne zu erzeugen.

3.1 Der DMA-Controller

Der DMA (Direct Memory Access) - Controller - Baustein 8237A erfüllt im wesentlichen zwei Aufgaben. Die erste ist ein zyklischer Refresh des dynamischen RAM-Speichers (nur XT), d.h., ein Datentransfer von dem Speicher in den Speicher, der periodisch durch den Timer-Kanal 1 aktiviert wird, das Zweite ist der schnelle Datentransfer zwischen RAM-Speicher und Peripheriegeräten wie Harddisk oder Floppylaufwerk. Während eines DMA-Datentransfers ist die CPU inaktiv. Daher ist die Programmierung des DMA etwas riskant, da sich die CPU bei einer Fehlprogrammierung eventuell dauerhaft verabschiedet. Meistens bedeutet die fehlerhafte Ansteuerung eines DMA-Kanals den Absturz des Systems. Es sei auch explizit gesagt, daß die Transfergeschwindigkeit zwar beim XT durch den DMA erheblich gesteigert werden kann, ab dem AT/286 jedoch nicht unbedingt. Dies liegt zum einen daran, daß der etwas veraltete Baustein mit einem Takt von maximal 8 MHz betrieben wird, während bereits der 80286 mit bis zu 25 MHz getaktet ist und zum zweiten daran, daß ab dem 80286 die Befehle (REP) INS/OUTS zur Verfügung stehen, so daß der schnelle Datentransfer von und zu Peripheriegeräten, der ja über I/O-Ports erfolgt, von der CPU genauso schnell (oder schneller) und bei weitem risikoloser (sprich mit weniger Hardwareprogrammierung) erfolgen kann (vergl. Kapitel 1.3.5).

Dennoch soll hier eine kurze Übersicht über die Register und Ports des DMA-Controllers gegeben werden mit der ausdrücklichen Empfehlung, eine Programmierung - so vermeidbar - zu unterlassen. Nur beim XT macht die Programmierung der DMA-Kanäle wirklich Sinn.

Der XT (8086) verfügt über einen, der AT über zwei DMA-Bausteine mit jeweils vier Transferkanälen. Die Portadressen des 1. DMA-Controllers (DMA-Kanäle 0..3) liegen bei 000H-01FH, die des zweiten bei 0C0H..0DFH (DMA-Kanäle 4..7).

Die DMA-Kanäle werden z.T. von System fest belegt:

Kanal	**Verwendung**
0	Memory Refresh (nur XT)
1	frei
2	Floppydisk
3	Harddisk
4	Kaskadierung vom 1.Controller (AT)

Alle anderen Kanäle sind frei.

3.1.1 Die DMA-Register

Das Kommando/Status-Register (Port 008h/0D0h)

Bei Lesezugriffen dient das Register als Statusregister, wobei Bit 0..3 die Kanalnummer bezeichnen, die einen Transfer beendet hat, die Bits 4..7 die Kanalnummer, bei der eine DMA-Anforderung vorliegt.

Bei Schreibzugriffen dient das Register als Steuer- oder **Kommandoregister** mit folgender Belegung:

Bit	Bedeutung
0	0/1 Speicher-Speicher-Transfer sperren/zulassen
1	1/0 Adresse Kanal 0 speichern/nicht speichern
2	0/1 DMA-Controller sperren/zulassen
3	0/1 normales/komprimiertes Timing
4	0/1 fixe/rotierende Priorität
5	0/1 normale/besondere Schreibauswahl
6	DREQ-Signal
7	DACK-Signal

Das DMA-Request-Register (Port 009h/0D2h)

Mit Hilfe dieses Registers läßt sich eine DMA-Anforderung per Software setzen. Es läßt sich nur schreiben, und es gilt folgende Belegung:

Bit	Belegung
0..1	Kanalnummer
2	0/1 = Löschen/Setzen einer Anforderung

Das Single-Mask-Register (Port 00Ah/0D4h)

Mit Hilfe des Registers wird der DMA-Transfer kanalweise zugelassen oder gesperrt (Nur-Schreib-Register):

Bit	Belegung
0..1	DMA-Kanal
2	0/1 Zulassen/Sperren des Transferkanals

Das Modus-Register

Mit dem Modusregister wird die Transferart festgelegt. Die einzelnen Bits sind folgendermaßen belegt:

Bit	Belegung
0..1	Nummer des Kanals
2..3	Betriebsart:
	00 = Testmodus (Verifizieren)
	01 = Daten über Port einlesen

	10 = Daten über Port an Interface leiten
	11 ist undefiniert
4:	1/0 = Autoinitialisierung ein/aus
5:	0/1 = Adressen in-/dekrementieren
6..7:	Transfermodus:
	00 = Anfrage-Modus
	01 = Einzel-Modus
	10 = Block-Modus
	11 = Kaskadierter Modus

Das Adressflipflop (Port 00Ch/0D8h)

Ein Schreibzugriff auf diese Portadresse setzt ein Flipflop zurück, so daß beim Beschreiben der Offset-/Zählerregister das Lobyte zuerst adressiert wird.

Die Adress-/Zählerregister

Die Offsetregister werden benutzt, um den Offset im Speicher festzulegen, ab dem Daten gelesen oder geschrieben werden sollen. Die jeweilige Speicherseite (1 Seite = 64 KB) wird über das zuständige Seiten-Register gesetzt. Das Zählerregister enthält die Zahl der Bytes/Worte, die transferiert werden sollen. Einige DMA-Kanäle sind festgelegt auf Tranfer von Bytes, andere auf den Wort-Transfer.

Tabelle 3.1: DMA-Seiten- und Offsetregister

Kanal	Port des Offsetreg.	Port des Zählers	Port des Pagereg.	Transfer
0	000h	001h	087h	Bytes
1	002h	003h	083h	Bytes
2	004h	005h	081h	Bytes
3	006h	007h	082h	Bytes
4	0C0h	0C2h		
5	0C4h	0C6h	08Bh	Worte
6	0C8h	0CAh	089h	Worte
7	0CCh	0CEh	08Ah	Worte

Die DMA-Seiten- und -Offsetregister sind etwas unkonventionell belegt. Beim Byte-Transfer werden im Seitenregister die oberen Adressbits (16..19) in die unteren vier Register-Bits geladen, während das Offsetregister die Adressbits 0..15 aufnimmt. Beim Wort-Transfer wird Bit 0 des Seitenregisters ignoriert, während das Offsetregister die Adressbits 1..16 enthält. Somit ist der Wort-Transfer nur ab geraden Adressen möglich. Vor dem Setzen der Startadresse oder des Zählers ist unbedingt ein Schreibzugriff auf das Adressflipflop vorzunehmen, damit sich dies in einem definierten Zustand befindet. Tabelle 3.1 gibt eine Übersicht über die Seiten- und Offsetregister.

3.2 Der Interrupt-Controller

Der Interrupt-Controller 8259 dient dazu, die Hardware-Interrupt-Anforderungen zu steuern, zu maskieren und nach Priorität sortiert der CPU zu melden. Ein Hardware-Interrupt wird z.B. ausgelöst, wenn der Anwender die Tastatur betätigt oder die Maus bewegt. Aber auch der Timerbaustein löst in regelmäßigen Abständen einen Interrupt aus. Die Interrupt-Routine ist dafür zuständig, angemessen auf das externe Ereignis zu reagieren, d.h. z.B. festzustellen, welche Taste vom Anwender gedrückt wurde, und diesen Wert in den Tastaturpuffer zu übertragen. Eine Hardware-Interrupt-Routine *muß dem Interruptcontroller das Ende der Bearbeitung mitteilen*, da der Interruptcontroller sonst keine weiteren Hardware-Interrupts zuläßt. Dies kann und sollte geschehen, sobald die Service-Routine die CPU-Register gesichert hat. Dazu weiter unten mehr.

3.2.1 Die PC-Hardware-Interrupts

Tabelle 3.2 zeigt die Belegung der Hardware-Interrupts beim PC. Der Tabelle ist auch zu entnehmen, daß die Hardware-Interrupt-Nummern nicht den Interruptnummern der Systeminterrupts entsprechen. Die Nummer des Systeminterrupts entscheidet, an welcher Stelle der Interruptvektortabelle die Adresse der Interrupt-Service-Routine steht. (Eine Liste aller im PC belegten Interruptnummern und ihrer Verwendung findet sich in Anhang A). Die Hardware-Interrupts IRQ0..IRQ7 belegen die *Systeminterrupts* 8 bis 0Fh. Sie werden vom ersten Interrupt-Controller verwaltet. Der zweite Controller verwaltet die Hardware-Interrupts IRQ8..IRQ0Fh. Diese entsprechen den Systeminterrupts 70h..77h. Die meisten IRQ-Signalleitungen sind beim PC bereits vom System belegt. Dennoch gibt es auch noch Interrupt-Nummern zur freien Verwendung (etwa in Prototypkarten). Die Verwendung von Hardware-Interrupts hat große Vorteile, da so ein laufendes Programm nicht ständig die Peripherie überprüfen muß, sondern statt dessen anderen Aufgaben nachgehen kann, da die Peripherie über den 'Aufruf' der Interruptservice-Routine selbst dafür sorgt, daß die notwendigen Maßnahmen getroffen werden. Diese Maßnahmen können dann praktisch im Hintergrund ablaufen. Das laufende Programm 'bemerkt' dies nicht einmal.

Tabelle 3.2: Die PC-Hardware-Interrupts

Hardware IRQ	**System-Interrupt**	**Verwendung (Auslöser)**
0	8	Systemuhr (Timerbaustein)
1	9	Tastatur
2	0Ah	Kaskadierung 2. Controller
3	0Bh	2. serielle Schnittstelle (COM 2)
4	0Ch	1. serielle Schnittstelle (COM 1, Maus)
5	0Dh	2. Druckerport (LPT 2)
6	0Eh	Floppy-Laufwerk u. Festplatte
7	0Fh	1. Druckerport (LPT 1)
8	70h	Echtzeituhr (CMOS)
9..12	71h..74h	frei
13	75h	FPU (Coprozessor)
14	76h	Hard Disk
15	77h	frei

Will man über eine neu eingebaute (u.U. selbst entwickelte) Prototypkarte Hardwareinterrupts auslösen, so ist darauf zu achten, daß das Interruptsystem eine *Totzeit* aufweist, die so lange dauert, wie die Interruptserviceroutine benötigt, um dem IRQ-Controller das Ende des Interrupts zu signalisieren. Während dieser Totzeit kann nicht der gleiche Hardware-Interrupt noch einmal ausgelöst werden.

3.2.2 Die Register des Interrupt-Controllers

Der Interrupt-Controller Baustein 8259 A verfügt über mehrere interne Register, die seinen Zustand definieren. Die wichtigsten sind das Interrupt-Request-Register, in dem die Interruptanforderungen notiert werden, das In-Service-Register und das Maskenregister (Interrupt-Mask-Register), mit dem bestimmte Interrupts gesperrt werden können. Daneben existieren noch Steuerungsregister, die die genaue Betriebsart des Bausteins festlegen. Diese werden vom BIOS initialisiert und sollten nach Möglichkeit nicht ohne zwingenden Grund verändert werden. Der erste Interruptcontroller belegt die Portadressen ab 20h, der zweite ab A0h. Das **Interrupt-Maskenregister** befindet sich an der I/O-Adresse 21h. Es ist ein Byte lang; je einem Bit ist eine IRQ-Nummer zugeordnet. Ist es gesetzt, so wird der entsprechende Interrupt nicht zugelassen. Wird somit durch ein Programm etwa der Tastatur-Interrupt gesperrt, so wird der Prozessor nicht mehr auf die Tastatur reagieren.

Eine Umprogrammierung dieses Registers wird aber selten notwendig sein. Wichtig hingegen ist die Portadresse 20h. Wird sie mit dem Wert 20h beschrieben (Port[$20]:=$20;), so wird dem Controller ein nicht spezifischer EOI (End-Of-Interrupt) signalisiert, wodurch das entsprechende Bit im **In-Service-Register** gelöscht wird. Dies ist wichtig, da der Controller solange keine weiteren Interrupts zuläßt, wie ihm nicht das Ende des laufenden Interrupts signalisiert wurde. Jede Interrupt-Routine, die durch die Hardware 'aufgerufen' wird, *muß* daher ein EOI an den Interrupt-Controller signalisieren.

Das **Interrupt-Request-Register** wird nur durch die Hardware gesetzt. (Es signalisiert ja gerade eine hardwareseitige Anforderung).

Es lassen sich jedoch sowohl das In-Service- als auch das Interrupt-Request-Register programmseitig auslesen. Hierzu muß das Register an Portadresse 20h entsprechend gesetzt werden. Es gilt folgende Belegung:

```
Bit         7   6   5   4   3   2   1   0
Belegung    E2  E1  E0  M1  M0  L2  L1  L0
```

Die Bits M0 und M1 legen den Arbeits-Modus des Registers fest.

M1	M0	
0	0	: E0..E2 EOI-Typ vom Level L0..L2
1	0	: Initialisierungwerte schreiben
0	1	: Registerwerte lesen

Für den EOI-Modus gilt bei

E0..E2 = 001: Nichtspezifischer EOI
011: Spezifischer EOI vom Level (L0..L2)

Für den Lesemodus gilt, daß Bit 0 und 1 das auszulesende Register festlegen:

L1..L0 = 10: Lese Request Register

L1..L0 = 11: Lese In-Service-Register

Der Wert läßt sich dann an der Portadresse 20h auslesen. Das Programm IRQ_DEMO.PAS demonstriert diese Möglichkeit. Sie ist allerdings nur zu Testzwecken von Interesse.

3.3 Der Timerbaustein 8253

Die Programmierung des PC-Timerbausteins erfolgt üblicherweise zur Tonerzeugung am Lautsprecher. Dies wird von Turbo Pascal erledigt. Mit den Routinen Sound/NoSound lassen sich die gewünschten Effekte zumeist ohne weiteres erfüllen.

Der PC-Timer eröffnet aber daneben die Möglichkeit, ein Handicap zu beseitigen, das völlig unverständlicherweise den PC-Programmierer behindert. Wer ab und an in Assembler programmiert, wird sich schon des öfteren darüber geärgert haben, daß die PC-Peripherie keine Möglichkeit bietet, Zeitintervalle auf mehr als 1/18 Sekunde genau zu bestimmen. Auch die von DOS angebotenen Funktionen geben die Zeit nicht genauer an. Um zu verstehen, warum dies so ist, und wie sich das Manko beseitigen läßt, ist man gezwungen, sich etwas genauer mit den Funktionen des Timerbausteins zu befassen, da die Systemzeit über den Timer gemessen wird. Ist man mit den Funktionen des Timers erst einmal vertraut, so stellt es keine allzu große Schwierigkeit mehr dar, Zeitintervalle beliebiger Länge auf einige Mikrosekunden genau zu bestimmen. Dies ist insbesondere für die präzise Bestimmung des Zeitbedarfs von geschwindigkeitsoptimierten Assemblerroutinen sehr hilfreich.

3.3.1 Der Timerbaustein

Jeder PC, vom 8086 bis zum 50 MHz i486-er verfügt über einen Timerbaustein, der mit immer derselben Taktfrequenz von 1193182 Hz betrieben wird.

Der Timerbaustein verfügt über drei voneinander unabhängig programmierbare 16-Bit-Zähler, die auf jeweils sechs verschiedene Betriebsarten eingesetzt werden können. Der Timerbaustein wird im PC über die I/O-Ports 40h..43h programmiert. Der Port 43h ist das Steuerregister, die anderen drei Ports dienen zum Schreiben oder Lesen des Zählerwertes. Port 40h für Kanal null, Port 41h für Kanal eins und Port 42h für Kanal zwei. Jeder Zähler hat einen Ausgang, der bei Nulldurchgang je nach Betriebsart einen Impuls oder eine Flanke erzeugen kann.

Der Kanal 0 des Timers ist im PC für die Systemzeit zuständig. Sein Ausgang ist mit der Interrupt-Request-Leitung Nr.0 verbunden, so daß er in regelmäßigen Abständen den Hardware-IRQ 0 auslöst, der mit dem Systeminterrupt 08h identisch ist. Über diesen Interrupt wird der BIOS-Zeitzähler inkrementiert (ein Doppelwort an der Adresse 40h:6Ch). Da der Kanal null des Timers vom BIOS mit dem Startwert FFFFh geladen wird, wird der Interrupt somit 18.2 mal pro Sekunde ausgelöst. Hieraus erklärt sich, warum die Zeit normalerweise nicht genauer angegeben wird. Der Handler dieses Interrupts löst standardmäßig den sogenannten Timerfolgeinterrupt 1Ch aus, in den sich Anwenderprogramme einklinken können.

Der Kanal eins des Timers ist für den Memory-Refresh zuständig. Über ihn wird der DMA-Controller zyklisch aufgefordert, einen Memory-Refresh durchzuführen. Dieser Kanal ist also tabu. Man sollte tunlichst die Finger von ihm lassen, da sonst die Gefahr besteht, daß der Computer anfängt, an Gedächtnisschwund zu leiden.

Kanal zwei des Timers steht dem Anwender zur freien Verfügung. Er kann optional mit dem Lautsprecher verbunden werden.

Ich will nicht sagen, daß der Kanal 0 (Systemtakt) tabu ist, aber abgesehen davon, daß die Gefahr besteht, daß die Uhr falsch läuft, wenn er umprogrammiert wird, benötigt das BIOS z.B. zur Steuerung des Diskettenmotors eine genaue Zeitbasis. Und hierfür ist es u.U. eben nicht nur entscheidend, wie oft der IRQ 0 ausgelöst wird, sondern auch, in welchem Modus der Timer zählt. Zumindest das PHOENIX-BIOS meines PCs greift auch auf den Zählerwert dieses

Timerkanals zu, so daß ich es für ratsam halte, auch diesen Kanal nicht umzuprogrammieren.

3.3.2 Die Betriebsarten des Timers

Der Timer läßt sechs verschiedene Betriebsarten zu:

Nummer	Betriebsart
0	Interrupt bei Zählernulldurchgang
1	Monostabile Kippstufe
2	Taktgenerator mit Teiler durch N
3	Rechteckgenerator
4	Softwaregesteuertes Signal (Strobe)
5	Hardwaregesteuertes Signal (Strobe)

Für den Anwender sind hiervon vor allem die Betriebsart 3 (zur Steuerung des Lautsprechers) und die Betriebsart 2 (zur Zeitmessung) von Interesse.

Beide Betriebsarten sind zyklisch und abwärtszählend, d.h. hat der Zähler den Wert null erreicht, wird der Anfangswert erneut geladen und wieder bis null gezählt.

In Betriebsart drei zählt der Zähler allerdings doppelt so schnell (es wird jeweils um zwei dekrementiert), da ein Zyklus darin besteht, den Anfangswert zweimal auf null zu zählen. Bei jedem Nulldurchgang wird der Ausgang umgeschaltet, so daß ein Rechtecksignal am Ausgang entsteht. Dieses Rechtecksignal kann an den Lautsprecher geschaltet werden.

In Betriebsart zwei hingegen wird immer um eins dekrementiert. Beim Nulldurchgang wird der Ausgang für eine Periode umgeschaltet. Es entstehen somit kurze Impulse am Ausgang in vergleichsweise großem Abstand. Kanal null läuft auf Betriebsart drei. Dadurch wird es unmöglich, diesen Kanal direkt zur Zeitmessung zu nutzen, da zwischen zwei Interrupts jeweils noch ein Nulldurchgang liegt. Der Zählerwert ist daher nicht mehr eindeutig mit dem absoluten Zeitwert verknüpft, und es ist für das Anwenderprogramm nicht möglich, festzustellen, ob gerade die erste oder die zweite Periode läuft. Man kann die Systemuhr auch auf Betriebsart zwei laufen lassen, wodurch erreicht würde, daß der Timer zwischen zwei Timerinterrupts nur genau einmal vom Anfangswert auf Null zählen würde, da aber wie gesagt die Gefahr besteht, daß dies mit den

BIOS-Funktionen kollidiert, so sollte man lieber auf den Kanal zwei zurückgreifen. (Dies bedeutet leider, daß man nicht beides kann: Zeit messen und den Lautsprecher betreiben.)

3.3.3 Die Programmierung des Timers

Jeder Zugriff auf den Timer beginnt mit dem Schreiben eines Bytes in das Steuerregister (Port 43h). Es gilt folgende Codierung:

```
Bit 7 6 5 4 3 2 1 0
    K K Z Z M M M D
```

K: Kanalauswahl (0..2)

Z: Zugriffsart:

0: Aktuellen Wert zum Auslesen zwischenspeichern (Zähler läuft weiter)

1: Nur LoByte schreiben

2: Nur HiByte schreiben

3: Erst LoByte, dann HiByte schreiben

Bei Zugriffsart drei müssen beide Bytes geschrieben werden, da sonst der Zähler nicht gestartet wird.

M: Betriebsmodus (vergl. oben)

D: Dezimalbit:

0: Binär zählen (Maximaler Startwert FFFFh)

1: Dezimales (BCD) Zählen (Maximaler Startwert 9999h)

Der Timerkanal zwei muß nach dem Laden noch extra gestartet werden. Hierfür wird Bit null von Port 61h (Tastaturprozessor) gesetzt. Soll Timerkanal zwei an den Lautsprecher geschaltet werden, so muß zusätzlich Bit eins von Port 61h gesetzt werden. Im nächsten Abschnitt wird die UNIT TIMER vorgestellt, die dem Zweck dient, Zeitmessungen mit einer Genauigkeit von rund einer Mikrosekunde zu ermöglichen. Hierzu muß allein die Prozedur 'Synchronize' aufgerufen werden. Ihr Zweck ist es, zum einen den Timerkanal zwei mit dem Timerinterrupt zu synchronisieren und zum zweiten, eine 'Nullzeit' zu messen und in der Variable 'TimeBias' zur Verfügung zu stellen. Will man danach den Zeitbedarf einer Routine feststellen, so geht man folgendermaßen vor:

```
Synchronize;
t1:= GetSeconds;
TestProc;
t2:= GetSeconds;
TimeOfTestProc:= t2-t1-timebias;
```

Hierbei ist zu beachten, daß für den Fall, daß ein 80x87 im System ist, der Zeitbedarf mindestens zweimal gemessen werden muß, da der Turbo-Pascal-Floating-Point-Emulator selbstprogrammierend ist: Während beim ersten Durchlauf eines Codefragments einer der Emulator-Interrupts aufgerufen wird (vergl. Kapitel 2), so wird erst beim zweiten Mal *ausschließlich* der FPU-Befehl bearbeitet. Dies würde die Zeitmessung erheblich verfälschen, es sei denn, man will eben genau diesen Effekt messen.

3.3.4 Die Unit Timer

Der einzige Zweck der in der UNIT TIMER vorgestellten Funktionen ist die Zeitmessung. Hierbei wird ausschließlich auf den Timerkanal zwei (Lautsprecher) zugegriffen, was bedeutet, daß in Programmen, die den Lautsprecher nutzen, die Anwendung dieser Funktionen nur unter Vorbehalten sinnvoll ist. Nach dem oben Beschriebenen sollte man allerdings auch in der Lage sein, den Kanal null so umzuprogrammieren, daß er für die Zeitmessung in Frage kommt, wenn man die geäußerten Bedenken ausschließen kann.

```
{************** Copyright (C) Christian Baumgarten 1993 ***************}
   unit timer;
   interface
   var timebias:extended;

    function GetSeconds:extended;
    procedure Synchronize;

   implementation
   uses dos;

    function biostime:longint; assembler;
     asm
      mov  es,seg0040
      mov  bx,$6C
      mov  ax,es:[bx]
      mov  dx,es:[bx+2]
     end;
```

```
procedure StartTimer; assembler;
 asm
  in  al,61h
  or  al,1
  out 61h,al
 end;

 procedure StopTimer; assembler;
  asm
   in  al,61h
   and al,$FE
   out 61h,al
  end;

procedure SetTimer(modus:byte;count:word);    assembler;
  asm
   mov ah,$B0    { Kanal 2, Zugriffsart 3 }
   mov al,modus
   shl al,1
   and al,$F
   or  al,ah
   out 43h,al
   mov ax,count
   out 42h,al
   mov al,ah
   out 42h,al
  end;

function TimerCount:word; assembler;
  asm
   mov  al,$80   { Kanal 2, Zugriffsart 0 }
   out  43h,al
   in   al,42h
   mov  ah,al
   in   al,42h
   xchg al,ah
  end;

function GetSeconds:extended;
 var r:extended; t:word;
 begin
  r:=BiosTime+1;
  t:=timercount;
  GetSeconds:=(r * 65536-t)/1193182;
 end;
```

```
procedure TimerInt; Interrupt;
 begin
  SetTimer(2,$FFFF);    { Betriebsart 2, Startwert FFFFh }
  StartTimer;
 end;

procedure Synchronize;
 var p:pointer; l:longint; t:extended;
 begin
  l:=BiosTime;
  getintvec($1C,p);
  setintvec($1C,@TimerInt);
  { Warten auf den Timerinterrupt }
  repeat until BiosTime<>l;
  setintvec($1C,p);
{ Die Doppelschleife ist nötig, da der Fließkommaemulator
    von Turbo Pascal beim zweiten Durchlauf anders arbeitet
    als beim ersten (Falls ein 80x87 installiert ist) !
    Will man den Zeitbedarf einer Fließkommaoperation
    abschätzen, so muß man dafür sorgen, daß das entsprechende
    Codefragment mindestens zweimal durchlaufen wird ! }
  for l:=0 to 1 do
  begin
   t:=getseconds;
   timebias:=getseconds;
   timebias:=timebias-t;
  end;
 end;

end.
```

3.4 Der CMOS-Uhrenbaustein

Genaugenommen hat der PC/AT zwei Uhren: Den CMOS-Uhrenbaustein und die durch den Timer (siehe unter Timer) gesteuerte Systemzeit. In diesem Abschnitt möchte ich den CMOS-Uhrenbaustein und die BIOS- und DOS-Zeitfunktionen vorstellen. Zuerst jedoch zum CMOS-Baustein. Dieser Baustein erfüllt nebenbei auch die Funktion, die Systemkonfiguration für das BIOS (batteriegepuffert) zu speichern, da CMOS-Chips einen extrem niedrigen Strombedarf aufweisen. Dieser interne Speicher wird über die Portadressen 70h (Indexport) und 71h (Datenport) gelesen bzw. beschrieben. Das Schreiben sollte man vielleicht besser dem System (sprich dem BIOS) überlassen. Das Lesen im Uhrenbaustein ist dagegen der sicherste Weg für ein Programm, an eine Reihe von Informationen über das System zu gelangen.

3.4.1 Die CMOS-Register

Die Registerbelegung des Bausteins zeigt Tabelle 3.3. Nicht aufgeführte Registernummern sind 'reserviert'. Alle Speichergrößen gelten in der Einheit KB.

Das Diagnosebyte ist dabei folgendermaßen belegt:

Bit	Bedeutung, wenn gesetzt
0..1	-
2	Uhrzeit ungültig
3	Floppy/Harddisk-Controller fehlerhaft
4	Speichergröße fehlerhaft/ungültig
5	Systemkonfiguration ungültig
6	Checksum ungültig
7	Batterie schwach: Systemkonfiguration und Uhrzeit neu einstellen

Tabelle 3.3: Die Belegung der CMOS-Register

Index	Inhalt
0	Sekunden (BCD)
1	Sekundenalarm (BCD)
2	Minuten (BCD)
3	Minutenalarm (BCD)
4	Stunden (BCD)
5	Stundenalarm (BCD)
6	Wochentag
7	Monatstag
8	Monat
9	Jahr (BCD)
Ah..Dh	Statusregister A..D
Eh	Diagnosebyte
Fh	Statusbyte
10h	Typ der Floppylaufwerke (1. Floppy = Bit 0..3; 2. Floppy = Bit 4..7)

Tabelle 3.3: Fortsetzung

12h	Typ der Festplatten (1. Hardisk = Bit 0..3; 2. Harddisk = Bit 4..7)
14h	Equipment-Flag
15h	Base Memory Lo-Byte
16h	Base Memory Hi-Byte
17h	Extended Memory Lo-Byte
18h	Extended Memory Hi-Byte
19h	Festplattentyp 1. Laufwerk (Typ 16-255)
1Ah	Festplattentyp 2. Laufwerk (Typ 16-255)
2Eh..2Fh	Checksum
30h	Ext. Memory Lo-Byte
31h	Ext. Memory Hi-Byte
32h	Jahrhundert-Byte
33h	Info-Flags, Bit 7 = 1 bedeutet eine Basisspeichergröße von 640 KB (statt 512 KB)

Die Angaben zur Größe des installierten Ram-Speichers gelten in KBytes. Sie stellen meiner Erfahrung nach die einzig sichere Informationsquelle hierzu im PC dar. Auf die Angaben der entsprechenden BIOS-Interrupts ist nicht immer Verlaß.

Die Bedeutung eines Diskettentyp-Nibbles:

Wert	Laufwerkstyp
0	Nicht vorhanden
1	360 KB
2	1.2 MB
3	720 KB
4	1.44 MB

Die korrekte Interpretation des Festplattennibbles zeigt Tabelle 3.4. Neuere Festplatten passen meist nicht mehr in dieses Typschema. Ihre Parameter müssen daher oft direkt im BIOS-SETUP eingegeben werden. Das BIOS reserviert hierfür i.a. zwei Typ-Nummern, die für den Benutzer reserviert sind.

Tabelle 3.4: Die BIOS-Festplattentypen

Code	Zylinder	Köpfe	Landezone
0	Nicht vorhanden		
1	305	4	306
2	615	4	615
3	615	6	615
4	940	8	940
5	940	6	940
6	615	4	615
7	462	8	511
8	733	5	733
9	900	15	901
10	820	3	820
11	855	5	855
12	855	7	855
13	306	8	319
14	733	7	733
15	kein Standardtyp		

- Für die Belegung des Equipment-Flags gilt:

Bit	Bedeutung
0	1/0 Diskettenlaufwerk vorh./n. vorh.
1	1/0 Coprozessor installiert/n. inst. (funktioniert nicht 100 %)
2..3	-
4..5	Videoadapter: 0: Adapter mit eigenem Bios (EGA oder VGA) 1: CGA mit 40-Zeichen-Bildschirm-Adapter 2: CGA mit 80-Zeichen-Farbadapter 3: Monochromadapter
6..7	Zahl der Diskettenlaufwerke - 1, falls Bit 0 = 1

Statt eines direkten Zugriffs auf den CMOS-Baustein kann man sich auch folgender BIOS- und DOS-Funktionen bedienen:

Interrupt 11h: 'Get Hardware Konfiguration'

IN: -

OUT:

AL: Equipment-Flags wie oben

AH: Erweitertes Konfigurations-Byte:

Bits	Bedeutung
0	unbelegt
1..3	Zahl der seriellen Schnittstellen
4	1/0 Gameport vorh. /n. vorh.
5	unbelegt
6..7	Zahl der parallelen Schnittstellen

Anm.: Dieses Konfigurations-Byte steht auch im BIOS-Datenbereich an der Adresse 40h:10h. Das Equipment-Flag an der Adresse 40h:11h.

Interrupt 12h: 'Get Memory Size'

IN: -

OUT:

AX: Speichergröße in KB

Anm.: Der Wert soll auch im BIOS-Datenbereich an der Adresse 40h:13h zu finden sein. Die Funktion ist nicht bei allen BIOS-Versionen implementiert. Es ist ratsam, direkt auf das CMOS zuzugreifen.

Interrupt 15h, Funktion 88h: 'Get Extended Memory Size'

IN:

AH: 88h

OUT:

AX: Extended Memory in KB

Anm.: Die Funktion ist nicht bei allen BIOS-Versionen implementiert. Ein direktes Auslesen des CMOS ist zu empfehlen.

Interrupt 15h, Funktion C0h: 'Get System Configuration'

IN:

AH: C0H

OUT:

Carryflag gesetzt: Fehler

Carryflag gelöscht: ES:BX: Zeiger auf folgende Tabelle:

Offset	Länge	Inhalt
0	2	Länge der Tabelle in Bytes
2	1	Hauptversion des PC-Modells
3	1	Unterversion des PC-Modells
4	1	BIOS-Versionsnummer
5	1	Systeminformationen
6	4	Systeminformationen (reserviert)

Für das Systeminformationsbyte ab Offset 5 gilt folgende Belegung:

Bit	Belegung
2	1 = Erweiterter Biosdatenbereich vorh.
4	1 = Ein Tastaturfolgeinterrupt 15h ist installiert
5	1 = Ein CMOS-Chip ist vorhanden
6	1 = Ein 2. Interruptcontroller ist vorhanden
7	1 = DMA-Kanal 3 wird für die Festplatte genutzt

Für die Versionsnummern gelten folgende Codes:

Modell	Hauptversion	Unterversion
PC	FFh	--
XT	FEh, FBh	0 oder 1
AT	FCh	0 oder 1
AT/286	FCh	2
PS/2 30	FAh	0
PS/2 50	FCh	4
PS/2 60	FCh	5
PS/2 80	F8h	0 oder 1

Anm.: Das PC-Modell steht auch im ROM-BIOS an der Adresse F000:FFFE. Für einen Zugriff im Protected Mode benötigt man einen Alias-Selektor SegF000.

Interrupt 1Ah, Funktion 0: 'Read Time Counter'

IN:

AH:	00h

OUT:

CX:DX:	Bios-Zeitzähler
AL:	Übertragsflag (0 oder 1)

Anm.: Der BIOS-Zeitzähler findet sich auch im BIOS-Datenbereich an der Adresse 40h:6Ch. Das Übertragsflag steht an der Adresse 40h:70h. Der Zeitzähler läßt sich auch verwenden, um die aktuelle Uhrzeit zu ermitteln, da sein Wert beim Systemstart vom BIOS mit der Tageszeit in Einheiten von 1/18.2 sec initialisiert wird. Wird der Wert des Zeitzählers somit durch 18.2 geteilt, so erhält man die Tageszeit in Sekunden.

Interrupt 1Ah, Funktion 01: 'Set Time Counter'

IN:

AH:	01
CX:DX:	Zählerwert

OUT: -

Anm.: Siehe Funktion 0.

3.4.2 Die BIOS-Zeitfunktionen

Das BIOS stellt zur Steuerung der RTC (Real Time Clock) den Interrupt 1Ah zur Verfügung. Da dieser Interrupt hierfür schon einmal existiert, sollte man ihn auch zu diesem Zweck nutzen und *nicht* direkt auf die RTC-Zeitregister zugreifen.

Interrupt 1Ah, Funktion 2: 'Read Real Time Clock'

IN:

AH:	02

OUT:

Carryflag:	1: Fehler, keine RTC vorhanden
	0: Alles klar
DH:	Sekundenzähler (BCD)
CL :	Minutenzähler (BCD)
CH:	Stundenzähler (BCD)

Interrupt 1Ah, Funktion 03: 'Set Real Time Clock'

IN:

AH:	03
CH:	Stunden (BCD-Format)
CL:	Minuten (BCD-Format)
DH:	Sekunden (BCD-Format)
DL:	0/1 = 12/24-Std.-Zählung

OUT: -

Interrupt 1Ah, Funktion 04: 'Read Date from RTC'

IN:

AH:	04

OUT:

Carryflag:	1: Fehler (keine RTC vorh.)
	0: Aufruf fehlerfrei
CH:	Jahrhundert (BCD)
CL:	Jahr (BCD)
DH:	Monat (BCD)
DL:	Tag (BCD)

Interrupt 1Ah, Funktion 05: 'Set Date in RTC'

IN:

AH:	05
CH:	Jahrhundert (BCD)
CL:	Jahr (BCD)
DH:	Monat (BCD)
DL:	Tag (BCD)

OUT: -

Interrupt 1Ah, Funktion 06H: 'Set Alarm Time'

IN:

AH:	06
CH:	Stunden (BCD)
CL:	Minuten (BCD)
DH:	Sekunden (BCD)

OUT: -

Anm.: Ist die Alarmzeit erreicht, so löst die Uhr einen Hardware-Interrupt aus. Der Prozess, der die Alarmbedingung auslöst, muß vorher den Interruptvektor 4Ah auf eine eigene Routine setzen, die bei Alarmbedingung aufgerufen wird.

Interrupt 1Ah, Funktion 07h: 'Clear Alarm'

IN:

AH:	07h

OUT: -

Anm.: Die Funktion löscht die mit Funktion 06 gesetzte Alarmbedingung wieder.

Interrupt 15h, Funktion 83h:'Event Wait'

IN:

AH	83h
AL	00 = Byte setzen
	01 = Byte löschen
ES:BX	Zeiger auf zu setzendes/löschendes Byte
CX:DX	Anzahl Mikrosekunden

OUT: -

Anm.: Die Funktion sorgt dafür, daß das Byte an der übergebenen Adresse nach Ablauf der Zeitspanne gesetzt/gelöscht wird. Durch Abfrage dieses Bytes weiß das Programm dann, daß die Zeitspanne verstrichen ist.

3.4.3 Die DOS-Zeitfunktionen

Natürlich bietet auch DOS als Betriebssystem Funktionen zur Ermittlung der Systemzeit an. Die Zeitfunktionen geben die 1/100 Sekunde jedoch nicht genau an, sondern in Schritten von 6..7 (1/18.2 Sekunden). Wer die Zeit genauer ermitteln will, sollte sich mit dem Timer vertraut machen (Kapitel 3.3). Oft wird auch das 'gepackte' DOS-Zeitformat benötigt. Es besteht aus einem Doppelwort, wobei das Lo-Word die Uhrzeit, das Hi-Word das Datum enthalten. Die Uhrzeit ist folgendermaßen codiert:

```
Bit     15...12     11..5      4..0
Inhalt  [Stunden]   [Minuten]  [Sekunden / 2]
```

Das Datumsformat:

```
Bit      15..9  8...5   4..0
Inhalt  [Jahr] [Monat] [Tag]
```

Das Jahr wird ab 1980 gerechnet.

Dieses Format wird z.B. im Verzeichniseintrag einer Datei verwendet (vergl. Kapitel 9.1.5).

Interrupt 21, Funktion 2Ah: 'Get Date'

IN:

AH:	2Ah

OUT:

CX:	Jahr - 1980
DH:	Monat
DL:	Tag
AL:	Wochentag

Interrupt 21h, Funktion 2Bh: 'Set Date'

IN:

AH:	2Bh
CX:	Jahr - 1980
DH:	Monat
DL:	Tag

OUT: AL = 0: Alles OK
AL = FFh: Datum ungültig

Interrupt 21h, Funktion 2Ch: 'Get Time'

IN:

AH:	2Ch

OUT:

CH:	Stunden
CL:	Minuten
DH:	Sekunden
DL:	1/100 Sekunden (Max. Auflösung: 1/18.2 s)

Interrupt 21h, Funktion 2Dh: 'Set Time'

IN:

AH:	2Dh
CH:	Stunden
CL:	Minuten
DH:	Sekunden
DL:	1/100 Sekunden
OUT:	AL = 0: Alles OK
	AL = FFh: Zeit ungültig

4 Die Schnittstellen

Unter den Schnittstellen des PC sollen hier nur die seriellen Schnittstellen (COM1..COM4) und die Parallel-Schnittstellen (LPT1..LPT4) verstanden werden.

Natürlich gibt es weitere Schnittstellen (z.B. die zur Tastatur oder zum Videoadapter), denen jedoch ein jeweils eigenes Kapitel gewidmet ist.

Die erste serielle Schnittstelle ist meist mit der Maus belegt. Die in dieser speziellen Verwendung oft benötigten Informationen befinden sich ebenfalls in einem eigenen Kapitel (Kapitel 6).

Es sei explizit darauf hingewiesen, daß die Schnittstellen auch als Geräte geöffnet und angesprochen werden können. Hierfür hat Ms-Dos eigens 'Handles' reserviert. Lesen Sie hierzu Näheres im Kapitel über die DOS-Handlefunktionen (Kapitel 10.1.2).

4.1 Die Parallel-Schnittstelle

Die parallele oder Centronics-Schnittstelle dient im allgemeinen der Datenausgabe an einen Drucker oder Plotter. Das BIOS stellt zur Steuerung der Parallel-Schnittstelle einen eigenen Interrupt (17h) zur Verfügung, der ausreicht, alle normalen Anforderungen zu befriedigen. Eine direkte Ansteuerung über die Ports der Parallel-Schnittstellen wird kaum nötig sein. Die Geschwindigkeitssteigerung bei direkter Ansteuerung wird selten einen Vorteil bedeuten, da der Drucker die Daten nur solange entgegennehmen kann, bis sein interner Datenpuffer gefüllt ist. Danach ist die Ausgabegeschwindigkeit allein von der Druckgeschwindigkeit des Gerätes abhängig. Ich empfehle daher die Nutzung der BIOS-Routinen zur Steuerung der Druckausgaben, insbesondere, da die Registerbelegung versionsabhängige Unterschiede aufweisen kann.

Natürlich läßt sich der Drucker auch als Ms-Dos-Gerät über die Handle-Funktionen ansprechen (vergl. Kapitel 10.1), wie dies auch in der UNIT PRINTER von Borland gehandhabt wird.

4.1.1 Die Register der Parallelschnittstellen

Die Basisadressen der Ports von LPT1..LPT4 stehen als Wort im BIOS-Datenbereich ab Adresse 40h:08h. Dies ist die direkte I/O-Adresse des Datenregisters. Die Adresse des Statusregisters ist um einen, die des Steuerregisters um zwei höher.

In das **Datenregister** werden Daten geschrieben, die gesendet werden sollen.

Das **Statusregister** meldet den aktuellen Zustand des Druckers und kann nur gelesen werden. Für seine Belegung gilt:

Bit	Bedeutung
0,1,2	-
3	0/1: Fehler/Kein Fehler
4	1/0 Drucker bereit/nicht bereit
5	1/0 Papier fehlt/fehlt nicht
6	0/1 ACK-Signal vorh./nicht vorh.
7	0/1 Drucker busy/nicht busy

Das **Steuerregister** kann gelesen und geschrieben werden. Für die einzelnen Bits gilt folgende Belegung:

Bit	Bedeutung
0	Zustand Data Strobe Leitung
1	Zustand Auto Feed Leitung
2	Zustand Init-Leitung (Lo-Aktiv)
3	Zustand Select-In-Leitung
4	Interrupts zugelassen
5	Bidirektionaler Betrieb
6,7	Reserviert

4.1.2 Die Funktionen des BIOS-Interrupt 17H

Der BIOS-Interrupt 17h ist speziell für die Druckausgabe über die Parallel-Schnittstelle reserviert. Er stellt drei Funktionen zur Verfügung, die im allgemeinen vollkommen ausreichen, den Drucker anzusteuern.

Für das Statusbyte, daß bei allen Funktionen in AH zurückgegeben wird, gilt stets die folgende Belegung:

Bit	Bedeutung
0	Time Out
1,2	-
3	I/O-Fehler
4	Drucker bereit
5	Papierende
6	Bestätigung (Acknowledge)
7	Not Busy

Ein betriebsbereiter Drucker entspricht also nicht Status 0, sondern hat mindestens Bit 4 gesetzt.

Interrupt 17h, Funktion 0:'Send Character'

IN:

AH:	00h
AL:	Zeichen
DX:	Schnittstelle (0 = LPT1, 1=LPT2, ...)

OUT:

AH:	Statusbyte

Interrupt 17h, Funktion 1:'Initialize Printer-Port'

IN:

AH:	01h
DX:	Schnittstelle (wie bei Fuktion 0)

OUT:

AH:	Statusbyte

Interrupt 17h, Funktion 2:'Read Printer State'

IN:

AH:	02h
DX:	Schnittstelle (wie bei Funktion 0)

OUT:

AH:	Statusbyte

4.1.3 Die DOS-Drucker-Funktionen

Neben dem BIOS-Interrupt 17h lassen sich auch einige Funktionen des Interrupt 21h zur Druckersteuerung verwenden. Hierbei ist allerdings zu beachten, daß der Drucker (abgesehen von Funktion 5) für DOS ein 'Gerät' ist wie viele andere. Die Ausgabe an den Drukker kann somit entsprechend der Ausgabe in eine Datei über eine Kennziffer (Handle) erfolgen. Die Datei 'heißt' im Falle des Drukkers dann etwa 'LPT1'. Die Handleorientierten DOS-Funktionen werden im Kapitel über das Dateimanagement (10.1) genauer vorgestellt. Eine andere (etwas veraltete) Möglichkeit stellt Funktion fünf dar:

Interrupt 21h, Funktion 5:'Print Character'

IN:

AH:	05h
DL:	Zeichen

OUT: -

Anm.: Angesprochen wird immer der Standard-Druckertreiber. Es wird kein Statuswert zurückgegeben.

Für die Druckausgabe in Netzwerken existieren ab DOS 3.1 weitere Funktionen zur Druckausgabe. Hierbei ist zu beachten, daß sich bei DOS Einheiten 'umleiten' lassen. D.h. , daß das Gerät LPT1 etwa mit einem bestimmten Netzwerkdrucker identifiziert werden kann. Eine Ausgabe an 'LPT1' wird damit an den entsprechenden Netzwerkdrucker umgeleitet. Die Verbindung zwischen dem lokalen Einheitennamen 'LPT1' und dem Netzwerknamen 'XYZ' stellt die Umleitungstabelle her. Ihre Einträge können über einen Index ermittelt werden:

Interrupt 21h, Funktion 5F02h:'Get Redirection List Entry'

IN:

AX:	5F02h
BX:	Index in die Umleitungstabelle (erster Eintrag = 0)
DS:SI:	Puffer für den lokalen Einheitennamen (128 Byte)
ES:DI:	Puffer für den Netzwerknamen der Einheit (128 Byte)

OUT:

Carryflag gesetzt = Fehler

AX:	Fehlercode

1: Keine Netzwerksoftware geladen

18: Keine weiteren Einträge (Index zu groß)

Carryflag gelöscht = OK

BH: Status der Einheit:

Bit 0 = 0/1 Einheit gültig/undefiniert

BL: Typ der Einheit:

3: Drucker

4: Laufwerk

CX: Benutzercode

Anm.: Die Funktion kopiert die Namen als nullterminierte Strings in die jeweiligen Puffer. Der Benutzercode wird durch die folgende Funktion definiert:

Interrupt 21h, Funktion 5F03h:'Redirect Device'

IN:

AX: 5F03h

BL: Typ der Einheit (siehe Funktion 5F02)

CX: Benutzercode

DS:SI: Zeiger auf ASCIIZ-String mit dem Namen der Einheit

ES:DI Zeiger auf einen Puffer mit Pfadnamen und Passwort:

<Maschinenname><Pfadname><00h><Passwort><00h>

OUT: Carryflag gesetzt: Fehlercode in AX, sonst OK.

Anm.: Beide Eingangspuffer dürfen maximal 128 Byte lang sein. Der Maschinenname wird durch die Funktion 5E00h ermittelt.

Interrupt 21h, Funktion 5F04h: 'Cancel Redirection'

IN:

AX: 5F04h

DS:SI: Zeiger auf den Namen der Einheit (ASCIIZ-String)

OUT:

Carryflag gesetzt:

AX: Fehlercode

Carryflag gelöscht = Alles OK.

Anm.: Mit Hilfe der Funktion läßt sich eine Geräteumleitung rückgängig machen.

Interrupt 21h, Funktion 5E00h: 'Get Machine Name'

IN:

AX:	5E00h
DS:DX:	Zeiger auf 16-Byte-Puffer für ASCIIZ-String
OUT:	Carryflag gesetzt: Fehlercode in AX, sonst OK:
CH:	Flag
CL:	NetBios-Nummer der Maschine

Interrupt 21h, Funktion 5E02h: 'Set Printer Init'

IN:

AX:	5E02h
BX:	Index der Umleitungsliste
CX:	Länge des Initialisierungsstrings (<= 64)
DS:SI:	Zeiger auf Initialisierungsstring
OUT:	Carry gesetzt: AX = Fehlercode
	Carry gelöscht => Alles OK

Interrupt 21h, Funktion 5E03h:'Get Printer Init'

IN:

AX:	5E03h
BX:	Index der Umleitungsliste
ES:DI:	Zeiger auf einen Datenpuffer von 64 Byte Länge

OUT:

Carryflag gelöscht:

CX:	Länge des Initialisierungsstrings

Carryflag gesetzt:

AX:	Fehlercode

Die Druckausgabe auf ein Gerät LPT1 funktioniert dann unter DOS folgendermaßen:

1) Gerät öffnen (Handlefunktion 3Dh des Interrupt 21h) mit Namen 'LPTn'.
2) Daten an das Gerät senden (Funktion 40h des Interrupt 21h)
3) Gerät schließen (Funktion 3Eh des Interrupt 21h)

Diese Funktionen werden im Zusammenhang mit den Dateifunktionen des Interrupt 21h detailliert erläutert.

4.1.4 Die Ansteuerung eines Druckers

Es gibt Drucker und Druckverfahren wie Sand am Meer, und von einer einheitlichen Steuerung kann eigentlich nicht die Rede sein. Dennoch gibt es einige Standards, die z.T. sogar auch für die Bildschirmsteuerung gelten. Tabelle 4.1 gibt diese Standards wieder.

Tabelle 4.1: Druckercodes

ASCII	Dezimal	Bedeutung
BEL	7	Klingel (Bell)
BS	8	Rückschritt (Back Space)
HT	9	Horizontaler Tabulator
LF	10	Zeilenvorschub (Line Feed)
VT	11	Vertikaler Tabulator
FF	12	Seitenvorschub (Form Feed)
CR	13	Wagenrücklauf (Carriage Return)
SO	14	Breitschrift ein (eine Zeile)
SI	15	Schmalschrift ein (eine Zeile)
DC1	17	Drucker wählen (Select)
DC2	18	Schmalschrift aus
DC3	19	Deaktivieren (Deselect)
DC4	20	Breitschrift aus
CAN	24	Druckpuffer leeren (Cancel)
DEL	127	Letztes Zeichen löschen (Delete)

Neben diesen Codes, die nur aus einem ASCII-Zeichen bestehen, das gesendet wird, existieren noch eine ganze Reihe sogenannter Escape-Sequenzen. Escape 'ESC' ist ASCII-Zeichen 27. Je nachdem, welche weiteren Zeichen einem ESC folgen, gelten die Konventionen aus Tabelle 4.2.

Nicht darin enthalten sind alle Graphik-Befehle, die über 9-Nadel-Druckmodi hinausgehen. Diese sind dem jeweiligen Druckerhandbuch zu entnehmen. Hier existieren zwar Standards, aber eben leider nicht nur einer allein. Auch die Codes aus Tabelle 4.2 sind schon kein allgemeingültiger Standard. So hat z.B. Hewlett Packard neben einer Plottersprache auch eine eigene Druckersprache entwickelt, die praktisch zu den Codes aus Tabelle 4..2 vollständig inkompatibel ist. Allein die Codes aus Tabelle 4.1 stehen auch bei HP-Druckern zur Verfügung. Bei den meisten Nadeldruckern hingegen wird man die ESC-Codes aus Tabelle 4.2 mit Erfolg anwenden.

Tabelle 4.2: ESC-Druckerbefehle

Befehl	Dezimal	Bedeutung
ESC SO	27 14	Breitschrift für eine Zeile ein
ESC SI	27 15	Schmaldruck für eine Zeile ein
ESC 0	27 48	1/8 Zoll Zeilenabstand
ESC 2	27 50	1/6 Zoll Zeilenabstand
ESC 3 (n)	27 51 n	n/180 Zoll Zeilenabstand
ESC 4	27 52	Kursivdruck ein
ESC 5	27 53	Kursivdruck aus
ESC 6	27 54	Erweiterter Zeichensatz (ASCII 32-255)
ESC 7	27 55	Einfacher Zeichensatz (ASCII 32..127)
ESC @	27 64	Drucker initialisieren
ESC <	27 60	Unidirektionalmodus für eine Zeile
ESC C n	27 67 n	Seitenlänge zu n Zeilen festlegen
ESC E	27 69	Fettdruck ein
ESC F	27 70	Fettdruck aus
ESC G	27 71	Doppeldruck ein
ESC H	27 72	Doppeldruck aus
ESC K	27 75	Graphikdruck einf. Punktdichte (8-Nadeln)
ESC L	27 76	Graphikdruck doppelter Dichte (8-Nadeln)
ESC M	27 77	Elite Zeichenbreite
ESC P	27 80	Pica Zeichenbreite
ESC Q n	27 81 n	Rechten Rand in Spalten festlegen
ESC S 0	27 83 0	Hochstellung ein
ESC S 1	27 83 1	Tiefstellung ein
ESC T	27 84	Hoch-/Tiefstellung aus
ESC U 0/1	27 85 0/1	Unidirektionalmodus ein/aus
ESC Z	27 90	Graphikdruck 4-facher Dichte (8-Nadeln)

Tabelle 4.2: Fortsetzung

ESC - 0/1	27 45 0/1	Unterstreichung aus/ein
ESC p 0/1	27 112 0/1	Proportionaldruck aus/ein
ESC l n	27 108 n	Linken Rand in Spalten festlegen

4.2 Die serielle Schnittstelle

Die serielle Schnittstelle ist die zweite Standardschnittstelle des PC. Mit ihr werden im Gegensatz zur parallelen Schnittstelle Daten bidirektional und bitweise übertragen, d.h. daß die serielle Schnittstelle verwendet werden kann, um verschiedene Rechner zu koppeln (auch über ein Modem), um Meßgeräte oder Drucker zu steuern oder aber um Daten zu empfangen wie bei der Maus. Die Datenleitungen können grundsätzlich länger sein als bei der parallelen Schnittstelle. Serielle Schnittstellen müssen, da sie Daten bitseriell übertragen, in irgendeiner Form synchronisiert werden. Die eine Möglichkeit wird 'synchron' genannt, weil der Sender dem Empfänger über eine zusätzliche Leitung seinen Takt 'aufzwingt'. Die sogenannte 'asynchrone' Übertragung spielt jedoch als einzige beim PC eine Rolle. Asynchron ist sie insofern, als zwar Sender und Empfänger auf eine einheitliche Datenübertragungsrate eingestellt werden müssen, diese Rate aber von verschiedenen Taktgeneratoren herleiten, die natürlich nicht synchron gehen müssen. Die Datenübertragungsrate wird Baudrate genannt und hat als Einheit Bit/Sekunde. Eine durchaus hohe Baudrate von 19600 Baud bedeutet somit eine klägliche Ausbeute von etwas über 2 KB/sec. (Wer damit eine 2 MB-Datei übertragen will, braucht etwas Geduld).

Die serielle Schnittstelle wird in den USA von der RS232-Norm definiert, die entsprechende Norm in Europa heißt V.24-Norm, so daß die serielle Schnittstelle auch oft RS232 oder V.24-Schnittstelle genannt wird.

4.2.1 Das Protokoll der seriellen Datenübertragung

Damit die 'asynchrone' Datenübertragung überhaupt funktionieren kann, müssen sich Sender und Empfänger auf ein gemeinsames Protokoll einigen. Unter einem Protokoll wird hier einfach eine Übereinkunft über Baudrate, Anzahl der Daten-, Paritäts- und Stoppbits verstanden. Es sind 5..8 Daten-, 1, 1.5 oder 2 Stopp- und 0 oder

1 Partätsbits gebräuchlich. Diese Einstellungen müssen bei Sender und Empfänger identisch sein. Daneben müssen sich Sender und Empfänger darüber einigen, wer wann sendet und wie lange. Hierfür gibt es verschiedene 'Handshake'-Verfahren. Beim Hardware-Handshaking werden zu diesem Zweck einige Steuerleitungen benötigt, während das Software-Handshaking durch Übertragung bestimmter Steuercodes (XON/XOFF) funktioniert.

Daß die Anzahl der Stoppbits nicht geradzahlig zu sein braucht, liegt daran, daß hierbei ein Bit mit einer Zeiteinheit identifiziert wird. Danach sind 1.5 Stoppbits einfach der 1.5 fache Zeitraum eines normalen Datenbits.

Die Baudrate der Übertragung basiert auf einer Frequenz von 115200 Hz, die durch verschiedene Teiler herabgesetzt wird. Ist der Teiler 1, so ist die maximale Baudrate von 115200 erreicht.

Standardisierte Baudraten und Teiler sind in Tabelle 4.3 verzeichnet.

Tabelle 4.3: Baudraten und Frequenzteiler

Baudrate	Teiler	Lo-Byte Teiler	Hi-Byte Teiler
50	2304	00	09
75	1536	00	06
110	1047	17h	04
150	768	00	03
300	384	80h	01
600	192	C0h	0
1200	96	60h	0
1800	64	40h	0
2000	58	3Ah	0
2400	48	30h	0
3600	32	20h	0
4800	24	18h	0
7200	16	10h	0
9600	12	0Ch	0
19200	6	06h	0
38400	3	03	0

Tabelle 4.3: Fortsetzung

Baudrate	Teiler	Lo-Byte Teiler	Hi-Byte Teiler
56000	2	02	0
115200	1	01	0

4.2.2 Die Hardware der seriellen Schnittstelle

Die ursprüngliche Konstellation, für die die serielle Schnittstelle konzipiert war, sieht zwischen zwei Datenendeinrichtungen (DEE) je ein Modem als Datenübertragungseinrichtung (DÜE) vor. Werden zwei Rechner direkt verbunden, so ist ein sogenanntes 'Nullmodemkabel' erforderlich, bei dem die Signalleitungen gekreuzt sind. Das Kabel der seriellen Schnittstelle besteht aus acht Leitungen, die jeweils bei einer DEE und einer DÜE umgekehrt interpretiert werden (deshalb auch Nullmodembetrieb zwischen zwei DEEs).

Tabelle 4.4: Signalleitungen der seriellen Datenübertragung

DEE	Leitung der DEE	DÜE
GND	Ground	GND
TxD	Transmit Data	RxD
RxD	Receive Data	TxD
CTS	Clear To Send	RTS
RTS	Request To Send	CTS
DSR	Data Set Ready	DTR
DTR	Data Terminal Ready	DSR

4.2.3 Die Register des Interface-Bausteins 8250

Im PC dient der Interface-Baustein 8250 als Controller der seriellen Schnittstelle. Die Basisadressen der Schnittstellen COM1..COM4 stehen als Worte im BIOS-Datenbereich an der Adresse 40h:00h.

(COM1: 3F8h, COM2: 2F8h). Die Register des 8250 zeigt Tabelle 4.5.

Das **Sendehalteregister THR** und das **Empfangspufferregister RBR** dienen der Aufnahme und Abgabe der zu sendenden / empfangenden Daten. Dabei werden Paritäts- und Stopbits vom Controller gemäß dem eingestellten Protokoll angefügt. Es handelt sich um das gleiche physikalische Register an der relativen Adresse 0. Auf der gleichen Adresse liegt das DLLB, das **Divisor Latch Low Byte**-Register. Soll auf dieses zugegriffen werden, so ist Bit 7 des **Line Control Registers** (LCR) auf 1 zu setzen. Die relative I/O-Adresse 1 teilen sich auf die gleiche Weise das **Interrupt-Enable-Register** (IER) und das **Divisor-Latch-Hi-Byte**-Register (DLHB). Die beiden Divisor-Latch-Register enthalten den Divisor, der die Baudrate gemäß Tabelle 4.2.1.1 einstellt. Das IER dient zur Selektion der Bedingungen, die einen Hardware-Interrupt auslösen sollen. Zweckmäßigerweise wird diese Bedingung an die jeweilige Verwendung angepaßt.

Tabelle 4.5: Die Register des 8250

Kürzel	**Register**	**Rel. Adresse**	**COM1**
THR	Transmitter Holding Register	0	3F8h
RBR	Receiver Buffer Register	0	
DLLB	Divisor Latch Low Byte	0	
DLHB	Divisor Latch Hi Byte	1	3F9h
IER	Interrupt Enable Register	1	
IIR	Interrupt Identification Register	2	3FAh
LCR	Line Control Register	3	3FBh
MCR	Modem Cintrol Register	4	3FCh
LSR	Line Status Register	5	3FDh
MSR	Modem Status Register	6	3FEh

Die Belegung des IER ist folgende:

Bit	**Belegung**
0	Interrupt, wenn RBR voll (Aufforderung, Daten im RBR abzuholen)
1	Interrupt, wenn THR leer (Aufforderung, weitere Daten zu senden)
2	Interrupt, wenn Fehler oder Unterbrechung bei der Übertragung
3	Interrupt, wenn MSR sich ändert
4..7	reserviert

Das IER maskiert die entsprechende Interruptbedingung, wenn das jeweilige Bit nicht gesetzt ist. Natürlich *muß* ein Programm zur Datenübertragung nicht mit Interrupts arbeiten. Es kann stattdessen auch das LSR periodisch abfragen (pollen), ob ein Datenbyte empfangen wurde. In diesem Fall ist der Computer aber offensichtlich mit nichts anderem mehr beschäftigt.

Das IIR, mit dem die Ursache eines Interrupt identifiziert werden kann, signalisiert, daß ein Interrupt ansteht, indem es Bit 0 *löscht*. Bit 1 und 2 des IIR geben dann Aufschluß über die Ursache des Interrupt:

Bit 1,2 des IIR	**Interruptursache**
0	Änderung des Modemstatus
1	Senderegister leer
2	Empfangspuffer gefüllt
3	Fehler bzw. Unterbrechung

Das **Line-Control-Register** (LCR) enthält wesentliche Konfigurationsdaten der Schnittstelle:

Bit	**Bedeutung**
1,2	Datenwortlänge & Stoppbit:
3	Paritätsprüfung zulassen
4	wenn Bit 3=1: 0/1: ungerade/gerade Parität
5	wenn Bit 3=1: Paritätsbit
6	Übertragung unterbrechen
7	0: Zugriff auf THR/RBR/IER
	1: Zugriff auf DLLB/DLHB

Das **Modem-Control-Register** (MCR) enthält verschiedene Bits für Diagnose- und Testzwecke sowie die Signalleitungen RTS und DTR:

Bit	**Bedeutung**
0	0/1 entspr. 1/0 an der DTR-Leitung
1	0/1 entspr. 1/0 an der RTS-Leitung
2	0/1 entspr. 1/0 an OUT1
3	0/1 entspr. 1/0 an OUT2
4	Senden an sich selbst zu Diagnosezwecken
5..7	-

Das **Line-State-Register** (LSR) enthält diverse Informationen über den Status:

Bit	Bedeutung
0	Data Ready (DR), Datenbyte in RBR angekommen
1	Overrun Error (OR), RBR wurde überschrieben, bevor die Daten gelesen wurden.
2	Parity Error (PE), Paritätsfehler
3	Framing Error (FE), Stoppbitfehler
4	Break Interrupt (BI), Leitungsunterbrechung
5	THR empty (THRE), Sendehalteregister leer
6	TEMT, Sendeschieberegister leer
7	-

Für die Bits des **Modem-State-Registers** (MSR) gilt folgende Belegung:

Bit	Belegung
0	CTS verändert
1	DSR verändert
2	RI verändert
3	DCD verändert
4	Clear To Send - Signal CTS (invers)
5	Data Set Ready -Signal DSR (invers)
6	Ringindikator-Signal RI (invers)
7	Data Carrier Detect - Signal DCD (invers)

Die Bits 0..3 zeigen jeweils an, ob und welche Leitung sich seit der letzten Abfrage verändert hat. Die Bits 4..7 geben in invertierter Form den aktuellen Signalpegel der entsprechenden Leitungen wieder. Dabei sind CTS und DSR mit den Signalleitungen identisch. Der Ringindikator zeigt an, ob das Modem von außen angesprochen wird. Das DCD-Signal signalisiert, daß die Spannungspegel am Modem korrekt sind.

Natürlich stellt das BIOS des PC auch für die serielle Schnittstelle einige Funktionen bereit. Hierfür ist der Interrupt 14h reserviert.

4.2.4 Der BIOS-Interrupt 14h

Der Interrupt 14h bietet diverse Funktionen zur Steuerung der seriellen Schnittstelle. Seine Funktionen sollen im folgenden vorgestellt werden. Leider werden hierbei Baudraten von mehr als 9600 Baud nicht unterstützt.

Interrupt 14h, Funktion 0: 'Initialize RS232-Interface'

IN:

AH:	00h
AL:	Initialisierungsdaten
DX:	Schnittstellen-Nummer (0 = COM1, 1= COM2...)

OUT:

AX:	Statuswort

Das Byte mit den Initialisierungswerten ist folgendermaßen belegt:

```
Bit     7 6 5 4 3 2 1 0
Inhalt  B B B P P S D D
```

Die Bits 5..7 bestimmen die Baudrate:

0:	110
1:	150
2:	300
3:	600
4:	1200
5:	2400
6:	4800
7:	9600

Die Bits 3 und 4 bestimmen die Parität:

0,2:	Keine Paritätsprüfung
1:	Ungerade Parität
3:	Gerade Parität

Ist Bit 2 gesetzt, so werden zwei Stoppbits benutzt, sonst eines.

Die Bits 0 und 1 ergeben die Anzahl der Datenbits:

2:	7 Datenbits
3:	8 Datenbits

Das Statuswort enthält im Lo-Byte den Wert des MSR, im Hi-Byte den Wert des LSR.

Interrupt 14h, Funktion 1: 'Send Character'

IN:

AH:	01h
AL:	Zeichen
DX:	Schnittstelle (vergl Funktion 0)

OUT:

AX:	Statuswort (vergl Funktion 0)

Interrupt 14h, Funktion 2: 'Receive Character'

IN:

AH:	02h
DX:	Schnittstelle

OUT:

AH:	Status
AL:	Zeichen (gültig, wenn AH = 0)

Interrupt 14h, Funktion 3: 'Read Interface State'

IN:

AH:	03h
DX:	Schnittstelle

OUT:

AX:	Statuswort

Beim PS/2 existieren noch weitere Funktionen, die hier aber nicht besprochen werden.

4.2.5 Ein RS232-Demoprogramm

Das im folgenden kurz beschriebene Demoprogramm UART-DEMO.PAS ist nur anwendbar, wenn zwei PCs verbunden werden. Es erlaubt die simultane Kommunikation zweier Teilnehmer über einen geteilten Bildschirm und arbeitet empfangsseitig mit einem Interrupthandler.

Das Programm ist für die Schnittstelle COM1 ausgelegt. Soll es an anderen Schnittstellen betrieben werden, so sind die entsprechenden Werte für Interrupt-Request-Nummer, Portadressen u.s.w. entsprechend anzupassen, da das Programm sonst nicht laufen kann. Werden die beiden Rechner *nicht* über ein Modem verbunden, so müssen sie über ein Nullmodem-Kabel verbunden werden.

```
{*******************************************************************}
{ Demoprogramm zur Kommunikation über die serielle Schnittstelle    }
{ Das Programm ist für Schnittstelle COM1 ausgelegt, d.h. IRQ ist 4,}
{ Ports ab 3F8H u.s.w..                                             }
{ Soll das Programm über andere Schnittstellen betrieben werden, so }
{ sind die entsprechenden Konstanten anzupassen.                    }
{ Das Programm muß auf beiden verbundenen Rechnern geladen sein.    }
{                                                                   }
{     Copyright (C) Christian Baumgarten, Hamburg 1992/1993         }
{*******************************************************************}

program UARTDEMO;

 uses dos,crt;

 const int_No   = $0C;
       mask_reg = $21;
       DR       = $3F8;
       MCR      = $3FC;
       MSR      = $3FE;
       LSR      = $3FD;
       IER      = $3F9;
       IR       = $3FA;

 var OldIntVec:pointer;
     RX,RY,SY,SX:byte;
     z:char;

 procedure ErrorMsg(s:string);
  begin
   gotoxy(1,24); textattr:=$71;
   write(' ',s,' : ');
   clreol;
  end;

 procedure E_O_I;
  begin
   Port[$20]:=$20;
  end;

  Function DataAvail:Boolean;
   begin
    Dataavail:=Port[LSR] and 1=1;
   end;
```

```
procedure RS232_Int; interrupt;
 var data:char;
 begin
  sy:=wherey;
  sx:=wherex;
  window(1,1,80,25);
  window(41,3,80,24);
  gotoxy(rx,ry);
  TextAttr:=Blue shl 4+White;
  while Dataavail do
  begin
   data:=chr(Port[DR]);
   write(data);
   if data=#13 then write(#10);
  end;
  TextAttr:=Blue shl 4+Yellow;
  rx:=wherex;
  ry:=wherey;
  window(1,3,40,24);
  GotoXY(sx,sy);
  E_O_I;
 end;

{ Im Interruptcontroller Maskierungsbit für IRQ 4 löschen: }
procedure enable_int;
 begin
  Port[mask_reg]:=Port[mask_reg] and $EF;
 end;

{ Im Interruptcontroller Maskierungsbit für IRQ 4 setzen:  }
procedure disable_int;
 begin
  Port[Mask_reg]:=Port[Mask_reg] or $10;
 end;

procedure Install_int;
 var i:byte;
 begin
  { Interrupt maskieren: }
  disable_int;
  { Interruptvector setzen: }
  getintvec(int_No,oldintvec);
  setintvec(int_no,@RS232_int);
  { Empfangspuffer leeren: }
  i:=Port[DR];
  { Interrupt aufrufen, wenn Daten empfangen werden: }
  Port[IER]:=Port[IER] or 1;
  { IEN, DTR und RTS setzen: }
```

```
    Port[MCR]:=Port[MCR] or $0B;
    { Evtl. noch anhängige Interruptanforderungen löschen: }
    E_O_I;
    { Interrupt zulassen: }
    enable_int;
    E_O_I;
   end;

  procedure UnInStall_int;
   begin
    disable_int;
    setintvec(int_No,oldintvec);
    E_O_I;
   end;

  procedure SendRS232(c:char);
   var m:byte;
   begin
    while (Port[MSR] and $30<>$30)
   and (Port[LSR] and $40<>$40) and not keypressed do;
    while (Port[MSR] and $30=$30)
   and (Port[LSR] and $40=$40) do Port[DR]:=ord(c);
   end;

begin
 TextAttr:=blue shl 4+yellow;
 clrscr;
 writeln(' RS-232 Datenübertragung');
 gotoxy(1,24); write(' Abbruch: ESC drücken..');
 window(1,3,40,24);
 clrscr;
 TextAttr:=Blue shl 4+White;
 RX:=1;
 SX:=1;
 SY:=1;
 RY:=1;
 install_int;
 repeat
  z:=readkey;
  if (z<>#27) then
  begin
   write(z); if z=#13 then write(#10);
   SendRS232(z);
  end;
 until (z=#27);
 uninstall_int;
 clrscr;
end.
```

5 Die Tastatur

Die Tastatur des PC wird von einem eigenen spezialisierten Prozessor gesteuert und erfüllt nebenbei einige zusätzliche Funktionen. So wird z.B. ab dem 80286 über die Tastatur die Adressleitung A20 aktiviert und der Lautsprecher ein- oder ausgeschaltet. Dazu weiter unten mehr. Zuerst möchte ich die Tastatur und ihre programmtechnische Nutzung vorstellen.

Der Tastatur-Controller 8042 belegt beim PC/AT die Ports 60h..6Fh. Hierbei spielt Port 60h die Rolle eines Datenports. Über ihn teilt die Tastatur die sogenannten Scancodes der gedrückten Tasten mit.

Wird eine Taste gedrückt (oder losgelassen), so löst dies den Hardware-Interrupt 1 (Systeminterrupt 9) aus. Der Tastaturtreiber liest dann an Port 60h die Nummer der gedrückten Taste aus und schreibt ggf. unter Berücksichtigung der Shift- und Ctrl-Tasten-Zustände das entsprechende Zeichen in den *Keyboard-Puffer*. Dieser liegt im BIOS-Datenbereich. Falls es sich bei der Taste um eine Shift-, Alt- oder Ctrl-Taste handelt, werden bestimmte Flags im BIOS-Datenbereich gesetzt, die den aktuellen Zustand dieser Tasten festhalten.

Die Anwendungsprogramme können dann über die BIOS- und DOS-Interrupt-Funktionen den Zustand des Tastaturpuffers und den Status der Spezialtasten erfragen.

Der Tastaturpuffer ist als Ringpuffer von 32 Byte angelegt. Zwei Zeigerworte im BIOS-Datenbereich zeigen jeweils auf den Anfang und das Ende des Puffers. Zeigen beide auf die gleiche Adresse, so ist der Puffer leer. Jedes Zeichen belegt im Tastaturpuffer zwei Byte; das eine Byte entspricht dem ASCII-Code der gedrückten Taste (so sie einen hat, sonst Null), das andere dem Tasten- bzw. Scancode. Damit kann der Tastaturpuffer maximal 15 Zeichen aufnehmen. Ist der Puffer voll und wird dennoch eine Taste gedrückt, so ertönt ein Warnsignal.

Die CRT-Funktion Readkey liefert das ASCII-Zeichen der Taste. Ist dieses gleich Null, so handelt es sich um Sondertasten (Cursortasten,

PgUp, PgDn u.s.w.), die über ihren Scancode identifiziert werden. In diesem Fall liefert readkey beim *zweiten* Aufruf den Scancode der Taste. Bei direkten Zugriffen auf den Tastaturpuffer ist immer zu beachten, daß der ASCII-Code für Sondertasten dort keineswegs Null sein muß. Oft handelt es sich stattdessen um ASCII 224 oder ASCII 225. Welcher Wert für eine Sondertaste benutzt wird, läßt sich dem dritten Tastatur-Flag des BIOS-Datenbereichs entnehmen.

5.1 Tastatur und BIOS-Datenbereich

Folgende Adressen im BIOS-Datenbereich betreffen die Tastatur:

Adresse	Länge	Inhalt
40h: 17h	Byte	Statusflag 1
40h: 18h	Byte	Statusflag 2
40h: 19h	Byte	Über ALT-ASCII-Nummer eingegebenes Zeichen
40h: 1Ah	Wort	Offset des Anfangs vom Tastaturpuffer (Segment = 40h !)
40h: 1Ch	Wort	Offset des Ende vom Tastaturpuffer
40h: 1Eh...3Dh		Tastaturpuffer
40h:96h	Byte	Statusflag 3
40h:97h	Byte	Statusflag 4

Die Statusflags der Tastatur aus dem BIOS-Datenbereich sind dabei folgendermaßen belegt:

Flag 1 an Adresse 40h:17h

Bit	Bedeutung, wenn gesetzt
0	Rechte Shift-Taste gedrückt
1	Linke Shift-Taste gedrückt
2	Eine Ctrl- (= Strg) Taste gedrückt
3	Eine Alt-Taste ist gedrückt
4	Scroll-Lock eingeschaltet
5	Caps-Lock eingeschaltet (permanente Großbuchstaben)
6	Num-Lock eingeschaltet
7	Insert-Lock aktiv (Einfügemodus)

Flag 2 an Adresse 40h:18h

Bit	Bedeutung, wenn gesetzt
0	Linke Ctrl-Taste gedrückt
1	Linke Alt-Taste gedrückt
2	SysRequest-Taste gedrückt (PrtScr)
3	Pause-Key wurde gedrückt
4	Scroll-Lock-Taste ist gedrückt
5	Num-Lock-Taste ist gedrückt
6	Caps-Lock-Taste ist gedrückt
7	Insert-Taste ist gedrückt

Flag 3 an Adresse 40h:96h

Bit	Bedeutung, wenn gesetzt
0	ASCII-Zeichen für Null = 225, d.h. bei readkey=#0 steht im Tastaturpuffer ASCII 225 und nicht ASCII 0 !!
1	ASCII-Zeichen für Null = 224, d.h. bei readkey=#0 steht im Tastaturpuffer ASCII 224 und nicht ASCII 0 !!
2	Rechte Ctrl-Taste ist gedrückt
3	Rechte Alt-Taste (ALT GR) ist gedrückt
4	Tastatur mit 101/102 Tasten installiert

Flag 4 an der Adresse 40h:97h

Bit	Bedeutung, wenn gesetzt
0	Scroll-Lock-Indikator
1	Num-Lock-Indikator
2	Caps-Lock-Indikator

Zusätzlich zum Hardware-Interrupt 9 wird bei AT-Rechnern ein Software-Interrupt 15H mit AH = 4Fh ausgelöst. In AL wird dann der Scancode der Taste übergeben. Anwendungsprogramme können sich hier einhängen, wenn sie z.B. erfahren wollen, wann eine Taste losgelassen wird.

Das Programm kann sich natürlich auch direkt in den Hardware-Interrupt eins (System-Interrupt neun) einhängen, wie dies z.B. auch in der Turbo-Vision geschieht.

5.2 Die Tastatur-Interrupts

Das BIOS des PC stellt über Interrupt 16h eine Reihe sehr nützlicher Funktionen zur Verfügung. Auch der DOS-Interrupt 21h enthält Funktionen, die das Keyboard abfragen. Diese sind zwar weniger flexibel als die des Interrupt 16h, haben aber z.B. den Vorteil, daß das Ctrl-Break-Flag überprüft wird und der Ms-Dos-Idle-Interrupt 28h in einer Warteschleife aktiviert wird, so daß TSR-Programme die Zeit bis zur Reaktion des Anwenders nutzen können (vergl. Kapitel 13).

Interrupt 16H, Funktion 0: 'Read Keyboard'

IN:

AH:	00H

OUT:

AH:	Scancode
AL:	Asciicode

Anm.: Das Zeichen wird bei diesem Aufruf aus dem Puffer entfernt.

Interrupt 16H, Funktion 1: 'Get Keyboard Status'

IN:

AH:	01H

OUT:

Zeroflag:	1: Kein Zeichen im Puffer
	0: Zeichen liegt vor:
AH:	Scancode
AL:	ASCII-Code

Anm.: Die Zeichen werden *nicht* aus dem Puffer entfernt. Es handelt sich also um eine Abfrage wie bei der CRT-Funktion Keypressed, jedoch mit der Möglichkeit, bei vorliegendem Zeichen dieses bereits zu erhalten.

Interrupt 16H, Funktion 2: 'Get Shift-Flag'

IN:

AH:	02h

OUT:

AL:	Keyboard-Flag 1
AH:	Keyborad-Flag 2

Interrupt 16H, Funktion 3: 'Set Repeat Rate'

IN:

AH:	03H
AL:	05H
BL:	Wiederholungs-Rate (Zeichen/Sekunde bei gedrückter Taste)
BH:	Delay-Time:
00	250 ms
01	500 ms
10	750 ms
11	1000 ms

OUT: -

Anm.: Die Delaytime ist die Zeit, die verstreicht, bis bei gedrückter Taste die Wiederholungsfunktion eingeschaltet wird.

Interrupt 16h, Funktion 5: 'Store to Keyboard Buffer'

IN:

AH:	05h
CH:	Scancode
CL:	Asciicode

OUT:

AL 0: Zeichen wurde im Tastaturpuffer gespeichert

1: Zeichen konnte nicht gespeichert werden, da der Puffer voll ist

Anm.: Die Funktion läßt sich dazu benutzen, softwareseitig 'Tasten zu drücken'. Dies ist insbesondere für residente Hintergrundprogramme interessant, die dadurch mit dem Hauptprogramm 'kommunizieren' können.

Interrupt 16h, Funktion 10h: 'Read Keyboard (MF-2)'

Die Funktion entspricht Funktion 0, speziell für die MF-2-Tastatur. Sie ist nicht bei allen BIOS-Versionen implementiert. Dasselbe gilt für Funktion 11h.

Interrupt 16h, Funktion 12h: 'Get Extended Keyboard Flag'

IN:

AH 12h

OUT:

AL: Flag 1

AH: Flag 2

5.2.1 Die Keyboard-Funktionen des Interrupt 21H

Die folgenden Funktionen werden von Ms-Dos über Interrupt 21h bereitgestellt. Sie überprüfen weitestgehend die Eingabe auf Ctrl-C (Abbruch) und lösen ggf. den Interrupt 23h aus. Des weiteren wird während der Wartezeit auf eine Eingabe des Anwenders der Ms-Dos-Idle-Interrupt 28h aktiviert.

Interrupt 21H, Funktion 1: 'Read Keyboard and Echo'

IN:

AH: 01

OUT:

AL: gelesenes ASCII-Zeichen

Anm.: Die Funktion sorgt dafür, daß ein eingelesenes Zeichen auf dem Bildschirm erscheint.

Interrupt 21H, Funktion 6: 'Console Input/Output'

IN:

AH: 06h

DL: FFh = Zeichen lesen, sonst schreiben.

OUT:

Falls DL = FFH war:

Ein gesetztes Zeroflag zeigt an, daß der Keyboard-Puffer leer war, sonst steht das gelesene Zeichen in AL.

Interrupt 21H, Funktion 7: 'Read Keyboard, no Echo, no Ctrl-C-Break'

IN:

AH: 07H

OUT:

AL: gelesenes Zeichen

Interrupt 21H, Funktion 8: 'Read Keyboard'

IN:

AH: 8

OUT:

AL: Zeichen

Anm.: Die Funktion entspricht der CRT-Funktion Readkey. Wird eine Sondertaste gedrückt, so wird ASCII-Null zurückgegeben und erst beim zweiten Aufruf der Scancode der Taste.

Interrupt 21H, Funktion 0Ah: 'Read String from Keyboard'

IN:

AH:	0Ah
DS:DX:	Zeiger auf einen Puffer für den String.

OUT: -

Anm.: Der Puffer muß in den ersten beiden Bytes Platz für 'Verwaltungsdaten' bereithalten. Das erste Byte beschreibt die maximale Anzahl von Zeichen, die der Puffer aufnehmen kann. Das zweite Byte ist für die tatsächlich gelesene Anzahl an Bytes zuständig. Daran schließt sich der eigentliche Zeichen-Puffer an. Die Funktion entspricht der Turbo-Pascal-Funktion 'Readln', d.h. der zu übergebende String kann vom Anwender solange editiert werden, bis die Eingabe mit Return abgeschlossen wird. Das Return-Zeichen (ASCII 13) wird in den Puffer übertragen, aber bei der Zeichenzahl nicht berücksichtigt.

Interrupt 21H, Funktion 0Bh: 'Get Keyboard Status'

IN:

AH:	0Bh

OUT:

AL:	Status = FFh, falls Zeichen vorhanden, sonst 0.

Anm.: Entspricht weitgehend der Turbo-Pascal-Funktion 'Keypressed'. Welches Zeichen im Puffer vorliegt, wird nicht mitgeteilt.

Interrupt 21H, Funktion 0Ch: 'Flush Keyboard Buffer and Read'

IN:

AH:	0Ch
AL:	Subfunktion (1,6,7,8,Ah) wie oben beschrieben.

OUT: AL = 0 => Puffer ist leer.

Anm.: Die Funktion leert den Tastaturpuffer, bevor die in AL selektierte Subfunktion aufgerufen wird. Enthält AL einen ungültigen Wert, so wird nur der Puffer geleert und AL enthält bei der Rückkehr eine Null.

Einige dieser Funktionen sind in der UNIT KEYBOARD deklariert. Das Programm KBD_DEMO.PAS demonstriert die Keyboard-Funktionen weitgehend.

5.3 Die Tastatur-Ports

Weitere Funktionen, die der Tastaturprozessor übernimmt, sind das Ein- und Auschalten des Lautsprechers über Port 61h. Bit 0 von Port 61h startet Timerkanal 2, und Bit 1 von Port 61h schaltet den Lautsprecher an den Ausgang von Timerkanal 2. Will man also den Lautsprecher benutzen, so sind beide Bits zu setzen. Will man den Lautsprecher ausschalten, so sind diese Bits zu löschen.

Außerdem wird über den Tastatur-Prozessor die Adressleitung A20 (bei 80286 und höher) aktiviert. Der Treiber HIMEM.SYS übernimmt diese Arbeit (vergl. Kapitel 11). Der Adressbereich von FFFFh:000Fh bis FFFFh:FFFFh (High Memory Area, **HMA**) wird auf diese Weise direkt aus dem Real Mode ansprechbar. Beim 8086 konnte dieser Bereich nicht adressiert werden, da der Überlauf in die 21. Adressleitung nicht möglich war. Da ab dem 80286er 24 oder mehr Adressleitungen zur Verfügung stehen, kann dieser Bereich von fast 64KB ohne weitere Umstände benutzt werden, sobald die 21. Adressleitung aktiviert ist. Normalerweise wird der Bereich jedoch von Ms-Dos genutzt, wodurch Platz im unteren (normalen) Speicherbereich frei wird.

Das Steuer-/Statusregister der Tastatur hat die Portadresse 64h. Wenn es beschrieben wird, fungiert es als Steuerregister und ist folgendermaßen belegt:

Bit	**Bedeutung**
0	kein Interrupt nach Zeicheneingabe in Puffer
1	Interrupt nach Zeicheneingabe
2	System Status (0 = Reset)
3	Tastaturfunktionen ein/aus
4	Tastatur freigeben/sperren
5	Normalmodus/Rohdaten als Code
6	Werte unkonvertiert/konvertiert in IBM-Format
7	reserviert

Bei einem Lesezugriff dient das Register als Statusregister mit folgender Belegung:

Bit	Bedeutung
0	1 = Zeichen im Puffer vorhanden
1	1 = Wert im Ausgabepuffer geändert
2	System Status (0 = Reset)
3	0 = Letzte Eingabe auf Eingaberegister (60h)
	1 = Letzte Eingabe auf Steuerregister (64h)
4	0/1 = Tastatur gesperrt/freigegeben
5	0 = Datenübertragung OK
6	1 = Time Out bei Datenübertragung
7	1 = Paritätsfehler bei Datenübertragung

5.4 Die UNIT KEYBOARD

Die UNIT KEYBOARD implementiert alle wichtigen Tastaturfunktionen. Natürlich ist sie nur für Programme von Interesse, die nicht mit der Turbo Vision erstellt werden, da die Vision ja bereits alle Ereignisse sammelt.

Da die Implementation genau genommen keine Neuigkeiten bietet, wird hier nur das Interface abgedruckt. Der vollständige Quelltext befindet sich auf der beiliegenden Diskette.

```
{*********************************************************************}
{       Copyright (c) Christian Baumgarten, Hamburg 1993              }
{         Turbo-Pascal 7.0 Unit für Keyboard-Funktionen               }
{*********************************************************************}
UNIT KEYBOARD;
INTERFACE

function getkey(var scancode:byte):char;
procedure setkey(c:char;s:byte);
function keydown(var c:char;var scan:byte):boolean;
function shiftstate:word;
function shiftkeypressed:boolean;
function InsLocked:boolean;
function ScrollLocked:boolean;
function NumLocked:boolean;
function CapsLocked:boolean;
```

```
function ShiftRight:boolean;
function ShiftLeft:boolean;
function shift:boolean;

function Ctrl:boolean;
function CtrlRight:boolean;
function CtrlLeft:boolean;

function Alt:boolean;
function AltRight:boolean;
function AltLeft:boolean;

function Caps:boolean;
function Num:boolean;
function Scroll:boolean;

procedure NumOn;
procedure NumOFF;
procedure CapsON;
procedure CapsOFF;
procedure ScrollON;
procedure ScrollOFF;

IMPLEMENTATION
```

6 Die Maus

Es gibt eine ganze Reihe verschiedener Mäuse für den PC. Ihnen allen gemeinsam ist jedoch (zum Glück) die Schnittstelle des Maus-Interrupt 33h. Über diesen Interrupt kommuniziert das Programm mit der Maus. Sie soll daher im folgenden beschrieben werden.
Die Maus besteht aus der Sicht des Programmierers aus einer X- und Y-Koordinate, dem aktuellen Tastenzustand und den Tastendrücken und -Freigaben.

Die Mauskoordinaten, die der Treiber übermittelt, sind stets Graphikkoordinaten. Sie beginnen bei (0,0) in der linken oberen Ecke und enden je nach Videomodus und -Karte bei (639,199) ... (639,479). Im Textmodus wird *immer* eine Zeichenbox von 8x8 vorausgesetzt, d.h. die Koordinaten haben eine Schrittweite von acht, so daß sie im 80 x 25 - Textmodus bis (639,199) reichen.

6.1 Der Mauscursor

Im Textmodus gibt es zwei grundverschiedene Mauscursor: Den Hardware-Cursor und den Software-Cursor. Der Hardware-Cursor ist identisch mit dem normalen, blinkenden Textcursor, der dann aber gleichzeitig von der Maus und der Tastatur gesteuert wird. Der Softwarecursor ist von dem normalen Textcursor unabhängig und besteht aus zwei Masken, mit denen der Maustreiber Zeichen und Attribut (Farbe) an der aktuellen Mausposition manipuliert, um die Maus sichtbar zu machen. Die eine Maske ist eine UND-Maske, die andere eine XOR-Maske, d.h. der Maustreiber nimmt Zeichen und Attribut an der aktuellen Mausposition, verknüpft diese zuerst (bitweise) logisch UND mit der UND-Maske und danach logisch XOR mit der XOR-Maske. Das Ergebnis wird in den Bildschirmspeicher geschrieben. Da der Maustreiber sich den ursprünglichen Zustand des Bildschirms merkt, um ihn bei einer Bewegung der Maus restaurieren zu können, so ist es notwendig, den Mauscursor auszuschalten, bevor ein neues Zeichen oder Attribut an der Mausposition in den Bildschirm geschrieben wird. (Sonst würde der Maustreiber bei der Bewegung der Maus das neue Zeichen durch das alte ersetzen.)

Der graphische Mauscursor entspricht dem Sortwarecursor weitgehend, nur daß die Masken hier aus 16 x 16 Pixel großen (zweifarbigen) Bitmaps bestehen, die mit dem Bildschirminhalt verknüpft werden.

Sowohl der (Software-) Textcursor als auch der Graphikcursor lassen sich mit Hilfe der Funktionen des Interrupt 33h neu definieren.

In vielen Büchern wird das Gerücht verbreitet, daß die Mäuse den Graphikmodus der Herculeskarte nicht unterstützen. Dies ist nur bedingt wahr. Natürlich konnte ich nicht alle Mäuse ausprobieren, aber von der Genius-Maus weiß ich mit Sicherheit, daß sie den Hercules-Graphikmodus problemlos unterstützt, wenn das Videomodus-Byte im BIOS-Datenbereich (40h:49h) nach dem Wechsel in den Graphikmodus und vor dem Initialisieren der Maus auf den Wert sechs (eigentlich 640 x 200 - CGA - Modus) gesetzt wird.

(Natürlich muß der Wert vor Beenden des Graphikmodus auf sieben - den Wert für den monochromen Textmodus - zurückgesetzt werden.)

6.2 Die Funktionen des Mausinterrupt 33h

Bei allen Funktionen des Interrupt 33h wird die Funktionsnummer in AX übergeben; die Koordinaten sind *immer* Graphikkoordinaten. Sie müssen deshalb im Textmodus noch jeweils durch 8 geteilt werden.

Interrupt 33h, Funktion 0: 'Get Installation Status/Mouse Init'

IN:

AX:	0

OUT:

AX:	0: kein Treiber installiert
	FFh: Treiber installiert
BX:	Anzahl der Maustasten

Anm.: Diese Funktion ist auch dann implementiert, wenn kein Maustreiber installiert ist, so daß der Aufruf unbedenklich ist. Dies ist z.B. beim EMS-Treiber nicht ganz so selbstverständlich (vergl.

Kapitel 11). Zugleich wird die Maus mit diesem Aufruf initialisiert. Etwaige Einstellungen des Anwenderprogramms (wie spezielle Mauscursor) gehen verloren.

Wechselt das Anwenderprogramm jedoch den Bildschirmmodus, so ist der Aufruf erneut notwendig, damit der Maustreiber sich auf den neuen Modus einrichten kann.

Interrupt 33h, Funktion 1/2: 'Show/Hide Mouse Cursor'

IN:

AX: 1/2 für Show/Hide

OUT: -

Interrupt 33h, Funktion 3: 'Get Status'

IN:

AX: 3

OUT:

CX: X-Koordinate der Maus

DX: Y-Koordinate der Maus

BX: Tastenstatus

Anm.: Der Tastenstatus ist (nicht nur bei diesem Aufruf) folgendermaßen belegt:

Bit	Bedeutung, wenn gesetzt
0	Linke Taste ist gedrückt
1	Rechte Taste ist gedrückt
2	Mittlere Taste ist gedrückt (falls vorh.)

Interrupt 33h, Funktion 4: 'Set Mouse Position'

IN:

AX: 4

CX: X-Koordinate

DX: Y-Koordinate

OUT: -

Interrupt 33h, Funktion 5: 'Get Status when Button was pressed'

IN

AX:	5
BX:	0/1/2 = linke/rechte/mittlere Maustaste

OUT:

CX:	X-Position beim letzten Tastendruck
DX:	Y-Position beim letzten Tastendruck
BX:	Anzahl der Drucke seit der letzten Abfrage
AX:	Aktueller Tastenstatus (wie oben)

Interrupt 33h, Funktion 6: 'Get Status when Button was released'

IN:

AX:	6
BX:	0/1/2 = linke/rechte/mittlere Maustaste

OUT:

CX:	X-Position bei der letzten Tastenfreigabe
DX:	Y-Positon bei der letzten Tastenfreigabe
BX:	Anzahl der Freigaben seit dem letzten Aufruf
AX:	Aktueller Tastenstatus

Interrupt 33h, Funktion 7/8: 'Set X/Y-Koordinate-Range'

IN:

AX:	7/8 für X/Y
CX:	Minimale X/Y-Koordinate
DX:	Maximale X/Y-Koordinate

OUT: -

Anm.: Mit Hilfe dieser Funktionen wird der Bereich, in dem sich der Mauscursor frei bewegen kann, eingegrenzt.

Interrupt 33h, Funktion 9: 'Define Graphik Cursor Mask'

IN:

AX:	9
BX:	Relative X-Position des Hot Spot
CX:	Relative Y-Position des Hot Spot

ES:DX: Zeiger auf einen Datenbereich mit zwei Puffern zu je 16 Worten.

OUT: -

Anm.: Der erste Datenbereich von 16 Worten definiert den Bildschirm-Hintergrund (UND-Verknüpfung), der zweite Bereich den Mauscursor (XOR-Verknüpfung). Der Cursor besteht aus 16 x 16 Pixeln. Der *Hotspot* ist derjenige Punkt in der Cursormaske, auf den diese genau zeigt. Wird ein Wert von (0,0) festgelegt, so befindet sich der Hotspot in der linken oberen Ecke.

Interrupt 33h, Funktion 0Ah: 'Define Textcursor Symbol'

IN:

AX 0Ah

BX 0 = Software-Cursor

1 = Hardware-Cursor (Die Maus bewegt den Bildschirm-Textcursor)

Falls BX = 0:

CH: Farbe der Bildschirmmaske

CL: ASCII-Zeichen der Bildschirmmaske

DH: Farbe der Cursormaske

DL: ASCII-Zeichen der Cursormaske

Falls BX = 1:

CX: Erste Rasterzeile des Cursors

DX: Letzte Rasterzeile des Cursors

OUT: -

Anm.: Die Bildschirmmaske wird beim Software-Textcursor mit Zeichen und Attribut im Bildspeicher logisch AND verknüpft; das Ergebnis wird mit der Cursormaske logisch XOR verknüpft.

Interrupt 33h, Funktion 0Bh: 'Get Relativ Move'

IN:

AX: 0Bh

OUT:

CX: Relative X-Verschiebung seit der letzten Abfrage

DX: Relative Y-Verschiebung seit der letzten Abfrage

Anm: Die Rückgabewerte geben die relative Verschiebung an und sind daher vorzeichenbehaftet.

Interrupt 33h, Funktion 0Ch: 'Set User-Event-Routine'

IN:

AX:	0Ch
CX:	Aktivierungsbedingungen
ES:DX:	Adresse einer Service-Routine, die vom Maustreiber per FAR CALL aktiviert werden soll.

OUT: -

Anm.: Jedes halbwegs vernünftige Programm benutzt ausschließlich diese Routine, um sich über Position und Tastenzustand der Maus zu informieren (bzw. informieren zu lassen), da in diesem Fall eine zyklische Abfrage des Mauszustandes überflüssig wird. Die Aktivierungsmaske hat folgende Belegung:

Bit	Bei gesetztem Bit erfolgt die Aktivierung bei:
0	Bewegung der Maus
1/2	Tastendruck/-freigabe links
3/4	Tastendruck/-freigabe rechts
4/5	Tastendruck/-freigabe der mittleren Taste

Die Routine wird über einen FAR CALL aktiviert. Sie sollte so gestaltet sein, daß sie das DS-Register sichert und vor der Rückkehr restauriert. Der Treiber übergibt der Routine bei Aufruf in den CPU-Registern folgende Informationen:

AX:	Grund des Aufrufs (wie bei der Maske)
BX:	Akt. Zustand der Maustasten
CX:	X - Koordinate des Mauscursors
DX:	Y-Koordinate des Mauscursors
SI:	horizontale Auflösung in Pixeln
DI:	vertikale Auflösung in Pixeln

Interrupt 33h, Funktion 0Dh/0Eh: 'Lightpen Emulation ON/OFF'

IN:

AX:	0Dh/0Eh für Lichtgriffelemulation ein/aus

OUT: -

Interrupt 33h, Funktion 0Fh: 'Set Mouse Sensitivity'

IN:

AX:	0Fh
CX:	Schrittweite X (1-7FFFH) in 1/200 Zoll für 8 Pixel
DX:	Schrittweite Y (1-7FFFH) in 1/200 Zoll für 8 Pixel

OUT: -

Anm.: Wird jeweils der Wert 1 gesetzt, so muß die Maus um 1/200 Zoll bewegt werden, damit sich der Cursor um 8 Pixel bewegt, also um 8/20 Zoll (1 cm) für 640 Pixel. Dies ist die größtmögliche Empfindlichkeit.

Interrupt 33h, Funktion 10h: 'Disable Cursor in Special Range'

IN:

AX:	10h
CX:	X-Koordinate (oben links)
DX:	Y-Koordinate (oben links)
SI:	X-Koordinate (unten rechts)
DI:	Y-Koordinate (unten rechts)

OUT: -

Anm.: Der Cursor wird ausgeschaltet, sobald er in das definierte Bildschirmfenster bewegt wird. Danach ist der Maus-Cursor unsichtbar und muß erst mit Funktion eins wieder eingeschaltet werden.

Interrupt 33h, Funktion 13h: 'Define Speed Threshold'

IN:

AX:	13h
DX:	Schwellen-Geschwindigkeit in Schritten/Sekunde

OUT: -

Anm.: Der definierte Wert besagt, daß die Geschwindigkeit des Cursors verdoppelt wird, sobald die Bewegung der Maus eine Schwellengeschwindigkeit überschreitet.

Interrupt 33h, Funktion 14h: 'Swap Event Handler Routine'

IN:

AX:	14h
CX:	Call Maske
ES:DX	Neue Adresse

OUT:

CX: Alte Call Maske

ES:DX: Alte Adresse

Anm: Aufrufmaske und Parameter entsprechen den Konventionen der Funktion 0Ch.

Interrupt 33h, Funktion 15h: 'Return Driver Storage Size'

IN:

AX: 15h

OUT:

BX: Puffergröße in Byte

Anm.: Wird für die Funktion 16h benötigt, um die Größe des Puffers zu erfragen, den der Treiber benötigt, um seinen aktuellen Zustand zu sichern.

Interrupt 33h, Funktion 16h: 'Save Driver State'

IN:

AX: 16h

ES:DX Zeiger auf einen Puffer der (mit Funktion 15h) ermittelten Größe

OUT: -

Interrupt 33h, Funktion 17h: 'Restore Driver State'

IN:

AX: 17h

ES:DX: Zeiger auf den Puffer mit den gesicherten Daten

OUT: -

7 Das Videosystem im Textmodus

Der Bildschirm ist für den PC mehr als ein Ausgabemedium. Da der PC weitgehend als interaktives Arbeitsmittel eingesetzt wird, kann man sagen, daß der PC (oder die Software) am Bildschirm *stattfindet*. Man möchte fast sagen, daß der Bildschirm die Existenz des PC darstellt. Programme, die sich heutzutage am Bildschirm nicht ordentlich darzustellen vermögen (einmal von den unersätzlichen Kommandozeilenprogrammen abgesehen), sind bei den Anwendern mit Sicherheit sofort unbeliebt. Die ansprechende Darstellung eines Programms am Bildschirm ist somit nicht mehr Nebensache oder bloße Zierde, sondern Grundlage der Programmierung interaktiver Software. Mit der Turbo Vision bietet sich nun auch unter Turbo Pascal eine normierte und flexible Oberfläche an, so daß sich der Aufwand für den Programmierer diesbezüglich in Grenzen hält. Dennoch oder gerade deshalb ist es wichtig, zu wissen, wie die Darstellung am Bildschirm funktioniert. Dieses Kapitel befaßt sich (fast) ausschließlich mit der Textdarstellung. Die verschiedenen Graphikmodi werden in den folgenden Kapiteln besprochen.

7.1 Der Videospeicher im Textmodus

Im Textmodus enthält der Videospeicher für jedes darzustellende Zeichen ein Wort. Dieses Wort enthält im Lo-Byte das ASCII-Zeichen, das Hi-Byte ist das sogenannte 'Attributbyte' des jeweiligen Zeichens. Es beschreibt die Art und Weise, wie das Zeichen darzustellen ist. In den 80-Spalten-Modi enthält der Videospeicher in den ersten 160 Byte die Zeichen und Attribute der ersten Zeile, in den 160 Bytes ab Offset 160 die der zweiten Zeile u.s.w. Bei 25 Zeilen werden somit 25 * 160 = 4000 Byte für eine Textseite benötigt, so daß stets mehrere Textseiten im Videospeicher Platz finden, da die Herculeskarte z.B. 64KB Speicher zur Verfügung stellt und EGA bzw. VGA sogar noch mehr. (Bei der Herculeskarte nützt dies nur nichts, da die Seiten nicht umgeschaltet werden können.) Bei der

EGA- u. VGA-Karte können jedoch bis zu acht Textseiten nicht nur im Speicher gehalten werden, sondern auch über das BIOS umgeschaltet werden. Der Offset der zweiten Textseite ist (bei 80 x 25 Zeichen) um 4096 Byte (4KB) höher als derjenigen der ersten u.s.w.

Turbo Pascal unterstützt die Seitenumschaltung nicht. Sowohl die UNIT CRT als auch die Turbo Vision benutzen stets nur die Seite null.

Bei den Textmodi liegt die Basisadresse des Videospeichers bei B8000h, wobei Videomodus sieben, der speziell für monochrome Grafikkarten reserviert ist, mit der Basisadresse bei B0000h die Ausnahme bildet. Borland Pascal stellt für den direkten Zugriff auf den Videospeicher im Protected Mode die Selektoren SegB000 und SegB800 zur Verfügung.

Für die Belegung des Attributbytes gilt im Farbmodus:

```
Bits    7 6 5 4 3 2 1 0
        B H H H V V V V
```

B: 0: Statische Darstellung des Zeichens

1: Blinkende Darstellung des Zeichens

H: Hintergrungfarbe (0..7)

V: Vordergrundfarbe (0..15)

Man sieht an der Codierung des Attributbytes, daß die Textdarstellung auf maximal 16 Farben (jeweils für Vorder- und Hintergrund) beschränkt ist. Auf der EGA-/VGA-Karte läßt sich die Bedeutung des B-Bits umschalten. So kann es wahlweise auch als höchstes Farbbit benutzt werden. Ähnliches gilt für das höchste Bit der Vordergrundfarbe. Seine Bedeutung kann derart modifiziert werden, daß es zur Auswahl des Zeichensatzes dient. Wird es derart genutzt, so stellt sich allerdings heraus, daß die Helligkeit der beiden Zeichensätze differiert. Das liegt daran, daß das höchste Farbbit der Vordergrundfarbe eigentlich für die Helligkeit zuständig ist. Um bei Verwendung von zwei Zeichensätzen eine gleichmäßige Helligkeit zu bekommen, müssen somit die Farbregister der EGA-/VGA-Karte umprogrammiert werden (siehe Kapitel 8.3).

Die vier Farbbits des Attributbytes haben in der Standard-EGA-Belegung folgende Bedeutung:

Wert	Farbe
0:	Schwarz
1:	Blau
2:	Grün
3:	Cyan (Türkis)
4:	Rot
5:	Magenta (Violett)
6:	Braun
7:	Hellgrau
8:	Grau
9:	Hellblau
10:	Hellgrün
11:	Helles Cyan
12:	Hellrot
13:	Hellmagenta
14:	Gelb
15:	Weiß

Und im monochromen Modus:

```
Bits    7 6 5 4 3 2 1 0
        B x x x H y y y
```

B: wie oben

H: Helligkeitsbit 0: Normal ('Normvideo')
1: Erhöhte Helligkeit ('Highvideo')

Für die Bits xxx und yyy gilt folgende Belegung:

xxx = 7 und yyy = 0: Invertierte Darstellung (erhöhte Helligkeit wird ignoriert)

xxx = 0 und yyy = 1: Unterstrichene Darstellung

xxx = 0 und yyy = 0: Schwarz (zur Darstellung untauglich)

Alle anderen Codes repräsentieren hell auf dunkel.

Der monochrome Modus erlaubt also ebenfalls einige 'Farben', und zwar genau fünf (jeweils mit und ohne Blinken):

- Normal: z.B. 07h
- Hell: z.B. 0Fh
- Unterstrichen 01h
- Unterstrichen + Hell 09h
- Invertiert 70h

(Leider gibt es nur eine invertierte Darstellungsart)

7.2 Die Videomodi

Der Textmodus kennt im wesentlichen zwei Betriebsarten, die von Interesse sind, die monochrome und die mit 16 Farben. Die monochrome Betriebsart entspricht dem Videomodus zwei (EGA/VGA) bzw. sieben (HERCULES), der Farbmodus dem BIOS-Videomodus drei. Die EGA- und VGA-Karte gestatten allerdings durch die Wahl eines anderen Zeichensatzes auch andere Textauflösungen. So erhöht sich die Auflösung bei einer 8 x 8 - Zeichenbox auf 43 (bei 350 Scanzeilen) bzw. 50 (bei 400 Scanzeilen). Praktisch unterstützt jeder Graphikadapter einen dieser Textmodi. Daneben gibt es auf neueren Graphikkarten meist noch eine Fülle nicht einheitlicher Textmodi höherer Auflösung. Da es hier aber wie gesagt keine Norm gibt, die sich verbindlich durchgesetzt hat, so bleiben diese Modi meist ungenutzt, da die Portabilität von Programmen den Vorzug erhält.

Tabelle 7.1 zeigt die normierten Bildschirmmodi der klassischen Graphikadapter des PC. Tabelle 7.2 zeigt als Beispiel die weiteren Videomodi einer älteren 512KB-Quadtel-TVGA-Karte, Tabelle 7.3 die Videomodi einer (ziemlich neuen) 1MB-Tseng-ET4000-VGA-Karte.

Allen Textmodi (bei welcher Auflösung auch immer) ist aber bis jetzt die Speicherung eines Zeichen als ASCII-Byte und Attribut-Byte gemein, so daß es im Prinzip kein allzu großes Problem darstellt, die Textdarstellung auf andere Modi zu übertragen, sobald nur ihre Modusnummer bekannt ist. Die weiteren Parameter wie Zeilen- und Spaltenzahl (sowie Zeichenhöhe und Speicheroffset) lassen sich über das BIOS ermitteln.

Tabelle 7.1: Die Videomodi der klassischen Graphikkarten

Nr.	G/T	Text	Graphik	Farben	Z-Box	Karten
0	T	40 x 25	320 x 350	B & W	8 x 14	CGA/EGA/VGA
1	T	40 x 25	320 x 350	16	8 x 14	CGA/EGA/VGA
2	T	80 x 25	640 x 350	B & W	8 x 14	CGA/EGA/VGA
3	T	80 x 25	640 x 400	16	8 x 16	CGA/EGA/VGA
4	T	40 x 25	320 x 200	4	8 x 8	CGA/EGA/VGA
5	T	40 x 25	320 x 200	4	8 x 8	CGA/EGA/VGA
6	G	80 x 25	640 x 200	B & W	8 x 8	CGA/EGA/VGA
7	T	80 x 25	720 x 350	B & W	9 x 14	EGA/VGA/HGC
0Dh	G	40 x 25	320 x 200	16	8 x 8	EGA/VGA
0Eh	G	80 x 25	640 x 200	16	8 x 8	EGA/VGA
0Fh	G	80 x 25	640 x 350	B & W	8 x 14	EGA/VGA
10h	G	80 x 25	640 x 350	16	8 x 14	EGA/VGA
11h	G	80 x 30	640 x 480	B & W	8 x 16	VGA
12h	G	80 x 30	640 x 48ß	16	8 x 16	VGA
13h	G	40 x 25	320 x 200	256	8 x 8	VGA
- -	G	- -	720 x 348	B & W	- -	HGC

(Der Hercules-Graphikmodus wird vom BIOS nicht unterstützt und hat daher auch keine Modusnummer)

Die Zeichenbox ist in vielen Textmodi neun Pixel breit. Dies scheint ungewöhnlich zu sein, beruht aber auf einem simplen Trick. Da zwischen den Textzeichen sowieso mindestens eine leere Spalte stehen muß, so kann diese Spalte im Prinzip auch durch die Hardware erzeugt werden. Damit bleibt die Zeichenbox acht Pixel breit, aber die *Darstellung* der Zeichen am Bildschirm wird mit Hilfe der Hardware auf neun Pixel erweitert. Bei den Graphikzeichen des erweiterten ASCII-Zeichensatzes wird dann einfach die achte Spalte in die neunte 'verlängert', so daß die Rahmen und Balken nicht 'zerhackt' aussehen. Ein 9x14-Zeichensatz besteht somit aus einem 8x14-Zeichensatz und der Annahme, daß die Hardware ihn in der genannten Art und Weise darstellt.

Ob die erweiterten Videomodi der verschiedenen Graphik-Karten initialisiert werden können, hängt jedoch nicht allein von der Graphikkarte ab, sondern natürlich auch von dem Auflösungsvermögen und der maximalen Horizontalfrequenz des verwendeten Monitors, da diese darüber entscheidet, wie viele Scanzeilen der Monitor pro Sekunde darstellen kann.

Tabelle 7.2: Die erweiterten Videomodi einer 512KB-TVGA-Karte

Modus	G/T	Textauflösung	Graphikauflösung	Farben	Zeichenbox
51h	T	80 x 43	640 x 350	16	8 x 8
52h	T	80 x 60	640 x 480	16	8 x 8
53h	T	132 x 25	1056 x 350	16	8 x 14
54h	T	132 x 30	1056 x 480	16	8 x 16
55h	T	132 x 43	1056 x 350	16	8 x 8
56h	T	132 x 60	1056 x 480	16	8 x 8
5Bh	G	100 x 75	800 x 600	16	8 x 8
5Ch	G	80 x 25	640 x 400	256	8 x 16
5Dh	G	80 x 30	640 x 480	256	8 x 16
5Eh	G	100 x 37	800 x 600	256	8 x 16
5Fh	G	128 x 48	1024 x 768	16	8 x 16
60h	G	128 x 48	1024 x 768	4	8 x 16
61h	G	96 x 64	640 x 350	16	8 x 16
6Ah	G	100 x 75	800 x 600	16	8 x 8
70h	G	128 x 30	1024 x 480	256	8 x 16
71h	G	128 x 30	1024 x 480	256	8 x 16

Ist die realisierbare Horizontalfrequenz nicht hoch genug, so kann der Monitor den entsprechenden Modus entweder gar nicht oder nur mit einer ungenügenden Bildwiederholfrequenz darstellen. Hierauf ist bei der Anschaffung eines neuen Monitors also ganz besonders zu achten. Denn eine Bildwiederholfrequenz (Vertikalfrequenz) von wesentlich weniger als 70 Hz muß als ungenügend angesehen werden, da das Auge helle Flächen dann als flackernd wahrnimmt. Hat der Monitor z.B. eine maximale Horizontalfrequenz von 35 KHz, so kann er bei einer Vertikalfrequenz von 70 Hz maximal 500 Scanzeilen darstellen (In der Praxis sind es etwas weniger, da eine gewisse Anzahl Randzeilen eingerechnet werden müssen).

Tabelle 7.3: Einige erweiterte Videomodi einer 1MB-ET4000-VGA-Karte

Modus	G/T	Textauflösung	Graphikauflösung	Farben	Zeichenbox
21h	T	132 x 60	1056 x 480	16	8 x 8
22h	T	132 x 44	1056 x 396	16	8 x 9
23h	T	132 x 25	1056 x 400	16	8 x 16
24h	T	132 x 28	1056 x 392	16	8 x 14
25h	G	80 x 60	640 x 480	16	8 x 8
26h	T	80 x 60	720 x 480	16	8 x 9
29h	G	100 x 37	800 x 600	16	8 x 16
2Ah	T	100 x 40	800 x 600	16	8 x 15
2Dh	G	80 x 25	640 x 350	256	8 x 14
2Eh	G	80 x 30	640 x 480	256	8 x 16
2Fh	G	80 x 25	640 x 400	256	8 x 16
30h	G	100 x 37	800 x 600	256	8 x 16
37h	G	128 x 48	1024 x 768	16	8 x 16
38h	G	128 x 48	1024 x 768	256	8 x 16
3Dh	G	160 x 64	1280 x 1024	16	8 x 16

7.3 Die BIOS-Funktionen für den Textmodus

Im 80 x 25 - Textmodus unterscheiden sich die verschiedenen Karten wesentlich nur dadurch, daß die EGA-/VGA-Karten die Installation eigener Fonts erlauben, während dies CGA, MDA und HGC nicht erlauben. Es ist bei der Nutzung der BIOS-Funktionen darauf zu achten, daß das BIOS den Bildschirm mit den Koordinaten (0,0) oben links bis (79,24) unten rechts versieht, während etwa die UNIT CRT die Koordinaten von (1,1) bis (80,25) laufen läßt. Die Zählung von Null ist programiertechnisch gesehen (nicht nur in diesem Fall) einfacher, für einen Anfänger - und Pascal war ja ursprünglich als Lernsprache gedacht - aber etwas ungewohnt. Da die EGA-/VGA-Karte im Textmodus die Verwendung verschiedener Zeichensätze vorsieht, diese Funktionen aber nur im EGA-/VGA-BIOS implementiert sind, so werden sie in Abschnitt 7.3.2 gesondert betrachtet.

7.3.1 Die allgemeinen Funktionen des Interrupt 10H

Die allgemeinen Funktionen zur Bildschirmsteuerung sind Bestandteil des Rechner-BIOS und damit auf allen PCs verfügbar. Bei speziellen Graphikkarten wie der Herculeskarte werden jedoch manche Funktionen nicht unterstützt (wie etwa die Seitenumschaltung) oder sind gar nicht ausführbar (wie das Setzen eines nicht definierten Videomodus).

Interrupt 10h, Funktion 00h: 'Set Video Mode'

IN:

AH:	00h
AL:	Modusnummer

OUT: -

Anm.: Der aktuelle Videomodus steht im BIOS-Datenbereich an der Adresse 40h:49h.

Interrupt 10h, Funktion 01h: 'Set Cursor Size'

IN:

AH:	01H
CH:	Startzeile
CL:	Endzeile

OUT: -

Anm.: Das Aussehen des Cursors läßt sich im Textmodus bekanntlich variieren. Welche Werte für Startzeile und Endzeile sinnvoll sind, hängt jedoch von der verwendeten Zeichenbox ab. Bei einer 8 x 8 Zeichenbox dürfen die Werte 0..7 eingesetzt werden, bei einer 8 x 14 - Zeichenbox die Werte 0..13. Um den Cursor zu verstecken, ist der Wert CX = 2020h üblich, bei vielen Karten reicht es aber auch, wenn der Wert für die Startzeile über dem Wert für die Endzeile liegt. Beim VGA-Adapter werden die Bits 5 und 6 von CH als Steuerbits verwendet:

00b:	Normal
01b:	Versteckt (2020h setzt diesen Wert)
10b:	Langsames Blinken
11b:	Schnelles Blinken

Die aktuelle Cursorform steht auch im BIOS-Datenbereich. Die Endzeile an der Adresse 40h:60h, die Startzeile an der Adresse 40h:61h.

Interrupt 10h, Funktion 02h: 'Set Cursor Position'

IN:

AH:	02h
BH:	Bildschirmseite
DL:	Spalte
DH:	Zeile

OUT: -

Anm.: Die Werte dürfen im 80x25 Modus von 0..79 bzw. 0..24 liegen (im Gegensatz zur Turbo-Pascal-Konvention). Die Position des Cursors in acht Bildschirmseiten wird vom BIOS im BIOS-Datenbereich ab der Adresse 40h:50h abgelegt. Für jede Seite werden zwei Byte reserviert, wobei im ersten Byte die Spalte steht.

Interrupt 10h, Funktion 03h: 'Get Cursor Position'

IN:

AH:	03h
BH:	Seite

OUT:

DH:	Zeile
DL:	Spalte
CH:	Startzeile Cursor
CL:	Endzeile Cursor

Anm.: Der Cursor hat zwar auf allen Bildschirmseiten die gleiche Form, aber auf jeder Seite eine eigene Position. Siehe auch Funktion 2.

Interrupt 10h, Funktion 05h: 'Select Active Page'

IN:

AH:	05h
AL:	Seite (0..3 bzw. 0..7)

OUT: -

Anm.: Die Funktion wird bei der Herculeskarte nicht ausgeführt, da diese trotz ausreichenden Speicherplatzes (64KB) keine Seitenumschaltung erlaubt. Obwohl die CRTC-Register die Interpretation nahelegen, man könne die Seite durch eine Änderung der Startadresse umschalten, funktioniert dies meiner Erfahrung nach nicht, bzw. die Adresse läßt sich wohl umlegen, aber nicht weit genug.

Die Nummer der gerade aktiven Bildschirmseite findet sich im BIOS-Datenbereich an der Adresse 40h:62h.

Interrupt 10h, Funktion 06h/07h: 'Scroll Screen Area'

IN:

AH:	06h (Scroll Up)
	07h (Scroll Down)
AL:	Anzahl d. Zeilen
CH:	Zeile oben links
CL:	Spalte oben links
DH:	Zeile unten rechts
DL:	Spalte unten rechts
BH:	Farbattribut für die Leerzeile

OUT: -

Anm.: Wird für AL Null eingesetzt, so wird der gewählte Bereich gelöscht, sonst wird der Test innerhalb des Bereichs um N Zeilen nach unten/oben gerollt und die entstehenden Leerzeilen mit Leerzeichen gefüllt.

Interrupt 10h, Funktion 01h: 'Get Char and Attribut at Cursor Position'

IN:

AH:	08h
BH:	Seite

OUT:

AL:	Zeichen
AH:	Attribut

Interrupt 10h, Funktion 09h: 'Set Char and Attribut at Cursor Position'

IN:

AH:	09h
AL:	Zeichen
BH:	Seite
BL:	Attribut
CX:	Anzahl der Kopien

Anm.: Die Steuerzeichen CR (ASCII 13: Carriage Return: Wagenrücklauf), LF (ASCII 10: Line Feed: Zeilenvorschub) , BELL (ASCII 7), u.s.w. werden *nicht* als Steuercodes interpretiert, sondern als Zeichen dargestellt. Der Cursor wird nicht mitgeführt !

Interrupt 10h, Funktion 0Ah: 'Set Character at Cursor Position'

IN:

AH:	0Ah
AL:	Zeichen
BH:	Seite
CX:	Anzahl

OUT: -

Interrupt 10h, Funktion 0Eh: 'Write Char (Teletype Modus)'

IN:

AH:	0Eh
AL:	Zeichen
BH:	Seite
BL:	Farbe im Graphikmodus

OUT: -

Anm.: Steuerzeichen werden als solche interpretiert und ausgeführt, der Cursor wird mitgeführt.

Interrupt 10h, Funktion 0Fh: 'Get Video Mode'

IN:

AH:	0Fh

OUT:

AL:	Modus
AH:	Bildschirmspalten
BH:	Aktive Seite

Anm.: Der Wert für die aktuelle Zahl an Bildschirmspalten steht auch im BIOS-Datenbereich an der Adresse 40h:4Ah. Siehe auch Funktion null.

Interrupt 10h, Funktion 13h: 'Display String at Position (X,Y)'

IN:

AH:	13h
AL:	Schreibmodus
CX:	Anzahl der Zeichen im String
DH:	Zeile (Y)
DL:	Spalte (X)
BH:	Seite
BL:	Attributcode
ES:BP	Zeiger auf den String

OUT: -

Für den Schreibmodus gilt folgende Belegung:

0: *Normaler Modus:* Alle Zeichen werden mit dem in BL übergebenen Attribut geschrieben. Steuerzeichen werden berücksichtigt, der Cursor wird nicht mitgeführt.

1: *Teletype-Modus:* Steuerzeichen werden ausgeführt, der Cursor wird auf die Anfangsposition gesetzt und mitgeführt.

2: Wie Modus 0, jedoch enthält der String für jedes Zeichen ein Attributbyte: < Zeichen 0 , Attribut 0, Zeichen 1, Attribut 1, ...>, d.h. der Wert in BL ist ohne Bedeutung. Vorsicht: *Steuerzeichen werden ohne Attributbyte interpretiert!*

3: *Teletype-Modus*, aber String enthält wie in Modus 2 abwechselnd Zeichen und Attribut.

Anm: In Modus 2 und 3 zählt das CX-Register die Anzahl der Zeichen und *nicht* die Pufferlänge in Byte.

7.3.2 Die Zeichensatzfunktionen des EGA-/VGA-BIOS

Bei der EGA- und VGA-Karte existieren noch Funktionen zur Manipulation des verwendeten Zeichensatzes, der Palettenregister sowie zum Einholen von Statusinformationen. Diese Funktionen stehen bei Adaptern ohne eigenes BIOS nicht zur Verfügung. Da die EGA- und die VGA-Karte über mehrere 64-KB-Speicherseiten verfügen, aber im Textmodus maximal eine Seite benötigt wird, um die Zeichen und ihre Attribute zu speichern, so eröffnet sich die Möglichkeit, die anderen Seiten zur Speicherung von Zeichensätzen zu benutzen. Hierzu steht bei EGA und VGA die zweite Seite zur Verfügung. Da die Seite insgesamt 64 KB umfaßt, ist für 4 (EGA) bzw. für maximal acht (VGA) Zeichensätze Platz, wenn maximal 32 Byte / Zeichen reserviert werden. Die Zeichensätze werden jeweils in einzelne Speicherblöcke gelegt, deren Länge 8192 Byte beträgt. Die Aufteilung der zweiten Speicherebene zeigt Tabelle 7.4.

Für jedes Zeichen werden n Byte benutzt (wenn n die Zeichenhöhe ist), so daß in jedem Block die ersten n * 256 Byte die Zeichenmuster enthalten. Es gibt jeweils einen aktuell primären und einen aktuell sekundären Zeichensatz. Sie stehen in Block A und in Block B. Sind die Nummern dieser beiden Blöcke verschieden, so dient Bit Drei des Attributbytes zur Auswahl zwischen Block A und Block B. Bei Initialisierung der Karte sind Block A und B auf Null eingestellt, so daß nur der nullte Zeichensatz zur Darstellung verwendet wird.

Da im gleichen Videomodus (sprich mit der gleichen Anzahl an Rasterzeilen) Zeichensätze verschiedener Zeichenhöhe installiert werden können, so besteht die Möglichkeit, die Anzahl der Textzeilen anzupassen oder nicht. Wird die Zahl nicht angepaßt, so füllt natürlich ein 8 x 8 - Zeichensatz die Zeilen nicht aus, sondern sieht aus wie 'hochgestellt'.

Tabelle 7.4: Die Speicheraufteilung der EGA-/VGA-Karte für die Fonts

Offset	EGA	VGA
0000h	Block 0	Block 0
2000h	unbenutzt	Block 4
4000h	Block 1	Block 1
6000h	unbenutzt	Block 5
8000h	Block 2	Block 2
A000h	unbenutzt	Block 6
C000h	Block 3	Block 3
E000h	unbenutzt	Block 7

Wird die Anzahl an Textzeilen an den Zeichensatz angepaßt, so nimmt eine Bildschirmseite u.U. mehr als 4KB Speicherplatz ein, so daß zum einen weniger Seiten zur Verfügung stehen und zum anderen die Bildspeicherdaten der zweiten Seite bei der Zeichensatzumschaltung verloren gehen können. Die Zeichensätze befinden sich in der EGA-/VGA-Speicherebene Eins. Ein direkter Zugriff auf die Zeichensätze ist aufgrund der komfortablen BIOS-Funktionen meist unnötig.

Interrupt 10h, Funktion 11h: 'Select Textmode Character Set'

Bei diesem Aufruf wird über das AL-Register eine Unterfunktion ausgewählt:

Unterfunktion 0: 'Load User Font'

IN:

AH:	11h
AL:	0/1: Ohne/mit Zeilenanpassung
BH:	Byte/Zeichen
BL:	Blockauswahl
CX:	Anzahl der Zeichen, die neu geladen werden sollen
DX:	Offset in die Tabelle
ES:BP:	Zeiger auf die Tabelle

OUT: -

Unterfunktionen 1,2,4,11h,12h,14h: 'Load ROM Font'

IN:

AH:	11h
AL:	1/11h: 8 x 14 - Zeichensatz ohne/mit Zeilenanpassung
	2/12h: 8 x 8 - Zeichensatz ohne/mit Zeilenanpassung
	4/14h: 8 x 16 - Zeichensatz ohne/mit Zeilenanpassung
BL:	Nummer des Blocks (EGA: 0..3, VGA 0..7)

OUT: -

Unterfunktion 03h: 'Select Character Set'

IN:

AX:	1103h
BL:	Blockauswahl:
	Bit 0,1,4: Zeichensatz Block A
	Bit 2,3,5: Zeichensatz Block B

OUT: -

Anm.: Die seltsame Form der Codierung in BL resultiert aus der Forderung, daß die VGA-Karte abwärtskompatibel zur EGA-Karte sein mußte. Bei der EGA-Karte sind nur die unteren vier Bits gültig, da die Auswahl nur von Null bis Drei geht. Daher wurden die weiteren Bits 'oben angestückelt'.

Unterfunktion 21h: 'Install User Graphic Font'

IN:

AX:	1121h
BL:	0: Anzahl der Textzeilen steht in DL
	1: 14 Zeilen
	2: 25 Zeilen
	3: 43 Zeilen
CX:	Byte/Zeichen
DL:	Anzahl d. Textzeilen (wenn BL = 0)
ES:BP:	Zeiger auf Zeichensatz

Out: -

Anm.: In den Graphikmodi verfügt die EGA-/VGA-Karte nicht über ungenutzten Speicherplatz, so daß der Font *nicht* in den Videospeicher geladen wird. Das BIOS notiert sich nur die Adresse des neuen Fonts. Der Speicherbereich des Fonts darf somit vom Programm nicht einfach für andere Zwecke weiterbenutzt werden!

Unterfunktion 22h/23h/24h:'Load ROM Graphics Font'

IN:

AH:	11h
AL:	22h: 8 x 14 - Zeichensatz laden
	23h: 8 x 8 - Zeichensatz laden
	24h: 8 x 16 - Zeichensatz laden (nur VGA)
BL/DL:	Textzeilen wie bei Unterfunktion 21h

OUT: -

Unterfunktion 30h: 'Get Font Info'

IN:

AX:	1130h
BH:	0: INT 1FH - Zeichensatz
	1: INT 43H - Zeichensatz
	2: ROM 8 x 14 - Zeichensatz
	3: ROM 8 x 8 - Zeichensatz

4: ROM 8 x 8 - Zeichensatz (ASCII 128-255)
5: ROM 9 x 14 - Monochrom-Zeichensatz
6: ROM 8 x 16 - Zeichensatz (nur VGA)
7: ROM 9 x 16 - Monochrom - Zeichensatz (nur VGA)

OUT:

CX:	Byte/Zeichen in aktivem Zeichensatz
DL:	Akt. Bildschirmtextzeilen (EGA)
	Akt. Bildschirmtextzeilen - 1 (VGA)
ES:BP	Zeiger auf den durch BH selektierten Zeichensatz

7.3.3 Die Palettenauswahl bei der CGA-Karte

Die Palettenfunktionen insbesondere der EGA- und VGA-Karte gelten nicht allein für den Textmodus. Sie sind genauso in den Farbgraphikmodi von Bedeutung. Aber dies ist nicht der Grund, warum sie erst in Kapitel 8 besprochen werden. Der Grund ist vielmehr, daß dem Verständnis der Palettenfunktionen die Kenntnis der EGA-/VGA-Register förderlich ist, die erst dort beschrieben werden. Hier also nur kurz und bündig die Palettenfunktion für den 4-Farbmodus der CGA-Karte.

Interrupt 10h, Funktion 0Bh: 'Select Color Palette'

IN:

AH:	0Bh
BH:	0: Setzen der Hintergrundfarbe mit Wert in BL (0..15)
	1: Auswahl der Farbpalette durch den Wert in BL
BL:	0: Grün,Rot,Gelb + Hintergrund
	1: Cyan, Magenta, Weiß + Hintergrund

(und weitere)

8 Die Graphikmodi

Turbo Pascal bietet mit der UNIT GRAPH eine gut brauchbare Schnittstelle zur Programmierung aller gebräuchlichen Graphikkarten. Dennoch kann es manchmal entscheidend sein, etwas mehr über die Funktionsweise der Graphikkarte, die man ansteuern will, zu wissen. So kann es z.B. wünschenswert sein, eine schnelle graphische Text- oder Bildausgabe zu realisieren. Die Turbo-Pascal-Routine OutText(XY) mag sehr vielseitig sein: schnell jedenfalls ist sie nicht, weder bei den Vektorzeichensätzen, noch beim 'Defaultfont'. Hinzu kommt, daß der Defaultfont der einzige pixelorientierte Font ist, der in der UNIT GRAPH benutzt werden kann. Noch dazu läßt sich keine Schriftart der UNIT GRAPH zum Überschreiben eines evtl. schon geschriebenen Textes benutzen. Soll z.B. eine Statusmeldung oder ähnliches periodisch an der gleichen Stelle ausgegeben werden, so muß die entsprechende Zeile zuerst mit der Hintergrundfarbe ausgefüllt werden, was zusätzlich Zeit in Anspruch nimmt. Aber selbst wenn alle diese Dinge von Pascal zur größten Zufriedenheit gelöst wären, wäre es interessant zu wissen, wie die benutzte Graphikkarte eigentlich funktioniert.

In diesem Kapitel werden allerdings nur drei Graphikkarten detailliert besprochen, nämlich EGA, VGA und HERCULES. (Auf eine Darstellung der CGA-Karte wird (fast) gänzlich verzichtet).

Auch diese Videosysteme werden nur soweit besprochen, wie es für das Verständnis der Programmierpraxis - insbesondere auch der Turbo-Vision für den Graphikmodus (TGV) von Interesse ist. Die Nutzung der CGA-Karte wird zwar in der TGV nebenbei bemerkt eingeschlossen, aber dies nur in Graphikmodus sechs (640 x 200 Pixel, 2 Farben) und deshalb, weil es praktisch kaum Mehraufwand bedeutet.

8.1 Die Hercules-Graphikkarte

Die Hercules Graphics Card (HGC) ist im Graphikmodus relativ ungewöhnlich organisiert, während sie im Textmodus dem MDA entspricht. Da sie nur zwei 'Farben' zur Verfügung stellt, wird zur Darstellung eines Bildpunktes oder Pixels genau ein Bit benötigt. Ein Byte umfaßt dann acht Pixel und bei der Auflösung der HGC von 720 x 348 Pixeln umfaßt jede Zeile genau 90 Byte. Das Eigenwillige besteht nun darin, daß die Zeilen nicht einfach hintereinander im Videospeicher adressiert werden, sondern in vier Blöcke getrennt sind, deren Offset um jeweils 2000h versetzt ist. Der erste Block umfaßt sequentiell die Zeilen 0,4,8,.. der zweite Block die Zeilen 1, 5, 9.. etc. , d.h., daß die Adressierung eines Pixels etwas umständlicher ausfällt als bei EGA und VGA. Leider wird die Herculeskarte nicht von BIOS unterstützt, so daß das Anwenderprogramm alle Graphikfunktionen einschließlich des Umschaltens in den Graphikmodus und zurück in den Textmodus selbst übernehmen muß. Entgegen anderslautender Darstellungen wird die Herculeskarte vom Maustreiber jedoch sehr wohl auch im Graphikmodus unterstützt (siehe Kapitel 6). Die vom Maustreiber übergebenen Koordinaten sind in diesem Fall an die Herculesauflösung angepaßt, d.h. sie reichen von (0,0) bis (719,347).

Sind X bzw. Y die Koordinaten eines Pixels, so errechnet sich der Offset des entsprechenden Datenbytes im Videospeicher wie folgt:

```
Offset:= (Y mod 4) * 2000h + (Y div 4) * 90 + X div 8;
bzw. schneller:
Offset:= ( Y and 3) shl 13 + (Y shr 2) * 90 + X shr 3;
```

Der Graphikbildschirm der HGC benötigt 90 * 348 = 32 KB Speicher, so daß Platz für zwei Graphikseiten zur Verfügung steht. Turbo Pascal 7.0 unterstützt die Seitenumschaltung der HGC. Die erste Seite beginnt an der Adresse B0000h, die zweite an der Adresse B8000h. Die einzelnen Pixel werden, wie auch bei anderen Graphikkarten, folgendermaßen adressiert:

```
         Byte 0      Byte 1      Byte 2   ...
Bit      76543210    76543210    76543210 ...
Pixel    01234567    8...15      16...23  ...
```

(Das Bit ist gesetzt, wenn der Ausdruck `Mem[Segment:Offset] and ($80 shr (X and 7))<>0` wahr ist.)

Hierzu sei angemerkt, daß diese Adressierung zwar dem Gefühl nach richtig sein mag, jedoch in der Praxis nachteilig ist, da sie die Datengröße auf ein Byte festlegt. Hätte man statt dessen das Bit Null des Bytes als jeweils ersten Pixel gewählt, so wäre die Wortweise Bildbearbeitung deutlich einfacher zu bewerkstelligen, da sie dann der Intelkonvention (Lo-Byte first) entspräche.

8.1.1 Die Register der Herculeskarte

Die Hercurleskarte wird (wie die CGA-Karte auch) über den CRTC-(**C**athod-**R**ay-**T**ube-**C**ontroller)-Baustein 6845 von Motorola angesteuert. Die Register des Bausteins sind im PC über folgende Portadressen ansprechbar:

Port	**Register**	**Zugriff**
3B4h	Index	Schreiben
3B5h	Daten	Lesen/Schreiben
3B8h	Modus	Schreiben
3BAh	Status	Lesen
3BFh	Konfiguration	Lesen/Schreiben

Die Adresse des Indexports steht im BIOS-Datenbereich an der Stelle Seg0040:63h. Die Adresse des Datenports ist stets um eins größer. Über Index- und Datenport erfolgt der Zugriff auf insgesamt 18 interne Register. Vor jedem Zugriff auf ein Register wird der Index dieses Registers in den Indexport geschrieben. Bis auf die Register 14 und 15 sind alle Register Nur-Schreibregister. Die Belegung zeigt Tabelle 8.1.

Konfigurationsregister (3BFh):

Das Konfigurationsregister der Herculeskarte ist folgendermaßen belegt:

Bit	**Bedeutung**
0:	1 = Graphikmodus zugelassen, 0 = Graphik gesperrt
1:	1 = Graphikseite 1 zugelassen, 0 = Graphikseite 1 gesperrt

(Die weiteren Bits sind ohne Funktion)

Statusregister (3BAh)

Das Hercules-Statusregister ist ein Nur-Lese-Register und hat folgende Belegung:

Bit	Bedeutung
0	0 = Horizontaler Strahlrücklauf
1	1/0 Lichtgriffel an/aus
3	1 = Punkt wird gesetzt, 0 = Punkt wird nicht gesetzt
7	0 = Vertikaler Strahlrücklauf

Die anderen Bits des Statusregisters sind ohne Bedeutung.

Tabelle 8.1: Die Registerbelegung der Herculeskarte

Index	Funktion	Wert im Textmodus	Wert im Graphikmodus
0	Zeichen/Zeile	97 (61h)	53 (35h)
1	Angezeigte Zeichen/Zeile	80 (50h)	45 (2Dh)
2	Horiz. Synchronisation -1	82 (52h)	46 (2Eh)
3	Länge d. horiz. Synchr.	15 (0Fh)	7 (07h)
4	Zahl der Zeilen -1	25 (19h)	91 (5Bh)
5	Anzahl zus. Rasterzeilen	6 (06h)	2 (02h)
6	Zeilen auf dem Bildschirm	25 (19h)	87 (57h)
7	Vert. Sychr. -1	25 (19h)	87 (57h)
8	Zeilensprung	2 (02h)	2 (02h)
9	Anzahl d. Zeilen/Zeichen - 1	13 (0Dh)	3 (03h)
10	Erste Zeile des Cursors	11 (0Bh)	0
11	Letzte Zeile des Cursors	12 (0Ch)	0
12	Hi-Byte des Bilddatenoffsets	0	0
13	Lo-Byte des Bilddatenoffsets	0	0
14	Hi-Byte der Cursorposition	-	-
15	Lo-Byte der Cursorposition	?	-
16	Hi-Byte Lichtgriffelposition	?	?
17	Lo-Byte Lichtgriffelposition	?	?

Der Inhalt des Modusauswahlregisters wird vom BIOS - zumindest bei den vom BIOS unterstützten Graphikkarten - im BIOS-Datenbereich an der Adresse 40h:65h vermerkt, da ihm z.B. entnommen werden kann, ob der aktuell eingestellte Videomodus ein Graphikmodus ist. Wenn ein Programm den Wert des Registers ändert, sollte deshalb auch jeweils der BIOS-Datenbereich aktualisiert werden. (Abgesehen davon kann das Programm dann stets entscheiden, ob es sich im Text- oder Graphikmodus befindet.)

Modusauswahlregister (3B8h):

Das Modusauswahlregister hat folgende Belegung:

Bit	Bedeutung
1	1 = Graphikmodus, 0 = Textmodus
3	1 = Bildschirm eingeschaltet, 0 = Bildschirm ausgeschaltet
5	1/0 : Blinken aus/an
7	1/0 Graphikseite 1/0 aktiv

Im Textmodus hat das Modusauswahlregister den Wert 8, bei Graphik mit einer Seite den Wert 0Ah, bei Graphik mit zwei Seiten den Wert 8Ah. Das Umschalten in einen anderen Modus wird durch Setzen des Konfigurationsregisters eingeleitet. Dann wird über das Modusregister der Bildschirm ausgeschaltet. Als drittes werden die Registerwerte über Index- und Datenport gesetzt und zuletzt wird der endgültige Wert des Modusregisters gesetzt, d.h. der Bildschirm wieder eingeschaltet. Diese Schritte sollten so schnell wie möglich aufeinander folgen.

Auch andere Graphikkarten bedienen sich des CRTC 6845, benutzen aber z.T. andere Portadressen und Registerbelegungen. Da andere Graphikkarten wie CGA und MDA vom BIOS unterstützt werden, ist jedoch eine genaue Kenntnis der Registerbelegungen nicht unbedingt nötig. (Allein: Weder CGA noch MDA zeigen im Statusregister in Bit 7 den vertikalen Strahlrücklauf an. Auf diese Weise lassen sich MDA und Hercules unterscheiden).

8.1.2 Die UNIT HERCULES

Die UNIT HERCULES enthält alle wichtigen Routinen, die speziell zur Nutzung der Herculeskarte benötigt werden. Zum Teil werden die gleichen Routinen weiter unten in der Turbo Vision für den Graphikmodus wieder auftauchen, da die TGV die UNIT GRAPH nicht nutzt und somit auch die Herculeskarte direkt initialisiert und ansteuert. Bei der TGV werden jedoch alle wichtigen Routinen zur Steuerung der Graphikkarten in einer einzigen Unit untergebracht, was den Vorteil hat, daß nicht allzu viele FAR CALLs zu erfolgen haben, da diese erheblich mehr Zeit in Anspruch nehmen als NEAR-CALLs. Die UNIT HERCULES wird deshalb in der TGV nicht benutzt.

```
{**************************************************}
{ Copyright (C) Christian Baumgarten, Hamburg 1993 }
{**************************************************}
UNIT HERCULES;

INTERFACE
Type HGCMODE = (HALF,FULL);
    { Half = Modus mit einer Graphikseite.
      Full = Modus mit zwei Graphikseiten }

procedure HGCInitGraph(Mode:HgcMode);
procedure HGCCloseGraph;
procedure HGCShowPage(Page:Byte);

procedure HGCPutPixel(x,y:Integer;page,color:byte);
 function HGCGetPixel(x,y:Integer;page:byte):Byte;
procedure HGCClrDev(page:byte);
 function HGCIsGraphMode:Boolean;
procedure HGCLine(x1,y1,x2,y2:integer;page,color:byte);

IMPLEMENTATION
type  CRTRegs=array[0..11] of byte;
const
TextRegs:CRTRegs=($61,$50,$52,$0F,$19,$06,$19,$19,$02,$0D,$0B,$0C);
GrafRegs:CRTRegs=($35,$2D,$2E,$07,$5B,$02,$57,$57,$02,$03,$00,$00);

      ModeReg  = $03B8;
      ConfigReg= $03BF;
      IndexReg = $03B4;
      DataReg  = $03B5;

procedure HGCInit(Cfg,Mode1,Mode2:Byte;Var CRT6845:CRTRegs);
assembler;
 asm
  mov dx,configreg        { Konfigurationsregister setzen }
  mov al,cfg
  out dx,al
  mov dx,modereg          { Modusregister setzen          }
  mov al,mode1
  out dx,al
  les si,crt6845          { CRT-Registerwerte setzen:     }
```

```
    mov cx,12              { 12 Stück an der Zahl..          }
    cld
    mov dx,IndexReg
    xor ah,ah              { AH = Index des jeweiligen Registers }
  @@1:mov al,ah
      out dx,al
      seges lodsb          { Registerwert laden..            }
      inc dx               { Datenregister adressieren       }
      out dx,al            { Wert schreiben..                }
      dec dx               { Indexregister adressieren       }
      inc ah               { Nächster Index..                }
     loop @@1
    mov dx,modereg         { Modusregister auf endgültigen Wert setzen }
    mov al,mode2
    out dx,al
    mov es,seg0040         { Wert des Modusregisters im      }
    mov es:[$65],al        { BIOS-Datenbereich anpassen      }
   end;

   procedure HGCInitGraph(Mode:HgcMode);
    begin
     case mode of
      Half:HGCInit(1,2,$0A,GrafRegs);
      Full:HGCInit(3,$82,$8A,GrafRegs);
      else exit;
     end;
     Mem[Seg0040:$49]:=6;   { Information für den Maustreiber }
    end;

   procedure HGCCloseGraph;
    begin
     Mem[Seg0040:$49]:=7;        { Bildschirmmodus 7        }
     HGCInit(1,0,8,TextRegs);    { HGC in den Textmodus schalten }
    end;

   function HGCIsGraphMode:Boolean;
    begin
     HGCIsGraphMode:=Mem[Seg0040:$65] and 2<>0;
    end;

  procedure HGCClrDev(page:byte); assembler;
   asm
    mov  es,segB000        { Selektor 0. Seite }
    cmp  page,0
    je   @@1
    mov  es,segB800        { Selektor 1. Seite }
  @@1:
    xor  di,di
    mov  cx,4000H          { 32 KB in Worten    }
    cld
```

```
   xor  ax,ax
   rep  stosw
  end;

 procedure HGCShowPage(page:Byte); assembler;
  { Seitenumschaltung über das MSB des Modusregisters: }
  { MSB = 1 => 1. Seite aktivieren                     }
  asm
   mov dx,modereg
   mov es,seg0040
   mov di,$65
   mov al,es:[di] { AL = Derzeitiger Wert des Modusregisters    }
   cmp page,0     { aus dem BIOS-Datenbereich.          }
   jne @@1
   and al,$7F             { Seite 0: MSB löschen.               }
   jmp @@2
 @@1:
   or  al,$80     { Seite 1: MSB setzen.                }
 @@2:
   out dx,al      { Neuen Wert in das Modusregister schreiben. }
   mov es:[di],al { .. und im BIOS-Datenbereich mitprotokollieren. }
  end;

 { Zeilenoffset (Hercules) berechnen:         }
 { = ((y and 3) shl 13) + (y shr 2) * 90 + x }
 { input:  ax = y  (Zeilen)                   }
 {         bx = x  (Spalten)                  }
 { output: di = offs(x,y)                     }
 procedure _gethgcoffs; near; assembler;
  asm
    push ax
    shr  ax,2
    mov  dx,90
    mul  dx
    pop  dx
    and  dx,3
    mov  cl,13
    shl  dx,cl
    add  ax,dx
    mov  cl,3
    shr  bx,cl
    add  ax,bx
    mov  di,ax
  end;
 { Input:  DI = Offset auf eine HGC-Zeile                  }
 { Output: DI = Offset auf gleiches Byte eine Zeile tiefer }
 procedure _gethgcdelta; near; assembler;
  asm
   cmp di,$6000        { Letzter Block ?          }
```

```
   jae @@1
   add di,$2000        { Nein: Nächster Block, d.h. 2000H addieren }
   ret
 @@1:
   sub di,$6000 - 90  { Ja: ($6000-90) abziehen: eine Zeile weiter,
                            drei Blöcke zurück }
  end;

{ Input: BX    = X                               }
{        DL    = Farbe                           }
{        ES:DI = Zeiger auf das Bildspeicherzeile }
procedure _hgcputpixel; near; assembler;
 asm
   mov  al,$80
   mov  cx,bx
   shr  bx,3 { X / 8 = Offset auf Byte          }
   and  cl,7    { X MOD 8 = Byteoffset des Bits    }
   shr  al,cl
   test dl,1    { Farbe = 1 ?             }
   jnz  @@1
   not  al      { Nein: Bit löschen.             }
   and  es:[di+bx],al
   jmp  @@2
@@1:or  es:[di+bx],al { Ja: Bit Setzen.          }
@@2:
 end;

procedure HGCPutPixel(x,y:Integer;page,color:byte); assembler;
 asm
  mov  es,SegB000
  cmp  page,1
  jb   @seite0
  mov  es,SegB800      { ES = Segmentadresse Bildschirm  }
  @seite0:
  mov  ax,y
  xor  bx,bx
  call _gethgcoffs     { DI = Offs(0,y)          }
  mov  bx,x          { BX = X, DL = Farbe         }
  mov  dl,color
  call _hgcputpixel
 end;

function HGCGetPixel(x,y:Integer;page:byte):Byte; assembler;
 asm
  mov  es,SegB000
  cmp  page,1
  jb   @seite0
  mov  es,SegB800
  @seite0:
```

```
    mov  ax,y
    mov  bx,x
    push bx
    call _gethgcoffs
    pop  cx
    and  cx,7
    mov  al,$80
    shr  al,cl
    and  al,es:[di]
    je   @ende
    mov  al,1
    @ende:
  end;

procedure HGCLine(x1,y1,x2,y2:integer;page,color:byte); assembler;
 var xx,d_x,d_y,r:integer;
 asm
    mov  xx,1
    mov  es,SegB000
    cmp  page,1
    jb   @@Page0
    mov  es,SegB800
@@Page0:
    mov  bx,y2
    cmp  bx,y1
    jae  @@1
    xchg bx,x1
    mov  x2,bx
    mov  ax,y1
    xchg ax,y2
    mov  y1,ax
@@1:mov  bx,x2
    sub  bx,x1
    jnb  @@2
    neg  xx
    neg  bx
@@2:mov  d_x,bx
    mov  ax,y2
    sub  ax,y1
    mov  d_y,ax
     mov  ax,y1
     xor  bx,bx
     call _gethgcoffs
     mov  bx,x1
     mov  dl,color
     call _hgcputpixel
    xor  cx,cx
    mov  r,cx
```

```
     mov  bx,d_x
     cmp  bx,d_y
     jbe  @@3
@@5:mov  bx,x1
     cmp  bx,x2
     je   @@4
     mov  ax,xx
     add  x1,ax
     mov  dx,d_y
     add  r,dx
     mov  ax,r
     shl  ax,1
     cmp  ax,d_x
     jb   @@6
     inc  y1
     call _gethgcdelta
     mov  ax,d_x
     sub  r,ax
@@6:mov  bx,x1
     mov  dl,color
     call _hgcputpixel
     jmp  @@5
@@3:mov  bx,y1
     cmp  bx,y2
     je   @@4
     inc  y1
     call _gethgcdelta
     mov  ax,d_x
     add  r,ax
     mov  ax,r
     shl  ax,1
     cmp  ax,d_y
     jbe  @@8
     mov  ax,xx
     add  x1,ax
     mov  ax,d_y
     sub  r,ax
@@8:mov  bx,x1
     mov  dl,color
     call _hgcputpixel
     jmp  @@3
@@4:
 end;

end.
```

8.2 Die EGA-/VGA-Graphikkarte

8.2.1 Die Speicherorganisation der EGA-/VGA-Karte

Die EGA-/VGA-Karte ist in vier 32KB-/64KB-Speicherebenen organisiert, die (im Graphikmodus) alle den Adressbereich von A0000h bis AFFFFh belegen. Die Speicherebenen liegen quasi über- oder hintereinander. Bei Schreibzugriffen im Graphikmodus lassen sich auf diese Weise alle Ebenen gleichzeitig ansprechen. Sollen bestimmte Ebenen nicht angesprochen werden, so können sie mit dem Plane-Mask-Register ausgeblendet werden. (Index 02h, Indexport 3C4h, Datenport 3C5h; die Bits 0..3 repräsentieren die Ebenen, ein gesetztes Bit erlaubt den Zugriff, die oberen vier Bits sind unbenutzt).

Jede Ebene repräsentiert ein Farbbit, Ebene null das erste Farbbit, Ebene 3 das vierte Farbbit. Somit lassen sich 16 Farben codieren. Jede Farbnummer dient der Auswahl eines von 16 Palettenregistern, die die der Farbnummer zugeordnete Farbe definieren. Die EGA-Karte erlaubt 64 Farben, entsprechend den unteren sechs Bit der Palettenregister. Die VGA-Karte ist hier etwas komplizierter organisiert, da sie einen Analogmonitor ansteuert.

Standardmäßig sind die Farben die gleichen, die auch im Textmodus verwendet werden. Durch Umprogrammierung der Palettenregister lassen sich jedoch auch andere Einstellungen erreichen, wenn dies erwünscht ist.

Sollen die Daten des Videospeichers gelesen werden, so muß natürlich die Speicherebene ausgewählt werden, die gelesen werden soll. Hierzu wird das Read-Map-Select-Register benötigt. Es handelt sich dabei um das Datenregister mit dem Index 04h (Indexport: 3CEh, Datenport: 3CFh), dessen Bits 0 und 1 die Speicherebene selektieren.

Der Videospeicher ist in Zeilen zu jeweils 80 Byte (entsprechend 640 Bit) organisiert. Die Zeilen stehen direkt hintereinander im Videospeicher, so daß das Byte, das den Pixel mit den Koordinaten (x,y) enthält, den Offset (y*80) + x div 8 besitzt. Die Bits repräsentieren (wie bei der Herculeskarte) die jeweiligen Pixel in umgekehrter Reihenfolge: Bit 7 entspr. Pixel 0, Bit 6 Pixel 2 etc.

Die Entwickler haben die Karte allerdings mit diversen weiteren Registern versehen, so daß das direkte (ebenenweise) Lesen und

Schreiben in den Videospeicher bei der EGA-/VGA-Programmierung wohl eher die Ausnahme darstellen dürfte.

8.2.2 Die Prozessor-Latch-Register

Als erstes sind die vier Prozessor-Latch-Register zu nennen. Jeder Speicherebene ist genau ein Latch-Register zugeordnet, über das der Datenfluß gesteuert wird. Wird auf ein bestimmtes Byte im Videospeicher lesend zugegriffen, so werden die vier Byte der vier Speicherebenen in jeweils ein Latch-Register übertragen. Die Daten können nun mit einem Schreibbefehl auf die gleiche Speicheradresse auf verschiedene Art in den Videospeicher zurückgeschrieben werden. So können bei diesem Schreibvorgang z.B. Bits maskiert werden. Soll etwa nur ein Pixel manipuliert werden, so werden alle anderen Bits mithilfe des Bit-Mask-Registers ausmaskiert. Alle Veränderungen betreffen dann ausschließlich das nicht maskierte Bit. (Das Bit-Mask-Register hat Index 08h; Indexport 3CEh, Datenport 3CFh). Man kann den Prozessor als Datenlieferanten auch durch das Set-Reset-Register ersetzen (Index 0, Port 3CEh/3CFh). Will man dieses nicht oder nicht in allen Farbebenen nutzen, so kann man es ebenenweise ausmaskieren. Hierzu dient das Set-/Reset-Enable-Register (Index 1, Port 3CEh/3CFh) des Graphikcontrollers. Benutzt man diese beiden Register (d.h., ist das Set-/Reset-Enable-Register in den unteren vier Bits ungleich null), so passiert folgendes: Ein Schreibzugriff der CPU auf eine Videospeicheradresse wird in alle Ebenen, die nicht mit dem Set-/Reset-Enableregister ausmaskiert sind, nicht das geschriebene Datenbyte vom Prozessor setzen, sondern FFh oder 00h, je nachdem, ob das Bit des Set-/Reset-Registers für die Farbebene gesetzt ist oder nicht. (Der Schreibzugriff wird allerdings durch das Bitmaskregister zusätzlich beeinflußt).

Optional besteht auch noch die Möglichkeit, durch entsprechende Programmierung des Data-Rotate-Registers die Datenbits zu rotieren bzw. alte und neue Farbwerte logisch (AND, OR, XOR) zu verknüpfen.

Die in Kapitel 14 vorgestellte Turbo-Vision für den Graphikmodus enthält reichlich Beispiele, wie man die VGA-Register geschickt einsetzen kann.

8.2.3 Der Graphikcontroller

Der Graphikcontroller ist für die Programmierung der EGA-/VGA-Graphikmodi der wichtigste Baustein. Ohne ein genaues Verständnis seiner Funktionen ist eine schnelle und rationelle Programmierung der EGA-/VGA-Karte nicht möglich. Der Graphikcontroller verfügt über folgende Register:

Indexport 3CEh
Datenport 3CFh

Index	**Register**
0	Set-/Reset
1	Enable Set-/Reset
2	Color Compare
3	Data Rotate
4	Read Map Select
5	Graphics Mode
6	Miscellaneous
7	Color Don't Care
8	Bit Mask

Ein Zugriff auf eines der Register erfolgt (wie bei der Herculeskarte), indem die entsprechende Registernummer in den Indexport geschrieben wird. Das so gewählte Register kann dann über den Datenport beschrieben werden.

Das Set-/Reset-Register (Index 0)
Das Set-/Reset-Register enthält in den Bits 0..3 für jede Farbebene ein Bit. Ein gesetztes (gelöschtes) Bit sorgt dafür, daß bei einem Schreibzugriff der CPU auf den Bildspeicher alle Bits des von der CPU adressierten Bytes in der entsprechenden Ebene gesetzt (gelöscht) werden, unabhängig davon, *welchen* Wert die CPU auf den Datenbus legt. Dieser Vorgang läßt sich mit dem Enable-Set-/Reset-Register ebenenweise und mit dem Bit-Mask-Register bitweise maskieren.

Soll z.B. ein bestimmtes Bit in einer bestimmten Farbe gesetzt werden, so geht man folgendermaßen vor:

1) Alle anderen Bits im Bit-Mask-Register ausblenden.
2) Die gewünschte Farbe in das Set-/Reset-Register schreiben
3) Alle Ebenen mit dem Enable-Set-/Reset-Register zulassen.
4) In Folge einen Lese- und einen Schreibzugriff auf die entsprechende Bildspeicheradresse ausführen.
5) Die Registerwerte zurücksetzen.

Daß erst ein Lesezugriff und dann ein Schreibzugriff zu erfolgen hat, hat seinen Grund: Soll nur *ein* Bit verändert werden, so müssen die alten Daten mit den neuen Daten verknüpft werden. Hierzu müssen die alten Daten in die Latch-Register geladen werden. Und genau das geschieht bei einem Lesezugriff auf eine Bildspeicheradresse.

Die Bits 4..7 sind ohne Bedeutung.

Das Enable-Set-/Reset-Register (Index 1)

Maskiert mit den unteren vier Bits die Wirkung des Set-/Reset-Registers. Ein gesetztes Bit erlaubt den Speicherzugriff über das Set-/Reset-Register, ein gelöschtes Bit maskiert die entsprechende Ebene für das Set-/Reset-Register. Die Bits 4..7 sind ohne Bedeutung.

Das Color Compare Register (Index 2)

Das Register dient dem schnellen Farbvergleich. Um herauszufinden, wieviele und welche Bits eines Bytes eine bestimmte Farbe haben, wird die Farbe in das Color-Compare-Register geschrieben. Dann muß mithilfe des Mode-Registers der Lesemodus 1 eingestellt werden. Ein Lesezugriff auf den Videospeicher liefert nun ein Byte, bei dem alle Bits gesetzt sind, deren Farbwert dem des Color-Compare-Registers entspricht und alle anderen gelöscht sind.

Das Data Rotate Register (Index 3)

Das Data-Rotate-Register bestimmt, wie die neuen Bilddaten mit den alten Daten in den Prozessor-Latch-Registern verknüpft werden. Des weiteren eröffnet es die Möglichkeit, die Bilddaten um eine bestimmte Anzahl Bits zu rotieren.

Das Register hat folgende Belegung:

Bit	Funktion
0..2:	Anzahl der Rechtsrotationen der Prozessordaten
3,4:	00: Normal schreiben
	01: Logische AND-Verknüpfung mit ursprünglichen Farbwerten
	10: Logische OR-Verknüpfung mit ursprünglichen Farbwerten
	11: Logische XOR-Verknüpfung mit ursprünglichen Farbwerten
5..7:	Ohne Funktion

Das Read-Map-Select-Register (Index 4)
Das Read-Map-Select-Register dient der Auswahl der Speicherebene bei Lesezugriffen, die nicht mit den Latchregistern arbeiten. Die unteren zwei Bits des Registers wählen die zu lesende Speicherebene aus. Alle anderen Bits sind ohne Belegung.

Das Graphics Mode Register (Index 5)
Das Register legt fest, in welchem Modus auf den Bildspeicher lesend oder schreibend zugegriffen werden kann. Unter den Schreibmodi ist vor allem Modus 2 von besonderem Interesse. Die anderen Bits sollten normalerweise nicht gesetzt werden.

Das Register hat folgende Belegung:

Bit	Funktion
0,1:	Schreibmodus (EGA nur 0..2)
2:	0: Normaler Betrieb
	1: Ausgänge hochohmig (nur EGA, nur für Testzwecke)
3:	Lesemodus 0 oder 1
4:	Odd/Even-Adressierung an/aus
5:	CGA-Serialisierung an/aus
6:	256-Farben-Serialisierung an/aus (nur VGA)
7:	unbenutzt

- Der *Schreibmodus 0* wurde oben bereits beschrieben: Je nach Zustand des Set-/Reset-Enable-Registers werden entweder die Prozessordaten oder das Set-/Reset-Register als Datenquelle verwendet. Bit-Mask- und Data-Rotate-Register beeinflussen das Ergebnis.
- Im *Schreibmodus 1* sind die Latch-Register die alleinige Datenquelle. Weder Bit-Mask noch Data-Rotate-Register werden berücksichtigt. Der Modus dient allein dem Datentransfer innerhalb des Bildspeichers. Ein Lesezugriff auf eine Bildspeicheradresse lädt die Latchregister, ein Schreibzugriff sorgt dafür, daß ihre Daten an die entsprechende Adresse geschrieben werden. Der Modus ermöglicht eine sehr hohe Datentransferrate innerhalb des Bildspeichers, da bei jedem (byteweisen) CPU-Zugriff 4 Byte aus vier Ebenen gelesen oder geschrieben werden.
- Im *Schreibmodus 2* wird das Datenbyte, das der Prozessor schickt, so interpretiert, wie sonst der Inhalt des Set-/Reset-Regi-

sters, d.h. als Farbnummer. Je nachdem, welches der unteren vier Bits gesetzt ist, wird entweder FFh oder 00h in den Bildspeicher geschrieben. Das Bit-Mask-Register beeinflußt das Ergebnis. Dieser Modus ist im Prinzip der günstigste, um Text schnell in den Bildspeicher zu transferieren, so wie es bei der Turbo-Vision für den Graphikmodus notwendig ist (vgl. Kapitel 14).

- Im *Schreibmodus 3* wird das Set-/Reset-Enable-Register ignoriert. Datenquelle ist das Set-/Reset-Register. Das Prozessorbyte dient als zusätzliche Bitmaske, d.h. das Byte wird mit dem Inhalt des Bit-Mask-Registers logisch UND verknüpft und bezeichnet dann diejenigen Pixel, deren Farbe auf den Inhalt des Set-/Reset-Registers zu setzen ist. Dieser Modus steht nur bei der VGA-Karte zur Verfügung. Auch dieser Modus eignet sich im Prinzip hervorragend, um Text und andere (2-Farbige) Bilddaten schnell in den Bildspeicher zu schreiben.

Die Lesemodi

- Im *Lesemodus 0* liest der Prozessor das Datenbyte derjenigen Ebene aus dem Videospeicher, die über das Read-Map-Select-Register ausgewählt wurde.
- *Lesemodus 1* wurde weiter oben (Color Compare Register) bereits erläutert.

Das Miscellaneous-Register (Index 6)

Das Register ist für die normalen Aufgaben der EGA-/VGA-Programmierung relativ uninteressant. Es besitzt folgende Belegung:

Bits	Funktion
0	0 = Textmodus, 1 = Graphikmodus
1	Adress-Null-Bit-Substitution ein/aus
2,3	Adressbereich:
	00: A0000h...BFFFFh (128 KB)
	01: A0000h...AFFFFh (64KB)
	10: B0000h...B7FFFh (32KB)
	11: B8000h...BFFFFh (32KB)
4..7	unbelegt

Das Color-Don't-Care Register (Index 7)

Das Register ist im Lesemodus eins (vgl. Color-Compare-Register) für die Maskierung der Speicherebenen zuständig, d.h. ist beim

Farbvergleich eines der unteren vier Bits gesetzt, so wird der Wert der entsprechenden Farb-Ebene ignoriert und das Byte, das der Prozessor erhält, sagt nur noch etwas darüber aus, ob bestimmte Farbkomponenten zwischen Videospeicher und Color-Compare-Register übereinstimmen oder nicht. Werden alle Ebenen bis auf eine maskiert, so kann man im Lesemodus Eins lesen wie sonst im Lesemodus Null, d.h. ebenenweise.

8.2.4 Der Attributcontroller

Der Controller besitzt den Schreibport 3C0h, der abwechselnd als Index- und Datenport fungiert, d.h jeder Schreibzugriff auf den Port schaltet zwischen Index- und Datenregister um. Um anfangs den Indexport zu adressieren, ist ein Lesezugriff auf das Input-Status-Register #1 notwendig (Monochrom: Port 3BAh, Color: Port 3DAh).

Der Attributcontroller kann (nur bei der VGA-Karte) über Port 3C1h ausgelesen werden.

Das Index-Register enthält als Bonbon noch eine Besonderheit:

Bit 5 des Registers regelt die Zugriffsart; da die Videokarte selbst häufig auf die Registerwerte zugreift und es sonst zu Konflikten kommen würde, gibt eine Eins in Bit 5 der Videokarte den Zugriff frei, eine Null der CPU. Die Bits 0..4 selektieren den Index. Will man also die Registerwerte direkt verändern, so muß im nachhinein unbedingt Bit 5 des Indexregisters wieder gesetzt werden. Ein Zugriff auf die Register des Attribut-Controllers sollte möglichst nur während eines Strahlrücklaufs geschehen, auch um Flackereffekte zu vermeiden, oder besser gar nicht direkt, sondern nur über die BIOS-Palettenfunktionen erfolgen.

Der Attribut-Controller verfügt über folgende Register:

Index	Inhalt
00-0Fh	EGA-Palettenregister
10h	Attribut Mode Control
11h	Overscan Color
12h	Color Plane Enable
13h	Horizontal PEL Panning
14h	Color Select

Die Palettenregister (Index 0..0Fh)

In den 16-Farben-Modi wählt jede Farbnummer eines von 16 Palettenregistern aus, die bei der EGA-Karte direkt einen 6-Bit-Farbwert enthalten, bei der VGA-Karte hingegen einen 6-Bit-Index auf jeweils eines von 64 Farbregistern des DAC (Digital-Analog-Konverters), die ihrerseits die 18-Bit-Rot-Grün-Blau-Werte enthalten, aus denen das analoge Monitorsignal zusammengesetzt wird. Die VGA-Karte verfügt jedoch über insgesamt 256 Farbregister, so daß vier Farbseiten mit je 64 Registern oder 16 Farbseiten mit 16 Registern über das Color-Select-Register ausgewählt werden können.

Bei der EGA-Karte haben die sechs unteren Bits der Palettenregister dagegen folgende direkte Farbbelegung:

Bit	Bedeutung
0	Primäres Blau
1	Primäres Grün
2	Primäres Rot
3	Sekundäres Blau
4	Sekundäres Grün
5	Sekundäres Rot

(Bei der VGA-Karte sind die ersten 64 Farbregister des DAC gewöhnlich so eingestellt, daß sie den Standard-EGA-Farben entsprechen.)

Das Attribut-Mode-Control-Register (Index 10h)

Neben dem Memory Mode Register des Sequencers (siehe unten) und dem Miscellaneous-Register des Graphik-Controllers enthält dieses Register das dritte Bit, daß festlegt, ob der aktuelle Modus ein Text- oder Graphikmodus ist:

Bit	Bedeutung
0	0/1: Text/Graphik
1	0/1: Color-/Monochrombildschirm
2	0/1: Neunte Zeichenspalte in Hintergrundfarbe/entspr. der achten Spalte
3	0/1: Bit 7 des Attributbytes als Farbbit/Schalter für Blinken

5: (VGA)	0/1: Horizontales Softscrolling ganzer Bildschirm/bis Line-Compare-Zeile
6: (VGA)	0/1: 16/256-Farbmodus
7:	0/1: Vier Farbseiten je 64 Registern/16 Seiten je 16 Registern

Das Overscan-Color-Register (Index 11h)
Das Overscan-Color-Register legt die Randfarbe fest. Die Belegung entspricht derjenigen der Palettenregister.

Das Color-Plane-Enable-Register (Index 12h)
Mithilfe der Bits 0..3 lassen sich die Farbebenen von der Darstellung ausschließen (0=Aus,1=Ein).

Das Horizontal-Pixel-Panning-Register (Index 13h)
Das Register kann für horizontales Softscrolling eingesetzt werden. In den Bits 0..3 steht die Anzahl der Pixel, die das Bild nach links geschoben werden soll.

Das Color-Select-Register (Index 14h)
Das Register steuert die Farbseitenauswahl bei der VGA-Karte. Wird mit vier Farbseiten je 64 Farben gearbeitet, so bezeichnen Bit 2..3 die Farbseite. Wird mit 16 Farbseiten mit je 16 Farben gearbeitet, so wählen die Bits 0..3 die Farbseite aus. Die restlichen Bits sind unbelegt.

8.2.5 Der Sequencer

Bei der EGA-Karte sind alle Register Nur-Schreibregister, bei der VGA-Karte können sie auch gelesen werden. Der Sequencer ist, wie der Name schon andeutet, für die Serialisierung der Daten zuständig. Für den Programmierer sind die Register - bis auf das Map-Mask-Register - uninteressant, da sie sich über das BIOS steuern lassen. Daher werde ich nur kurz das Map-Mask-Register vorstellen. Dieses wird benötigt, um für den Schreibzugriff auf den Bildschirmspeicher (im Graphikmodus) eine bestimmte Farbebene auszuwählen.

Indexport 3C4h

Datenport 3C5h

Index	Register
0	Reset
1	Clocking Mode
2	Map Mask
3	Character Map Select
4	Memory Mode

Das Map Mask Register

Die unteren vier Bit des Registers dienen als Maskierungsbits für die jeweilige Farbebene, d.h. ein gelöschtes Bit sperrt den Zugriff auf die Bildspeicherebene, ein gesetztes Bit erlaubt den Zugriff. Standardmäßig sind alle vier Bits gesetzt. Die oberen vier Bits sind ohne Bedeutung. Das Map-Mask-Register dient der Auswahl der Speicherebene bei Schreibzugriffen. Für die Auswahl der Speicherebene bei Lesezugriffen ist das Read-Map-Select-Register zuständig.

8.2.6 Die Register des Digital-Analog-Konverters (VGA)

Die VGA-Karte steuert im Gegensatz zur EGA-Karte einen Analogmonitor. Das bedeutet, daß - wie bei einem Fernseher - analoge Spannungspegel darüber entscheiden, welche Färbung ein Bildpunkt erhält. Der Digital-Analog-Konverter bildet aus drei 6-Bit-Werten drei Spannungspegel für die Farbanteile Rot, Grün und Blau und bildet somit die letzte Instanz der VGA-Karte, die über die Farbe entscheidet.

Das Auslesen der Farbanteile beginnt mit einem Schreibzugriff auf das PEL-Address-Read-Index-Register an der Portadresse 3C7h. Der Wert, der in das Register geschrieben wird, ist der Index des ersten Farbregisters, das ausgelesen werden soll. Hierzu sind drei Lesezugriffe auf das PEL-Data-Register (Port 3C9h) notwendig, um die Farbanteile Rot, Grün und Blau auszulesen. Sind die drei Anteile ausgelesen, so wird der Adresszähler automatisch um einen erhöht, so daß nahtlos die Farbanteile des nächsten Farbregisters ausgelesen werden können. Das Setzen der Farbanteile geht entsprechend vor sich. Es wird durch das Schreiben des Anfangsindex in das PEL-Address-Write-Index-Register an der Portadresse 3C8h eingeleitet.

Natürlich lassen sich die Register auch mit Hilfe des EGA-/VGA-BIOS setzen, was in diesem Fall die Sache wesentlich vereinfacht. Aus diesem Grund werden auch in der UNIT VGA ausschließlich Palettenfunktionen vorgestellt, die mit den BIOS-Funktionen arbeiten.

8.2.7 CRT- und Video-Controller der EGA-/VGA-Karte

Der Video-Contoller 6845 von Motorola steuert viele Graphikkarten, unter anderem auch die Hercules- und die CGA-Karte. Die Registerbelegung ist hierbei aber nicht einheitlich (vgl. Kapitel 8.1), so daß die Kompatibilität von EGA-/VGA-Karten zur CGA-Karte in dieser Hinsicht mit Vorsicht zu genießen ist. Für den Programmierer ist die Ergiebigkeit der CRT-/Video-Controller-Programmierung zweifelhaft - und bei Benutzung von Festfrequenzmonitoren unter Umständen sogar (für den Monitor) gefährlich.

Wie man die Register zur Initialisierung der verschiedenen Videomodi der Herculeskarte programmiert, wurde bereits in Kapitel 8.1 ausführlich erörtert. Bei der Hercules-Karte sind diese Eingriffe deshalb legitim, weil das BIOS des PC diese Arbeit nicht erledigt, so daß der Programmierer gezwungen ist, selbst Hand anzulegen. Bei CGA, EGA und VGA ist dies jedoch nicht der Fall. Ich rate daher von schreibenden Zugriffen ab. Sinnvoll kann es jedoch manchmal sein, die Registerwerte auszulesen, was jedoch nur bei der VGA-Karte möglich ist.

Die Basisadresse des Videocontrollers liegt bei Monochrom-Adaptern bei 3B4h (Indexregister) bzw. 3B5h (Datenregister) und bei Farbadaptern bei 3D4h/3D5h. Diese Basisadresse ist im BIOS-Datenbereich an der Adresse 40h:63h vermerkt, so daß allein daraus schon darauf geschlossen werden kann, ob ein Farbmodus aktiv ist. Interessant dürfte das Statusregister an Adresse 3BAh/3DAh sein, da seine Bits darauf schließen lassen, ob gerade ein horizontaler oder vertikaler Strahlrücklauf stattfindet (vergl 8.1.1).

Die Belegung des Statusregisters (ein Nur-Lese-Register) ist für die EGA-/VGA-Karte anders als bei der Herculeskarte. Bit 3 (statt Bit 7) zeigt den vertikalen, Bit 0 den horizontalen Strahlrücklauf an.

8.3 Die Palettenfunktionen des EGA-/VGA-BIOS

Bei der Manipulation der VGA-Palette muß man sich über eines klar sein: Die 16 EGA-Palettenregister erfüllen bei der EGA-Karte den Zweck, direkt die Farbauswahl zu steuern, während sie bei der VGA-Karte nur eines von 256 DAC-Registern auswählen. Die eigentlichen Farbanteile werden bei der VGA-Karte ausschließlich von den DAC-Registern festgelegt. Allein aus Gründen der Kompatibilität werden die DAC-Register bei der Initialisierung der Karte so belegt, daß sie die 64 EGA-Farben nachbilden. Die eigentliche Farbauswahl erfolgt bei der VGA-Karte jedoch nicht aus 64 Farben, sondern aus den 2^{18}= 262144 Farben, die sich mit den DAC-Registern einstellen lassen. Jedes der 256 DAC-Register enthält je einen 6-Bit-Farbwert für die Farbanteile Rot, Grün und Blau, so daß die Farbe durch insgesamt 18 Bit festgelegt wird. Die VGA-Karte initialisiert jedoch ihre Register mit Werten, die den EGA-Farben entsprechen, so daß die EGA-Palettenfunktionen bei der VGA-Karte die gleiche Wirkung erzielen - solange nicht die DAC-Register verändert wurden.

8.3.1 Die EGA-Palettenfunktionen

Die EGA-Karte erlaubt bei der Mehrzahl ihrer Register nur einen schreibenden Zugriff. Dies wurde bei der VGA-Karte (zum Glück) verbessert, so daß es einige EGA-Paletten-Funktionen gibt, die nur die VGA-Karte zur Verfügung stellt.

Interrupt 10h, Funktion 10h: Die Palettenregister-Funktionen

Über das AL-Register lassen sich einige Unterfunktionen auswählen:

Unterfunktion 0: 'Set Palette Register'

IN:

AH:	10h
AL:	00h
BH:	Farbwert (0..63)
BL:	Index des Palettenregisters (0..15)

OUT: -

Unterfunktion 1: 'Set Overscan Register'

IN:

AH:	10h

AL: 01h

BH: Zu setzende Randfarbe (0..63)

OUT: -

Unterfunktion 2: 'Set All Palette-/Overscanregisters'

IN:

AH: 10h

AL: 02h

ES:DX: Zeiger auf einen 17 Byte langen Puffer, dessen letzes Byte den Wert des Overscanregisters darstellt.

OUT: -

Unterfunktion 3: 'Switch Insensity/Blink'

IN:

AH: 10h

AL: 03h

BL: 0: Bit Sieben des Attributbytes im Textmodus steuert Intensität

1: Bit Sieben des Attributbytes im Textmodus schaltet Blinken an/aus

OUT: -

Unterfunktion 7: 'Get Individual Palette Register' (VGA)

IN:

AH: 10h

AL: 07h

BL: Index des zu lesenden Palettenregisters (0..15)

OUT:

BH: Inhalt des Palettenregisters

Unterfunktion 8: 'Get Overscan-Register' (VGA)

IN:

AH: 10h

AL: 08h

OUT:

BH: Wert des Overscanregisters

Unterfunktion 9: 'Get All Palette-/Overscan-Registers' (VGA)

IN:

AH:	10h
AL:	09h
ES:BX:	Zeiger auf 17-Byte-Puffer (vergl. Untfkt. 2)

OUT: (Daten sind im Puffer)

8.3.2 Die VGA-BIOS-Funktionen zur Steuerung des DAC

Wie bereits erwähnt, steuern die Palettenregister der VGA-Karte die Farbe nicht direkt, sondern durch die Auswahl eines DAC-Registers. Es handelt sich bei der VGA-Karte somit um eine doppelte Farbindizierung. Da das VGA-BIOS bezüglich der Palettensteuerung reiche Funktionsauswahl bietet, sollte wenn möglich auf eine direkte Manipulation des DAC verzichtet werden.

Interrupt 10h, Funktion 10h: 'Get/Set Palette and DAC Registers'

Diese Funktion des VGA-BIOS erlaubt die bequeme Manipulation der DAC-Register über diverse durch das AL-Register auswählbare Unterfunktionen:

Unterfunktion 10h: 'Load Single DAC-Register'

IN:

AX:	1010h
BX:	Index des DAC-Farbregisters
DH:	Rotanteil (0..63)
CH:	Grünanteil (0..63)
CL:	Blauanteil (0..63)

OUT: -

Unterfunktion 12h: 'Load Block of DAC-Registers'

IN:

AX:	1012h
BX:	Index des ersten DAC-Registers
CX:	Anzahl der zu setzenden DAC-Register
ES:BX:	Adresse Farbtabelle mit 3 Byte/Farbe in der Reihenfolge Rot-Grün-Blau.

OUT: -

Unterfunktion 13h: 'Select DAC Color Page (Mode)'

IN:

AX:	1013h
BL:	0: Modusauswahl, dann gilt für BH:
BH:	0/1: 4 Blöcke zu 64 Registern/16 Blöcke zu 16 Registern
BL:	1: Seitenauswahl:
BH:	Farbseite (0..3 oder 0..15, je nach Seitenmodus)

OUT: -

Unterfunktion 15h: 'Get Single DAC-Register'

IN:

AX:	1015h
BX:	Index des zu lesenden DAC-Registers

OUT:

DH/CH/CL: Rot/Grün/Blau-Werte des DAC-Registers

Unterfunktion 17h: 'Get Block of DAC-Registers'

IN:

AX:	1017h
BX:	Index des ersten Registers
CX:	Anzahl zu lesender Register
ES:DX:	Zeiger auf Datenpuffer für Farbwerte. (vgl. Untfkt. 12h)

OUT: Puffer enthält die Registerwerte

Unterfunktion 1Ah: 'Get DAC Color Page Mode'

IN:

AX:	101Ah

OUT:

BL:	Seitenmodus: 0: 4 Farbseiten je 64 Registern 1: 16 Seiten je 16 Registern
BH:	Aktuell selektierte Farbseite

Unterfunktion 1Bh: 'Grayscale Block of DAC-Registers'

IN:

AX:	101Bh
BX:	Erstes zu skalierendes DAC-Register
CX:	Anzahl der zu skalierenden Register

OUT: -

Anm.: Die Funktion wandelt Teile der Farbpalette in 'äquivalente' Grautöne um, wobei folgende Gewichtung gewählt wird:

Intensität = 0.3 * Rot + 0.59 * Grün + 0.11 * Blau.

Der Grauton kommt dadurch zustande, daß alle DAC-Farbanteile auf diesen Wert gesetzt werden.

8.3.3 Die UNIT PALETTES

Die Turbo-Vision wird mit einem Farb-Dialog geliefert, der es dem Anwender erlaubt, die Zuordnung von Dialogelementen und Farben zu kontrollieren. Natürlich ist diese 'Definition' eigentlich falsch, weil ja nicht die Farben, sondern die Farbregister zugeordnet werden. Will der Anwender aber die *Farben* manipulieren, so läßt ihn die Turbo-Vision im Stich.

Die UNIT PALETTES enthält zwei Dialoge - einen für die EGA-Palettenregister und einen für die VGA-DAC-Register - die genau dies ermöglichen: Die durchschaubare und einfache Manipulation der *Farben*. Der EGA-Dialog erlaubt eine völlig neue Mischung der sechs EGA-Farbkomponenten aller 16 Farbindices. Natürlich ist dies auf der VGA-Karte wieder nichts anderes als die Auswahl anderer DAC-Register, so daß bei der VGA-Karte mit dem VGA-Palettendialog die Möglichkeit besteht, die RGB-Farbanteile des aktuellen DAC-Registers mithilfe von drei Rollbalken neu zu mischen. Dadurch kann sich jede Turbo-Vision-Applikation auf einer VGA-Karte mit 16 aus 262144 Farben darstellen.

Dies ist durchaus mehr als nur Spielerei, da durch eine je nach Programm verschiedene Farbgebung die Individualität der sonst so ähnlichen Turbo-Vision-Applikationen erheblich gesteigert werden kann. (Ich persönlich habe durchaus eine ganze Weile in der Turbo-IDE nach den Farbeinstellungen gesucht, die mir die Arbeit erleichtern.)

Wenn der Anwender die Möglichkeit haben kann, die Farbgebung auch in feinsten Nuancen seinem persönlichem Geschmack anzupassen, so sollte man ihm diese Möglichkeit auch zugänglich machen.

Die UNIT VGA enthält die Funktionen zur Manipulation der EGA-/VGA-Palettenregister bzw. DAC-Register über das BIOS, die hierfür benötigt werden. Diese sollen jetzt kurz vorgestellt werden. Um die Palettenfunktionen sinnvoll handhaben zu können, müssen die Farbdaten jedoch erst einmal angemessen verpackt werden. Hierfür sind in der UNIT VGA eine Reihe von Datenstrukturen deklariert, die jeweils für verschiedene Aufgaben optimiert sind.

```
{ EGA-Palettenregister: }
pPaletteRegs = ^tPaletteRegs;
tPaletteRegs = Record
 Palette:Array[0..15] of byte;
 Overscan:Byte;
end;

{ Für einzelnes DAC-Register: }
pRGBTriple = ^tRGBTriple;
tRGBTriple = Record
 Red,Green,Blue:Byte;
end;

{ Für alle VGA-DAC-Register: }
pRGBPalette = ^tRGBPalette;
tRGBPalette = Array[0..255] of tRGBTriple;

{ Für die aktuell selektierten VGA-DAC-Register: }
pRGB16Page = ^tRGB16Page;
tRGB16Page = Array[0..15] of tRGBTriple;

{ Für eine VGA-Farbseite:     }
pRGB64Page = ^tRGB64Page;
tRGB64Page = Array[0..63] of tRGBTriple;
```

Für die Manipulation der EGA-Palette ist vor allem der Datentyp *tPaletteRegs* sehr nützlich. Auf exakt die gleiche Art wird natürlich auch auf die VGA-Palette zugegriffen. Um jedoch die 16 durch die EGA-Palettenregister ausgewählten DAC-Register manipulieren zu können, ist eine *tRGB16Page* erforderlich. Will man eine ganze VGA-Farbseite kontrollieren, so geht dies mit der *tRGB64Page*.

Die UNIT VGA stellt folgende Palettenfunktionen zur Verfügung:

```
{ EGA-Palettenfunktionen: }

Function GetPaletteReg(Index:Byte):Byte;
procedure SetPaletteReg(index,entry:byte);
procedure GetAllPalette(var Palette:tPaletteRegs);
procedure SetAllPalette(var Palette:tPaletteRegs);
```

```
{ VGA-Palettenfunktionen: }

Procedure GetRGBEntry(Index:Byte;var RGB:tRGBTriple);
Procedure SetRGBEntry(Index:Byte;RGB:tRGBTriple);
Procedure GetRGBPalette(var RGBPalette:tRGBPalette);
Procedure SetRGBPalette(var RGBPalette:tRGBPalette);
Procedure GetRGB16Page(Index:Byte;var RGBPage:tRGB16Page);
Procedure SetRGB16Page(Index:Byte;var RGBPage:tRGB16Page);
Procedure GetVga16Colors(var RGBPage:tRGB16Page);
Procedure SetVga16Colors(var RGBPage:tRGB16Page);

Procedure SelectColorPage(Page:Byte);
Procedure SetColorPageMode(Mode:Byte);
Function  ColorPageMode:Byte;
Function  ColorPage:Byte;
```

Am nützlichsten für die VGA-Karte dürften die Routinen GET-/SETVGA16Colors sein, die jene 16 DAC-Register einlesen oder beschreiben, die durch die EGA-Palettenregister ausgewählt werden.

In der UNIT PALETTES sind nun zwei Dialoge implementiert, die es dem Anwender erlauben, mithilfe dieser Palettenfunktionen die Farbeinstellungen bequem zu verändern.

```
{**********************************************************}
{     Copyright (C) Christian Baumgarten, Hamburg 1993.     }
{                                                          }
{  Unit mit Dialogen zur Manipulation der EGA-/VGA-Paletten          }
{**********************************************************}

unit palettes;
interface
uses dialogs,views,Drivers,vga,Objects,Commands;

{ Paletten-Standardbelegungen: }

const StdEgaPalette:tPaletteRegs =

(Palette:($00,$01,$02,$03,$04,$05,$14,$07,$38,$39,$3A,$3B,$3C,$3D,$3E
 $3F);OverScan:0);

      StdVGAColors: tRGB16Page =
       ((RED:$00;GREEN:$00;BLUE:$00), {Black       EGA  0}
        (RED:$00;GREEN:$00;BLUE:$2A), {Blue        EGA  1}
        (RED:$00;GREEN:$2A;BLUE:$00), {Green       EGA  2}
        (RED:$00;GREEN:$2A;BLUE:$2A), {Cyan        EGA  3}
        (RED:$2A;GREEN:$00;BLUE:$00), {Red         EGA  4}
        (RED:$2A;GREEN:$00;BLUE:$2A), {Magenta     EGA  5}
```

```
          (RED:$2A;GREEN:$15;BLUE:$00), {Brown       EGA 20}
          (RED:$2A;GREEN:$2A;BLUE:$2A), {Lt. Gray    EGA  7}
          (RED:$15;GREEN:$15;BLUE:$15), {Gray        EGA 56}
          (RED:$15;GREEN:$15;BLUE:$3F), {Lt Blue     EGA 57}
          (RED:$15;GREEN:$3F;BLUE:$15), {Lt Green    EGA 58}
          (RED:$15;GREEN:$3F;BLUE:$3F), {Lt Cyan     EGA 59}
          (RED:$3F;GREEN:$15;BLUE:$15), {Lt Red      EGA 60}
          (RED:$3F;GREEN:$15;BLUE:$3F), {Lt Magenta  EGA 61}
          (RED:$3F;GREEN:$3F;BLUE:$15), {Yellow      EGA 62}
  (RED:$3F;GREEN:$3F;BLUE:$3F));{White       EGA 63}

type pPaletteView = ^tPaletteView;
     tPaletteView = object(tView)
      constructor init(var Bounds:tRect);
      procedure Draw; virtual;
     end;

     pColorBoxes = ^tColorBoxes;
     tColorBoxes = object(tCheckBoxes)
      constructor init(Bounds:tRect);
      procedure Press(item:integer); virtual;
      procedure MovedTo(item:integer); virtual;
     end;

     pColRadioButtons = ^tColRadioButtons;
     tColRadioButtons = Object(tRadioButtons)
      constructor init(Bounds:tRect);
      procedure Press(item:integer); virtual;
      procedure MovedTo(item:integer); virtual;
     end;

     pEGAPaletteDlg = ^tEGAPaletteDlg;
     tEGAPaletteDlg = object(tDialog)
      ThePalette:tPaletteRegs;
      Index:pRadioButtons;
      Color:pCheckBoxes;
      constructor init(aPalette:pPaletteRegs);
      constructor Load(var S:tStream);
      procedure   Store(var S:tStream);
      procedure   GetData(var Rec); virtual;
      procedure   SetData(var Rec); virtual;
      Function    DataSize:Word;    virtual;
      procedure   HandleEvent(var Event:tEvent); virtual;
     end;

     pVGAPaletteDlg = ^tVGAPaletteDlg;
     tVGAPaletteDlg = object(tDialog)
      ThePalette:tRGB16Page;
```

```
      Index:pRadioButtons;
      Red,Green,Blue:pScrollBar;
      constructor init(aPalette:pRGB16Page);
      constructor Load(var S:tStream);
      procedure   Store(var S:tStream);
      procedure   GetData(var Rec); virtual;
      procedure   SetData(var Rec); virtual;
      Function    DataSize:Word;    virtual;
      procedure   HandleEvent(var Event:tEvent); virtual;
    end;

procedure ModifyEGAPalette(var EgaPalette:tPaletteRegs);
procedure ModifyVGAPalette(var VgaPalette:tRGB16Page);
procedure RegisterPalette;

const
 rPaletteView:tStreamRec = (
  objtype : srPaletteView;
  vmtLink : ofs(typeof(tPaletteView)^);
  load    : @tPaletteView.Load;
  store   : @tPaletteView.Store);

 rColorBoxes: tStreamRec = (
  objtype : srColorBoxes;
  vmtLink : ofs(typeof(tColorBoxes)^);
  load    : @tColorBoxes.Load;
  store   : @tColorBoxes.Store);

 rColRadioButtons: tStreamRec = (
  objtype : srColRadioButtons;
  vmtLink : ofs(typeof(tColRadioButtons)^);
  load    : @tColRadioButtons.Load;
  store   : @tColRadioButtons.Store);

 rEGAPaletteDlg: tStreamRec = (
  objtype : srEGAPaletteDlg;
  vmtLink : ofs(typeof(tEGAPaletteDlg)^);
  load    : @tEGAPaletteDlg.Load;
  store   : @tEGAPaletteDlg.Store);

 rVGAPaletteDlg: tStreamRec = (
  objtype : srVGAPaletteDlg;
  vmtLink : ofs(typeof(tVGAPaletteDlg)^);
  load    : @tVGAPaletteDlg.Load;
  store   : @tVGAPaletteDlg.Store);
```

```
implementation
uses App;

const egaIndex:integer=0;
      vgaIndex:integer=0;

 procedure RegisterPalette;
  begin
   RegisterType(rPaletteView);
   RegisterType(rColorBoxes);
   RegisterType(rColRadioButtons);
   RegisterType(rEgaPaletteDlg);
   RegisterType(rVgaPaletteDlg);
  end;

 constructor tColorBoxes.init(Bounds:tRect);
  begin
   Bounds.B.X:=Bounds.A.X + 21;
   Bounds.B.Y:=Bounds.A.Y + 6;
   inherited Init(Bounds,
     NewSItem('Primäres Blau',
     NewSItem('Primäres Grün',
     NewSItem('Primäres Rot',
     NewSItem('Sekundäres Blau',
     NewSItem('Sekundäres Grün',
     NewSItem('Sekundäres Rot',nil)))))));
  end;

 procedure tColorBoxes.Press(item:integer);
  begin
   Inherited Press(item);
   Message(Owner,evBroadCast,cmClusterChanged,@self);
  end;

 procedure tColorBoxes.MovedTo(item:integer);
  begin
   Press(item);
  end;

 constructor tColRadioButtons.init(Bounds:tRect);
  begin
    Bounds.B.X:=Bounds.A.X + 21;
    Bounds.B.Y:=Bounds.A.Y + 16;
    inherited Init(Bounds,
     NewSItem('0  (Schwarz) ',
     NewSItem('1  (Blau)',
     NewSItem('2  (Grün)',
     NewSItem('3  (Cyan)',
```

```
    NewSItem('4  (Rot)',
    NewSItem('5  (Magenta) ',
    NewSItem('6  (Braun)',
    NewSItem('7  (Hellgrau)',
    NewSItem('8  (Grau)',
    NewSItem('9  (HellBlau)',
    NewSItem('10 (Hellgrün)',
    NewSItem('11 (HellCyan)',
    NewSItem('12 (Hellrot)',
    NewSItem('13 (HellMagenta)',
    NewSItem('14 (Gelb)',
    NewSItem('15 (Weiß)',nil))))))))))))))))):
 end;

procedure tColRadioButtons.Press(item:integer);
 begin
  Inherited Press(item);
  Message(Owner,evBroadCast,cmClusterChanged,@self);
 end;

procedure tColRadioButtons.MovedTo(item:integer);
 begin
  Press(item);
 end;

constructor tPaletteView.init(var Bounds:tRect);
 begin
  Bounds.B.X:=Bounds.A.X+2;
  Bounds.B.Y:=Bounds.A.Y+16;
  tView.init(Bounds);
  options:=options and not ofselectable;
 end;

procedure tPaletteView.Draw;
 var i:byte;
     buf:array[0..15,0..3] of byte;
 begin
  Fillchar(buf,sizeof(buf),219);
  for i:=0 to 15 do
  begin
   buf[i,1]:=i;
   buf[i,3]:=i;
  end;
  writebuf(0,0,2,16,buf);
 end;

 constructor tEGAPaletteDlg.init(aPalette:pPaletteRegs);
  var R:tRect;
      i:word;
```

```
begin
 R.Assign(0,0,52,20);
 tDialog.Init(R,'EGA-Palette');
 ThePalette:=aPalette^;
 options:=options or ofcenterX or ofcenterY;
 R.Assign(3,2,5,18);
 insert(New(pPaletteView,Init(R)));
 R.Assign(5,2,26,18);
 Index:=New(pColRadioButtons,Init(R));
 Index^.SetData(egaIndex);
 Insert(Index);
 R.Assign(28,2,49,8);
 Color:=New(pColorBoxes,Init(R));
 i:=ThePalette.Palette[egaIndex];
 Color^.SetData(i);
 Insert(Color);
 R.assign(32,10,46,12);
 Insert(New(pButton,Init(R,'O~K~',cmOK,bfNormal)));
 R.assign(32,12,46,14);
 Insert(New(pButton,Init(R,'~C~ancel',cmCancel,bfNormal)));
 R.assign(32,15,46,17);
 Insert(New(pButton,Init(R,'~S~tandard',cmStandard,bfNormal)));
 SelectNext(False);
end;

constructor tEGAPaletteDlg.Load(var S:tStream);
 begin
  inherited Load(S);
  getsubviewptr(S,index);
  getsubviewptr(S,color);
  S.Read(ThePalette,sizeof(ThePalette));
 end;

procedure tEGAPaletteDlg.Store(var S:tStream);
 begin
  inherited Store(S);
  putsubviewptr(S,index);
  putsubviewptr(S,color);
  S.Write(ThePalette,sizeof(ThePalette));
 end;

procedure tEGAPaletteDlg.GetData(var Rec);
 begin
  move(thepalette,rec,datasize);
 end;
```

```
procedure tEGAPaletteDlg.SetData(var Rec);
 begin
  move(rec.thepalette.datasize);
  Vga.SetAllPalette(thepalette);
 end;

Function tEGAPaletteDlg.DataSize:Word;
 begin
  DataSize:=SizeOf(ThePalette);
 end;

procedure tEGAPaletteDlg.HandleEvent(var Event:tEvent);
 var i:word;
 begin
  inherited handleevent(event);
  if (event.what=evCommand) and (event.command = cmStandard) then
  begin
   ThePalette:=StdEgaPalette;
   SetAllPalette(ThePalette);
   Index^.getdata(egaIndex);
   i:=ThePalette.Palette[egaIndex];
   Color^.setdata(i);
   Color^.draw;
  end else
  if (event.what=evBroadcast) and
     (event.command = cmClusterChanged) then
  begin
   if event.infoptr = Color then
   begin
    Index^.getdata(egaIndex);
    ThePalette.Palette[egaIndex]:=lo(Color^.Value);
    VGA.SetAllPalette(ThePalette);
    ClearEvent(Event);
   end else if event.infoptr=index then
   begin
    Index^.getdata(egaIndex);
    i:=ThePalette.Palette[egaIndex];
    Color^.setdata(i);
    Color^.draw;
   end else exit;
   clearEvent(event);
  end;
 end;

procedure ModifyEGAPalette(var EgaPalette:tPaletteRegs);
 var pEGA:pEgaPaletteDlg;
```

```
begin
 Vga.SetAllPalette(EgaPalette);
 pEga:=New(pEgaPaletteDlg.Init(@EgaPalette));
 if Desktop^.ExecView(pEga)=cmOK then
  EgaPalette:=pEga^.ThePalette;
 Vga.SetAllPalette(EgaPalette);
end;

constructor tVGAPaletteDlg.init(aPalette:pRGB16Page);
 var R:tRect;
     i:word;
 begin
  R.Assign(0,0,52,20);
  tDialog.Init(R,'VGA-Palette');
  ThePalette:=aPalette^;
  options:=options or ofcenterX or ofcenterY;
  R.Assign(3,2,5,18);
  insert(New(pPaletteView,Init(R)));
  R.Assign(5,2,26,18);
  Index:=New(pColRadioButtons,Init(R));
  Index^.SetData(vgaIndex);
  Insert(Index);
  R.Assign(28,3,49,4);
  Red:=New(pScrollBar,init(R));
  i:=ThePalette[vgaIndex].red;
  Red^.SetParams(i,0,63,16,1);
  Red^.Options:=Red^.Options or ofSelectable;
  Insert(Red);
  R.Assign(27,2,49,3);
  Insert(New(pLabel,Init(R,'Roter Anteil:',Red)));
  R.Assign(28,5,49,6);
  Green:=New(pScrollBar,init(R));
  i:=ThePalette[vgaIndex].Green;
  Green^.SetParams(i,0,63,16,1);
  Green^.Options:=Green^.Options or ofSelectable;
  Insert(Green);
  R.Assign(27,4,49,5);
  Insert(New(pLabel,Init(R,'Grüner Anteil:',Green)));
  R.Assign(28,7,49,8);
  Blue:=New(pScrollBar,init(R));
  i:=ThePalette[vgaIndex].Blue;
  Blue^.SetParams(i,0,63,16,1);
  Blue^.Options:=Blue^.Options or ofSelectable;
  Insert(Blue);
  R.Assign(27,6,49,7);
  Insert(New(pLabel,Init(R,'Blauer Anteil:',Blue)));
  R.assign(32,10,46,12);
  Insert(New(pButton,Init(R,'O~K~',cmOK,bfNormal)));
```

```
  R.assign(32,12,46,14);
  Insert(New(pButton,Init(R,'~C~ancel',cmCancel,bfNormal)));
  R.assign(32,15,46,17);
  Insert(New(pButton,Init(R,'~S~tandard',cmStandard,bfNormal)));
  SelectNext(False);
 end;

constructor tVGAPaletteDlg.Load(var S:tStream);
 begin
  inherited Load(S);
  getsubviewptr(S,index);
  getsubviewptr(S,red);
  getsubviewptr(S,green);
  getsubviewptr(S,blue);
  S.Read(ThePalette,sizeof(ThePalette));
 end;

procedure   tVGAPaletteDlg.Store(var S:tStream);
 begin
  inherited Store(S);
  putsubviewptr(S,index);
  putsubviewptr(S,red);
  putsubviewptr(S,green);
  putsubviewptr(S,Blue);
  S.Write(ThePalette,sizeof(ThePalette));
 end;

procedure tVGAPaletteDlg.GetData(var Rec);
 begin
  move(thepalette,rec,datasize);
 end;

procedure tVGAPaletteDlg.SetData(var Rec);
 begin
  move(rec,thepalette,Datasize);
  WaitVretrace;
  Vga.SetVga16Colors(thepalette);
 end;

Function tVGAPaletteDlg.DataSize:Word;
 begin
  DataSize:=SizeOf(ThePalette);
 end;

procedure tVGAPaletteDlg.HandleEvent(var Event:tEvent);
 var i:word;
 const locked:integer=0;
```

```
begin
  inherited handleevent(event);
  if (event.what=evCommand) and (event.command = cmStandard) then
  begin
   ThePalette:=StdVgaColors;
   WaitVRetrace;
   SetVga16Colors(ThePalette);
   inc(locked);
    Index^.getdata(vgaIndex);
    Red^.SetValue(ThePalette[vgaIndex].Red);
    Green^.SetValue(ThePalette[vgaIndex].Green);
    Blue^.SetValue(ThePalette[vgaIndex].Blue);
   dec(locked);
  end else
  if (event.what=evBroadcast) then
  begin
   case event.command of
   cmClusterChanged:  begin
                        inc(locked);
                        Index^.getdata(vgaIndex);
                        Red^.SetValue(ThePalette[vgaIndex].Red);
                        Green^.SetValue(ThePalette[vgaIndex].Green);
                        Blue^.SetValue(ThePalette[vgaIndex].Blue);
                        dec(locked);
                      end;
   cmScrollBarChanged:if locked = 0 then
       begin
         Index^.getdata(vgaIndex);
         ThePalette[VgaIndex].Red:=Red^.Value;
         ThePalette[VgaIndex].Green:=Green^.Value;
         ThePalette[VgaIndex].Blue:=Blue^.Value;
         WaitVRetrace;
         Vga.SetRGBEntry(GetPaletteReg(vgaIndex),
                             ThePalette[vgaIndex]);
       end;
    else exit;
   end;
   clearevent(event);
 end;
end;

procedure ModifyVGAPalette(var VgaPalette:tRGB16Page);
 var pVGA:pVgaPaletteDlg;
 begin
  WaitVRetrace;
  Vga.SetVGA16Colors(VgaPalette);
  pVga:=New(pVgaPaletteDlg,Init(@vgaPalette));
```

```
        if Desktop^.ExecView(pVga)=cmOK then
            VgaPalette:=pVga^.thePalette;
        WaitVRetrace;
        Vga.Setvga16Colors(VgaPalette);
      end;

    end.
```

Der routinierte Turbo-Vision-Programmierer wird das Konzept der beide Dialoge schnell durchschauen. Beide besitzen auf ihrer linken Seite ein modifiziertes *tRadioButtons*-Objekt, mit dem die aktuell zu verändernde Farbe selektiert wird. Der Deutlichkeit halber wird diese Farbe links neben dem *tRadioButtons*-Objekt durch ein *tPaletteView*-Objekt als einfaches farbiges Feld dargestellt.

Der EGA-Dialog hat auf der rechten Seite ein leicht modifiziertes *tCheckBoxes*-Objekt, mit dem sich die sechs EGA-Farbbits (Farbkomponenten) für die aktuelle Farbe einzeln ein- und ausschalten lassen.

Der VGA-Dialog hat auf der rechten Seite statt dessen drei tScrollBar-Objekte, mit denen sich jede Farbkomponente in jeweils 64 Stufen regeln läßt. Die ebenfalls verwendete Routine WaitVRetrace entstammt der UNIT VGA und verzögert bei Aufruf die weitere Programmausführung solange, bis das vertikale Retrace-Signal im Statusregister signalisiert, daß die Paletten- oder DAC-Register flackerfrei neu gesetzt werden können.

Das Programm PALDEMO.PAS demonstriert die Verwendung der beiden Dialoge:

```
program Paldemo;
uses objects,vga,menus,palettes,views,app,drivers,commands;

var EgaPalette:tPaletteRegs;
    VgaPalette:tRGB16Page;
type

pPalApp = ^tPalApp;
tPalApp = object(tApplication)
 procedure initmenubar;    virtual;
 procedure initstatusline; virtual;
 procedure HandleEvent(var Event:tEvent); virtual;
end;

procedure tPalApp.InitMenuBar;
var
  R: TRect;
```

```
begin
  GetExtent(R);
  R.B.Y := R.A.Y + 1;
  MenuBar := New(PMenuBar, Init(R, NewMenu(
    NewSubMenu('~D~atei',hcNocontext, NewMenu(
      StdFileMenuItems(nil)),
    NewSubMenu('~T~est',hcNoContext,NewMenu(
      NewItem('~E~ga Palette', '', kbNoKey, cmModifyEgaPal,
                      hcNoContext,
      NewItem('~V~ga Palette', '', kbNoKey, cmModifyVgaPal,
                      hcNoContext,nil))),
      nil)))));
end;

procedure tPalApp.InitStatusLine;
var
  R: TRect;
begin
  GetExtent(R);
  R.A.Y := R.B.Y - 1;
  StatusLine:=
  New(pStatusLine, Init(R,
    NewStatusDef(0, $FFFF,
      StdStatusKeys(nil),
    nil)));
end;

procedure tPalApp.HandleEvent(var Event:tEvent);
 begin
  inherited HandleEvent(Event);
  if (Event.what=evCommand) then
  case Event.command of
    cmModifyEgaPal:ModifyEGAPalette(EgaPalette);
    cmModifyVgaPal:ModifyVGAPalette(VgaPalette);
   else ClearEvent(event);
  end;
 end;

var TheApp:pPalApp;
begin
 EgaPalette:=StdEgaPalette;
 VgaPalette:=StdVgaColors;
 TheApp:=New(pPalApp,init);
 TheApp^.Run;
 Dispose(TheApp,done);
end.
```

Im übrigen ist es völlig unerheblich, ob diese Dialoge in der 'normalen' Turbo-Vision genutzt werden oder in der TGV aus Kapitel 14. Die Palettenregister bestimmen die Farben in jedem Fall. Es ist bei der TGV jedoch darauf zu achten, daß EGA-/VGA-Karten bei einem Wechsel des Videomodus, wie er in der TGV angeboten wird, normalerweise die Palettenregister auf die Standardwerte zurücksetzen. Manche VGA-Karten bieten die Möglichkeit, dieses Verhalten abzuschalten (vergl. Kapitel 8.4 über die Alternate Select-Funktion 12h von Interrupt 10h).

Wenn aber eine EGA-Karte vorliegt oder das BIOS diese Funktion nicht unterstützt, so müssen die Palettenregister nach jedem Moduswechsel explizit wieder auf die vom Anwender ausgewählten Farben gesetzt werden.

8.4 Weitere Funktionen des EGA-/VGA-BIOS

Das EGA-/VGA-BIOS enthält noch weitere Graphik-Funktionen, die für den Programmierer von Interesse sind oder sein können. Diese sollen hier vorgestellt werden. Vor allem die VGA-Karte bietet z.T. umfangreiche Informations-Funktionen.

Interrupt 10h, Funktion 0Ch: 'Set Graphics Pixel'

IN:

AH:	0Ch
BH:	Seite
CX:	Spalte (X)
DX:	Zeile (Y)

OUT: -

Anm.: Die Funktion funktioniert - soweit mir bekannt - auch in allen erweiterten Graphikmodi der diversen VGA-Nachfolger (SVGA u.a.).

Interrupt 10h, Funktion 0Dh: 'Get Pixel Color'

IN:

AH:	0Dh
BH:	Seite
CX:	Spalte (X)
DX:	Zeile (Y)

OUT:

AL:	Farbnummer des Bildpunktes

Interrupt 10h, Funktion 12: 'Alternate Function Select'

Diese Funktion bietet eine Reihe von Unterfunktionen an, die über das BL-Register ausgewählt werden. Bei fast allen Unterfunktionen wird im AL-Register der Wert 12h zurückgegeben, wenn die Funktion vom BIOS unterstützt wird.

Unterfunktion 10h: 'Get Video-State-Informations'

IN:

AH:	12h
BL:	10h

OUT:

BH:	0/1: Farbe (Portadressen ab 3Dxh)/Monochrommodus (Portadressen ab 3BXh)
BL:	Anzahl der Speicherblöcke zu 64KB - 1
CH:	'Feature-Control-Bits' (EGA)
CL:	DIP-Schalterstellung

Unterfunktion 20h: 'Install New Print Screen Routine'

IN:

AH:	12h
BL:	20h

OUT:

AL:	12h, wenn die Funktion implementiert ist

Anm.: Die Funktion schaltet - wenn vorhanden - die Printscreen-Funktion so um, daß der 43/50-Zeilen Modus richtig gedruckt wird. Um in einem Farbgraphikmodus eine einfache Bildschirmhardcopy vorzunehmen, sollte auf den MS-DOS-Treiber *GRAPHICS.COM* zurückgegriffen werden.

Unterfunktion 30h: 'Select Vertical Resolution' (VGA)

IN:

AH:	12h
BL:	30h
AL:	0: 200 Scanzeilen
	1: 350 Scanzeilen
	2: 400 Scanzeilen

OUT:

AL:	12h, wenn die Funktion implementiert ist

Unterfunktion 31h: ' Save Palette Registers at Mode Reset'

IN:

AH:	12h
BL:	31h
AL:	0/1 = Bei Modus-Änderung Register neu initialisieren/alte Werte belassen

OUT:

AL:	12h, wenn Funktion vom BIOS unterstützt wird

Anm.: Vergleiche Hinweise in Kapitel 8.3.

Unterfunktion 32h: 'Switch CPU-Access to Videomemory'

IN:

AH:	12h
BL:	32h
AL:	0/1 = CPU-Zugriff erlauben/unterbinden

OUT:

AL:	12h, wenn die Funktion vom BIOS unterstützt wird

Unterfunktion 33h: 'Grayscale Palette-Registers at Mode Reset'

IN:

AH:	12h
BL:	33h
AL:	0/1 = Farbwerte in Graustufen umrechnen / unverändert lassen

OUT:

AL:	12h, wenn die Funktion vom BIOS unterstützt wird

Unterfunktion 34h: 'Cursor-Emulation ON/OFF' (VGA)

IN:

AH:	12h
BL:	34h
AL:	0/1 = Cursoremulation ein-/ausschalten

OUT:

AL:	12h, wenn die Funktion unterstützt wird

Unterfunktion 35h: 'Select Active Display Adapter'

IN:

AH:	12h
BL:	35h
AL:	0: Alternativen Adapter einschalten
	1: VGA-Adapter einschalten
	2: Aktiven Monitor auschalten
	3: Inaktiven Monitor einschalten
ES:DX:	Zeiger auf 128-Byte-Sicherungspuffer

OUT:

AL:	12h, wenn die Funktion implementiert ist

Unterfunktion 36h: 'Aktivate Monitor Refresh'

IN:

AH:	12h
BL:	36h
AL:	0/1 = Refresh ein-/auschalten

Anm.: Wird der Bildschirmrefresh gesperrt, so schaltet dies den Monitor praktisch aus.

Interrupt 10h, Funktion 1Ah: 'Get/Set Display Combination'

IN:

AH:	1Ah
AL:	0: Get Display Combination
	1: Set Display Combination
BL:	Code aktiver Bildschirm (Bei AL = 1)
BH:	Code für inaktiven Bildschirm (Bei AL = 1)

OUT:

AL:	1Ah, wenn die Funktion unterstützt wird
BL:	Code aktiver Bildschirm (Bei AL = 0)
BH:	Code für inaktiven Bildschirm (Bei AL = 0)

Folgende Codes sind definiert:

0: Kein Monitor

1: MDA mit Monochrom-Monitor

2: CGA mit Farbmonitor

4: EGA mit Farb-Graphikmonitor
5: EGA mit Monchrommonitor
6: PGA mit Farb-Graphikmonitor
7: VGA mit monochromen Monitor
8: VGA mit Farbmonitor
Ah: MCGA mit digitalem Farbmonitor
Bh: MCGA mit analogem Monochrommonitor
Ch: MCGA mit amalogem Farbmonitor

Interrupt 10h, Funktion 1Bh: 'Get Video State Info'

IN:

AH: 1Bh
BX: 00h
ES:DI: Zeiger auf 64-Byte-Tabelle

OUT:

AL: 1Bh, wenn Aufruf vom BIOS unterstützt wird

Anm.: Den Aufbau der 64-Byte-Tabelle zeigt Tabelle 8.2. Die Daten werden bei manchen Graphikadaptern in den erweiterten Videomodi nicht korrekt gesetzt (und die Daten der Standard-VGA-Modi sind bekannt), so daß diese Funktion zwar sehr nützlich sein kann, aber es durchaus nicht immer ist, zumindest nicht zur Analyse der Parameter von erweiterten Graphikmodi.

Tabelle 8.2: Video-Info-Tabelle der VGA-Karte

Offset	**Länge**	**Inhalt**
0	4	Zeiger auf Video-Funktionstabelle
4	1	Videomodus
5	2	Bildschirm-Spalten
7	2	Anzahl der Zeichen/Bildschirmseite
9	2	Bildspeicher-Offset der aktiven Seite
Bh	16	Cursorposition in 8 Bildschirmseiten
1Bh	2	Cursor-Größe
1Dh	1	Aktive Seite
1Eh	2	Portadresse des CRT-Controllers
20h	1	CRT-Modus-Register-Inhalt

Tabelle 8.2: Fortsetzung

Offset	Länge	Inhalt
21h	1	Inhalt des CRT-Palettenregisters
22h	1	Zeilen im aktuellen Modus
23h	2	Zeichenhöhe des aktuellen Fonts
25h	1	aktiver Monitor
26h	1	alternativer Monitor
27h	2	Anzahl der Farben im aktuellen Videomodus
29h	1	Anzahl der verfügbaren Seiten
2Ah	1	Anzahl der Scanzeilen (vergl. Funktion 12h, Unterfunktion 30h)
2Bh	1	Zeichensatz-Nummer Block A
2Ch	1	Zeichensatz-Nummer Block B
2Dh	1	Info-Flags
2Eh	30	reserviert
31h	1	Bildspeichergröße in 64KB-Blöcken - 1
32h	1	Status-Byte
33h	13	reserviert

Die Info-Flags aus Tabelle 8.2 haben folgende Bedeutung:

Bit	Bedeutung, wenn gesetzt
0	?
1	Grausummierung aktiviert
2	Monochrom-Monitor aktiv
3	Palette wird beim Moduswechsel gesichert
4	Cursor-Emulation ist aktiv
5	0/1 = Höchstes Attributbit ein Farbbit/schaltet Blinken
6,7	reserviert

Das Status-Byte aus Tabelle 8.4.1 hat folgende Belegung:

Bit	Bedeutung, wenn gesetzt
0	512-Zeichen-Zeichensatz aktiv
1	'Dynamic Save Area' aktiv
2	Textzeichensatz wird bei Modus-Wechsel neu gesetzt
3	Graphikzeichensatz wird bei Moduswechsel neu gesetzt
4	Palettenregister werden bei Moduswechsel neu gesetzt
5..7	reserviert

Interrupt 10h, Funktion 1Ch: 'Save/Restore Video State'

Unterfunktion 0h: 'Get State Buffer Size'

IN:

AX: 1C00h

CX: Sicherungsmodus, Bits

0: Sichere Video-Hardware-Status

1: Sichere BIOS-Datenbereich

2: Sichere DAC- und Farbregister

OUT:

AL: 1Ch, wenn die Funktion unterstützt wird

BX: Erforderliche Puffergröße in 64-Byte-Blöcken

Unterfunktion 1: 'Save Video State'

IN:

AX: 1C01h

CX: Modus

ES:BX: Adresse eines Puffers für Sicherungsdaten

OUT:

AL: 1Ch, wenn die Funktion unterstützt wird

Unterfunktion 2: 'Restore Video State'

IN:

AX: 1C02h

CX: Modus

ES:BX: Adresse des Sicherungspuffers

OUT:

AL: 1Ch, wenn die Funktion unterstützt wird

Verschiedene VGA-Kartenhersteller bieten neben diesen Funktionen noch eine Reihe weiterer BIOS-Funktionen an, mit denen etwa auf manchen Karten spezielle Videomodi initialisiert werden können. So existieren u.a. auf ET4000-VGA-Karten sogenannte High-Color-Modes, in denen gleichzeitig bis zu 64K an Farben darstellbar sind. Eine detaillierte Darstellung dieser Modi muß an dieser Stelle aber allein schon aus Gründen des Umfangs unterbleiben.

Diese Funktionen können (bei seriösen Herstellern) entweder der mitgelieferten Dokumentation der Graphikkarte oder einem Technischen Handbuch entnommen werden.

8.5 Die Programmierung der EGA-/VGA-Karte

Ich will im ersten Teil dieses Kapitels einige Routinen vorstellen, die man zur Programmierung der EGA-/VGA-Karte nutzen kann. Sie sind Teil der UNIT VGA. Sie befassen sich mit der Art und Weise, wie man die Register der EGA-/VGA-Karte in den verschiedenen Lese- und Schreibmodi programmieren muß, um das gewünschte Ergebnis zu erzielen.

Die Palettenfunktionen des EGA-/VGA-BIOS wurden bereits in Kapitel 8.3 vorgestellt.

8.5.1 Pixel Setzen

Die UNIT VGA bietet zwei Funktionen zum Setzen von Pixeln an. Die eine Funktion ruft einfach die entsprechende BIOS-Funktion auf, die zweite demonstriert den Umgang mit den Registern des Graphikcontrollers.

```
procedure BIOSPutPixel(x,y:integer; color:byte); assembler;
{ BIOS-Funktion 0Ch, Intr 10h }
 asm
  mov ah,0Ch
  xor bh,bh
  mov cx,x
  mov dx,y
  mov al,color
  int 10h
 end;
```

Die Prozedur *Putpixel*, die direkt auf die EGA-/VGA-Register zugreift, wurde in mehrere Teilaufgaben (sprich Routinen) zerlegt. Die erste, *_getvgaoffs*, setzt das DI-Register auf den korrekten Bildschirmspeicheroffset zu den Koordinaten x und y, die in den CPU-

Register AX und BX übergeben werden. Die zweite, die Routine *_pupixel*, ist für das Setzen des Bildpunktes zuständig. Ihr wird der Bildspeicheroffset übergeben, die 'restliche' X-Koordinate (Byteoffset) und natürlich die Farbe. Diese Technik der sehr weitgehenden prozeduralen Zerlegung einer Aufgabe wird auch in der TGV (Kapitel 14) ausgiebig angewandt.

Der Vorteil liegt auf der Hand: Je präziser die verschiedenen Teilaufgaben voneinander unterschieden und getrennt werden, desto universeller ist die Anwendbarkeit der Module. Der Nachteil liegt in der Häufigkeit von Aufrufen, die Zeit kosten.

Um diesen Nachteil zu minimieren, ist es günstig, Parameter stets über die CPU-Register statt über den Stack zu übergeben. Die zweite Maßnahme besteht darin, die Routinen als NEAR zu implementieren. Man kann im Turbo-Assembler-Handbuch leicht nachlesen, daß die Zeit, die die CPU für einen FAR-CALL benötigt, praktisch doppelt so hoch ist wie für einen NEAR-CALL. Bei sehr häufig auftretenden Aufrufen sollte man so etwas berücksichtigen.

```
{ Zeilenoffset (VGA) berechnen       }
{ EGA/VGA : (Y * 80) + (X SHR 3)     }
{ input:  ax = y                     }
{         bx = x                     }
{ output: di = offset(x,y)           }
procedure _getvgaoffs; near; assembler;
 asm
   mov  dx,80
   mul  dx
   mov  cl,3
   shr  bx,cl
   add  ax,bx
   mov  di,ax
 end;

{ DI auf nächste Zeile setzen:  }
procedure _getvgadelta; near; assembler;
 asm
   add  di,80
 end;

{ Bildschirmoffset 'offiziell' berechnen: }
function getoffs(x,y:word):word; assembler;
 asm
  mov  ax,y
  mov  bx,x
  call _getvgaoffs
 end;
```

Die in der Prozedur _Putpixel benutzten Konstanten sind Portadressen und Registerindices. Sie sind in der UNIT VGA deklariert.

```
{ Input: BX    = X                                }
{        DL    = Farbe                            }
{        ES:DI = Zeiger auf den Videospeicher     }
procedure _putpixel; near; assembler;
 asm
  mov  cx,bx
  and  cx,7
  mov  al,$80
  shr  al,cl           { AL = 80h shr (x and 7) = BitMask }
  push ax
  mov  cl,3
  shr  bx,cl
  mov  cl,dl
  mov  dx,_gctrl_      { DX = Indexport                   }
  mov  al,gc_setreset  { Index für Set-/Reset-Register    }
  out  dx,al
  inc  dx              { DX = Datenport                   }
  mov  al,cl
  out  dx,al           { Farbe ins Set-/Reset-Register    }
  dec  dx              { DX = Indexport                   }
  mov  al,gc_sr_enable
  out  dx,al           { Index für Set-/Reset-Enable      }
  inc  dx              { DX = Datenport                   }
  mov  al,0Fh
  out  dx,al           { Fh = Alle Ebenen zulassen        }
  dec  dx              { DX = Indexport                   }
  mov  al,gc_bitmask
  out  dx,al           { BitMask-Register adressieren     }
  inc  dx              { DX = Datenport                   }
  pop  ax
  out  dx,al           { Bitmaske setzen                  }
  inc  byte ptr es:[di+bx]
                       { Lese- & Schreibzugriff auf die   }
                       { Speicheradresse                          }
  mov  al,$FF
  out  dx,al           { Wieder alle Bits zulassen        }
  dec  dx              { DX = Indexport                   }
  mov  al,gc_sr_enable
  out  dx,al
  inc  dx              { DX = Datenport                   }
  xor  al,al
  out  dx,al           { Alle Ebenen des Set-/Reset sperren }
end;
```

Man beachte vor allem die Zeile mit dem Bildspeicherzugriff. Der Sinn der *INC*-Anweisung ist natürlich nicht, irgendeinen Wert zu erhöhen. Der Effekt eines CPU-Zugriffs auf den EGA-/VGA-Bildspeicher hängt vom *Schreibmodus* ab, in dem sich die Graphikkarte gerade befindet, *und* davon, welchen Wert das Set-/Reset-Enable-Register aufweist. Da vorher alle Ebenen für das Set-/Reset-Register entsperrt wurden, kommt es nicht mehr darauf an, welchen Wert die CPU bei einem Schreibzugriff auf den Datenbus legt, sondern nur noch darauf, daß überhaupt ein Schreibzugriff erfolgt. Da aber die Daten im Bildspeicher mit den alten Daten verknüpft werden sollen (es soll ja nur *ein* Pixel gesetzt werden), so müssen vorher die *Latchregister* des Graphikcontrollers geladen werden. Dies geschieht bei einem Lesezugriff der CPU auf den Videospeicher. Und genau dies *muß* die CPU auch tun, wenn sie ein Byte im Videospeicher inkrementieren (oder auch dekrementieren) will: Einen Lesezugriff und einen Schreibzugriff. *Jeder* beliebige andere Befehl, der einen Lese- und einen Schreibzugriff der CPU impliziert, wäre mithin genausogut geeignet.

```
Procedure PutPixel(x,y:integer;color:byte); assembler;
 asm
  mov  es,segA000     { ES = SegA000 }
  mov  ax,y
  xor  bx,bx
  call _getvgaoffs
  mov  bx,x
  mov  dl,color
  call _putpixel
 end;
```

Zum Abschluß nun noch eine *Line*-Routine in Assembler, die geeignet ist, in den 16-Farben-Modi der EGA-/VGA-Karte Linien schnellstmöglich zu ziehen.

```
{ Line-Prozedur nach dem Bresenham-Algorithmus: }
procedure Line(x1,y1,x2,y2:integer;color:byte); assembler;
 var yy,d_x,d_y,r:integer;
 asm
    mov  es,seg0040
    mov  ax,es:[_textrows]
    mov  yy,ax
    mov  es,SegA000
    mov  bx,x2
    cmp  bx,x1
    jae  @@1
```

```
    xchg bx,x1
    mov  x2,bx
    mov  ax,y2
    xchg ax,y1
    mov  y2,ax
@@1:mov  bx,x2
    sub  bx,x1 { BX = DX }
    mov  d_x,bx
    mov  ax,y2
    sub  ax,y1 { AX = DY }
    jae  @@X
    neg  ax
    neg  yy
@@X:mov  d_y,ax
     mov  ax,y1
     xor  bx,bx
     call _getvgaoffs  { ES:DI = Zeiger auf Bildschirm }
     mov  bx,x1
     mov  dl,color
     call _putpixel
    xor  cx,cx
    mov  r,cx
    mov  bx,d_x
    cmp  bx,d_y
    jbe  @@3
@@5:mov  bx,x1
    cmp  bx,x2
    je   @@4
    inc  x1
    mov  dx,d_y
    add  r,dx
    mov  ax,r
    shl  ax,1
    cmp  ax,d_x
    jb   @@6
    inc  y1
    add  di,yy
    mov  ax,d_x
    sub  r,ax
@@6:mov  bx,x1
    mov  dl,color
    call _putpixel
    jmp  @@5
@@3:mov  bx,y1
    cmp  bx,y2
    je   @@4
    inc  y1
    add  di,yy
```

```
    mov  ax,d_x
    add  r,ax
    mov  ax,r
    shl  ax,1
    cmp  ax,d_y
    jbe  @@8
    inc  x1
    mov  ax,d_y
    sub  r,ax
@@8:mov  bx,x1
    mov  dl,color
    call _putpixel
    jmp  @@3
@@4:
 end;
```

8.5.2 Schnelle Textausgabe im Graphikmodus

Das EGA-/VGA-BIOS unterstützt die Textausgabe auch in den Graphikmodi. Leider unterstützt das BIOS dabei nur Vordergrundfarben. Obwohl die BIOS-Textausgabe auch im Graphikmodus relativ schnell erfolgt, ist es für eine Aufgabenstellung, wie sie etwa die TGV darstellt, leider unumgänglich, eine Textausgabe zu entwikkeln, die erstens schnell und zweitens mit frei wählbarer *Vorder- und Hintergrundfarbe* läuft.

Hierfür kommen bei der EGA-Karte prinzipiell zwei und bei der EGA-/VGA-Karte drei verschiedene Schreibmodi in Betracht. Schreibmodus Null hat wie oben dargelegt eine Eigenschaft, die sich für diese Aufgabe als sehr nachteilig erweist: Sowohl Set-/Reset- als auch das Bit-Mask-Register müssen vor jedem Zugriff gesetzt werden, und die CPU greift auf den Bildspeicher zu, *ohne irgendeine andere Information als die Adresse zu transportieren.*

Im Schreibmodus Zwei hingegen übernimmt die CPU die Funktion des Set-/Reset-Registers, in Schreibmodus Drei die des Bit-Mask-Registers. In beiden Fällen erfüllt der Zugriff also eine differenziertere Aufgabe als in Schreibmodus Null. Welcher Modus günstiger ist, hängt von der gestellten Aufgabe ab. Soll eine Zeichenfolge (oder zweifarbige Bitmap) mit gleichbleibender Farbe in den Bildspeicher gebracht werden, so ist Modus Drei besser. Er steht nur leider auf EGA-Karten nicht zur Verfügung. Für die Aufgabe, die sich bei der TGV stellt, müssen Zeichenfolgen mit ständig wechselnden Farbattributen verarbeitet werden. In diesem Fall ist der EGA-/VGA-Schreibmodus zwei ebensogut geeignet.

Die UNIT VGA enthält für jeden Schreibmodus eine Routine. Diese Routinen schreiben allerdings auch nur einfarbige Zeichenfolgen in den Bildspeicher und dies auch nur an geraden Bytegrenzen. D.h. die Textausgabe ist (in X-Richtung) genauso gerastert, wie im Textmodus. Wer einen Text an beliebiger Stelle ausgeben will, mag sich die Routinen entsprechend umschreiben. Die Routinen heißen *PaintStr0*, *PaintStr2* und *PaintStr3*. Auf einem 80386 mit 25 MHz beträgt der Zeitbedarf für die Ausgabe eines 30-Zeichen-Strings in Modus Null 5.3 ms, in Modus Zwei 3.85 ms und in Modus Drei 4.17 ms. Das BIOS benötigte für die Ausgabe eines gleichlangen Strings (nur Vordergrundfarbe) 2.808 ms.

Da sehr ähnliche Routinen noch einmal in Kapitel 14 besprochen werden, soll eine detailliertere Darstellung hier unterbleiben.

9 Disketten und Festplatten

Man kann sicherlich der Ansicht sein, daß ein Kapitel über Disketten und Platten überflüssig ist. Nicht deshalb etwa, weil es hierzu nichts zu sagen oder zu schreiben gäbe, sondern deshalb, weil es nur in Ausnahmefällen sinnvoll ist, eine Anwendung direkt - d.h. nicht über das Betriebssystem und in Form von Dateizugriffen - auf die Datenträger zugreifen zu lassen. Dieser Meinung bin ich übrigens selbst: In einer *normalen* Anwendung sollte man auf keinen Fall 'Tricks' anwenden. Das Betriebssystem bietet alle Möglichkeiten, auf Dateien zuzugreifen, und nur für spezielle Aufgaben ist es sinnvoll, direkt die Sektoren einer Platte zu lesen, zu schreiben oder zu formatieren. Leider gibt es ab und an unglückliche Umstände, unter denen selbst ein sonst zurückhaltender Anwender feststellt, daß er ohne die Hilfe trickreich programmierter Hilfsprogramme nicht auskäme, etwa dann, wenn er versehentlich eine Datei gelöscht hat.

Wie dem auch sei, jedenfalls ist der direkte Zugriff auf Platten ab und an unumgänglich und man wird leicht feststellen, daß dies auch unter Turbo Pascal 7.0 keinerlei Schwierigkeit darstellt - es sei denn, man möchte dies aus einem Protected-Mode-Programm heraus. In diesem Fall wird die Sache etwas schwieriger, weil, wie in Kapitel 12 noch erläutert wird, etwa die BIOS-Routinen im Protected Mode nicht vollständig verfügbar sind. Dies hängt natürlich auch etwas davon ab, welche Protected-Mode-Schnittstelle man benutzt. Das mit Borland Pascal 7.0 ausgelieferte DMPI jedenfalls unterstützt weder den BIOS-Interrupt 13h, noch die DOS-Interrupts 25h/26h und auch nicht die DOS-Funktionen 44xxh. Deshalb dieses Kapitel. Es soll hier gezeigt werden, wie im Protected Mode auf Real-Mode-Interrupt-Routinen zugegriffen werden kann und was dabei besonders zu beachten ist. Es wird eine UNIT DISK_OBJ vorgestellt, die ein Objekt vom Typ 'tDrive' definiert, über das sowohl im Real als auch im Protected Mode direkt Sektoren bzw. Cluster gelesen und geschrieben werden können.

9.1 Die Organisation der Datenträger unter DOS

DOS ordnet die Datenträger eines Systems nach Buchstaben, angefangen von 'A' und 'B' für die Diskettenlaufwerke über 'C' für die erste Festplatte bis maximal 'Z' für das letzte Laufwerk. Abgesehen von den ersten drei Buchstaben, die standardmäßig den Diskettenlaufwerken und der Festplatte zugeordnet sind, ist die Zuordnung beliebig. Laufwerk 'D' kann also die zweite 'Partition' der ersten Festplatte oder die zweite Festplatte oder ein 'virtuelles' Diskettenlaufwerk oder eine CD-ROM sein. Dies hängt davon ab, welche Geräte vorhanden sind und wie sie eingerichtet wurden.

Das BIOS des Computers ordnet den *physikalischen* Geräten Nummern zu. Das erste *physikalische* (Disketten-) Laufwerk hat die Nummer 0, das zweite die Nummer 1. Die erste Festplatte die Nummer 80h, die zweite Festplatte die Nummer 81h. Das BIOS weiß hingegen nichts davon, ob Laufwerk 80h aus einer oder mehreren 'Partitionen' besteht und somit logisch den Laufwerken 'C'..'F' zugeordnet ist oder nicht. Soll also ein Programm die Funktionen des BIOS nutzen, so muß es vorher herausgefunden haben, wie diese Zuordnung von logischen und physikalischen Geräten funktioniert. Sicherlich ist dies möglich, aber es kann - insbesondere bei älteren DOS-Versionen - sehr aufwendig und fehleranfällig sein. Ich kann daher nur jedem dringend davon abraten, sich allzusehr mit dem BIOS einzulassen.

Disketten und Festplatten werden ebenso auf zweierlei Weise eingeteilt: physikalisch in Zylinder, Spuren und Sektoren, logisch in Partitionen, *logische* Sektoren und Cluster.

9.1.1 Die physikalische Aufteilung eines Datenträgers

Disketten und Festplatten bestehen aus einer (bzw. mehreren) magnetisierbaren und drehbaren Scheiben, die einzeln mit separaten Schreib-/Leseköpfen versehen sind. Die Daten werden in konzentrischen *Spuren* auf den Datenträger geschrieben. Alle Spuren, die vertikal übereinander (aber auf verschiedenen Seiten) liegen, lassen sich somit lesen und schreiben, ohne daß der Kopf bewegt werden muß. Diese Spuren gehören zum selben *Zylinder*.

Eine Spur wird zusätzlich noch (ähnlich einer Torte) in *Sektoren* unterteilt, die die kleinste einzeln ansprechbare Dateneinheit des Datenträgers darstellen. Die Datenträger werden von DOS standardmäßig so formatiert, daß ein Sektor 512 Byte umfaßt.

Ein Sektor wird also *physikalisch* durch drei Angaben bestimmt: Zylinder, Kopf (Head) und Sektornummer. Alle BIOS-Routinen benötigen diese drei Angaben, um auf einen Sektor zuzugreifen. Dabei zählt das BIOS Zylinder- und Kopfnummer von Null an, die Sektornummer hingegen von Eins an.

Natürlich kann man rein logisch auch mit einer Nummer - der logischen Sektornummer - auskommen, wenn man die Sektoren z.B. folgendermaßen durchnumeriert:

Sektor Nummer 0 ist der erste Sektor der ersten Spur des ersten Kopfes. Sektor Nummer 17 (bei 17 Sektoren/Spur) ist der erste Sektor der ersten Spur des zweiten Kopfes.

Nachdem alle Sektoren des ersten Zylinders durchgezählt sind, geht es mit dem ersten Kopf des zweiten Zylinders weiter.

Der Grund für diese Zählweise ist einfach der, daß jede Neupositionierung des Schreib-/Lesekopfes Zeit braucht, während die Umschaltung von einem zum anderen Kopf sofort erfolgt. Wenn alle Sektoren so durchnumeriert sind, so gelten folgende Formeln zur Umrechnung:

```
SekTrack = Sektoren pro Spur
HeadNo   = Anzahl der Schreib-/Leseköpfe

LogSektor := Cyl * ( SekTrack * HeadNo ) + Head * SekTrack
     + PhysSektor - 1;
Cyl:= LogSektor Div (SekTrack * HeadNo);
Track:= (LogSektor Mod (SekTrack * HeadNo)) Div SekTrack;
PhysSektor:= (LogSektor Mod (Sektrack * HeadNo)) Mod       SekTrack
+1;
```

DOS unterteilt nun den Datenträger des weiteren in den Datenbereich und den Bereich für die Verwaltungseintragungen. Der Datenbereich wird in sogenannte *Cluster* eingeteilt. Ein Cluster ist die kleinste Dateneinheit, unter der DOS auf den Datenbereich zugreift. Das heißt, daß eine ein Byte lange Datei dennoch einen Cluster belegt. Er kann zwischen einem und üblicherweise maximal acht Sektoren umfassen. Bei Festplatten handelt es sich fast immer um vier Sektoren/Cluster, d.h. 2048 Byte.

Der Verwaltungsbereich wird unterteilt in die 'versteckten' Sektoren (nur bei Festplatten), die 'reservierten' Sektoren (praktisch immer genau einer), die FAT (File Allocation Table), und das 'Root'-Directory. Der reservierte Sektor enthält den sogenannten 'Boot-Record'. In ihm ist verzeichnet, wie der Datenträger aufgebaut ist, d.h. wie viele Sektoren eine Spur enthält, wie viele Sektoren die FAT umfaßt u.s.w. Sein Aufbau wird weiter unten vorgestellt. Das Hauptverzeichnis (Root-Directory) besteht aus einer Anzahl von Sektoren, in denen alle Dateien und Verzeichnisse vermerkt sind, die nicht in *Unterverzeichnissen* stehen. Die Anzahl der Einträge im Hauptverzeichnis ist immer begrenzt, bei Festplatten meist auf 512. Alle anderen Verzeichniseinträge werden in den Unterverzeichnissen abgelegt, die sozusagen als spezielle Dateien im Datenbereich liegen. Ihr Umfang ist nur physikalisch begrenzt.

Eine Datei ist eine logische Einheit. Es ist keineswegs immer der Fall, daß die Datei auf dem Datenträger in einem Stück gespeichert wird. Umfaßt eine Datei mehr als einen Cluster, so können diese Cluster durchaus an völlig verschiedenen Stellen auf dem Datenträger gespeichert sein. Um auf die Datei korrekt zugreifen zu können, benötigt das Betriebssystem also Informationen, wo diese Cluster auf dem Datenträger liegen. Hierzu reicht es völlig aus, zu wissen, wo der erste Cluster der Datei liegt, und weiterhin vom jedem Cluster zu wissen, wo der nächste Cluster liegt (bzw. ob es sich um den letzten Cluster der Datei handelt). Die erste Information - wo der erste Datencluster zu finden ist - steht im Verzeichniseintrag der Datei, der zweite Teil in der FAT. Die FAT besteht aus einer Tabelle von Einträgen - für jeden Cluster einen- , die jeweils die Nummer des nächsten Clusters beinhalten, falls dieser existiert oder einem speziellen Code für das Dateiende. In der FAT ist ebenfalls verzeichnet, ob ein Cluster einen schadhaften Sektor enthält. In diesem Fall darf der Cluster nicht benutzt werden.

9.1.2 Die File Allocation Table (FAT)

Es gibt zwei Sorten von FATs, die 12-Bit-FAT und die 16-Bit-FAT. Eine 12-Bit FAT benutzt zur Codierung eines Eintrags genau 12 Bit (drei Nibble). Damit lassen sich maximal 2^{12} = 4096 verschiedene Cluster durchnumerieren. Diese FATs werden nur bei Disketten und sehr kleinen Festplatten (<= 16 MB) verwendet, da DOS nie mehr als acht Sektoren pro Cluster verwendet.

(4096 Cluster * 8 Sektoren/Cluster * 512 Byte/Sektor = 16 MByte)

Alle Datenträger mit mehr als 16 MB benutzen somit 16-Bit-FATs, bei denen maximal 2^{16} = 65536 Cluster adressierbar sind. Dies entspricht bei vier Sektoren pro Cluster einer Kapazität von 128 MB. Größere Festplatten müssen also entweder mit acht Sektoren pro

Cluster eingerichtet werden, oder aber in mehrere 'Partitionen' (logische Laufwerke) eingeteilt werden.

Warum es bis DOS 4.0 nur Partitionen von maximal 32 MB gab, liegt daran, das bis einschließlich DOS 3.3 auch zur Darstellung der Sektornummer maximal 16 Bit zur Verfügung standen, woraus folgt, daß 2^{16} * 512 Byte/Sektor = 32 MB maximal adressierbar waren.

Beiden Sorten von FATs ist eines gemeinsam: Die ersten beiden Clusternummern (Null und Eins) stehen nicht zur Verfügung. Die Numerierung der Cluster beginnt also nicht mit Null, sondern mit Zwei. Der Platz, der dadurch in der FAT frei wird (3 bzw. 4 Byte) enthält vielmehr eine Kennung des Datenträgers, den sogenannten Media-Descriptor.

9.1.3 Das Media Deskriptor Byte

Das Media-Descriptor-Byte hat folgende Belegung:

Wert	Bedeutung
FEh:	5.25 inch 160 KB
FFh:	5.25 inch 320 KB
FCh:	5.25 inch 180 KB
FDh:	5.25 inch 360 KB
F9h:	5.25 inch 1.2 MB oder 3.5 inch 720 KB
F0h:	3.5 inch 1.44 MB
F8h:	Festplatte

Die 12-Bit-FAT benutzt drei Byte zur Codierung von zwei Einträgen. Die Codierung sieht auf den ersten Blick etwas konfus aus, ist aber mit Rücksicht auf die Intel-Konvention (Lobyte first) leicht zu decodieren. In Turbo Pascal könnte das etwa so aussehen:

```
type FAT12Entry = Record
       case byte of
       1:(w1:word;fill1:byte;);
       2:(fill2:byte;w2:word;);
      end;

Function GetClust12Val(Cluster:word;var Entry:FAT12Entry):word;
 begin
  if (cluster and 1)=0 then GetClust12Val:= Entry.w1 and $FFF else
   GetClust12Val:=Entry.w2 shr 4;
 end;
```

Versteht man also die drei Byte als 24-Bit-Zahl in Intelkonvention (1. Byte als Bit 0..7, 2. Byte als Bit 8..15 und drittes Byte als Bit 16..23), so beinhalten die unteren zwölf Bits die Nummer des ersten (geraden) Eintrags und die oberen zwölf Bits die Nummer des zweiten.

Bei 16-Bit-FATs ist dies natürlich einfacher: Jeder Eintrag ist als ein Wort codiert. Liest man eine 16-Bit-FAT z.B. in ein Turbo-Pascal-Array der Form 'FAT16 = Array[0..MaxNo-1] of Word' ein, so stehen die Einträge direkt als Arrayelemente zur Verfügung.

Der Code für einen defekten Cluster ist FF7h bei zwölf Bits (bzw. FFF7h bei sechzehn Bits), der Code für das Dateiende ist FF8h..FFFh bei zwölf Bits bzw. FF8h..FFFFh bei 16-Bit-FATs. Ein unbenutzter Cluster wird durch eine 0 gekennzeichnet. Zur Darstellung der Clusternummern werden Zahlen bis maximal FF0h (FFF0h) verwendet, so daß die FAT bei zwölf Bits maximal 6KB (bzw. bei 16-Bit-FATs maximal 128 KB) Speicherraum beanspruchen kann. (Eine 16-Bit-FAT läßt sich somit unter Umständen nicht als ganzes in einem DOS-Segment unterbringen.)

Gewöhnlich existieren aus Sicherheitsgründen zwei Ausführungen der FAT, da die Dateien nur mit Hilfe der FAT rekonstruiert werden können.

Wird eine FAT beschädigt, so lassen sich die Dateien mit Hilfe der zweiten FAT-Kopie wiederfinden und sichern. Jede Änderung an der FAT muß somit an beiden FAT-Kopien vorgenommen werden. Man sollte sich jedoch darüber im klaren sein, was man tut, wenn man an der FAT manipuliert, da eine Zerstörung der FAT den Verlust aller Daten des Datenträgers zufolge haben kann!

9.1.4 Der Bootrecord

Der Bootrecord des Datenträgers steht ab Offset 0 des ersten (und meist einzigen) reservierten Sektors. Er hat in Turbo Pascal dargestellt folgendes Format:

```
tBootRecord = record
 JUMP:array[1..3] of byte;
 USER:array[1..8] of char;    { z.B. 'MSDOS5.0'                     }
 ByteSek:word;           { Bytes / Sektor                           }
 SekClust:byte;          { Sektoren/Cluster                         }
 ResSek:word;            { Reservierte Sektoren am Anfang           }
 FATs:byte;              { Anzahl der FATs                          }
 RootNo:word;       { Anzahl der Einträge im Rootdirectory          }
```

```
  SekNo:word;          { Gesamtzahl der Sektoren                    }
  Media:byte;          { Media-Descriptor-Byte                      }
  SekFat:word;         { Sektoren für eine FAT                      }
  SekTrack:word;       { Anzahl der Sektoren/Spur                   }
  Heads:word;          { Anzahl der Köpfe                           }
  HidSek:longint;           { Bis Dos 3.3 vom Typ Word              }
  {--- Erweiterungen ab DOS-Version 4.0 -----}
  TotalSek:longint;
                     { Existiert nur ,falls SekNo = 0 (>32MB)       }
  BiosDrive:byte;    { Bios-Laufwerksnummer                         }
  Reserved:byte;     { Reserviert                                   }
  Extsign:byte;    { 29h: Signatur für Extended Boot Record         }
  SerialNo:longint; { Seriennummer des Datenträgers                 }
  VolLabel:Array[1..11] of Char;
                     { Datenträgerbezeichnung oder 'NO NAME'        }
  FATSTR:Array[1..8] of Char;  { 'FAT12' oder 'FAT16'               }
 end;
```

Der Item 'JUMP' enthält bei bootfähigen Disketten tatsächlich den Maschinenbefehl für einen kurzen Sprung, da der Bootrecord bei Systemstart vom BIOS geladen und ausgeführt wird. D.h. daß im Anschluß an die obigen Daten auf bootfähigen Datenträgern ein kurzes Ladeprogramm steht, das das Betriebssystem in den Arbeitsspeicher lädt.

Der Erweiterungsteil ist erst ab DOS-Version 4.0 definiert. Er muß an der Stelle 'ExtSign' den Wert 29h aufweisen. Die Eintragung 'Totalsek' wird nur bei 'großen' (>32 MB) Festplatten benutzt. Dann ist 'SekNo' = 0.

9.1.5 Verzeichnisse

Nach dem Bootrecord kommt die FAT. Die Anzahl der Sektoren, die von den FAT-Kopien in Anspruch genommen werden, läßt sich dem Bootrecord entnehmen. Direkt im Anschluß steht das Hauptverzeichnis (Rootdirectory) des Datenträgers. Wie viel Einträge das Hauptverzeichnis umfaßt, steht im Bootrecord. Jeder Eintrag besteht aus einem 32 Byte langen Record. Hieraus läßt sich die Anzahl der Sektoren des Hauptverzeichnisses entnehmen. Es gilt:

Sekt./Hauptverz. = (Anz. d. Einträge * 32) Div (Bytes / Sektor).

An das Hauptverzeichnis schließt sich der Datenbereich, beginnend mit Cluster Nr. 2, an. Will man also den Startsektor des Datenbereichs ermitteln, so gilt:

```
DataStart := ResSek + FATSek * FATs + (RootNo * 32) div ByteSek;
```

Tabelle 9.1 zeigt den Aufbau eines Verzeichniseintrags. Die Bitaufteilung des Datums bedeutet **Y**ear-**M**onth-**D**ay, die Bitaufteilung der Zeit **H**our-**M**inute-**S**econd. Die Bits des Attributbytes sind **A**rchiviert, **D**irectory, **V**olume-Label, **S**ystemfile, **H**idden und **R**eadonly.

Tabelle 9.1: Aufbau eines Verzeichniseintrags

Offset	**Länge**	**Inhalt**	**Bits**
0	8	Dateiname	
8	3	Extension	
11	1	Attributbyte	__ADVSHR
12	10	Reserviert (Auf Null zu setzen)	
22	2	Zeit	HHHH HMMM MMMS SSSS
24	2	Datum	YYYY YMMM MMMD DDDD
26	2	Startcluster der Datei	
28	4	Dateigröße in Byte	

Die Einträge Datum und Zeit weisen einige Besonderheiten auf: Die sieben Bits für das Jahr basieren nicht auf der Zeitrechnung A.D., sondern zählen die Jahre seit 1980, und die fünf Bits für die Sekunde müssen noch mit zwei multipliziert werden.

Unterverzeichnisse haben immer die 'Dateilänge' Null und weisen zwei spezielle Einträge auf. Der erste für das 'Selbst' mit dem *Namen* '.'. Der Startcluster, der in diesem Eintrag vermerkt ist, ist also genau der Cluster, an dem dieser Eintrag steht. Der zweite Eintrag weist auf das übergeordnete Verzeichnis mit dem *Namen* '..'. Auf diese Weise kann sich DOS oder auch jedes Programm an den Verzeichnissen 'entlanghangeln', ohne zusätzliche Informationen in den Diskettenpuffern halten zu müssen.

DOS tilgt, wenn eine Datei gelöscht wird, nicht den kompletten Verzeichniseintrag aus dem Verzeichnis, sondern markiert lediglich den ersten Buchstaben mit ASCII 229, ASCII 5 oder ASCII 0. Die Information, wo eine Datei ihren *ersten* Datencluster hatte, steht also weiterhin zur Verfügung, solange der gelöschte Verzeichniseintrag nicht anderweitig benutzt wird. Leider aber eben nur der erste, da DOS alle Cluster der Datei in der FAT als frei markiert und somit die Information, wo sich die weiteren Cluster befanden, löscht. Größere Dateien sind also, wenn sie gelöscht wurden, nicht mehr ohne weiteres zu rekonstruieren, es sei denn, der Zufall (oder die DOS-Version oder ein Festplattenkompressor) will es so, daß die Datei lauter aufeinanderfolgende Cluster belegte. In diesem Fall ist die Datei solange rekonstruierbar, wie keine neue Datei die (als frei markierten) Cluster überschreibt. Die Daten hängen somit u.U. noch eine Weile 'in der Luft', bevor sie unwiderruflich verloren sind.

Aus diesem Grunde gibt es auch sowohl Utilityprogramme, die Dateien so löschen, daß sie wirklich nicht mehr rekonstruiert werden können, als auch Programme, die es ermöglichen, gelöschte Dateien zu rekonstruieren.

9.1.6 Diskettenformate

Im Abschnitt über den Media-Deskriptor wurden die Diskettenformate schon erwähnt. Für Disketten und in etwas geringerem Maße auch für Festplatten hält sich DOS bei der Formatierung an bestimmte Standards, während die Formatierung mit dem BIOS zwar bestimmte Standards kennt, diese aber dennoch den BIOS-Routinen weitgehend mitgeteilt werden müssen. Darüber hinaus bedeutet 'formatieren' mit dem BIOS (durch Aufruf der entsprechenden Interrupts) lediglich die Einteilung des Datenträgers in Spuren und Sektoren durch magnetische Markierungen, während das DOS-Programm *Format* nebenher auch die logische Einteilung des Datenträgers vornimmt, d.h. den Bootrecord in den ersten Sektor schreibt und die FAT und das Hauptverzeichnis einrichtet. Ohne diese Maßnahmen kann der Datenträger unter DOS nicht genutzt werden.

Tabelle 9.2 gibt einen Überblick über die gängigen Datenträgerformate, und Tabelle 9.3 gibt ein Beispiel für die physikalische und logische Einteilung eines Datenträgers (360 KB-Diskette).

Wenn man bei der Formatierung einer Diskette vom DOS-Programm *Format* die Fehlermeldung erhält, der Datenträger sei unbrauchbar bzw. Spur Null sei fehlerhaft, so entspricht dies nicht immer den Tatsachen. Oftmals lassen sich auch solche Disketten durch den unerschrockenen Einsatz der BIOS-Formatierungsroutinen wieder flott machen. Wie man diese Interrupt-Routinen richtig einsetzt, wird in Abschnitt 9.2 näher erklärt.

Tabelle 9.2: Formatierungsdaten von Disketten und Festplatten

	360 KB	1.2 MB	720 KB	1.44 MB	Festplatten
Mediabyte	FDh	F9h	F9h	F0h	F8h
Sekt. / Spur	9	15	9	18	17 oder 34
Zylinder	40	80	80	80	< 1024
Köpfe	2	2	2	2	?
Anz. d. Eintr. im Hauptverzeichnis	112	224	112	224	512
Sektoren / Cluster	2	1	2	1	4 oder 8
Res. Sektoren	1	1	1	1	1
Verst. Sekt.	0	0	0	0	1 Spur
Sekt. / FAT	2	7	3	9	?
Sekt. / Hauptverzeichnis	7	14	7	14	32

Tabelle 9.3: Aufbau des ersten Zylinders einer 360KB-Diskette

Zylinder	**Kopf**	**Sektor**	**Logischer Sektor**	**Inhalt**
0	0	1	0	Bootrecord
0	0	2	1	1. Sektor der 1. FAT
0	0	3	2	2. Sektor der 1. FAT
0	0	4	3	1. Sektor der 2. FAT
0	0	5	4	2. Sektor der 2. FAT
0	0	6	5	1. Sektor des Hauptverzeichnisses
...	...	...	...	...
0	1	3	11	7. Sektor des Hauptverzeichnis
0	1	4	12	1. Sektor im Datenbereich (Cluster Nummer 2)

9.1.7 Festplatten-Partitionen

Bei Disketten wird der Item 'HidSek' des Bootrecords gewöhnlich eine Null beinhalten. Bei Festplatten ist dies anders. Festplatten können in Partitionen unterteilt sein, d.h. in mehrere *logische* Laufwerke. Das Programm FDISK führt Partionierungen von Festplatten durch. Die Aufteilung in mehrere logische Laufwerke wurde von Microsoft mit der DOS-Version 3.3 eingeführt, um auch große Laufwerke bearbeiten zu können. Seit der Version 4.0 von MS-DOS scheint diese 'Krücke' entbehrlich zu sein, da die Sektornummern hier 32 Bit umfassen können. Tatsächlich ist sie immer noch von Vorteil und inzwischen fast schon wieder unentbehrlich. Nimmt man z.B. eine moderne 470 MB-Festplatte, so läßt sich diese nur dann mit einer Partition formatieren, wenn entweder 16 Sektoren / Cluster benutzt werden oder aber die Sektorgröße auf 2048 Byte heraufgesetzt wird, was beides nicht sonderlich günstig ist. Die DOS-Standard-Parameter für Festplatten von 512 Byte/Sektor und vier Sektoren / Cluster erlauben hingegen bei maximal 2^{16} Clustern nur Festplattenpartitionen bis maximal $2^{16} * 4 * 512$ Bytes = 128 MB und bei acht Sektoren / Cluster maximal 256 MB. Ein weiterer Vorteil der Partionierung von Festplatten besteht darin, daß mehrere Betriebssysteme auf einer Festplatte untergebracht werden können.

Die Festplatte muß somit einen Bereich aufweisen, auf dem verzeichnet wird, ob und, wenn ja, wie die Festplatte unterteilt wurde. FDISK partioniert Festplatten immer so, daß jede Partition mit dem ersten Sektor und Kopf eines Zylinders beginnt, und der 'versteckte' Bereich vor dem eigentlichen Beginn umfaßt praktisch immer eine Spur, so daß die Anzahl der versteckten Sektoren 17 (bei 17 Sektoren / Spur) betragen wird. Der erste Sektor im versteckten Bereich enthält die Partitionsdaten. Diese bestehen aus genau vier Records für maximal vier Partitionen, wovon DOS meines Erachtens aber stets nur die ersten beiden benutzt, den ersten für die Daten der Partition, die beschrieben wird, und den zweiten für die Beschreibung der jeweils nächsten Partition. Die 'nächste' Partition der ersten Partition ist bei mehr als zwei Partitionen jedoch nicht die zweite Partition, sondern eine Zusammenfassung aller weiteren Partitionen. Dies muß bei der Interpretation der Partitionsdaten stets beachtet werden.

Der Sektor, der die Partitionsdaten enthält, hat dabei folgendes Format:

```
tPartition = Record
 Bootind:byte;  { $80: bootable, $00: nicht bootable                  }
 Shead:byte;    { Erster Kopf der Partition                           }
 SSekCyl:word;
 { Bit: 7......0 15......8                                            }
 {       +----+            = StartSektor(6 Bit: <=63                  }
 {    +-........-------+ = StartZylinder (10 Bit: <= 1023             }
 { SSek=SSekCyl and $3F                                               }
 { SCyl=Hi(SSekcyl) + (SSekCyl and $C0) shl 2                         }
 SysInd:byte;
 { Sysind=1: primary Dos Area, 12-Bit-FAT                             }
 { Sysind=4: primary Dos Area, 16-Bit-FAT                             }
 { Sysind=5: extended Dos Area, 16-Bit-FAT                            }
 EHead:byte;           { Letzter Kopf der Partition                   }
 ESekCyl:word;         { Endsektor & Endzylinder wie oben             }
 PreSek:longint;       { Vorsektoren                                  }
 TotalSek:longint;     { Gesamtzahl der Sektoren in der Part.         }
end;

tBootSector = Record
  Reserved :array[1..$1BE] of byte;
  Partition:array[1..4] of tPartition;
  Signature:word;  { Die Signatur muß den Wert $AA55 haben ! }
 end;
```

Die Codierung von Startsektor und -zylinder erfolgt in der typischen BIOS-Manier, die sich auch bei den BIOS-Interrupts antreffen läßt, in einem Word.

Für den Zylinder stehen zehn Bits zur Verfügung, wodurch die Anzahl auf 1024 beschränkt bleiben muß, für den Sektor sechs Bits (1..63). An sich ist die Kenntnis der genauen Struktur des Datensatzes nur notwendig, wenn man die Disketten-Interrupts des BIOS nutzen will. Denn dann muß man die Partitionsdaten lesen, um zu erfahren, wie viele Laufwerke die Festplatte enthält und wo diese beginnen. Benutzt man hingegen die Interrupts 25h/26h von MS-DOS (über die der Datenzugriff meiner Erfahrung nach am schnellsten und einfachsten erfolgt), so braucht man dies alles nicht zu wissen. In diesem Fall ist es allein notwendig, den Bootrecord aus Sektor Null des logischen Laufwerks zu lesen. Die versteckten Sektoren sind allerdings über diese Interrupts auch gar nicht zugänglich, da sie negative Nummern haben müßten.

Will man aber partout die versteckten Sektoren lesen oder beschreiben, so kann man dennoch DOS benutzen: Die DOS-Funktionen $44xx des Interrupts 21h ermöglichen den Zugriff auf diese Sektoren, da bei diesen Funktionen das jeweilige Laufwerk ebenfalls über Sektor/Spur/Kopf adressiert wird. Das jeweilige Laufwerk beginnt jedoch stets mit Sektor:Spur:Kopf = 0:0:0, bei dem ersten *versteckten* Sektor. Der Datenbereich beginnt dann bei Sektor

```
DataStart := HidSek+ResSek+Fats * SekFat + (RootNo * 32) Div ByteSek;
```

Dagegen muß bei Nutzung der BIOS-Interrupts der durch die Partitionsdaten gegebene Offset addiert werden. Die berechnete Sektornummer muß dann also nicht nur (wie oben erläutert) wieder in Kopf/Spur/Sektor zerlegt werden, sondern die Angaben der Partitionstabelle über Start- Sektor/Kopf und Spur müssen wiederum addiert werden.

Nach all diesen etwas verwirrenden Ausführungen hoffe ich, daß das Beschriebene verständlicher wird, wenn die Interruptschnittstellen erläutert sind und die UNIT DISK_OBJ studiert wurde.

9.2 Die Disketteninterrupts

Wie erwähnt stehen für den Zugriff auf die Datenträger sowohl verschiedene DOS-Interrupts als auch die Funktionen des BIOS-Interrupts 13h zur Verfügung. Abschnitt 9.2.1 widmet sich denjenigen Funktionen, die 'nur' Informationen über den Datenträger übermitteln, während Abschnitt 9.2.2 sich den Lese- und Schreibfunktionen widmet. Allen DOS-Funktionen ist die Nummer des logischen Laufwerks zu übergeben, die meist mit einer Null für Laufwerk 'A' beginnt, während das BIOS (Interrupt 13h) als Laufwerksnummer die Werte Null oder Eins für das erste und zweite Diskettenlaufwerk sowie 80h und 81h für die erste und zweite Festplatte erwartet. Bei den Funktionen des BIOS-Interrupt werden Zylinder- und Sektornummer zusammen mit den 16 Bit des CX-Registers codiert. Die unteren sechs Bit von CL bilden dabei die Sektornummer, während die Zylindernummer zehn Bit umfaßt: Bit 0..7 stehen in CH, Bit Acht und Neun werden durch Bit 6 und 7 von CL gebildet:

```
CX := ((CylNo shl 8) and FF00h) or ((CylNo shr 2) and C0h) or
      (SekNo and 3Fh);
CylNo := CX shr 8 + ((CX shl 2) and 300h);
SekNo := CX and 3Fh;
```

Weiterhin geben alle BIOS-Funktionen des Interrupt 13h nach einem fehlerhaften Aufruf in AH eine Fehlernummer zurück. Ein

Fehler wird durch ein gesetztes Carryflag signalisiert. Die Liste der Fehlercodes findet sich weiter unten bei Interrupt 13h, Funktion eins.

9.2.1 Informations-Funktionen

Rein informativen Charakter haben die folgenden Funktionen des Interrupt 21h:

Interrupt 21h, Funktion 36h: 'Get Free Disk Space'

IN:

AH:	36h
DL:	Drive Nummer (0 = Default,1 = A,2 = B ...)

OUT:

AX:	Sektoren/Cluster
BX:	Freie Cluster
CX:	Byte/Sektor
DX:	Cluster auf dem Datenträger insgesamt

Anm.: Wenn in AX der Wert FFFFh zurückgegeben wird, so ist die Laufwerksnummer ungültig.

Interrupt 21h, Funktion 1Ch: 'Get Drive Data'

IN:

AH:	1Ch
DL:	Drive (wie Fkt. 36h)

OUT:

AL:	Sektoren/Cluster
DS:BX:	Zeiger auf Media-Descriptor-Byte
CX:	Byte/Sektor
DX:	Cluster auf dem Datenträger insgesamt

Anm.: Wenn AL = FFh zurückgegeben wird, so war die Laufwerksnummer ungültig.

Interrupt 21h, Funktion 19h: 'Get Default Disk'

IN:

AH:	19h

OUT:

AL:	Nummer des aktuellen Laufwerks (A=0,B=1,etc.)

Interrupt 21h, Funktion 44h: 'IOCtrl Request: Get/Set Device Data'

IN:

AX:	440Dh
CX:	0860h (Get) ; = 0840h (Set)
BL:	Drive (Default = 0, A = 1, B = 2, etc.)
DS:DX:	Zeiger auf eine Datenstruktur mit folgendem Aufbau:

Offset	Länge	Inhalt
0	1	Flaggen für Spezialfunktionen
1	1	Typ der Einheit
2	1	Attribute des Treibers
3	2	Zahl der Zylinder
5	1	Typ des Speichermediums
(Parameterblock:)		
6	2	Bytes / Sektor
8	1	Sektoren / Cluster
9	2	Anz. der reservierten Sektoren
11	1	Anz. der FATs
12	2	Anz. der Einträge im Rootdirectory
14	2	Anz. der Sektoren
16	1	Media-Deskriptor
17	2	Sektoren / FAT
19	2	Sektoren / Spur
21	2	Zahl der Schreib- / Leseköpfe
23	4	Anz. der versteckten Sektoren
27	4	Anz. der Sektoren (> 32 MB)
31	6	reserviert

Anm.: Die Funktion 440Dh bietet weitere Funktionen zum Formatieren und Verifizieren des Datenträgers. Diese werde ich hier nicht vorstellen. Sie werden aber in der Fachliteratur vorgestellt.

Interrupt 13h, Funktion 1: 'Get Drive State'

IN:

AH:	01h
DL:	Laufwerksnummer (0, 1, 80h, 81h)

OUT:

AH:	Statusmeldung zum letzten Aufruf mit folgender Codierung:

Wert	**Bedeutung**
00h	Operation fehlerfrei durchgeführt
01h	Ungültiger Aufruf
02h	Adressmarke nicht gefunden
03h	Diskette ist schreibgeschützt
04h	Sektor nicht gefunden
05h	Laufwerks-Reset unmöglich (Festplatte)
06h	Diskette fehlt (Floppy)
07h	Fehlerhafte Parametertabelle (Festplatte)
08h	DMA-Überlauf
09h	Versuch, mehr als 64KB zu transferieren
0Ah	Sektor fehlerhaft (Festplatte)
0Bh	Zylinder Fehlerhaft (Festplatte)
0Ch	Falscher Datenträgertyp (Diskette)
0Dh	Ungültige Sektoranzahl beim Formatieren (Festplatte)
0Eh	Kontrolldaten-Adress-Markierung gefunden (Festplatte)
0Fh	DMA-Level ungültig (Festplatte)
10h	CRC / ECC fehlerhaft
11h	Fehler in ECC-korrigierten Daten
20h	Controller fehlerhaft
40h	Seek-Fehler
80h	Time-Out-Fehler
AAh	Laufwerk nicht bereit (Festplatte)
BBh	Unerkannter Fehler (Festplatte)
CCh	Fehler beim Schreiben (Festplatte)
E0h	Statusfehler (Festplatte)
FFh	Prüfoperation nicht möglich

CRC steht für **C**yclical **R**edundancy **C**heck und ist ein Daten-Prüfverfahren. **ECC** steht für den **E**rror-**C**orrection-**C**ode, d.h. den Fehler-Korrektur-Code.

Interrupt 13h, Funktion 8: 'Get Drive Parameter'

IN:

AH:	08h
DL:	Laufwerksnummer (0, 1, 80h, 81h)

OUT:

Carryflag gesetzt: AH = Fehlernummer

Carryflag gelöscht:

DH:	Maximale Kopfnummer
DL:	Anzahl der installierten Disketten- bzw. Festplattenlaufwerke
CH/CL:	Maximale Zylinder- und Sektornummer
BL:	Laufwerkstyp (bei Disketten): 1: 360 KB 2: 1,2 MB 3: 720 KB 4: 1,44 MB
ES:DI:	Zeiger auf Diskettenparametertabelle (nur Floppy)

Anm.: Der Typ des Laufwerks wird nur bei Diskettenlaufwerken in BL zurückgegeben, ebenso der Zeiger auf die Parametertabelle. Hat eine Diskette 80 Zylinder, so wird in CH als maximale Nummer 79 und in CL die maximale Sektornummer (8, 9 , 15 oder 18) zurückgegeben. Die Diskettenparametertabelle, deren Adresse in ES:DI zurückgegeben wird, liegt im ROM-BIOS und enthält die Standardeinstellungen für diesen Diskettentyp. Für 360 KB-Disketten gibt es im AT zwei Tabellen, eine für 360 KB-Laufwerke und eine für 1,2 MB-Laufwerke. Entsprechendes gilt für 720 KB-Disketten.

Interrupt 13h, Funktion 10h: 'Test for Drive Ready'

IN:

AH:	10h
DL:	Laufwerk (80h, 81h)

OUT:

AH:	Laufwerksstatus

Anm.: Die Funktion wird nur bei Festplatten unterstützt und entspricht im wesentlichen Funktion 01h des Interrupts 13h.

Interrupt 13h, Funktion 15h: 'Read Disk Type'

IN:

AH:	15h
DL:	Laufwerksnummer

OUT:

AH:	0: keine Diskette/Festplatte mit dieser Nummer
	1: Diskettenlaufwerk, erkennt Diskettenwechsel nicht
	2: Diskettenlaufwerk, erkennt Diskettenwechsel
	3: Festplatte, dann in CX:DX Gesamtzahl der Sektoren

Anm.: Man beachte, daß die Gesamtzahl der Sektoren bei Festplatten alle Partitionen umfaßt.

Interrupt 13h, Funktion 16h: 'Get Disk Change State'

IN:

AH:	16h
DL:	Laufwerk (0 oder 1)

OUT:

AH:	0: Kein Diskettenwechsel
	1: Ungültige Laufwerksnummer
	6: Diskettenwechsel hat stattgefunden

Anm.: Das Ergebnis ist nur definiert, wenn vorher mit Funktion 15h überprüft wird, ob das Laufwerk einen Diskettenwechsel erkennen kann. Unter *Diskettenwechsel* wird hierbei ein Öffnen der Laufwerksklappe verstanden. Ob tatsächlich eine andere Diskette eingelegt wurde, kann der Laufwerkscontroller nicht erkennen.

9.2.2 Funktionen für den Plattenzugriff

Es gibt verschiedene Möglichkeiten, auf Disketten und Festplatten zuzugreifen. Die DOS-IOCtrl-Funktionen des Interrupt 21h z.B. oder die DOS-Interrupts 25h/26h sowie die Funktionen Zwei und Drei des BIOS-Interrupts 13h. Die Funktionen unterscheiden sich im wesentlichen durch die Art und Weise der *Numerierung* der Sektoren und Laufwerke. Während das BIOS z.B. keine logischen Laufwerke kennt, kennen die DOS-Interrupts 25h und 26h nur logische Sektoren (beginnend mit dem Bootrecord) und logische Laufwerke. Meiner Erfahrung nach sind die DOS-IOCtrl-Funktionen für den Disketten- und Plattenzugriff aus Gründen der Geschwindigkeit nur bedingt interessant. Sie haben jedoch den Vorteil, daß das *logische Laufwerk* bei ihnen mit den *versteckten* Sektoren beginnt, d.h. mit den Partitionsdaten.

Interrupt 21h, Funktion 44h: 'IOCtrl Request: Read/Write on Logical Device'

IN:

AX:	440Dh
CX:	0861h (Read) bzw. CX = 0841h (Write)
BL:	Drive (Default = 0, A = 1, B = 2, etc.)
DS:DX:	Zeiger auf Parameterblock (Aufbau siehe unten)

OUT:

Carryflag gesetzt = Fehler, sonst OK

Aufbau des Eingabe-Parameterblocks:

Offset	**Bedeutung**
0	Reserviert (Auf Null setzen !)
1	Kopf (Zählung beginnt bei null)
3	Zylinder (Zählung beginnt bei null)
5	Erster Sektor (Zählung beginnt bei null)
7	Zahl der zu lesenden Sektoren
9	FAR - Zeiger auf Transferpuffer

Anm.: Diese Funktionen werden in der UNIT DISK_OBJ benutzt. Das Laufwerk beginnt im Gegensatz zu den Interrupts 25h/26h mit dem Bootsektor (d.h. mit den versteckten Sektoren !)

Interrupt 25h: 'Absolute Disk Read'

IN:

AL:	Drive (A = 0, B = 1, etc.)
CX:	Anzahl der Sektoren
DX:	Erster logischer Sektor (Bootrecord = 0)
DS:BX:	Zeiger auf Transferpuffer

OUT: Carryflag = 1 : Fehlercode in AL, sonst OK

Bei Festplatten > 32MB gilt stattdessen ab DOS 4.0 folgender Aufruf:

IN:

AL:	Drive
CX:	-1 (Große Platte)
DS:BX:	Zeiger auf Parametertabelle mit folgendem Aufbau:

Offset	**Inhalt**
0	DWord mit erster Sektornummer
4	Anzahl der zu lesenden Sektoren
6	Far-Zeiger auf Transferpuffer

Anm.: Die Funktion schließt mit einem RETF ab und nicht mit IRET (!), d.h., daß die Flags auf dem Stack verbleiben. Sie müssen daher noch mit einem POP-Befehl entfernt werden. In der UNIT DISK_OBJ wird diese Tatsache so ausgenutzt, daß der Realmode-Handler nicht als Interrupt, sondern als Far-Routine aufgerufen wird. In diesem Fall entfällt der POP-Befehl.

Interrupt 26h: 'Absolute Disk Write'

(Siehe Interrupt 25h)

Trotz der oben genannten Einwände jetzt noch die BIOS-Interrupt-Funktionen des Interrupt 13h. Es sei aber nochmals betont, daß diese Funktionen nur bei Disketten und der jeweils ersten Partition einer Festplatte ohne weiteres das gewünschte Ergebnis liefern:

Interrupt 13h, Funktion 02h/03h: 'Read/Write Disk Sector'

IN:

AH:	02h (Read) bzw. 03h (Write)
DL:	BIOS-Drive (1. Diskette = 0, 2.Diskette = 1, 1.Festplatte = 80h, 2.Festplatte = 81h)
DH:	Kopf
CX:	Sektor und Spur
AL:	Zahl der Sektoren
ES:BX:	Zeiger auf Transferpuffer

OUT: Carryflag = 1: AH = Fehlercode, sonst OK

Anm.: Es können mit einem Aufruf nur mehrere Sektoren *innerhalb derselben* Spur gelesen oder geschrieben werden! Der Wert in CX entspricht der BIOS-Konvention, die im Abschnitt über die Partitionsdaten beschrieben wurde. Es ist zu beachten, daß die Numerierung der Sektoren bei Eins, die von Spur und Kopf jedoch bei Null beginnt!

Neben diesen Aufrufen existieren noch die Funktionen 0Ah/0Bh des Interrupts 13h (Read Long/Write Long), mit denen auch über die Grenzen einer Spur hinaus bis zu 79 Sektoren gelesen/geschrieben werden können. Sie haben die gleichen Aufrufschnittstelle (d.h. mit AH = 0Ah/0Bh). Man beachte aber, daß diese Funktionen die Sektormarkierungen mitlesen/mitschreiben, so daß der Transferpuffer entsprechend länger ausgelegt werden muß! Diese Tatsache läßt es nicht ratsam erscheinen, diese Funktionen zu nutzen. Sie sind nur für Testzwecke gedacht.

9.2.3 Die BIOS-Format-Funktionen

Die wesentlichen Funktionen des BIOS zum Formatieren von Disketten und Festplatten sind die Funktionen Fünf ('Format Track'), Funktion 17h ('Set Disk Typ for Format') und Funktion 18h ('Set Media Typ for Format'). Bei Festplatten ist allein Funktion Fünf erforderlich. Die BIOS-Funktionen ersetzen nicht das DOS-Programm *FORMAT*, da dieses neben der eigentlichen Formatierung des Datenträgers Bootrecord, FAT und Hauptverzeichnis einrichtet.

Interrupt 13h, Funktion 17h: 'Set Disk Type for Format'

IN:

AH:	17h	
AL:	01h:	360 KB-Diskette in 360 KB-Laufwerk
	02h:	360 KB-Diskette in 1,2 MB-Laufwerk
	03h:	1,2 MB-Diskette in 1,2 MB-Laufwerk
	04h:	720 KB-Diskette in 720 KB-Laufwerk
	oder	720 KB-Diskette in 1,44 MB-Laufwerk
	oder	1,44 MB-Diskette in 1,44 MB-Laufwerk
DL:	Laufwerksnummer (0 oder 1)	

OUT:

Carryflag gesetzt: AH = Fehlercode, sonst OK.

Anm.: Die Funktion wird beim PC/XT nicht unterstützt.

Interrupt 13h, Funktion 18h: 'Set Media Type for Format'

IN:

AH:	18h
CH/CL:	Zahl der Zylinder/Sektoren
DL:	Laufwerk

OUT:

Carryflag gesetzt: AH = Fehlercode, sonst OK.

Anm.: Die Funktion wird beim PC/XT nicht unterstützt.

Interrupt 13h, Funktion 5: 'Format Track'

IN:

AH:	05h
AL:	Interleave-Faktor (nur PC/XT)
DL:	Laufwerk
CH/CL:	Zylinder (Keine Sektornummer !)
DH:	Kopf
ES:BX:	Zeiger auf Formattabelle

OUT:

Carryflag gesetzt: AH = Fehlercode, sonst OK.

Anm.: In CX wird nur die Zylindernummer übergeben, da immer eine komplette Spur formatiert wird. Die Tabelle, deren Adresse in ES:BX übergeben wird, muß bei Disketten für jeden Sektor 4 Byte enthalten:

Byte	Inhalt
0	Spurnummer
1	Kopfnummer
2	Sektornummer
3	0: 128 Bytes/Sektor
	1: 256 Bytes/Sektor
	2: 512 Bytes/Sektor
	3: 1024 Bytes/Sektor

Bei Festplatten enthält die Tabelle für jeden Sektor zwei Byte, wobei das erste Byte mit den Werten 00H/80H einen guten/defekten Sektor markiert und das zweite Byte die Sektornummer enthält.

Der *Interleave*-Faktor legt fest, wieviele physikalische Sektoren zwischen zwei logisch aufeinanderfolgenden Sektoren liegen. So wurden beim XT die Festplatten-Sektoren einer Spur bei Interleave-Faktor Zwei z.B. folgendermaßen formatiert:

```
Sektor  0  1  2  3  4  5  6  7  8  9 10 11 12 13 14 15 16
Nummer  0  9  1  10 2  11 3  12 4  13 5 14  6 16  7 17  8
```

Der Vorteil dieser Art von Numerierung liegt darin, daß der Controller beim Lesen einer Spur zwischen zwei Sektoren mehr Zeit hat, um die Daten in den Arbeitsspeicher zu transferieren.

Weitere Funktionen zum Formatieren sind Funktion 06h und 07h (PC/XT, nur Festplatten) und Funktion 1Ah (nur ESDI-Laufwerke beim PS/2). Sie werden hier nicht vorgestellt.

9.2.4 Weitere DOS-/BIOS-Funktionen

Interrupt 21h, Funktion 0Eh: 'Select Default Disk'

IN:

AH:	0Eh
DL:	Drive (A = 0, B = 1, etc.)

OUT: -

Anm.: Die Funktion ermöglicht es dem Programm, das aktuelle Laufwerk zu wechseln. Man beachte, daß dieser Wechsel durchaus nicht identisch ist mit einem Verzeichniswechsel!

Interrupt 21h, Funktion 0Dh: 'Reset Disk'

IN:

AH:	0Dh

OUT: -

Anm.: Sie sollten diese Funktion immer aufrufen, *bevor und nachdem* sie Daten im Verwaltungsbereich eines Laufwerk direkt geändert haben, da DOS sonst in seinen Diskettenpuffern ungültige Informationen hält.

Interrupt 13h, Funktion 0: 'Reset Drive'

IN:

AH:	0
DL:	Laufwerknummer (0, 1, 80h, 81h)

OUT: -

Anm.: Die Funktion reinitialisiert das Laufwerk und sollte nach dem Auftreten eines Fehlers aufgerufen werden.

Interrupt 13h, Funktion 4: 'Verify Sector'

IN:

AH:	04h
AL:	Anzahl der Sektoren
DL:	Laufwerksnummer (0, 1, 80h, 81h)
DH:	Kopfnummer
CH/CL:	Zylinder und Spur

OUT:

Carryflag gesetzt: AH = Fehlercode, sonst kein Fehler.

Anm.: In der Literatur wird ab und an behauptet, als Eingabeparameter benötige die Routine in ES.BX den Zeiger auf einen Datenpuffer. Dies trifft nicht zu, da die Daten nicht etwa gelesen und verglichen werden, sondern 'nur' ein Prüfsummencheck (CRC) durchgeführt wird.

Interrupt 13h, Funktion 09h: 'Init Drive Parameter Table'

IN:

AH:	09h

OUT:

Carryflag gesetzt: Fehlercode in AH, sonst alles OK.

Anm.: Der Aufruf existiert nur bei Festplatten und initialisiert die Festplattenparametertabellen, auf die die Interruptvektoren 41h und 46h zeigen, mit den Daten aus dem CMOS-RAM. Zu diesen Tabellen siehe Kapitel 9.4.

Interrupt 13h, Funktion 0Ch: 'Seek'

IN:

AH:	0Ch
DL:	Laufwerk
DH:	Kopf
CX:	Zylinder

OUT:

Carryflag gesetzt: Fehlernummer in AH, sonst OK.

Anm.: Die Funktion positioniert den Schreib-/Lesekopf über der angegebenen Spur.

Interrupt 13h, Funktion 11h: 'Recalibrate Drive'

IN:

AH: 11h

DL: Laufwerk (0, 1, 80h, 81h)

OUT:

Carryflag gesetzt: Fehlercode in AH, sonst OK.

Interrupt 13h, Funktion 19h: 'Park Hard Disk Heads'

IN:

AH: 19h

DL: Drive

OUT: Carryflag = 1: Fehlercode in AH, sonst OK

Anm.: Die Funktion bringt die Schreib-/Leseköpfe eines Laufwerks in Parkposition. Diese Funktion sollte bei älteren Festplatten vor einem eventuellen Transport ausgeführt werden, um die Festplatte vor Schäden bei Erschütterungen zu bewahren. Neuere Festplattencontroller bringen die Köpfe automatisch beim Abschalten des Computers in Parkposition.

9.3 Die UNIT DISK_OBJ

Die Unit DISK_OBJ definiert das Schnittstellenobject tDRIVE, über das leicht direkt auf Disketten und Festplatten zugegriffen werden kann. Die UNIT ist sowohl für Realmode als auch für Protected-Mode-Programme nutzbar.

Der Unterschied besteht im wesentlichen darin, daß bei einer Nutzung aus einem Protected-Mode-Programm heraus DOS-Speicherbereich zur Verfügung gestellt werden muß, bevor über das DPMI die *Realmodehandler* aufgerufen werden können. Mehr zur Funktionsweise des DPMI steht im Kapitel 12. Den DPMI-Funktionen wird hierbei ein Zeiger auf einen Record vom Typ 'tCallStruct' übergeben. Dieser Record wird in der UNIT _DPMI deklariert. Wer ein wenig in der RUN-TIME-LIBRARY von Borland Pascal geschmökert hat, dem wird aufgefallen sein, daß eine äquivalente Datenstruktur bereits in der UNIT SYSTEM deklariert ist. Wer mag, kann den tCallStruct also auch als 'absolute RealModeRegs' deklarieren und 50 Byte im Datensegment einsparen. (Ob dies zu irgendwelchen Komplikationen führen kann, ist mir nicht bekannt.)

Die von der UNIT DISC_OBJ benutzten Datenstrukturen sind separat in der UNIT DISC_REC deklariert. Es handelt sich hierbei im wesentlichen um die oben beschriebenen Records für den Bootrecord, die Partitionsdaten, Directoryeinträge u.s.w.

```
{*******************************************************}
{ Copyright (c) Christian Baumgarten, Hamburg 1993      }
{*******************************************************}
UNIT DISK_OBJ;
INTERFACE
{$IFDEF MSDOS}
 USES OBJECTS,DOS,DISK_REC;
{$ELSE}
 USES OBJECTS,DOS,DISK_REC,WINAPI;
{$ENDIF}

Const
{--- Drive-Flag-Konstanten: -----------------------}

     df_Bootable   = $0001;
     df_Primary    = $0002;
     df_fat12      = $0004;
     df_BigPart    = $0008;
     df_Changeable = $0010;
     df_NotAvail   = $1000;

{--- Drive-Status-Konstanten: ---------------------}

     ds_OK       = 0;
     ds_Error    = 1;
     ds_NotAvail = 2;
     ds_NotReady = 3;

Type
      tDoubleRec = Record
       Case Byte Of
       0:(Selector,Segment:word;);
       1:(L:Longint;);
      end;

     pDrive = ^tDrive;
     tDrive = object(tObject)
      Flags    :Word;
      State    :Integer;
       ByteSec  :Word;
       SecClust :Word;
```

```
       {**** Ab hier direkte Daten des "Bootrecords" aus Sektor 0
****}
       ResSec   :Word;
       FATs     :Byte;
       RootNo   :Word;
       SecNo    :Word;     { = 0, wenn Festplatte > 33 MB }
       MediaType:Byte;
       SecFat   :Word;
       SecTrack :Word;
       Heads    :Word;
       HidSek   :longint; { = word bis DOS 3.3 }
      {------ Exestiert nur ,falls SekNo=0 und DosVersion>=4.0 ---}
       TotalSek :longint;
       BiosDrive:byte;     { Diskette : 0/1, Festplatte : $80/$81 }
       fill_    :byte;
       extsign  :byte;     { 29h: Extended Boot Record      }
       Serial   :longint; { Seriennummer des Datenträgers }
       VolLabel :DosName;
       FATSTR   :DosPreName;
      {-------------------------------------------------------}
      {**** Ab hier selbstinitialisierte Daten ****}
        SecCyl    :Word;
        ClustNo   :Word;
        FreeClust:Word;
        FatStart  :Array[1..4] of word;
        Rootstart:Word;
        Datastart:Word;
        Size      :Longint;
        FreeSize  :Longint;
        Drive     :Char;
        ByteClust:word;
        D_E_F,E_O_F:word;
      Constructor Init(aDrive:Char);
        Procedure Reset; Virtual;
        Procedure ReadSector(Start:Longint;Count:Word;var Buff);
        Procedure WriteSector(Start:Longint;Count:Word;var Buff);
        Procedure ReadCluster(Start,Count:Word;Var Buff);
        Procedure WriteCluster(Start,Count:Word;Var Buff);
        Procedure ReadAbsSector(Start:Longint;Count:Word;Var Buff);
        Procedure WriteAbsSector(Start:Longint;Count:Word;Var Buff);
       Destructor Done; Virtual;
      Private
        Procedure DosInt_IO(Mode:Word;Start:Longint;Count:Word;Var
          Buff);
        Procedure DosIOCtrl_IO(Mode:Word;Start:Longint;Count:Word;Var
           Buff);
{$IFNDEF MSDOS}
      Private
```

```
        DosBuffer : tDoubleRec;
        InProcAddr,OutProcAddr:Pointer;
{$ENDIF}
      end;

IMPLEMENTATION

{$IFNDEF MSDOS}
USES _DPMI;

Var  TRegs:TCallStructure;
{$ENDIF}

Const dm_Read  = $0001;
      dm_Write = $0002;

 Constructor tDrive.Init(aDrive:Char);
  begin
   aDrive:=UpCase(aDrive);
   FillChar(Flags,SizeOf(tDrive) - 2,0);
   Drive:=aDrive;
   asm
    mov  ax,$4408
{ DOS INT 21H, Funktion 4408h: "Is Drive Changeable" }
    mov  bl,aDrive
{ BL = Drive; 0 = Default, 1 = 'A' etc.               }
    sub  bl,64
    push ds
    int  21H
    pop  ds
    jnc  @@10
{ Carryflag gesetzt: Fehler ! (AX = 15 entspr. LW n.vh.) }
    cmp  ax,15
    je   @@22         { Laufwerk exestiert nicht ! }
(*  cmp  ax,1
    je   @@3          { Abfrage wird nicht unterstützt }
*)
@@10:cmp  ax,1        { AX = 1 bedeutet, daß das Laufwerk fest ist }
    je   @@3
    les  di,self
    or   es:[di].flags,df_changeable
@@3:mov  ah,36h
{ DOS INT 21H, Funktion 36H: "Get Free Disk Space" }
    mov  dl,adrive    { DL = Drive; 0 = Default, 1 = 'A' etc. }
    sub  dl,64
    push ds
    int  21h
    pop  ds
```

```
    cmp  ax,$FFFF
{ Falls Fehler auftrat, enthält AX den Wert $FFFF  }
    je   @@1
    les  di,self
    mov  es:[di].SecClust,AX
    mov  es:[di].FreeClust,BX
    mov  es:[di].ByteSec,CX
    mov  es:[di].ClustNo,DX
    mov  si,dx  { DX vor der Multiplikation sichern                      }
    mul  CX     { AX * CX = Sekt./Cluster * Byte/Sektor=Byte/Cluster}
    mov  dx,si  { DX restaurieren                                        }
    mov  es:[di].ByteClust,AX
    mov  si,ax  { AX vor Multiplikation sichern                          }
    mul  dx     { AX * DX=Byte/Cluster * Anz.d.Cluster=Bytes/Laufw.  }
    mov  es:[di].Size.Word[0],AX
    mov  es:[di].Size.Word[2],DX
    mov  ax,si  { AX restaurieren                                        }
    mul  bx     { AX * BX=Byte/Cluster * Freie Cluster=Freier Platz }
    mov  es:[di].FreeSize.Word[0],AX
    mov  es:[di].FreeSize.Word[2],DX
    mov  ax,ds_OK
    jmp  @@2
@@1:mov  ax,ds_notready
    jmp  @@2
@@22:mov  ax,ds_notavail
@@2:les  di,self
    mov  es:[di].state,ax
   end;
   if state<>ds_OK then exit;
{$IFNDEF MSDOS}
   DosBuffer.L:=GlobalDosAlloc(SizeOf(tIoCtrlParams)+ByteClust);
   GetRealMIntVec($25,InProcAddr);     { Adresse Int 25h erfahren }
   GetRealMIntVec($26,OutProcAddr);    { Adresse Int 26h erfahren }
{$ENDIF}
   Reset;
  end;

 Procedure tDrive.Reset;
  var DRV,i:Byte;
      P:pSectorBuff;
  begin
   DRV:=Ord(Drive)-64;
   asm
    mov   ah,1CH   { INT 21H, Funktion 1CH: "Get Drive Data" }
    mov   dl,DRV   { DL = Drive; 0 = Default, 1 = 'A' etc.   }
    push  ds
    int   21h
    mov   bl,[bx]
```

```
{ Rückgabewert in DS:BX enthält Zeiger auf Media Deskriptor }
{ Weitere Rückgabewerte werden ignoriert, da schon bekannt. }
    pop  ds
    les  di,self
    cmp  al,$FF  { AL = $FF bedeutet, daß ein Fehler auftrat }
    je   @@2     { Laufwerk exestiert nicht/nicht bereit !   }
    mov  es:[di].MediaType,bl
    mov  ax,ds_OK
    jmp  @@3
@@2:mov  ax,ds_NotReady
@@3:mov  es:[di].state,AX
   end;
   if State = ds_OK then
   begin
    asm
     les  di,self
{ Gesamtzahl der Sektoren > $FFF0 ? => Große Partition }
     mov  ax,es:[di].ClustNo
     mul  es:[di].SecClust
     or   dx,dx
     jnz  @@Big
     cmp  ax,$FFF0
     jb   @@Small
@@Big:or  es:[di].flags,df_BigPart
@@Small:
    end;
{$IFDEF MSDOS}
    GetMem(P,sizeof(tDos_IOParams)+ByteSec);
{$ELSE}
    P:=Ptr(DosBuffer.Selector,0); { DOS-Speicherplatz reservieren   }
{$ENDIF}
    ReadSector(0,1,P^.Data);      { BootRecord im 0.ten Sektor lesen }
    Move(P^.BootRec.ResSek,Self.ResSec,22 + 26);
    if (Lo(DosVersion)< 4) OR (ExtSign<>$29) then
    begin
     HidSek:=HidSek and $FFFF;
     TotalSek:=SecNo;
     Fillchar(BiosDrive,26,0);
    end;
      {  Berechnungen zur Platten-/Diskettenstruktur durchführen: }
    FatStart[1] := ResSec;
    For i:=2 to FATs do FatStart[i]:=FatStart[i-1] + SecFat;
    Rootstart:= FatStart[1] + FATs * SecFat;
    Datastart:= RootStart   + (RootNo * 32) div ByteSec;
 { FAT - Signaturen für defekte Cluster bzw. letzten Dateicluster: }
    if clustNo>=$FF0 then
    begin
     D_E_F:=$FFF0;          { 16-Bit-FAT }
```

```
    E_O_F:=$FFF8;
   end else
   begin
    D_E_F:=$FF0;          { 12-Bit-FAT }
    E_O_F:=$FF8;
    Flags:=Flags or df_FAT12;
   end;
   SecCyl:=SecTrack * Heads;
   if SecNo <> 0 then TotalSek:=SecNo;
{$IFDEF MSDOS}
   FreeMem(P,sizeof(tIoCtrlParams)+ByteSec);
{$ENDIF}
  end;
 end;

{$IFDEF MSDOS}
 Procedure tDrive.DosInt_IO(Mode:Word;Start:Longint;Count:Word;Var
            Buff);
  var Params:tDos_IOParams;
  begin
   if Flags and df_BigPart = 0 then
   asm            { Kleine Partition:                          }
     mov  cx,4    { Max. Anzahl der Wiederholungen im Fehlerfall }
@@1: push cx
     push ds      { DS sichern ! }
     xor  ah,ah
     les  di,self
     mov  al,es:[di].Drive
     sub  al,65                { AL = Drive                    }
     mov  cx,count             { CX = Anz. der Sektoren        }
     mov  dx,start.word[0]     { DX = StartSektor              }
     lds  bx,buff              { DS:BX = Zeiger auf Datenpuffer }
     cmp  mode,dm_Write
     je   @@10                 { Schreiben oder Lesen ?        }
     int  25h
     jmp  @@11
@@10:int  26h
@@11:pop  bx       { Flags vom Stack holen (!)                 }
     pop  ds       { DS restaurieren                           }
     pop  cx       { Wiederholungszähler laden                 }
     jnc  @@OK     { Kein Carryflag: Alles OK                  }
     loop @@1      { Fehler: Falls CX>0 Versuch wiederholen    }
     xor  ah,ah    { AL = Fehlercode, AH löschen               }
     jmp  @@2
@@OK:mov  ax,ds_OK
@@2: les  di,self
     mov  es:[di].state,ax
   end else
```

```
      begin                              { Große Partition ( >32MB ) : }
       Params.StartSec:=Start;
       Params.Count:=Count;
       Params.Dta_Addr:=@Buff;
       asm
        mov  cx,4
@@1:    push cx
        push ds       { Datensegment auf dem Stack sichern           }
        xor  ah,ah
        les  di,self
        mov  al,es:[di].Drive    { AL = Drive                        }
        sub  al,65
        mov  cx,-1    { CX = -1 : Zugriff auf erweiterte Partition }
        push ss
        pop  ds
        lea  bx,Params { DS:BX = Zeiger auf tDOS_IOParams-Record  }
        cmp  Mode,dm_Write  { Lesen oder Schreiben ?               }
        je   @@10
        int  25h
        jmp  @@11
@@10:int  26h
@@11:pop  bx       { Flags vom Stack holen (!)                   }
        pop  ds       { DS restaurieren                             }
        pop  cx       { Zählerwert restaurieren                     }
        jnc  @@2      { Carryflag gesetzt: Fehler und evtl. Wdhlg. }
        loop @@1
        xor  ah,ah
        jmp  @@3
@@2:    xor  ax,ax
@@3:    les  di,self
        mov  es:[di].state,ax
       end;
      end;
     end;

{$ELSE}

  Procedure tDrive.DosInt_IO(Mode:Word;Start:Longint;Count:Word;Var
              Buff);
   Var P:pSectorBuff;
       BuffPtr:Pointer;
       ACount:word;

    Procedure IO_Sectors;
     var Regs:tCallStructure;
         I:Byte;
     begin
       I:=0;
```

```
      repeat
       Regs:=TRegs;
       CallRealMProc(Regs);
       INC(I);
      until (Regs._Flags and 1=0) or (I=4);
      TRegs:=Regs;
    end;

  begin
   P:=Ptr(DosBuffer.Selector,0);
   BuffPtr:=@Buff;
   Repeat
     if Count>SecClust then aCount:=SecClust else aCount:=Count;
     PrepareTCallStruct(TRegs);
     With TRegs do
     begin
      { CALL - Adresse in den TCALLSTRUCT eintragen: }
      if Mode = dm_Write then
      begin
       _CS := PtrRec(OutProcAddr).Seg;
       _IP := PtrRec(OutProcAddr).Ofs;
      end else
      begin
       _CS := PtrRec(InProcAddr).Seg;
       _IP := PtrRec(InProcAddr).Ofs;
      end;           { AL = Drive eintragen                        }
      _EAX:= Ord(Drive) - 65;
                    { DS:BX = Zeiger auf Puffer (EBX wird von der  }
                    { Prozedur PrepareTCallStruct auf Null gesetzt)}
      _DS := DosBuffer.Segment;
      if Flags and df_BigPart = 0 then
      begin          { Kleine Partition ( < 32 MB ):                }
       _ECX:=aCount;
       _EDX:=Start;
       _EBX:=SizeOf(tDos_IOParams);
      end else
      begin          { Große Partition ( > 32 MB )                 }
       _ECX := - 1;
       tDOS_IOParams(P^.Params).Count    :=aCount;
       tDOS_IOParams(P^.Params).StartSec:=Start;
       tDOS_IOParams(P^.Params).DTA_Addr:=
                Ptr(DosBuffer.Segment,SizeOf(TDOS_IOParams));
      end;
      if Mode=dm_Write then Move(BuffPtr^,P^.Data,ByteSec * aCount);
      IO_Sectors;
      IF TRegs._Flags and 1=0 then
      begin
        State:=ds_OK;
```

```
        if Mode = dm_Read then
                      Move(P^.Data,BuffPtr^,ByteSec * aCount);
      end else
      begin
       State:=TRegs._EAX and $FF;
       exit;
      end;
      asm
        les di,self
        mov ax,aCount
        sub Count,ax
        mul es:[di].ByteSec
        add BuffPtr.word[0],ax
        adc dx,0
        mov ax,dx
        mul selectorinc
        add BuffPtr.word[2],ax
      end;
     end;
    until (Count<=0);
  end;

{$ENDIF}

 Procedure tDrive.ReadSector(Start:Longint;Count:Word;var Buff);
  begin
   DosInt_IO(dm_read,Start,Count,Buff);
  end;

 Procedure tDrive.WriteSector(Start:Longint;Count:Word;var Buff);
  begin
   DosInt_IO(dm_write,Start,Count,Buff);
  end;

 Procedure tDrive.ReadCluster(Start,Count:Word;Var Buff);
  begin
   DosInt_IO(dm_read,DataStart + (Start - 2) * SecClust,SecClust *
     Count,Buff);
  end;

 Procedure tDrive.WriteCluster(Start,Count:Word;Var Buff);
  begin
   DosInt_IO(dm_write,DataStart + (Start - 2) * SecClust,SecClust *
     Count,Buff);
  end;

{$IFDEF MSDOS}
```

```
Procedure tDrive.DosIOCtrl_IO(Mode:Word;Start:Longint;Count:Word;Var
        Buff); assembler;
 Var Params:tIOCtrlParams;
 asm
    push ds
    push ss
    pop  ds
    lea  bx,Params
    les  di,self
    mov  ax,Start.Word[0]
    mov  dx,Start.word[2]
    div  es:[di].SecCyl
    mov  [bx].tIOCtrlParams.head,ax
    mov  ax,dx
    xor  dx,dx
    div  es:[di].SecTrack
    mov  [bx].tIOCtrlParams.cyl,ax
    mov  [bx].tIOCtrlParams.StartSec,dx
    mov  ax,count
    mov  [bx].tIOCtrlParams.Sectors,ax
    xor  ax,ax
    mov  [bx].tIOCtrlParams.BitField,al
    mov  ax,buff.word[0]
    mov  dx,buff.word[2]
    mov  [bx].tIOCtrlParams.dta_addr.word[0],ax
    mov  [bx].tIOCtrlParams.dta_addr.word[2],dx
    mov  cx,4
@@1: push cx
    les  di,self
    mov  ax,$440D
    mov  bl,es:[di].Drive
    sub  bl,64
    mov  ch,8
    cmp  mode,dm_write
    je   @@10
    mov  cl,$61
    jmp  @@11
@@10:mov  cl,$41
@@11:push ds
    lea  dx,params
    Int  21h
    pop  ds
    pop  cx
    jnc  @@2
    loop @@1
    mov  ax,$00FF
    jmp  @@3
@@2: xor  ax,ax
```

```
@@3: les  di,self
     mov  es:[di].state,ax
     pop  ds
  end;

{$ELSE}

 Procedure tDrive.DosIOCtrl_IO(Mode:Word;Start:Longint;Count:Word;Var
        Buff);
  Var P : PSectorBuff;
      BuffPtr:Pointer;
      ACount:Word;

   Procedure IO_Sectors;
    var Regs:tCallStructure;
        I:Byte;
    begin
      I:=0;
      repeat
       Regs:=TRegs;
       CallRealMIntr($21,Regs);
       INC(I);
      until (Regs._Flags and 1=0) or (I=4);
      TRegs:=Regs;
    end;

  begin
   P:=Ptr(DosBuffer.Selector,0);
   BuffPtr:=@Buff;
   Repeat
    if Count>SecClust then aCount:=SecClust else aCount:=Count;
    asm
     push ds
     lds  bx,P
     les  di,self
     mov  ax,Start.Word[0]
     mov  dx,Start.word[2]
     div  es:[di].SecCyl
     mov  [bx].tIOCtrlParams.head,ax
     mov  ax,dx
     xor  dx,dx
     div  es:[di].SecTrack
     mov  [bx].tIOCtrlParams.cyl,ax
     mov  [bx].tIOCtrlParams.StartSec,dx
     mov  ax,count
     mov  [bx].tIOCtrlParams.Sectors,ax
     xor  ax,ax
     mov  [bx].tIOCtrlParams.BitField,al
```

```
    pop  ds
   end;
   PrepareTCallStruct(TRegs);
   with TRegs do
   begin
    _EAX:=$440D;
    _EBX:=Ord(Drive)-64;
    if Mode = dm_write then _ECX:=$0841 else _ECX:=$0861;
    _DS:=DosBuffer.Segment;
    { _EDX:=0; implizit }
   end;
   P^.Params.DTA_Addr:=Ptr(DosBuffer.Segment,SizeOf(tIOCtrlParams));
   if Mode = dm_Write then Move(BuffPtr^,P^.Data,aCount * ByteSec);
   IO_Sectors;
   IF TRegs._Flags and 1 = 0 then
   begin
     State:=ds_OK;
     if Mode = dm_Read then Move(P^.Data,BuffPtr^,aCount * ByteSec);
   end else
   begin
     State:=TRegs._EAX and $FF;
     exit;
   end;
   asm
      les di,self
      mov ax,aCount
      sub Count,ax
      mul es:[di].ByteSec
      add BuffPtr.word[0],ax
      adc dx,0
      mov ax,dx
      mul selectorinc
      add BuffPtr.word[2],ax
   end;
  until (Count=0);
 end;

{$ENDIF}

 Procedure tDrive.ReadAbsSector(Start:Longint;Count:Word;Var Buff);
  begin
   DosIoCtrl_IO(dm_read,Start,Count,Buff);
  end;

 Procedure tDrive.WriteAbsSector(Start:Longint;Count:Word;Var Buff);
  begin
   DosIoCtrl_IO(dm_write,Start,Count,Buff);
  end;
```

```
Destructor tDrive.Done;
  begin
{$IFNDEF MSDOS}
    if DosBuffer.L<>0 then GlobalDosFree(DosBuffer.Selector);
{$ENDIF}
  end;

end.
```

9.4 Weitere Systeminformationen zu den Laufwerken

Es gibt neben den oben aufgeführten Interrupts noch andere Möglichkeiten, an Informationen über die Laufwerke und ihre Parameter zu gelangen. Da sind z.B. die Informationen im CMOS-Uhrenbaustein, die in Kapitel Drei dargestellt wurden. Weiterhin verfügt sowohl das BIOS als auch DOS über interne Tabellen, in denen Informationen über die Laufwerke bereitgehalten werden.

So zeigen z.B. die Interruptvektoren 41h und 46h auf jeweils eine Festplatten-Parametertabelle (Tabelle 9.4)

Tabelle 9.4: Aufbau einer Festplattenparametertabelle

Offset	Länge	Inhalt
0	2	max. Zahl der Zylinder
2	1	max. Zahl der Köpfe
3	2	?
5	2	Startzylinder zum Schreiben
7	1	max. Datenlänge für ECC (Error Correction Code)
8	1	Controlflags
9	1	Timeout (0)
Ah	1	Format-Timeout
Bh	1	Check-Timeout
Ch	2	Landezone
Eh	1	Sektoren / Spur
0F	1	?

Der Interruptvektor 1Eh zeigt auf eine Tabelle mit Informationen über das aktuelle Diskettenlaufwerk. Eine Standardbelegung dieser

Tabelle steht im ROM-BIOS an der Adresse F000h:EFC7h. MS-DOS ändert jedoch den Tabelleninhalt. Tabelle 9.5 zeigt den Aufbau.

Tabelle 9.5: Aufbau der Diskettenparametertabelle

Offset	Bedeutung
0	Kopfentladezeit (Bit 0..3) und Schrittmotorrate (Bit 4..7)
1	Kopfladezeit (1..7), DMA-Modus (Bit 0)
2	Motor-Nachlaufzeit
3	Bytes / Sektor in 256-Byte-Blöcken
4	Letzter Sektor einer Spur
5	Länge der Lücke ID - Daten
6	Daten Transfer Länge
7	Länge der Formatlücke
8	Füllbyte für Formatierung
9	Kopf-Beruhigungszeit in ms
Ah	Motoranlaufzeit in 1/8 sec

Tabelle 9.6: Disk-Parameter-Block (erster Teil)

Offset	Länge	Inhalt
0	1	Laufwerks-Nummer (A=0)
1	1	Treiber-Nummer
2	2	Bytes / Sektor
4	1	Sektoren / Cluster -1
5	1	Cluster to Sector Shift
6	2	Zahl der reservierten Sektoren
8	1	Zahl der FATs
9	2	Zahl der Einträge in der Rootdirectory
0Bh	2	Sektornummer des ersten Datenclusters
0Dh	2	Anzahl der Cluster + 1

Des weiteren hält DOS intern eine verkettete Liste von Laufwerks-Parametertabellen, den Disk-Parameter-Blocks (DPB). Die Anfangsadresse des ersten DPB steht im DCB (Dos-Control-Block) ab Offset Null. Der Aufbau dieser Tabellen ist bei verschiedenen DOS-Versionen jedoch leicht verschieden, so daß man sich besser der 'offiziellen' Wege bedient, um an Informationen über die Laufwerke zu kommen. Die Tabellen 9.6, 9.7 und 9.8 zeigen den Aufbau eines Disk-Parameter-Blocks.

Tabelle 9.7: Diskparametetblock (zweiter Teil) der Dos-Versionen 2.X bis 3.X

Offset	Länge	Inhalt
0Fh	1	Sektoren / FAT
10h	2	Startsektor der Root-Directory
12h	4	Zeiger auf den Treiberkopf
16h	1	Media-Deskriptor-Byte
17h	1	Zugriffsflag; 0 = Daten gültig, FFh = Daten ungültig
18h	4	Zeiger auf den nächsten DPB

Tabelle 9.8: Diskparameterblock (zweiter Teil) ab Dos-Version 4.0

Offset	Länge	Inhalt
0Fh	2	Sektoren / FAT
11h	2	Startsektor der Root-Directory
13h	4	Zeiger auf den Kopf des Treibers
17h	1	Media-Deskriptor-Byte
18h	1	Zugriffsflag
19h	4	Zeiger auf den nächsten DPB

Der letzte DPB enthält ab Offset 18h/19h den Eintrag FFFFh:FFFFh.

Das Programm DPB_DEMO.PAS liest die aktuelle Belegung der Tabellen aus und zeigt sie auf dem Bildschirm an.

10 Dateien und ihr Management

Turbo Pascal bietet seit jeher verschiedene Möglichkeiten, auf Dateien zuzugreifen. Man kann auf Dateien, die als 'Text' deklariert wurden, z.B. zeilenweise zugreifen, auf Dateien, die als 'File of XYType' deklariert wurden, datensatzweise und auf untypisierte Dateien byte- oder blockweise. Seitdem es Objekte (und somit Streams) gibt, kann man auf Dateien auch 'objektweise' zugreifen. Wie dies alles anzuwenden ist, kann man dem Handbuch entnehmen oder einer der zahlreichen Einführungen in Turbo Pascal, die käuflich erwerbbar sind. Dieses Kapitel wird sich vor allem damit beschäftigen, welche Funktionen das Betriebssystem MS-DOS für den Zugriff auf Dateien bereithält und wie diese unter Turbo-Pascal bzw. vom Turbo-Pascal-Programmierer sinnvoll eingesetzt werden können.

Die meisten Betriebssystemfunktionen, die über den Pfad- und Dateinamen aufgerufen werden, erwarten diesen Namen nicht in Form eines Turbo-Pascal-Strings, sondern als PCHAR, d.h. als nullterminierten ASCII-String, der oft auch ASCIIZ-String genannt wird.

Die DOS-Funktionen zur Manipulation von Dateien lassen sich grob in zwei Blöcke einteilen, die (älteren) FCB (File Control Block)-orientierten Funktionen und die Handle-orientierten Funktionen. In der neueren Literatur wird stets davon abgeraten, sich noch der FCB-orientierten Funktionen zu bedienen. Im Prinzip möchte ich mich dem anschließen, jedoch mit einer Ausnahme: Die FCB-orientierte Funktion 'Get Directory Entry' kann dem Programmierer gute Dienste leisten, da sie als einzige DOS-Funktion den kompletten Directoryeintrag (vgl. Kapitel 9) einer Datei zurückliefert, während es sonst keine dokumentierte Möglichkeit gibt, dies zu erreichen, es sei denn, über den direkten Zugriff auf den Datensektor, wie er im Kapitel 9, 'Disketten und Platten', beschrieben ist. Zugegebenermaßen ist das Einzige, was das zusätzlich einbringt, die Information darüber, welches der erste Datencluster einer Datei ist; wenn man diese Information jedoch benötigt, so ist der Umweg über das direkte Lesen des Directory-Eintrags von der Platte deutlich umständlicher zu programmieren.

10.1 Die Datei-Funktionen des Interrupt 21H

10.1.1 Die FCB-Funktionen

'FCB' steht für **F**ile-**C**ontrol-**B**lock (Dateisteuerblock). Der Zugriff auf Dateien über FCBs ist die ursprüngliche (und veraltete) Art der DOS-Dateiverwaltung. Die Aufrufe erwarten in AH die Funktionsnummer und in DS:DX einen Zeiger auf den FCB der Datei. In AL wird stets ein Statuswert zurückgegeben. Ein Statuswert von Null bedeutet, daß die Funktion fehlerfrei ausgeführt wurde, AL = FFh bedeutet, daß ein Fehler vorliegt.

Den Aufbau der FCBs für alle Funktionen außer 11h/12h gibt Tabelle 10.1 wieder.

Tabelle 10.1: Aufbau eines Dateisteuerblocks (FCB)

Offset	Länge	Inhalt
0	1	Laufwerksnummer (A=0, B=1,...)
1	8	Dateiname
9	3	Namenserweiterung
0Ch	2	Aktueller Block (1 Block = 128 Records)
0Eh	2	Recordgröße in Byte
10h	4	Dateigröße in Byte
14h	2	Datum des letzten Zugriffs
16h	2	Zeit des letzten Zugriffs
18h	3	Reserviert
1Bh	2	Startcluster der Datei (undokumentiert)
1Dh	2	Sektor des Verz., in dem die Datei eingetragen ist
1Fh	2	Eintragsnummer im Verzeichnis
21h	1	Aktueller Record
22h	4	Rel. Position des ersten Datensatzes der Datei

Alle Lese- und Schreibzugriffe benutzen als Puffer im Arbeitsspeicher die sogenannte *Disk-Transfer-Area* (DTA), die standardmäßig von DOS im PSP (vergl. Kapitel 13) eingerichtet wird und dort 128 Byte belegt. Der Prozeß kann jedoch über die DOS-Funktion 'Set Disk Transfer Area' diese Adresse verlegen. Es lassen sich mit den FCB-Funktionen Dateien nur im aktuellen Pfad anlegen oder öffnen. Dateien, die die Attribute 'Sys' oder 'Hidden' besitzen, d.h. versteckt sind oder als Systemdatei definiert sind, lassen sich über einfache FCBs gar nicht bearbeiten; hierfür existieren die erweiterten FCBs, die weiter unten vorgestellt werden. Alle Dateien, die über FCBs eröffnet werden, erhalten von DOS automatisch das Archivattribut, können aber nur über den erweiterten FCB weitere Attribute erhalten.

Bestimmte Teile des FCB sind vor etwaigen Schreib- bzw. Lesezugriffen vom Anwenderprogramm zu initialisieren. So muß z.B. *nach* dem Öffnen der Datei das Feld mit der Satzlänge 'RecordSize' vom Prozess auf den gewünschten Wert gesetzt werden. Bei Satzlängen von mehr als 128 Byte muß der anwendende Prozess eine genügend große DTA einrichten und die Adresse dem Betriebssytem mitteilen.

Am Aufbau des FCB ist auch deutlich zu erkennen, warum man die FCB-orientierten Funktionen möglichst nicht mehr benutzen sollte: Der Eintrag, mit dem sich DOS merkt, welchen Sektor das Verzeichnis belegt, weist nur 16 Bit auf und ist somit für Directories, die in großen Partitionen weiter hinten liegen, nicht geeignet.

Aus all diesen Gründen, die den Umgang mit Dateien über FCBs erheblich erschweren, sollen lediglich zwei FCB-orientierte Funktionen detaillierter vorgestellt und unter Pascal implementiert werden.

Folgende FCB-Funktionen sind definiert:

- 0FH: 'Open File'
- 10H: 'Close File'
- 11H: 'Search For First Entry'
- 12H: 'Search For Next Entry'
- 13H: 'Delete File'
- 14H: 'Sequential Read from File'
- 15H: 'Sequential Write to File'
- 16H: 'Create File'
- 17H: 'Rename File'
- 21H: 'Random Read'
- 22H: 'Random Write'
- 23H: 'Get File Size'
- 24H: 'Set Relativ Record'
- 27H: 'Random Block Write'
- 28H: 'Random Block Read'

Das Programm FCBDEMO1.PAS zeigt, wie diese Funktionen benutzt werden können.

```
{*******************************************************************}
{      Copyright (C) Christian Baumgarten, Hamburg 1993.            }
{ Das Programm demonstriert den Umgang mit den FCB-Funktionen des   }
{ Intr. 21h:                                                        }
{ Eine Datei FCBDEMO.DAT wird im aktuellen Pfad erzeugt und mit     }
{ einem String beschrieben. Der jeweils aktuelle Zustand des FCBs   }
{ wird bei jedem Schritt dargestellt. Wer mag, kann an den          }
{ entsprechenden Stellen z.B. die Recordgröße variieren o.ä.        }
{*******************************************************************}

program fcbdemo1;
uses codes;
type
    pFileCtrl=^tFileCtrl;
    tFileCtrl=record { 32+1=33 Byte }
      LW:byte;
      Name:Array[1..11] of Char;
      Current:word;
      RecSize:Word;
      size:longint;
      date:word;
      time:word;
       Attribut: Byte;
       Fill:Word;
       StartClust:Word;
       DirSector:Word;
       DirEntry:Byte;
      CurRec:Byte;
      RelRec:Longint;
     end;

function AttributString(attr:byte):string;
var s:string[8];
 begin
  s:='';
  if (attr and 1)>0 then s:='R';
  if (attr and 2)>0 then s:='H'+s;
  if (attr and 4)>0 then s:='S'+s;
  if (attr and 8)>0 then s:='L'+s;
  if (attr and $10)>0 then s:='<DIR>'+s;
  if (attr and $20)>0 then s:='A'+s;
  while length(s)<8 do s:=s+' ';
  AttributString:=s;
 end;
```

```
function TimeString(Time:word):string;
var Hour,Min:word;
    m,s:string[5];
 begin
  Hour:=Time shr 11;
  Min:=(Time shr 5) and $3F;
  str(Hour,s);
  if length(s)<2 then s:=' '+s;
  str(Min,m);
  if length(m)<2 then m:='0'+m;
  s:=s+':'+m;
  TimeString:=s;
 end;

function DateString(Date:word):string;
var Day,Year,Month:word;
    s,m:string[8];
 begin
  Year:=Date shr 9+80;
  Month:=(Date shr 5) and $F;
  Day:=Date and $1F;
  str(Year,s);
  str(Month,m);
  if length(m)<2 then m:='0'+m;
  s:=m+'.'+s;
  str(Day,m);
  if length(m)<2 then m:='0'+m;
  s:=m+'.'+s;
  DateString:=s;
 end;

procedure SetDTA(where:pointer); assembler;
 asm
  push ds
  lds  dx,where
  mov  ah,$1A
  int  21h
  pop  ds
 end;

function  GetDTAptr:pointer; assembler;
 asm
  mov  ah,$2F
  push ds
  int  21h
  pop  ds
  mov  dx,es
  mov  ax,bx
 end;
```

```
function CreateFile(var FCB:tFileCtrl):byte; assembler;
 asm
  push ds
  mov  ah,$16
  lds  dx,fcb
  int  21H
  pop  ds
 end;

function Write2File(var FCB:tFileCtrl):byte; assembler;
 asm
  push ds
  mov  ah,$15
  lds  dx,fcb
  int  21H
  pop  ds
 end;

function ReadFile(var FCB:tFileCtrl):byte; assembler;
 asm
  push ds
  mov  ah,$14
  lds  dx,fcb
  int  21H
  pop  ds
 end;

function OpenFile(var FCB:tFileCtrl):byte; assembler;
 asm
  push ds
  mov  ah,$0F
  lds  dx,fcb
  int  21H
  pop  ds
 end;

Function RenameFile(var FCB:tFileCtrl):byte; assembler;
 asm
  push ds
  mov  ah,$17
  lds  dx,fcb
  int  21H
  pop  ds
 end;

Function CloseFile(var FCB:tFileCtrl):byte; assembler;
 asm
  push ds
```

```
  mov  ah,$10
  lds  dx,fcb
  int  21H
  pop  ds
 end;

procedure DisplayFCB(var FCB:tFileCtrl);
 begin
  writeln;
  writeln('Laufwerk: ',Char(FCB.lw+64));
  writeln('Name     : ',FCB.name);
  writeln('Current : ',FCB.current);
  writeln('RecSize : ',FCB.RecSize);
  writeln('Größe    : ',FCB.Size);
  writeln('Date     : ',DateString(FCB.Date));
  writeln('Time     : ',TimeString(FCB.Time));
  writeln('Attribut: ',hexbyte(fcb.attribut));
  writeln('Fill     : ',fcb.fill,' ',Hexword(fcb.fill));
  writeln('StartCluster: ',fcb.startclust);
  writeln('DirSektor: ',fcb.dirsector);
  writeln('DirEntry : ',fcb.direntry);
  writeln('Current Record: ',fcb.CurRec);
  writeln('Relativ Record: ',fcb.RelRec);
  readln;
 end;

var F1,F2:tFileCtrl;
const S:String=
'Dies ist ein String ist ein String ist ein String ist ein String'+
'ist ein String ist ein String ist ein String ist ein String ist'+
'ein String ist ein String ist ein String ist ein String';
begin
 { Disktransfer-Area auf den String setzen: }
 SetDTA(@S[1]);
 { FCB vorbereiten: }
 Fillchar(F1,sizeof(f1),0);
 F1.LW:=0;
 F1.Name:='FCBDEMO DAT';
 { Datei erzeugen:  }
 Writeln(CreateFile(F1));
 DisplayFCB(f1);
 { Einen Datensatz schreiben (=128 Byte): }
 Writeln(Write2File(F1));
 DisplayFCB(f1);
 { Datei schließen: }
 Writeln(CloseFile(F1));
 DisplayFCB(f1);
end.
```

Normalerweise wird man aber in neuen Programmen nicht auf die FCB-Funktionen zurückgreifen, um auf Dateien zuzugreifen.

Eine vollständig andere Art, FCBs zu nutzen, stellen die Funktionen 11h und 12h dar. Sogar der Aufbau der entsprechenden FCBs ist ein etwas anderer. Die UNIT FCBS implementiert diese Funktionen so, daß ihr Gebrauch im Prinzip die Funktionen *Findfirst/Findnext* der UNIT DOS ersetzen kann. Man sollte sie allerdings nur verwenden, wenn man darauf angewiesen ist, den Startcluster einer Datei ohne große Umstände in Erfahrung zu bringen.

Bei diesen Funktionen ist jedoch zu beachten, daß nur solche Dateien gesucht werden können, die sich im aktuellen Verzeichnis befinden. Notfalls muß man also das Verzeichnis wechseln.

10.1.2 Die Handleorientierten Funktionen

Ein 'Handle' ist nichts weiter als eine Kennzahl, unter der eine Datei oder ein Gerät (oder ein Datenobjekt o.a.) angesprochen werden kann. Die Handle-orientierten Funktionen zur Dateiverwaltung sind wesentlich einfacher zu handhaben als die FCB-orientierten, da der Anwender zum Zugriff auf die Datei nichts weiter benötigt als das entsprechende (geöffnete) Handle. Alle Daten, die DOS benötigt, um den Zugriff korrekt auszuführen, sind allein DOS bekannt, und es ist nicht Aufgabe des anwendenden Programms, sich mit diesen Interna zu befassen. Eine 'Recordgröße' gibt es in diesem Sinne nicht, es sei denn, der Anwender definiert sie selbst.

Neben Dateien lassen sich über die Handles auch die Geräte ansprechen, d.h. daß das Schreiben in eine Datei und die Ausgabe auf dem Drucker ('LPT1', 'LPT2', ...) oder auf dem Bildschirm ('CON') durch die gleichen Funktionsaufrufe erfolgen kann. Dies ermöglicht es DOS, die Ausgabeumleitung durch einfaches Austauschen der entsprechenden Handles anzubieten. Programme, die als Kommandozeilenprogramme arbeiten, sollten ihre Bildschirmausgabe deshalb möglichst mit den Handlefunktionen vornehmen (bzw. mit DOS-Interrupts), so daß der Anwender diese Ausgabe in Dateien oder auf den Drucker umleiten kann. Die direkte Ausgabe auf den Bildschirm, wie sie die UNIT CRT anbietet, ist hierfür nicht geeignet (wenn auch als Textausgabe auf dem Bildschirm bedeutend schneller). Die Geräte sind immer geöffnet und haben stets die gleichen Handles:

Gerät	Handle
Standard-Eingabeeinheit ('CON')	0
Standard-Ausgabeeinheit ('CON')	1
Standard-Fehlereinheit	2
'AUX'	3
Standard-Drucker 'LPT'	4

Die Namen 'CON', 'LPT', 'AUX' etc. sind ebenfalls die Namen, unter denen das Betriebssystem bestimmte Gerätetreiber installiert hat. Mehr zu diesen Treibern und wie man solche auch selbst schreiben kann (z.B. für die IEEE-Meßgeräteschnittstelle), in Kapitel 13.

10.1.3 Die Handle-Funktionen des Interrupt 21h

Bei allen handleorientierten Funktionen gilt folgende Fehlerkonvention: Ist das Carryflag nach dem Aufruf gesetzt, so trat ein Fehler auf und der Fehlercode steht in AX, bei gelöschtem Carryflag war der Aufruf erfolgreich, und in AX wird evtl. ein Wert zurückgegeben.

Interrupt 21h, Funktion 3CH: 'Create File'

In:

AH:	3Ch
DS:DX	Zeiger auf ASCIIZ-String mit der vollständigen Pfadangabe
CX:	Attribute der Datei

Out: (bei fehlerfreiem Aufruf)

AX:	Dateihandle

Anm.: Falls die Datei noch nicht existiert, wird sie von DOS erzeugt, andernfalls wird ihre Länge auf Null gesetzt.

Interrupt 21h, Funktion 3Dh: 'Open File or Device'

In:

AH:	3Dh
AL:	Openmode
Bits 0..2:	0: Nur für Lesezugriffe öffnen
	1: Nur für Schreibzugriffe öffnen
	2: Beides
Bits 4..6:	Sharing Mode (vergl. Funktion 6Ch)

DS:DX: Zeiger auf ASCIIZ-String mit der vollständigen Pfadangabe.

Out:

AX: Dateihandle

Anm.: Falls die Datei nicht gefunden wird, bricht die Funktion mit einer Fehlermeldung ab. Bei Gerätenamen wird kein Versuch gemacht, das Gerät zu öffnen, sondern das Gerätehandle zurückgegeben.

Interrupt 21h, Funktion 3EH: 'Close File or Device'

In:

AH: 3Eh

BX: Handle

Out: -

Interrupt 21h, Funktion 3FH: 'Read From File or Device'

In:

AH: 3Fh

BX: Handle

CX: Anzahl der zu lesenden Bytes

DS:DX: Zeiger auf Datenpuffer

Out:

AX: Anzahl der gelesenen Bytes

Interrupt 21h, Funktion 40H: 'Write To File or Device'

In:

AH: 40h

BX: Handle

CX: Anzahl der zu schreibenden Bytes

DS:DX Zeiger auf Datenpuffer

Out:

AX: Anzahl der geschriebenen Bytes

Interrupt 21h, Funktion 42H: 'Move File Pointer'

In:

AH: 42h

AL: Movemode

	0: Relativ zum Anfang der Datei
	1: Relativ zur aktuellen Position
	2: Relativ zum Dateiende
BX:	Handle
CX:DX	Distanz in Bytes

Out:

DX:AX	Neue Dateiposition

Interrupt 21h, Funktion 45H: 'Duplicate File Handle'

In:

AH:	45h
BX:	Handle

Out:

AX:	Zweites Handle

Anm.: Die Funktion erlaubt es zwei Prozessen, auf die gleiche Einheit zuzugreifen. Wenn es sich dabei um eine Datei handelt, wirkt sich eine Veränderung des Schreib-/Lesezeigers auf beide Handles aus.

Interrupt 21h, Funktion 46H: 'Force Duplicate File Handle'

In:

AH:	46h
BX:	Handle 1
CX:	Handle 2

Out: -

Anm.: Die Funktion gestattet es, den Handle, der in CX übergeben wird, auf die Einheit umzuleiten, auf die sich der in BX übergebene Handle bezieht. Die Datei/Einheit, auf die sich Handle Zwei bezog, wird geschlossen.

Interrupt 21h, Funktion 57H: 'Get/Set File Date and Time'

In:

AH:	57h
AL:	Untercode:
	0: Get Date and Time
	1: Set Date and Time

BX: Handle
CX: Zeit (Set)
DX: Datum (Set)

Out:

CX: Zeit (Get)
DX: Time (Get)

Anm.: Das Format von Datum und Uhrzeit ist das Standard-DOS-Format, wie es auch beim Verzeichniseintrag benutzt wird.

Interrupt 21h, Funktion 5AH: 'Create Temporary Filename'

In:

AH: 5Ah
CX: Attribute
DS:DX Zeiger auf Puffer mit dem Pfadnamen

Out: Neuer Dateiname im Puffer

Anm.: Der Puffer muß genügend Platz für den Dateinamen enthalten - mindestens 13 Byte - und die Pfadangabe ist mit einem Backslash '\' abzuschließen. Die Funktion erzeugt einen beliebigen Dateinamen, der im System nicht vorkommt und unter dem eine temporäre Auslagerungsdatei erzeugt werden kann. Die Funktion legt diese Datei jedoch nicht an (und gibt daher auch kein Handle zurück), sondern garantiert lediglich, daß keine vorhandene Datei überschrieben (und damit gelöscht wird), wenn der zurückgegebene Dateiname genutzt wird.

Interrupt 21h, Funktion 5BH: 'Create New File'

In:

AH: 5Bh
CX: Attribute
DS:DX Zeiger auf ASCIIZ-String mit der vollständigen Pfadangabe.

Out:

AX: Dateihandle

Anm.: Die Datei wird nicht angelegt, wenn ein Eintrag gleichen Namens in dem Verzeichnis bereits existiert. Sonst entspricht der Aufruf ganz der Funktion 3Ch.

Interrupt 21h, Funktion 5CH: 'Lock/Unlock File Access'

In:

AH:	5Ch
AL:	Unterfunktion
	0: Lock
	1: Unlock
BX:	Handle
CX:DX	Dateioffset
SI:DI	Länge des zu sperrenden Bereichs

Out: -

Anm.: Mit Hilfe dieser Funktion läßt sich der Dateizugriff für andere Prozesse sperren und entsperren. Da DOS an sich kein Multitasking erlaubt, ist die Funktion vor allem im Netzwerkbetrieb sinnvoll nutzbar, um Zugriffskonflikte auszuschließen.

Interrupt 21h, Funktion 6CH: 'Extended Open/Create File' (ab DOS 4.0)

In:

AH:	6Ch
AL:	0
BX:	Modus
CX:	Attribut
DX:	Flags
DS:SI	Zeiger auf ASCIIZ-String mit dem Dateinamen

Out:

AX:	Handle
CX:	Statusmeldung

Anm.: Dieser Aufruf ermöglicht es, eine Datei im Netzwerk mit festgelegten Zugriffsrechten in spezifizierter Weise zu eröffnen. Für das Moduswort in BX gilt folgende Codierung:

Bit	Bedeutung
0..2	Open Mode:
	0: Read Only
	1: Write Only
	2: Read / Write
4..7	Sharing Mode:
	0: Alleiniger Zugriff ('Compatibility Mode')
	1: Exklusiver Zugriff
	2: Exklusiver Schreibzugriff
	3: Exklusiver Lesezugriff
	4: Freier Zugriff
8:	0: Tochterprozesse können ebenfalls auf Datei zugreifen
	1: Tochterprozesse haben kein Zugriffsrecht
13:	1: Fehlerbehandlung bei Zugriffen durch Programm 0: Fehlerbehandlung durch DOS
14:	1: Aktualisieren der Datei nach jedem Schreibzugriff 0: Aktualisieren beim Schließen der Datei.

Für das Flag-Wort in DX gilt folgende Belegung:

Bits	Bedeutung
0..3:	0: Falls Datei nicht existiert: mit Fehlermeldung abbrechen.
	1: Falls Datei nicht existiert: erzeugen.
4..7:	0: Wenn Datei bereits existiert: mit Fehlermeldung abbrechen.
	1: Wenn Datei existiert: öffnen
	2: Wenn Datei existiert: neu eröffnen (überschreiben)
Für den Rückgabestatus in CX gilt folgende Belegung:	
CX	0: Datei wurde geöffnet
	1: Datei wurde neu erzeugt
	2: Datei wurde geöffnet und gelöscht.

10.1.4 Weitere Dateifunktionen

Bei den folgenden Funktionen des Interrupt 21h entspricht die Rückgabe von Fehlerwerten den Handlefunktionen.

Interrupt 21h, Funktion 41H: 'Delete Directory Entry'

In:

AH:	41h
DS:DX	Zeiger auf ASCIIZ-String mit der Pfadangabe

Out: -

Interrupt 21h, Funktion 43H: 'Get/Set File Attributes'

In:

AH:	43h
AL:	Funktionscode
	0 = Get Attributes
	1 = Set Attributes
CX:	Attribute (Set)
DS:DX	Zeiger auf ASCIIZ-String mit der vollständigen Pfadangabe

Out:

CX:	Attribut (Get)

Interrupt 21h, Funktion 4EH: 'Find First Matching File'

In:

AH:	4Eh
CX:	Attribute
DS:DX	Zeiger auf ASCIIZ-String mit der vollständigen Pfadangabe

Out: -

Anm.: Bei erfolgreichem Aufruf wird ein Record in die Disk-Transfer-Area kopiert, dessen Aufbau Tabelle 10.2 zeigt.

Dieser Record entspricht weitgehend dem Typ *SearchRec* der UNIT DOS. Der Aufbau des von DOS 'reservierten' Bereichs läßt sich relativ leicht entschlüsseln. Tabelle 10.3 zeigt den Inhalt dieses Bereichs.

Tabelle 10.2: Aufbau der Dateiinformationstabelle der DOS-Funktion 4EH

Offset	Länge	Inhalt
0..14h	21	Reserviert
15h	1	Attribute des Eintrags
16H	2	Zeit
17H	2	Datum
1AH	4	Dateigröße
1EH	13	Name und Erweitung als ASCIIZ-String

Tabelle 10.3: Inhalt des reservierten Bereichs aus Tabelle 10.2

Offset	Länge	Inhalt
0	1	Laufwerksnummer
1	11	Suchname in DOS-Konvention (etwa: ????????PAS)
12	1	Suchattribut
13	2	Nummer des zuletzt gefundenen Verzeichniseintrags
15	2	Startcluster des Verzeichnisses
17	4	??

Die Eintragsnummer bezieht sich auf die *physikalische* Eintragsnummer. Da gelöschte Verzeichniseinträge nicht wirklich aus dem Verzeichnis entfernt sondern nur als gelöscht markiert werden, können bei der Numerierung Lücken entstehen. Aus dem Aufbau des Records erklärt sich auch, warum bei Funktion 4Fh der Record noch einmal an DOS übergeben werden muß.

Interrupt 21h, Funktion 4FH: 'Find Next Matching File'

In:

AH: 4Fh

(Die DTA muß noch den durch die Funktion 4Eh erzeugten Record enthalten)

Out: Nächster passender Eintrag in der DTA

Interrupt 21h, Funktion 56H: 'Rename File'

In:

AH: 56h

DS:DX Zeiger auf ASCIIZ-String mit dem altem Dateinamen

ES:DI Zeiger auf ASCIIZ-String mit dem neuen Dateinamen

Out: -

10.2 Die DOS-Verzeichnisfunktionen

Die Unit DOS bietet die meisten der hier vorzustellenden Funktionen bereits an. Dennoch kann es nützlich sein, die Aufrufkonventionen dieser DOS-Funktionen zu kennen, z.B. wenn man sie in TASM-Routinen direkt nutzen möchte oder wenn man nicht mit dem Datentyp String, sondern PChar arbeiten möchte, was vorteilhaft ist, da alle Funktionen auf diesem Stringtyp basieren.

Die Fehlerbehandlung ist wie bei den Handlefunktionen: Wenn das Carryflag gesetzt ist, steht in AX ein Fehlercode, sonst war der Aufruf erfolgreich.

Interrupt 21h, Funktion 39H: 'Create Directory'

In:

AH:	39h
DS:DX	Zeiger auf ASCIIZ-String mit Pfadangabe

Out: -

Interrupt 21h, Funktion 3AH: 'Remove Directory'

In:

AH:	3Ah
DS:DX	Zeiger auf ASCIIZ-String mit Pfadangabe

Out: -

Interrupt 21h, Funktion 3BH: 'Change Directory'

In:

AH:	3Bh
DS:DX	Zeiger auf ASCIIZ-String mit Pfadangabe

Out: -

Interrupt 21h, Funktion 47H: 'Get Current Directory'

In:

AH:	47h
DL:	Laufwerk (0 = Default, 1 = A, etc.)
DS:SI	Zeiger auf 64-Byte-Puffer für ASCIIZ-String mit Pfadangabe

Out: -

Anm.: Die Funktion liefert nur die Pfadangabe ohne den Laufwerksbuchstaben! Dieser muß somit bei Bedarf durch die Funktion 19h erfragt und eingefügt werden.

10.3 Weitere Funktionen

Interrupt 21h, Funktion 19H: 'Get Current Disk'

In:

AH:	19h

Out:

AL:	Laufwerksnummer (A=0, B=1, ...)

Interrupt 21h, Funktion 1AH: 'Set Disk Transfer Area'

In:

AH:	1Ah
DS:DX:	Zeiger auf den neuen Transferpuffer

Out: -

Interrupt 21h, Funktion 29H: 'Parse File Name'

In:

AH:	29h
AL:	Parsemode
DS:SI	Zeiger auf den String mit dem Dateinamen
ES:DI	Zeiger auf einen Puffer für den FCB

Out:

AL:	Status
DS:SI	Zeiger auf das Stringende
ES:DI	Zeiger auf den erstellten FCB

Anm.: Die Funktion leistet gute Dienste, wenn man die FCB-Funktionen nutzen will, da sie Strings mit Wildcards korrekt bearbeitet, d.h. '*.exe' in '????????EXE' transformiert.

Interrupt 21h, Funktion 2FH: 'Get Disk Transfer Area'

In:

AH:	2Fh

Out:

ES:BX:	Zeiger auf die aktuelle DTA

Die UNIT HANDLES, die sich auf der beiliegenden Diskette findet, ist einfach eine passende Pascal-Schnittstelle für die DOS-Handlefunktionen. Kommandozeilenprogramme, die von DOS aus gestartet werden, sollten ihren Bildschirm-Output möglichst über das Handle für den Standardoutput leiten, da sich die Ausgabe dann über die 'Option' "> Dateiname" umleiten läßt. Auch die UNIT SYSTEMS arbeitet mit der DOS-Bildschirmausgabe, unter der Voraussetzung, daß nicht die UNIT CRT benutzt wird.

Das Interface der UNIT HANDLES:

```
{*****************************************************************}
{                                                                 }
{      Copyright (C) Christian Baumgarten, Hamburg 1993.          }
{                                                                 }
{   Unit für das Dateimanagement mit Hilfe der Handlefunktionen   }
{                                                                 }
{*****************************************************************}

UNIT HANDLES;

INTERFACE
const
     { modus=0 anzahl entspr. offset ab anfang          }
     { modus=1 anzahl entspr. offset ab akt. position }
     { modus=2 anzahl entspr. (neg.) offset ab Dateiende      }
     { sm = Seek Mode }

       sm_start  = 0;
       sm_actual = 1;
       sm_end    = 2;

     { mode=0: Nur Lesen         }
     { mode=1: Nur Schreiben     }
     { mode=2: Lesen & Schreiben }
     { om = Open Mode            }

       om_read   = 0;
       om_write  = 1;
       om_access = 2;
  { Handles der Standardgeräte: }

     h_kbd  = $0000;
     h_crt  = $0001;
     h_Aux  = $0003;
     h_LPT  = $0004;

     hIOResult:integer = 0;
```

```
procedure hTruncate(handle:word);
 function hFileSize(Handle:word):longint;
 function hFilePos(Handle:word):longint;
procedure hSeekeof(Handle:word);
 function hEOF(Handle:word):boolean;
procedure hRewrite(var Handle:word;s:string;attr:word);
procedure hCreate(var Handle:word;s:string;attr:word);
procedure hOpen(var Handle:word;s:string;mode:byte);
procedure hCreateTemp(var Handle:word;var path:string);
procedure hClose(Handle:word);
procedure hWrite(Handle:word;var puffer;Anzahl:word;var
ergebnis:word);
procedure hRead(Handle:word;var puffer;Anzahl:word;var
ergebnis:word);
procedure hWriteln(Handle:word;s:string);
procedure hReadln(Handle:word;var s:string);
 function hSeek(Handle:word;anzahl:longint;modus:byte):longint;
procedure hOutCTRLChar(handle:word;var s:string);
procedure hInCTRLChar(handle:word;var s:string);

IMPLEMENTATION
```

11 Das Speichermanagement

Die Aufteilung des Speichers ist beim PC weitgehend festgelegt. So liegt die Realmodus-Interruptvektortabelle im Adressbereich 00000h - 003FFh, entsprechend 256 Vektoren mit je 4 Byte. Direkt an die Interruptvektortabelle schließt sich der sogenannte BIOS-Datenbereich an. Dieser reicht von 00400h bis 004FFh. Dann folgen Daten des Betriebssystems (MS-DOS) und die Gerätetreiber. Im Anschluß daran folgt der Realmodus-Speicher für Anwendungsprogramme bis zur Adresse 9FFFFh. Der Bereich von A0000h bis FFFFFh wird **U**pper **M**emory **A**rea (**UMA**) genannt und läßt sich funktional noch weiter unterteilen:

Der Bereich von A0000h..AFFFFh ist für den Graphik-Videospeicher der EGA-/VGA-Karte reserviert, der Bereich von B0000h..B7FFFh für den Textspeicher monochromer Graphikkarten, der Bereich von B8000h..BFFFFh für den Textspeicher von Farbgraphikadaptern. Der Bereich von C0000h...EFFFFh ist für ROM-Erweiterungen (z.B. EGA-/VGA-BIOS von C0000h...C7FFFh) bzw. den EMS-Seitenrahmen reserviert, und im Bereich von F0000h...FFFFFh liegt das eigentliche ROM-BIOS / ROM-Basic des PC. Dieser Teil kann weiter unterteilt werden in den Bereich für das EGA-/VGA-ROM (C0000h...C7FFFh), den Bereich für ein evtl. Festplatten-BIOS (C8000h...CFFFFh, meist nur XT), ein erweitertes ROM-BIOS (E0000h...EFFFFh) und den Standard-Bereich für den EMS-Seitenrahmen (D0000h...DFFFFh).

In den meisten Systemen werden in diesem Bereich jedoch Lücken bleiben. Diese Lücken werden **U**pper **M**emory **B**locks (UMBs) genannt und lassen sich auch mithilfe von EMM386.EXE für DOS reservieren. In diesem Fall *muß* EMM386.EXE aber entweder der Kommandozeilenparameter 'NOEMS' oder 'RAM' übergeben werden. Mit der Kommandozeilenoption 'NOEMS' wird der EMM-Manager angewiesen, sich auf die Verwaltung der **UMB**s zu beschränken. Die Option 'RAM' weist ihn hingegen an, sowohl EMS-Speicher zu simulieren als auch eine UMB-Verwaltung einzurichten. Dies dürfte die einzig wahre Einstellung für Turbo-Pascal-Programmierer sein, da die IDE auf diese Weise den EMS-Speicher nutzen kann und zugleich DOS zu großen Teilen in die UMA geladen werden kann. Selbst bei Nutzung einer VGA-Karte, für die der Adressbereich von A0000h bis C7FFFh (über die EMM386-Option x=A000-C7FF) reserviert wird, kann die UMA, wenn der Bereich von E0000h..EFFFFh nicht vom ROM-BIOS benutzt wird, 96 KB umfassen. In diesem Fall ergibt sich folgendes Schema der UMA:

Adressbereich	Nutzung
A0000h-AFFFFh	VGA-Graphikspeicher
B0000h-B7FFFh	Videospeicher für monochromen Videomodus
B8000h-BFFFFh	Videospeicher für Textmodi
C0000h-C7FFFh	EGA-/VGA-ROM-BIOS
C8000h-D7FFFh	EMS-Seitenrahmen
D8000h-EFFFFh	96-KB-UMA für DOS-Treiber etc.
F0000h-FFFFFh	Rechner-BIOS

Bei dieser oder einer ähnlichen Konfiguration besteht die Möglichkeit, bis zu 630KB freien DOS-Speicher unterhalb von A0000h zu erhalten, und das, ohne auf Dienstprogramme wie SHARE oder DOSKEY zu verzichten. Die einzigen (externen) Treiber, die sich dann noch im konventionellen Speicher befinden, sind HIMEM.SYS und EMM386.EXE.

Tabelle 11.1 listet einige feste Adressen des ROM-BIOS auf. Der Copyright-Vermerk des ROM-BIOS hat ein etwas seltsames Format, bei dem jedes Zeichen doppelt vorkommt.

Tabelle 11.1: Feste Adressen im ROM-BIOS

Adresse	Länge	Inhalt
F000h:8000h		Rom-Copyright-Vermerk (Jedes Zeichen doppelt: also CCooppyyrriigghhtt...)
F000h:EFC7h		Festplattenparametertabelle
F000h:FA6Eh	128 x 8	Zeichenmatrizen für 8x8-Rom-Font, erste Hälfte
F000h:FFF5h	8	ROM-Datum in ASCII-Zeichen
F000h:FFFEh	2	Modell-Identifikationswort

Die Belegung des BIOS-Datenbereich zeigt (ohne Anspruch auf Vollständigkeit) Tabelle 11.2.

Tabelle 11.2: Inhalt des BIOS-Datenbereichs

Adresse	Länge	Inhalt
40h:00h	4 x 2	Basisport COM1..COM4
40h:08h	4 x 2	Basisport LPT1..LPT4
40h:10h	2	Konfigurationsflags (vergl. Int 11h)
40h:12h	1	Flag für Testzwecke
40h:13h	2	Größe des Basisspeichers (0-640) in KB
40h:15h	2	Fehlerstatus für Testzwecke
40h:17h	2	Tastaturflags
40h:19h	1	Über ALT eingegebenes Zeichen
40h:1Ah	2	Offset des akt. Anfangs vom Tastaturpuffer
40h:1Ch	2	Offset des akt. Ende vom Tastaturpuffer
40h:1Eh	32	Tastaturpuffer
40h:3Eh	1	Seek-Status des Floppylaufwerks
40h:3Fh	1	Motor-Status des Floppylaufwerks
40h:40h	9	Lokaler Bereich für Disketten-ROM
40h:49h	1	Videomodus
40h:4Ah	2	Zeichen / Zeile im aktuellen Videomodus
40h:4Ch	2	Größe des Bildschirmspeichers in Byte
40h:4Eh	2	Offset der aktuellen Seite im Videospeicher
40h:50h	8 x 2	Cursorposition in 8 Bildschirmseiten
40h:60h	1	Startzeile des Cursors
40h:61h	1	Endzeile des Cursors
40h:62h	1	Aktive Bildschirmseite (0..7)
40h:63h	2	Basisport des Videocontroller
40h:65h	1	Wert des Modusregisters des CRT-Controllers
40h:66h	1	Wert des Color-Select-Registers
40h:67h	5	Reserviert
40h:6Ch	4	Zähler für Systemzeit
40h:70h	1	24-Std.-Überlaufsflag für Systemzeit
40h:72h	2	Resetflag
40h:74h	1	Status der Festplatte

Neben dem BIOS-Datenbereich legt auch DOS im Bereich 00500h ..005FFh einige Daten fest an. So findet sich beim AT z.B. an der Adresse 00500H ein Flag, das eine laufende Bildschirm-Hardcopy signalisiert. Neben dem *festen* BIOS-Datenbereich werden z.T. noch einige Systemtabellen angelegt, deren Adresse durch einen Interrupt-Vektor festgehalten wird. Diese Interruptvektoren zeigen also nicht auf Routinen, sondern stellen nur Zeiger auf interne Tabellen dar. Tabelle 11.3 listet diese Vektoren auf.

Tabelle 11.3: Interruptvektoren, die auf System-Tabellen zeigen

Interrupt	**Inhalt**
1Dh	Zeiger auf Bildschirmparametertabelle
1Eh	Zeiger auf Tabelle mit Diskettenparametern
1Fh	Zweite Hälfte des 8x8-Font (wird durch GRAFTABL initialisiert)
41h	Zeiger auf erste Festplattenparametertabelle
43h	Zeiger auf EGA-/VGA-Graphikzeichensatz
46h	Zeiger auf zweite Festplattenparametertabelle
49h	Zeiger auf Übersetzungstabelle der Tastatur

11.1 Die Memory-Control-Blöcke

Die DOS-Speicherverwaltung im Real Mode baut auf sogenannten **M**emory-**C**ontrol-**B**locks (MCB) auf. Alle reservierten Speicherblöcke beginnen an *geraden* Segmentadressen und belegen vielfache von Paragraphen (1 Paragraph = 16 Byte), so daß ihre Lage allein durch die 16-Bit-Paragraphen-Adresse vollständig gekennzeichnet ist. Die Speicherverwaltungsblöcke (MCBs) belegen jeweils genau einen Paragraphen. Den Aufbau zeigt Tabelle 11.4.

Wird ein Programm geladen, so werden stets zwei Bereiche reserviert, einmal eine Kopie des 'Environment' oder Programmumgebungsblocks und dann ein Block für das eigentliche Programm. Die Segmentadresse des Environment steht im PSP (Program-Segment-Prefix) ab Offset 2Ch. Residente Programme können den Umgebungsblock im Prinzip nach dem Laden freigeben, wenn sie ihn nicht benötigen.

Der Name des Nutzers im MCB ist bei Programmen der Programmdateiname ohne Endung. Der MCB von TURBO.EXE enthält somit als Namen des Nutzers 'Turbo' oder 'TURBO', abgeschlossen mit ASCII-Null.

Tabelle 11.4: Aufbau eines Memory Control Blocks

Offset	Länge	Inhalt
0	1	Kennung
1	2	PSP-Segment des reservierten Bereichs
3	2	Anzahl der belegten Paragraphen
5	3	Reserviert
8	8	Name des Nutzers (ab DOS 4.0)

Um die Liste der MCBs sichten zu können, benötigt man natürlich die Adresse des ersten MCB. Diese kann man über die (undokumentierte) DOS-Funktion 52h erfahren:

Interrupt 21H, Funktion 52h: 'Get DOS Control Block'

IN:

AH: 52h

OUT:

ES:BX: Zeiger auf den DCB (Tabelle 11.5, ab DOS 3.0)

Tabelle 11.5: Aufbau des DOS-Control-Blocks (DCB)

Offset	Inhalt
- 4	Adresse des ersten MCB
00H	Zeiger auf den ersten Disk-Parameter-Block (DPB)
04H	Zeiger auf die Dateitabelle
08H	Zeiger auf den Header des 'CLOCK$'-Treibers
0CH	Zeiger auf den Header des 'CON'-Treibers
10H	Maximale Anzahl der Bytes/Sektor
12H	Zeiger auf den ersten Disk-Puffer
16H	Zeiger auf die Laufwerks-Umleitungstabelle
1AH	Zeiger auf die DOS-FCB-Tabelle
1EH	Größe der FCB-Tabelle
20H	Zahl der logischen Laufwerke
21H	Wert vom Eintrag Lastdrive=XX in CONFIG.SYS
22H	Zeiger auf den Kopf des 'NUL'-Treibers, den Anfang der DOS-Treiberkette

Die MCB-Kette ist ab DOS-Version 4.0 verändert worden. Vor DOS 4.0 gab es nur zwei Typen von MCBs, deren Kennung 'M' oder 'Z' war, wobei 'Z' den letzten MCB kennzeichnete. Seit DOS 4.0 gibt es sogenannte SCBs, sogenannte **S**ub-**C**ontrol-**B**locks. Ihr Aufbau entspricht dem der MCBs (fast) vollständig. Natürlich macht der 'Nutzer' bei den SCBs - Abgesehen von den Treibern - keinen Sinn. Die Kennungen der SCBs sind erweitert worden:

'B' = Puffer (BUFFERS = XX)

'D' = Treiber (DEVICE = XX)

'F' = Handle-Tabelle (FILES = XX)

'L' = Laufwerksumleitung

'M' = Programm / Umgebung

'S' = Stack (STACKS = XX,XX)

'X' = FCB-Tabelle

Enthält nun ein MCB als PSP-Segment-Adresse den Wert Acht, so ist dies ein Kennzeichen für einen System-Block, gefolgt von einer Liste mit SCBs. (Ein PSP-Segment mit dem Wert Acht ist unmöglich, da in diesem Bereich die Interrupt-Vektor-Tabelle liegt). Der erste SCB liegt in diesem Fall im darauffolgenden Paragraphen.

Die UNIT SYSINFO beinhaltet einige Funktionen, mit deren Hilfe es möglich ist, einfach und wohldefiniert auf die MCB-Kette zuzugreifen - und zwar über ein *Callback*-Funktionen, wie sie so ähnlich auch bei den Kollektionen definiert sind. Um also z.B. eine Liste mit allen MCBs in einem eigenen Format aufzubauen und zu analysieren, ist es dann nicht mehr nötig, die Liste der MCBs direkt zu durchsuchen, sondern nur noch nötig, eine Prozedur zu schreiben, die die MCBs 'entgegennimmt' und diese Prozedur der Funktion *ForEachMCB* zu übergeben. Die Prozedur muß global und als *far* deklariert worden sein. Sie könnte z.B. folgendermaßen deklariert sein:

```
Procedure EnumMCBS(p:pMCB); far;
```

Mit dem Aufruf Foreach(EnumMCBS) würde die Prozedur EnumMBCS nun für jeden gefundenen MCB aufgerufen. Diese Programmiertechnik ist wesentlich einfacher und universeller einzusetzen, als jede erneute Schleifenprogrammierung. Wer statt einer globalen Funktion lieber wie bei den Kollektionen eine lokale Funktion benutzen möchte, kann die erforderliche Aufrufstruktur der

UNIT OBJECTS entnehmen und die UNIT SYSINFO dann entsprechend modifizieren. (Lokalen Prozeduren muß das BP-Register der übergeordneten Prozedur übergeben werden.)

```
procedure ForEachMCB(What:MCBProc);
 var p:pMCB;
 begin
  p:=FirstMCB;
  if (p<>nil) then
  repeat
   if p^.typ in mcbtypes then
   begin
    What(p);
    if (p^.pspseg=8) and (chr(Mem[ptrrec(p).s+1:0]) in mcbtypes) then
       inc(ptrrec(p).s) else inc(ptrrec(p).s,p^.size+1);
   end else exit;
  until (p^.typ='Z');
 end;
```

Der Zugriff auf die Memory-Control-Blocks macht also Adressarithmetik mit Paragraphenadressen nötig, so daß ein direkter Zugriff auf die MCB-Kette im Protected Mode nicht möglich ist. Wie man dennoch im Protected Mode eine solche Funktion implementiert, wird in Kapitel 12 beschrieben. (Benötigt werden kann so etwas, wenn zum Beispiel ein DPMI-Programm die Anwesenheit eines residenten Programms überprüfen muß und dies nicht anders als über die MCB-Kette möglich ist.)

11.2 Die DOS-Speicherverwaltungsfunktionen

DOS bietet dem Real-Mode-Anwendungsprogramm einige Funktionen des Interrupt 21h, um Speicherplatz zu reservieren und freizugeben. Diese werden in den meisten Turbo-Pascal-Programmen benötigt, die eine Verzweigung zu DOS erlauben oder aber andere Programme (einschl. COMMAND.COM) aufrufen, da diese dem aufzurufenden Programm DOS-Speicher zur Verfügung stellen bzw. den freien Speicher hernach wieder reservieren müssen.

Interrupt 21h, Funktion 48h:'Allocate Memory'

IN:

AH:	48h
BX:	Anzahl der zu reservierenden Paragraphen

OUT:

Carryflag = 1: AX = Fehlerkennung

Carryflag = 0: AX = Segmentadresse

BX: Anzahl der noch freien Paragraphen

Interrupt 21h, Funktion 49h: 'Free Allocated Memory'

IN:

AH: 49h

ES: Segmentadresse des freizugebenden Bereichs

OUT:

Carryflag = 1: AX = Fehlerkennung

Carryflag = 0: kein Fehler

Interrupt 21h, Funktion 50h: 'Reallocate Memory Block'

IN:

AH: 50h

ES: Segmentadresse des Blocks

BX: Neue Anzahl an Paragraphen

OUT:

Carryflag = 1: Fehlerkennung in AX

Carryflag = 0:

BX: Anzahl der verbleibenden freien Paragraphen

Um die Größe des freien Speicherbereichs in Erfahrung zu bringen, ohne Platz zu reservieren, benutzt man die Funktion 48h und setzt die Anforderung auf FFFFh (d.h. 1MB). Da DOS diese Anforderung nicht erfüllen kann, wird kein Speicher reserviert und in BX die Anzahl der freien Paragraphen zurückgegeben.

11.3 Die Nutzung der DOS-Speicherverwaltung

Die Kette der MCBs ist insbesondere für Tools, die die Speicherbelegung ausgeben, oder für TSR (**T**erminate but **S**tay **R**esident) - Programme von Interesse. Für TSR-Programme ist die Liste deshalb von Bedeutung, weil es etwa unsinnig wäre, das gleiche TSR-Programm mehrfach zu laden. Um dies zu vermeiden, sollte also ein TSR-Programm bei der Installation die MCBs nach bereits geladenen Instanzen absuchen und ggf. die Programminstallation rechtzeitig abbrechen. Wie so etwas aussehen kann, zeigen die Programme TSRDEMOn.PAS, deren Präsenz im Speicher sich dadurch bemerkbar macht, daß jede Tastatureingabe durch einen kurzen 'Klick' begleitet wird. Wird das Programm ein zweitesmal aufgerufen, so wird auch die erste Instanz wieder aus dem Speicher entfernt. Um die Kommunikation zwischen verschiedenen Instanzen desselben Programms unter DOS im Real-Mode zu ermöglichen, sind an sich verschiedene Wege gangbar. Einer wäre der, daß das bereits installierte Programm einen Interrupt umbiegt und jede neue Instanz diesen Interruptvektor prüft. Dies kann unter Umständen jedoch zu Kompatibilitätsproblemen führen, falls mehrere Programme den gleichen Interrupt verbiegen. Es gibt jedoch auch andere Möglichkeiten. Eine dieser Möglichkeiten ist der Multiplexer-Interrupt 2Fh, der kurz in Kapitel 13 beschrieben wird. Eine andere ist das Durchsuchen der MCBs nach einem 'User' mit einem bestimmten Namen. Wird dieser gefunden, so hat man automatisch die Adresse des PSP (Program-Segment-Prefix).

Hierüber kann entweder die Adresse des Datensegments oder die Einsprungadresse einer FAR-Routine berechnet werden, so daß eine Kommunikation zwischen den Instanzen ermöglicht wird. Das letztere Verfahren wird in TSRDEMO1.PAS vorgeführt. Die Kommunikationsroutine tut allerdings in diesem Beispiel nichts weiter, als die (erste) Instanz zu deinstallieren. Natürlich könnten auch andere Aufgaben von einer solchen Routine erfüllt werden, etwa indem die rufende Instanz die CPU-Register vorher mit bestimmten Werten belegt. Hier sind der Phantasie des Programmierers keine Grenzen gesetzt. Eines jedoch muß beachtet werden: Es ist innerhalb der Serviceroutine nicht ohne weiteres möglich, DOS-Funktionen aufzurufen. Es wird daher oft günstiger sein, die gerade aktive Instanz direkt auf die Daten der zuerst geladenen Instanz zugreifen zu lassen. Dieses Verfahren wird in TSRDEMO2.PAS angewandt: Das Programm überprüft anhand der MCB-Liste vor der Installation, ob bereits eine weitere Instanz im Speicher vorhanden ist. Ist dies der Fall, so wird der alte Interruptvektor gelesen und gesetzt. Danach wird die bereits vorhandene Instanz aus dem Speicher entfernt.

Auf diese Weise wird das Programm mit dem ersten Aufruf installiert und mit dem zweiten wieder aus dem Speicher entfernt:

```
{$M 1024,0,0}
{ 1 KB Stack, kein Heap }
uses crt,dos,sysinfo;
```

```
const ThisProgsName:DosName='TSRDEMO1'+#0;
var p:pMCB;
    oldint09:pointer;
    calladdr:pointer;

procedure Int09Handler; interrupt;
 begin
  if Port[$60] < $80 then
  begin
   Sound(5000);
   Delay(1);
   Nosound;
  end;
  asm
   pushf
   call dword ptr oldint09
  end;
 end;

Function ProgLoaded(p:pMCB):Boolean; far;
 var i:byte;
 begin
  ProgLoaded:=False;
  if p^.typ<>'M' then exit;
  for i:=1 to 8 do if
  UpCase(p^.name[i])<>ThisProgsName[i] then exit;
  if (p^.pspseg=prefixseg) then exit;
  ProgLoaded:=true;
 end;

procedure ExitProg; far; assembler;
{ Diese Deinstallations-Routine wird ausschließlich aus einer }
{ anderen Programm-Instanz heraus aufgerufen. Deshalb muß sie }
{ erst ihr eigenes Datensegment setzen. Der Aufruf von        }
{ SetintVec(9,Oldint09) ist unbedingt zu vermeiden !!         }
 asm
  push ds
  mov  ax,seg @data
  mov  ds,ax
  { Alten Interrupt-Vektor installieren: }
  mov  es,Seg0000
  lea  si,oldint09
  mov  di,4*9
  cld
  cli
  movsw
  movsw
  sti
```

```
  pop  ds
 end;

begin
 p:=FirstMCBThat(ProgLoaded);
 if (p<>nil) then
 begin
  { Programm ist schon im Speicher:                                }
  { Far Call auf 'ExitProg' des bereits geladenen Programms        }
  { Der Offset der Routine ist identisch, da DOS nur an gerade     }
  { Paragraphenadressen lädt. Das Segment muß berechnet werden:    }
  calladdr:=ptr(seg(exitprog)-prefixseg+p^.pspseg,ofs(exitprog));
  asm
   call dword ptr calladdr
  end;
  { Speicher des bereits installierten Programms freigeben:        }
  Dos_DeAlloc(p^.pspseg);
  Halt(0);
 end else
 begin
  { Installation der ersten Instanz: }
  { Environmentbereich freigeben:    }
  Dos_DeAlloc(MemW[prefixseg:$2C]);
  { Turbo-Interrupt-Vektoren zurückschalten: }
  swapvectors;
  { Tastaturinterrupt umbiegen:      }
  getintvec($09,oldint09);
  setintvec($09,@int09Handler);
  { Resident im Speicher verbleiben: }
  Keep(0);
 end;
end.
```

Und das Programm TSRDEMO2:

```
{$M 1024,0,0}
{ 1 KB Stack, kein Heap }
uses crt,dos,sysinfo;

const ThisProgsName:DosName='TSRDEMO2'+#0;
var p:pMCB;
    oldint09:pointer;

procedure Int09Handler; interrupt;
 begin
  if Port[$60] < $80 then
  begin
   Sound(5000);
   Delay(1);
```

```
    Nosound;
   end;
   asm
    pushf
    call dword ptr oldint09
   end;
  end;

 Function ProgLoaded(p:pMCB):Boolean; far;
  var i:byte;
  begin
   ProgLoaded:=False;
   if p^.typ<>'M' then exit;
   for i:=1 to 8 do if
   UpCase(p^.name[i])<>ThisProgsName[i] then exit;
   if (p^.pspseg=prefixseg) then exit;
   ProgLoaded:=true;
  end;

 begin
  p:=FirstMCBThat(ProgLoaded);
  if (p<>nil) then
  begin
   { Programm ist schon im Speicher:                        }
   { Alten Interruptvektor aus dem Datensegment der ersten }
   { Programm-Instanz lesen:                    }
   oldint09:=Pointer(MemL[p^.pspseg+(Dseg-prefixseg):ofs(oldint09)]);
   { Interrupt-Vektor zurücksetzen:             }
   setintvec($09,oldint09);
   { Speicherbereich der ersten Programminstanz freigeben: }
   Dos_DeAlloc(p^.pspseg);
   Halt(0);
  end else
  begin
   { Installation der ersten Instanz: }
   { Environmentbereich freigeben:    }
   Dos_DeAlloc(MemW[prefixseg:$2C]);
   { Turbo-Interrupt-Vektoren zurückschalten: }
   swapvectors;
   { Tastaturinterrupt umbiegen:      }
   getintvec($09,oldint09);
   setintvec($09,@int09Handler);
   { Resident im Speicher verbleiben: }
   Keep(0);
  end;
 end.
```

Die Routine 'FirstMCBThat' und die DOS-Speicherfunktionen sind in der UNIT SYSINFO definiert.

11.4 Die Nutzung des Extended Memory

Der Speicher-Bereich des PC wird i.a. etwa folgendermaßen unterteilt:

Adressbereich	Bezeichnung
00000H-9FFFFH	DOS-Speicherbereich
A0000H-FFFFFH	Upper Memory Area **(UMA)**
FFFFFH-10FFEFH	High Memory Area **(HMA)**
10FFEF- ?????	Extended Memory

(Diese Bezeichnungsweise ist nicht immer eindeutig oder durchgängig. Oft wird auch der Speicherbereich bis 1MB als DOS-Speicherbereich bezeichnet u.s.w.). MS-DOS belegt(e) nur die unteren 640 KB des Systemspeichers. Da aber seit dem 80286 die CPU im Prinzip weit mehr als 1MB Speicher adressieren kann, gibt es verschiedene Möglichkeiten, diesen Speicherraum (wenn er denn installiert ist), d.h. das Extended Memory, zu nutzen. Eine von diesen Arten - die über den EMS-Manager - wird in der Turbo Vision direkt als tEMSStream implementiert. Der EMS-Manager war ursprünglich vorgesehen, um Erweiterungsspeicher, der auf zusätzlichen Speicher-Karten im PC installiert wurde, zu verwalten. Um diesen Speicher Anwendungsprogrammen zugänglich zu machen, definiert der EMS-Manager ein 'Fenster' im normalen Speicherbereich (d.h. innerhalb der 1 MB, die im Realmodus direkt ansprechbar sind). Der Erweiterungsspeicher wird in 16-KB-Seiten aufgeteilt und wahlweise in das EMS-Fenster eingeblendet, wobei das EMS-Fenster selbst meist eine Größe von 64 KB aufweist, so daß maximal vier Seiten auf einmal 'sichtbar' sind.

Diese Technik war ursprünglich für den 8086 vorgesehen, der ja maximal 1 MB direkt adressieren kann. Ab dem 80286 (und höher) lassen sich jedoch 16 MB (oder mehr) direkt von der CPU adressieren, so daß man auf die Fenstertechnik *im Prinzip* verzichten könnte. Dennoch arbeitet der EMS-Manager auch bei diesen Prozessoren (im Real-Modus) mit der Fenstertechnik, um die Kompatibilität zu wahren. Damit dies möglich ist, muß jedoch erst ein Treiber für das Extended Memory installiert werden (wie etwa HIMEM.SYS). Der EMS-Manager reserviert dann einen Teil des Extended Memory und stellt ihn Anwendungsprogrammen als EMS-Speicher über ein Fenster unterhalb der 1-MB-Grenze zur Verfügung. Für das Anwendungsprogramm ist es in diesem Fall gleichgültig, ob es sich um externen Speicher auf einer Erweiterungskarte oder um Erweiterungsspeicher oberhalb von 1 MB handelt.

Die Fenstertechnik hat natürlich einige Nachteile. So gehen im Bereich unterhalb von 1 MB 64 KB an Speicher für das EMS-Fenster 'verloren'. Des weiteren kann je nach Art der Anwendung die seitenweise Speicherverwaltung sehr unpraktisch sein. Es ist programmtechnisch *immer* günstiger, über einen zusammenhängenden Speicherbereich zu verfügen und diesen nach den Erfordernissen des Programms aufzuteilen. (Und tatsächlich bietet der EMM-Manager auch Funktionen zum direkten Daten-Transfer in den EMM-Bereich unter Umgehung des EMS-Fensters an.)

Der EMS-Speicher *muß* aber beim AT keineswegs das gesamte Extended Memory umfassen, auch wenn dies möglich ist. Normalerweise wird der EMS-Speicher aber nur einen Teil des zur Verfügung stehenden Erweiterungsspeichers ausmachen. (Und wird der EMM-Manager mit der Option NOEMS versehen, so existiert gar kein EMS-Speicher, obschon ein EMM-Manager vorhanden ist. Eine solche Vorgehensweise ist u.U. sinnvoll, da in diesem Fall das EMS-Fenster von 64 KB im oberen Speicherbereich für Treiber zur Verfügung steht). Der Rest des AT-Speichers oberhalb 1 MB, der von dem XMS-Treiber *HIMEM.SYS* verwaltet wird, läßt sich im Real Mode mit den herkömmlichen Mitteln von Turbo Pascal durchaus nutzen, obwohl dies etwa in der TURBO VISION nicht vorgesehen ist. (Deshalb dieses Kapitel.)

Der XMS-Manager verwaltet auch den Bereich des *Upper Memory*, sowohl als auch die sogenannte *High Memory Area* (HMA).

Das Upper Memory umschließt den Bereich oberhalb der 640-KB-Grenze und Unterhalb der 1-MB-Grenze, d.h. von A0000H - FFFFFH. Dieser Bereich kann auch im Real Mode ohne weiteres adressiert werden, ist aber z.T. für den Videospeicher, ROM und EMS-Seitenrahmen reserviert. Bleibt dennoch ein Adressbereich ausgespart, so wird dieser Bereich vom Betriebssystem genutzt. Der High-Memory-Bereich ist der Bereich von FFFF:000FH bis FFFFH:FFFFH. Dieser Bereich ist ab dem 80286 im Prinzip ebenfalls direkt aus dem Real Mode heraus adressierbar - aber nur, wenn die 21. Adressleitung (A20) aktiviert ist. Auch dieser Bereich wird meist vom Betriebssystem genutzt. Anwendungsprogramme sollten sich daher besser an das eigentliche Extended Memory ab 10FFF0H wenden.

11.4.1 Der XMS-Manager

Die meisten PC's sind heutzutage serienmäßig mit mehr als einem Megabyte RAM-Speicher ausgerüstet, allein schon auf Grund der großen Verbreitung, die die Betriebssystemerweiterung WINDOWS erfahren hat, welche ja bei 286er und 386er-Systemen im Protected Mode arbeitet und somit den Erweiterungsspeicher nutzen kann.

Um auch in Pascal-Programmen, die normal unter DOS im Real Mode laufen, den Erweiterungsspeicher zu nutzen, bedarf es mehrerer Voraussetzungen:

1) Es müssen entsprechende Treiber für den Erweiterungsspeicher über dieCONFIG.SYS fest installiert werden.
2) Der Erweiterungsspeicher muß groß genug sein, damit er nicht schon von DOS vollständig belegt wird.
3) Es müssen entsprechende Routinen in Turbo-Pascal implementiert werden, die die Treiberfunktionen für den Programmierer nutzbar machen.

Der dritte Punkt soll hier ohne Anspruch auf Vollständigkeit erläutert werden, soweit es den XMS-Manager (z.B. HIMEM.SYS) betrifft. Abschnitt 11.4.2 stellt die (z.T. sehr ähnlichen) Funktionen des EMM-Managers (z.B. EMM386.EXE) vor.

Der XMS-Manager wird *nicht* - wie sonst üblich - über einen Interrupt angesprochen, sondern über einen FAR CALL. Die Adresse des Einsprungpunktes läßt sich über den Multiplexer-Interrupt 2Fh (vergl. Kapitel 13) abfragen:

Interrupt 2Fh, Funktion 4300h: 'Get XMS-Installation-Status'

IN:

AX	4300h

OUT:

AL	80h: XMS-Manager ist installiert

Interrupt 2Fh, Funktion 4310h: 'Get XMS-Call-Address'

IN:

AX	4310h

OUT: ES:BX Adresse des XMS-Funktionshandlers

Anm.: Alle XMS-Treiberaufrufe werden über diese FAR-CALL-Adresse abgewickelt, wobei der XMS-Manager bei allen Aufrufen im Register BL einen **Status-Code** zurückgibt. Des weiteren wird bei allen

Funktionen - wenn im folgenden nicht anders beschrieben - in AX ein **Fehlerflag** zurückgeliefert. D.h. ist AX = 0, so trat ein Fehler auf, ist AX = 1, so war der Aufruf erfolgreich. Die Bedeutung der Fehlercodes zeigt Tabelle 11.6. Die Funktionsnummer des XMS-Treibers wird mit dem Wert im Register AH ausgewählt.

CALL XMS-Manager, Funktion 00h: 'Get XMS-Version-Number'

IN:

AH: 00h

OUT:

AX: Versionsnummer

BX: Interne Revisionsnummer

DX: HMA-Status (0 = kein HMA vorhanden)

Anm.: Die Versionsnummer wird als BCD-Zahl zurückgegeben.

Tabelle 11.6: Fehlercodes des XMS-Managers

Fehlercode	Bedeutung
80h	Ungüliger Funktionscode in AH
82h	Fehler bei Schalten der 21. Adressleitung (A20)
8Eh	Allgemeiner Fehler im Treiber
8Fh	Unkorrigierbarer Fehler im Treiber
90h	Kein HMA-Bereich vorhanden
91h	HMA wird bereits benutzt
92h	Angeforderter HMA-Block zu klein
93h	HMA-Bereich nicht belegt
94h	Adressleitung A20 ist noch aktiviert
A0h	Kein freies Extended Memory mehr vorhanden
A1h	Alle Handles für Extented Memory belegt
A2h	Handle ungültig
A3h	Quellenhandle ungültig
A4h	Quell-Adresse ungültig
A5h	Ziel Handle ungültig
A6h	Ziel Adresse ungültig
A7h	Blocklänge ungültig
A8h	Unerlaubte Überlappung der Transfer-Adressen

Tabelle 11.6 (Fortsetzung)

Fehlercode	Bedeutung
ABh	Block ist gesperrt
ACh	Block zu oft gesperrt
ADh	Fehler bei der Sperrung des Blocks
B0h	Kein UMB der angeforderten Größe verfügbar
B1h	Kein Upper Memory Block mehr frei
B2h	Ungültige UMB-Paragraphenadresse

Ein Wert von Null bedeutet einen fehlerfreien Aufruf.

CALL XMS-Manager, Funktion 01h: 'Allocate HMA-Area'

IN:

AH:	01h
DX:	Größe in Byte

OUT:

AX:	Status
BL:	Fehlercode

Den folgenden Funktionen wird nur die Funktionsnummer in AH übergeben. Sie geben nur Statuswert (AX) und Fehlercode (BL) zurück:

Funktion	Aufgabe
02h	Release HMA Area
03h	Global Enable A20
04h	Global Disable A20
05h	Local Enable A20
06h	Local Disable A20

CALL XMS-Manager, Funktion 08h: 'Get Extended Memory Size'

IN:

AH:	08h

OUT:

AX:	Größe des größten freien Blocks in Kbyte
DX:	Größe des freien Ext. Memory in Kbyte
BL:	Fehlercode (0 = Fehlerfreier Aufruf)

CALL XMS-Manager, Funktion 09h: 'Allocate Ext. Memory'

IN:

AH:	09h
DX:	Größe des gewünschten Blocks in KB

OUT:

DX:	Handle

CALL XMS-Manager, Funktion 0Ah: 'Free Extended Memory'

IN:

AH:	0Ah
DX:	Handle des Blocks

OUT: (Fehlerinfo siehe oben)

CALL XMS-Manager, Funktion 0Bh: 'Move Ext. Memory Block'

IN:

AH:	0Bh
DS:SI	Zeiger auf Transferrecord

OUT: (Fehlerinfo s.o.)

Anm.: Der Transferrecord hat folgenden Aufbau:

Offset	Länge	Inhalt
0	4	Zahl der zu verschiebenden Bytes
4	2	Handle des Quellblocks / 0000H
6	4	Offset im Quellblock / Zeiger auf Quell-Bereich
0Ah	2	Handle des Zielblocks / 0000H
0Ch	4	Offset in den Zielblock / Zeiger auf Ziel-Bereich

Die Anzahl der zu transferierenden Bytes muß immer gerade sein, da nur Worte transferriert werden. Ist das Quell-/Zielhandle gleich Null, so wird im nachfolgenden DWORD eine Adresse im DOS-Bereich (Segment:Offset) erwartet. Wichtig ist, daß sich die Adressen der Blöcke nicht überschneiden dürfen, da die Funktion sonst mit einer Fehlermeldung in AX bzw. BL abbricht.

CALL XMS-Manager, Funktion 0Ch: 'Lock Ext. Memory Block'

IN:

AH:	0Ch
DX:	Handle

OUT:

AX = 1:	DX:BX	=	Physikalische Adresse des Blocks
AX = 0:	BL	=	Fehlercode

Anm.: Der XMS-Manager verschiebt die Blöcke im Extended Memory so, daß den Anforderungen am besten genügt werden kann. Wird nun die *physikalische* Adresse benötigt, so muß der Block gegen weitere Verschiebungen gesperrt werden. Ein gesperrter Block muß vor einer Freigabe entsperrt werden.

CALL XMS-Manager, Funktion 0Dh: 'Unlock Ext. Mem. Block'

IN:

AH:	0Dh
DX:	Handle

OUT: -

CALL XMS-Manager, Funktion 0Fh: 'Resize Ext. Memory Block'

IN:

AH:	0Fh
DX:	Handle
BX:	Neue Blockgröße (in KB)

OUT: -

CALL XMS-Manager, Funktion 10h: 'Allocate Upper-Memory-Block'

IN:

AH:	10h
DX:	Geforderte Blockgröße in Paragraphen

OUT:

AX = 1:	DX = Blockgröße
	BX = Paragraphenadresse
AX = 0:	BL = Fehlercode

CALL XMS-Manager, Funktion 11h: 'Free Upper Memory Block'

IN:

AH:	11h
DX:	Paragraphenadresse des Blocks

OUT: -

Die UNIT _XMS_ enthält die entsprechenden Schnittstellen-Routinen zur Nutzung des XMS-Managers. Der dazugehörige Treiber (HIMEM.SYS) ist bei den neueren MS-DOS-Versionen bzw. bei WINDOWS im Lieferumfang enthalten und meistens auch über die CONFIG.SYS installiert.

Eine weitere Möglichkeit zur Nutzung des Extended Memory besteht natürlich in der Installation einer RAM-Disk (VDISK.SYS / RAMDRIVE.SYS), auf die ohne weitere Software zugegriffen werden kann, wie auf Disketten oder Festplatten.

Diese Möglichkeit ist allerdings nur dann interessant, wenn nicht zugleich Programme betrieben werden sollen, die wie WINDOWS mit den XMS/EMM-Treibern arbeiten. Der Speicherraum, der für eine RAM-Disk reserviert wird, steht dann als konventioneller Extended-Memory-Bereich nicht mehr zur Verfügung. Außerdem ist der Zugriff auf die Daten einer RAM-Disk durch die Dateistruktur erschwert.

11.4.2 Die Funktionen des EMM-Managers

Bevor die Funktionen des EMS, die der EMM-Manager zur Verfügung stellt, in Anspruch genommen werden können, muß ein Anwendungsprogramm überprüfen, ob ein EMM-Manager überhaupt installiert ist. Leider kann das Anwendungsprogramm nicht davon ausgehen, daß der EMS - Interrupt 67h überhaupt initialisiert ist. Deshalb muß zuerst geprüft werden, ob der Interrupt-Vektor ungleich 'NIL' ist. Aber selbst, wenn der Vektor auf irgendeinen Handler im Arbeitsspeicher zeigt, so ist noch nicht gesagt, daß es sich wirklich um einen EMS-Manager handelt. Will man ganz sicher gehen, so ist es notwendig, die Treiberkette (oder die Kette der MCBs) auf einen Handler mit dem Namen 'EMMXXXX0' zu durchsuchen. Nur, wenn ein solcher Treiber oder Speicherblock gefunden wird, kann das Anwendungsprogramm davon ausgehen, daß der EMS-Manager-Interrupt 67h auch tatsächlich installiert ist. Eine andere Möglichkeit - die genau genommen bessere, da sie ohne 'Tricks' arbeitet - besteht darin, den Treiber als 'Datei' bzw. Gerät über DOS anzusprechen, wie dies ja auch mit 'COM' oder 'PRN' möglich ist:

```
Function EMMInstalled:Boolean;
var Driver:Text;
begin
 {$I-}
 Assign(Driver,'EMMXXXX0');
 Reset(Driver);
 EMMInstalled:=IOResult=0;
 Close(Driver);
 {$I+}
end;
```

Im folgenden werde ich die wesentlichen Funktionen des EMS-Managers vorstellen. Einige Funktionen, die z.T. in der Literatur angeführt werden, werden hier ausgespart. Der Grund hierfür ist schlicht der, daß sie mir umständlich bis überflüssig erschienen sind - zumindest im Sinne einer Nutzung des EMS-Managers in 80286er-PCs (und höher). Eine Speicherverwaltung, die auf solche Funktionen angewiesen ist, erscheint mir zudem unzeitgemäß. Wenn die Möglichkeit besteht, im Protected Mode zu programmieren (bzw. Programme laufen zu lassen), so kann meines Erachtens die weitere Erstellung von speicherintensiven Ms-Dos-Anwendungen für den Real-Mode nur noch unter Hinweis auf eine relativ unkomplizierte Nutzung des Extended Memory gerechtfertigt werden.

Tabelle 11.7: Fehlercodes des EMS-Managers

Wert	Bedeutung
00h	Aufruf fehlerfrei durchgeführt
80h	Interner Treiberfehler
81h	Hardware-Fehler
82h	Treiber nicht bereit ('busy')
83h	Handlecode ungültig
84h	Ungültige Funktionsnummer
85h	Alle Handles vergeben
86h	Fehler im Mapping-Aufruf
87h	Zuwenig Seiten für diese Anforderung
88h	Zuwenig freie Seiten für diese Anforderung
89h	Handle für Seite 0 ungültig

Tabelle 11.7: (Fortsetzung)

Wert	Bedeutung
8Ah	EMS-Seitennummer zu groß
8Bh	EMS-Seite ist nicht eingeblendet
8Ch	Interner Überlauf
8Dh	Handle ist bereits vergeben
8Fh	Unerkannter Fehler
90h	Attribut-Byte undefiniert
92h	Adress-Überlappung bei Move-Anweisung
93h	Länge des zu verschiebenden Bereichs zu groß
94h	Konventionelles / Expanded Memory überlappen
95h	Offset in logische Seite größer als Seite
96h	Bereich größer 1 MB
97h	Adress-Überlappung bei Exchange-Anweisung
98h	Quell oder Ziel undefiniert
99h	Kein Status zugewiesen
A0h	Handlename nicht gefunden
A1h	Name bereits vergeben
A2h	Move/Exchange-Operation überschreitet 1 MB
A3h	Fehlerhafte Datenstruktur
A4h	Zugriff auf Speicherbereich abgewiesen

Mithilfe der folgenden Funktion kann der Status des Managers abgefragt werden. Im Prinzip wird die Funktion aber nicht benötigt, da der EMM-Treiber bei *jedem* Aufruf in AH einen **Statuswert** zurückgibt. Dieser Statuswert wird deshalb im folgenden nicht mehr besonders erwähnt. Tabelle 11.7 zeigt die Belegung dieses Statusbytes.

Interrupt 67h, Funktion 40h: 'Get Manager Status'

IN:

AH	40h

OUT:

AH:	Status

Interrupt 67h, Funktion 41h: 'Get Page Frame Segment'

IN:

AH: 41h

OUT:

BX: Seitenrahmensegment

Interrupt 67h, Funktion 42h: 'Get Number of Free Pages'

IN:

AH: 42h

OUT:

BX: Freie Seiten (1 Seite = 16 KB)

DX: Anzahl aller EMS-Seiten

Interrupt 67h, Funktion 43h: 'Allocate EMS-Pages'

IN:

AH: 43h

BX: Anzahl der angeforderten Seiten

OUT:

DX: Handle

Interrupt 67h, Funktion 44h: 'Show / Hide Logical Page'

IN:

AH: 44h

AL: *Physikalische Seite* (0..3)

BX: Seitennummer

DX: Handle

OUT: -

Anm.: Das EMS-Seitenrahmen-Segment wird in vier physikalische 16-KB-Seiten eingeteilt. Der unter dem Handle in DX reservierte Speicherbereich wird in die logischen 16-KB-Seiten 0..Anzahl der Seiten - 1 eingeteilt. Mithilfe der Funktion 44h läßt sich nun jede logische Seite in jede physikalische Seite einblenden.

Interrupt 67h, Funktion 45h: 'Release EMS-Pages of Handle'

IN:

AH:	45h
DX:	Handle

OUT: -

Anm.: Die Funktion gibt *alle* reservierten Seiten des Handles frei. Nach dem Aufruf ist das Handle deshalb ungültig.

Interrupt 67h, Funktion 46h: 'Get EMM-Version-Number'

IN:

AH:	46h

OUT:

AL:	Versionsnummer (BCD-Zahl: 40h entspr. Version 4.0)

Interrupt 67h, Funktion 47h: 'Save Page Mapping'

IN:

AH:	47h
DX:	Handle

OUT: -

Anm.: Die Funktion sichert die aktuelle Konfiguration der Seiten des Handles im EMS-Fenster. Diese Konfiguration läßt sich danach mithilfe der Funktion 48h restaurieren.

Interrupt 67h, Funktion 48h: 'Restore Page Mapping'

IN:

AH:	48h
DX:	Handle

OUT: -

Anm.: Siehe Funktion 47h

Interrupt 67h, Funktion 4Bh: 'Get Number of Used Handles'

IN:

AH:	4Bh

OUT:

BX:	Anzahl der aktuell genutzten EMM-Handles

Anm.: Die Zahl der freien Handles liegt zwischen 0 und 255.

Interrupt 67h, Funktion 4Ch: 'Get Pages of Handle'

IN:

AH:	4Ch
DX:	Handle

OUT:

BX:	Anzahl der Seiten, die unter dem Handle reserviert sind.

Interrupt 67h, Funktion 4Dh: 'Get Pages of All Handles'

IN:

AH:	4Dh
ES:DI:	Zeiger auf einen 1 KB großen Puffer

OUT:

BX:	Zahl der genutzten Handles

Anm.: Die Tabelle enthält nach dem Aufruf für jedes genutzte Handle zwei Worte. Im ersten Wort steht die Handlenummer und im zweiten die Anzahl der unter diesem Handle reservierten Seiten. Die folgende Funktion erlaubt ebenfalls die Abfrage dieser Tabelle - einschließlich ihrer Modifikation.

Interrupt 67h, Funktion 4Eh: 'Get / Set Page Map'

Die Funktion enthält eine Reihe von Unterfunktionen zur Manipulation der Seitenzahlen, die den einzelnen Handles zugeordnet werden.

Unterfunktion 00h: 'Get Page Map'

IN:

AX:	4E00h
ES:DI:	Zeiger auf Handle-Seitentabelle

OUT: -

Anm.: Die Tabelle enthält für jeden Eintrag 2 Worte; im ersten Wort steht das Handle, im zweiten steht die Anzahl der reservierten Seiten. Die Größe der Tabelle kann mit Unterfunktion 3 erfragt werden.

Unterfunktion 01h: 'Set Page Map'

IN:

AX: 4E01h

DS:SI: Zeiger auf Handletabelle, die gesetzt werden soll

OUT: -

Anm.: Die Anwendung sollte vorher die Tabelle über Funktion 00h ermitteln, modifizieren und schließlich mit dieser Funktion setzen.

Unterfunktion 02h: 'Change Page Map'

IN:

AX: 4E02h

DS:SI: Zeiger auf zu setzende Handletabelle

ES:DI: Zeiger auf die zu ermittelnde Tabelle

OUT: -

Anm.: Der Treiber übernimmt bei dieser Funktion die Einstellungen, die die über DS:SI adressierte Tabelle enthält, und trägt die alte Seiteneinteilung in die über ES:DI adressierte Tabelle ein.

Unterfunktion 03h: 'Get Page Map Size'

IN:

AX: 4E03h

OUT:

AL: Größe der Handletabelle in KB

Interrupt 67h, Funktion 4Fh: 'Get / Set Partial Page Map'

Die Funktion enthält eine Reihe von Unterfunktionen zur Manipulation der Handle-Seiten-Tabelle, ähnlich der Funktion 4Eh. Im Gegensatz zu dieser erlaubt sie jedoch auch die Manipulation eines Teils dieser Tabelle.

Unterfunktion 00h: 'Get Partial Page Map'

IN:

AX: 4F00h

DS:SI: Zeiger auf Anforderungstabelle

ES:DI: Zeiger auf Ergebnispuffer

OUT: -

Anm.: Die Anforderungstabelle besteht aus N+1 Worten. Im ersten Wort steht die Anzahl N der interessierenden Handles, in den Folgenden N Worten stehen die interessierenden Handlenummern. Die Ausgabetabelle hat das gleiche Format wie in Funktion 4Eh. Die Größe der Tabelle kann mit Unterfunktion 02h erfragt werden.

Unterfunktion 01h: 'Set Partial Page Map'

IN:

AX:	4F01h
DS:SI:	Quelltabelle
ES:DI:	Zieltabelle

OUT: -

Unterfunktion 02h: 'Get Partial Map Size'

IN:

AX:	4F02h
BX:	Zahl der Handles

OUT:

AL:	Anzahl der Einträge in der Tabelle

Interrupt 67h, Funktion 50h: 'Show / Hide Pages of Handle'

Diese Funktion erlaubt es, gleichzeitig mehrere Seiten eines Handles in das EMS-Fenster einzublenden.

IN:

AH:	50h
AL:	0/1: physikalische Nummer / Segmentadresse
CX:	Anzahl der Einträge in der Tabelle
DX:	Handle
DS:SI:	Adresse der Tabelle

OUT: -

Anm.: Die über DS:SI adressierte Tabelle enthält für jede einzublendende Seite zwei Worte. Im ersten Wort steht die logische Seitennummer, die eingeblendet werden soll, im zweiten Wort die physikalische Seite, in die eingeblendet werden soll (AL=0), oder die Segmentadresse, in die eingeblendet werden soll (AL=1).

Interrupt 67h, Funktion 51h: 'Reallocate Pages of Handle'

IN:

AH:	51h
BX:	Neue Zahl der Seiten
DX:	Handle

OUT:

BX:	Anzahl der Seiten

Anm.: Über diese Funktion läßt sich die Anzahl der Seiten, die einem bestimmten Handle zugeordnet sind, neu bestimmen.

Interrupt 67h, Funktion 52h: 'Attribute Functions'

Mithilfe dieser Funktionen lassen sich die Attribute eines Handles (löschbar/fest) manipulieren. Die Funktion hat drei Unterfunktionen:

Unterfunktion 00h: 'Get Handle Attributes'

IN:

AX:	5200h
DX:	Handle

OUT:

AL:	Attribut (Bit 0 = fest/löschbar)

Unterfunktion 01h: 'Set Handle Attribut'

IN:

AX:	5201h
BL:	Attribut
DX:	Handle

OUT: -

Unterfunktion 02h: 'Is Handle fixable ?'

IN:

AX:	5202h

OUT:

AL:	0: Treiber unterstützt keine festen Handles
	1: Treiber unterstützt auch feste Handles

Interrupt 67h, Funktion 53h: 'Handle Name Functions'

Diese Funktion enthält eine Reihe von Unterfunktionen, mit denen es möglich ist, Handles Namen zu geben, bzw. über Namen zu verwalten. Dies ist für die Kommunikation zwischen verschiedenen Programme u.U. sehr von Vorteil.

Unterfunktion 00h: 'Get Handle Name'

IN:

AX:	5300h
DX:	Handle
ES:DI:	Zeiger auf ein Namensfeld von acht Zeichen

OUT: -

Unterfunktion 01h: 'Set Handle Name'

IN:

AX:	5301h
DX:	Handle
DS:SI:	Zeiger auf ein Feld mit dem Namen (acht Zeichen)

OUT: -

Interrupt 67h, Funktion 54h: 'Handle Name List Functions'

Mithilfe dieser Funktion läßt sich das Handle-Verzeichnis abfragen.

Es existieren drei Unterfunktionen:

Unterfunktion 00h: 'Get Handle Name List'

IN:

AX:	5400h
ES:DI:	Zeiger auf eine Tabelle mit zehn Byte pro Handle.

OUT: -

Anm.: Die Anzahl der Handles beträgt normalerweise 255, läßt sich aber auch über Unterfunktion 2 abfragen. Jeder Eintrag in der Handletabelle enthält im ersten Wort die Handlenummer und im Anschluß ein 8-Zeichen-Feld mit dem Namen. Hat das Handle keinen Namen, so sind alle Zeichen auf Null gesetzt. Ist das Handle unbenutzt, so ist die Handlenummer 0.

Unterfunktion 01h: 'Search For Handle Name'

IN:

AX:	5401h
DS:SI	Zeiger auf 8-Byte-Feld mit dem Namen

OUT:

DX:	Handle

Unterfunktion 02h: 'Get Total Handle Count'

IN:

AX:	5402h

OUT:

BX:	Anzahl der Handles

Interrupt 67h, Funktion 55h: 'Set Page Map and JUMP'

Mithilfe dieser Funktion lassen sich zwei Aufgaben zugleich bewerkstelligen: Zuerst das Einblenden bestimmter Speicherseiten und dann ein JUMP FAR (in diese Speicherseiten). Die Funktion ist somit für Programme gedacht, die in den EMS-Seiten Code abgelegt haben. In AL wird eine Null übergeben, wenn in der Tabelle mit den Seitennummern die physikalische Seitennummer angegeben wird, in die die Speicherseite einzublenden ist. Wird in AL eine Eins eingetragen, so steht die Segmentadresse anstelle der physikalischen Seite in der Tabelle.

IN:

AH:	55h
AL:	0/1
DX:	Handle
DS:SI:	Zeiger auf die Tabelle

OUT: -

Anm.: Die Tabelle besitzt folgenden Aufbau:

Offset	**Länge**	**Inhalt**
0	4	JUMP-FAR-Adresse
4	1	Anzahl der vor dem JUMP einzublendenden Seiten
5	4	Zeiger auf die Seitentabelle mit 2 Worten / Eintrag:
		1. Wort: Logische Seitennummer
		2. Wort: Phys. Seite / Segmentadresse

Interrupt 67h, Funktion 56h: 'Set Page Map and CALL'

Die Aufrufstruktur entspricht exakt der in Funktion 55h. Nur die Über DS:SI adressierte Tabelle hat einen erweiterten Aufbau:

Offset	Länge	Inhalt
0	4	CALL-FAR-Adresse
4	1	Anzahl der einzublendenden Seiten vor dem CALL
5	4	Zeiger auf Tabelle der Seiten (vergl. Funktion 55h)
9	1	Anzahl der nach dem RETF einzublendenden Seiten
Ah	4	Zeiger auf Tabelle der Seiten

Interrupt 67h, Funktion 57h: 'Move or Exchange Memory'

Diese Funktion eröffnet die Möglichkeit, auch ohne (den Umweg über das) Fenster Daten mit dem EMS-Speicher auszutauschen. Es existieren zwei Unterfunktionen, die über AL ausgewählt werden:

Unterfunktion 00h: 'Move Memory Block'

IN:

AX: 5700h

DS:SI: Zeiger auf Transferrecord

OUT: -

Unterfunktion 01h: 'Exchange Memory Block'

IN:

AX: 5701h

DS:SI: Zeiger auf Transferrecord

OUT: -

Anm.: Der Transfer-Record hat bei beiden Aufrufen die gleiche Struktur:

Offset	Länge	Inhalt
0	4	Anzahl der zu verschiebenden Bytes
4	1	0/1: Quelle im DOS-/EMS-Bereich
5	2	Handle des Quellblocks
7	2	Offset des Quellblocks
9	2	Quellseite (EMS) oder -segment (DOS)
0Bh	1	0/1: Ziel im DOS-/EMS-Bereich
0Ch	2	Handle des Zielblocks
0Eh	2	Offset des Zielblocks
10h	2	Zielseite (EMS) oder -segment (DOS)

Wie auch beim XMS-Manager ist es verboten, daß sich Quell- und Zielbereich überlappen. Im Gegensatz zum XMS-Manager lassen sich jedoch auch Blöcke mit einer ungeraden Anzahl Bytes verschieben.

11.4.3 Die UNIT _XMS_

Bei der UNIT _XMS_ wurde bewußt auf eine Implementierung der HMA-Funktionen des XMS-Managers verzichtet. Dies zum einen deshalb, weil der Bereich 'nur' 64 KByte umfaßt, und zum zweiten, weil es vorteilhaft ist, diesen Bereich von DOS zu überlassen und die Anweisung 'DOS = High' in die CONFIG.SYS aufnehmen.

Der XMS-Treiber wird, wie schon erwähnt, nicht über einen Interrupt angesprochen, sondern über einen FAR CALL. Dies macht die Benutzung von Assembler unumgänglich, da ja die Register mit definierten Werten belegt sein müssen. Der Installationsstatus und die Einsprungadresse werden vorher über den Multiplexer-Interrupt 2Fh erfragt.

Die Einsprungadresse 'XMSAddr' und der Transferrecord 'Master' wurden gezielt als globale Variablen ausgelegt.

Der Transferrecord enthält die Steuerungsinformationen beim Datentransfer zwischen dem DOS-Bereich und dem Extended Memory. Der XMS-Treiber erwartet die Adresse eines korrekt ausgefüllten Feldes in den Registers DS:SI.

Wenn der Transferrecord bereits (als globale Turbo-Variable) im Datensegment liegt, entfällt somit die Umprogrammierung des DS-Registers.

Der XMS-Manager gestattet ausschließlich den Transfer von ganzen Worten zwischen dem Extended Memory und DOS. Um eine ungerade Anzahl Bytes transferieren zu können, muß somit geflickschustert werden. Eine Möglichkeit, wie dies durchgeführt werden kann, wird bei dem tXMSStream - Objekt gezeigt. Das Interface der UNIT _XMS_:

```
{*******************************************************************}
{                                                                   }
{         Copyright (C) Christian Baumgarten, Hamburg 1993.         }
{                                                                   }
{  UNIT mit Routinen für den Zugriff auf das Extended Memory (XMS)  }
{      einschließlich eines XMS-Streams.                            }
{                                                                   }
{*******************************************************************}
```

```
UNIT _XMS_;
{$F+}
INTERFACE
USES OBJECTS;

type XMS_TranferRec=record
       size:longint;
       Source:word;
       SOffs:pointer;
       Dest:word;
       DOffs:pointer;
      end;

const
      XMS_Error:byte=0;

 procedure GetXMSAddr;
  function XMS_Installed:boolean;
  function XMS_Version:word;
  function XMS_MemSize:word;
  function XMS_MaxAvail:word;
  function XMS_ErrorMsg:string;

 { Ext. Memory reservieren Blockgrösse in Kbytes=[1024 Bytes] }
 procedure XMS_Allocate(var handle:word;BlockSize:word);

 { Ext. Memory freigeben }
 procedure XMS_DeAlloc(handle:word);

 { Ext. Memory-Blockgrösse verändern }
 procedure XMS_SetBlock(handle:word;size:word);

 { Block aus dem Dos-Bereich in das Ext. Memory verschieben }
 { (Size in Bytes: Gerade Anzahl erforderlich)             }
 procedure XMS_Push(handle:word;offs:longint;var
puffer;size:longint);

 { Block aus dem Ext. Memory in den Dos-Bereich verschieben }
 { (Size in Bytes: Gerade Anzahl erforderlich)             }
 procedure XMS_Pop(handle:word;offs:longint;var puffer;size:longint);

 { Datenblock innerhalb des Extended Memory verschieben     }
 procedure XMS_Move(S_Handle:word;S_Offs:longint;
     D_Handle:Word;D_Offs:longint;Size:longint);

 { Block gegen Verschieben sperren und physikalische Addresse
     erhalten }
 function XMS_Lock(handle:word):longint;
```

```
 { Block für Verschieben freigeben }
 procedure XMS_UnLock(handle:word);

 { Grösse des Handles und verbleibende Anzahl Handles erfragen }
 procedure XMS_GetHandleInfo(handle:word;var Size:word;var
FreeHandles:byte);

type
{ TXMSStream }
{ Stream, der im Extended Memory liegt, ohne EMS-Speicher zu }
{ verbrauchen. Setzt voraus, daß freier XMS - Speicher       }
{ verfügbar ist.                                             }

    pXMSStream=^tXMSStream;
    tXMSStream=object(tStream)
     Handle:word;
     KBytes:word;
     Size:longint;
     Position:Longint;
     constructor Init(MinKBytes,MaxKBytes:word);
     destructor done;                          virtual;
     function getpos:longint;                  virtual;
     function getsize:longint;                 virtual;
     procedure Read(var Buf; Count:word);      virtual;
     procedure Seek(pos:longint);              virtual;
     procedure Truncate;                       virtual;
     procedure Write(var Buf;count:word);      virtual;
    end;

IMPLEMENTATION
```

12 Protected Mode und DPMI

Endlich!!! Endlich besteht die Möglichkeit, ohne große Umstände die installierten drei, vier, acht oder gar 16 MByte ohne diese nervenden Umwege über EMS, EMM, XMS u.s.w.u.s.f. direkt zu nutzen. Sie stehen unter BP 7.0 und DPMI direkt als Heap zur freien Verfügung - willig, mit allem Sinn oder Unsinn angefüllt zu werden, der dem Programmierer gerade einfällt. Wie viele Bücher und Tools sich mit der 640KB - Grenze des 80x86 unter DOS herumgeschlagen haben! (Und in der Tat: Selbst in diesem Buch wird in Kapitel 11 ein XMS-Stream für diejenigen vorgestellt, die sich auf Turbo Pascal 6.0 oder 7.0 beschränken.)

Doch, doch: Die Sache hat einen Haken. Dazu weiter unten mehr. Hier sollen erst einmal die Besonderheiten des PM demjenigen erläutert werden, der noch keine Lust oder Gelegenheit hatte, sich damit zu befassen. Alle 80x86er - Prozessoren ab dem 80286 kennen neben dem hinlänglich bekannten 'Realmodus' einen weiteren Betriebsmodus, den sogenannten 'Protected Mode', der so heißt, wie er heißt, weil er so ist - geschützt. Das heißt, daß die Hardware des Prozessors selbst die intensive Überwachung des ordnungsgemäßen Programmablaufs ermöglicht und unterstützt. Dies betrifft sowohl den Speicherzugriff als auch den Zugriff auf die Ports. Vor jedem Zugriff prüft der Prozessor, ob eine Berechtigung vorliegt und löst andernfalls einen Exception-Interrupt aus. Im Protected Mode löst somit der Versuch, einen 'hängenden' (oder NIL-) Zeiger zu dereferenzieren, nicht gleich den Absturz des Computers aus, sondern schlimmstenfalls den sofortigen Abbruch der fehlerhaften Task.

Bewerkstelligt wird dies dadurch, daß die Segmentregister nicht mehr Segmentwerte beinhalten, sondern sogenannte Selektoren - das sind Indices, die aus sogenannten 'Deskriptortabellen' einen Eintrag auswählen. Der numerische Wert, den das Segmentregister beinhaltet, hat also mit der physikalischen Adresse des Segmentes im Arbeitsspeicher keinen direkten Zusammenhang mehr. D.h. daß der Versuch, ein beliebiges Segmentregister mit einem ungültigen Selektor zu laden, eine Ausnahmebedingung auslöst. Im PM ist somit der Zugriff auf den BIOS-Datenbereich über die Anweisung

```
Variable:=Mem[$40:$XX]
```

unzulässig.

Was aber ist ein *gültiger* Selektor? Nun, ein gültiger Selektor ist einer, der erstens auf einen gültigen Deskriptor verweist, und zweitens auf einen Deskriptor, der die intendierte Operation erlaubt. Denn der Deskriptor legt nicht nur fest, wo das Segment im Arbeitsspeicher tatsächlich liegt, sondern auch, wie lang das Segment ist (Segmentlimit) und welche Attribute das Segment hat, etwa, ob es sich um ein Codesegment handelt (read only) oder um ein Datensegment (nicht ausführbar) oder ein Stacksegment (wächst nach unten). Daneben wird dem Segment noch eine Priveligierungsstufe zugeordnet, so daß sich nicht ohne weiteres jedes Programm frei durch den Arbeitsspeicher lesen kann, wie ihm gerade beliebt. Dies alles hört sich recht restriktiv an, ist aber in der Praxis nicht so einschränkend, wie es zunächst scheint. So stehen dem Pascal-Programmierer zumindest in den ihm zugewiesenen Segmenten zusätzliche Selektoren - sogenannte *Alias*segmente - zur Verfügung, mit deren Hilfe es auf ausdrücklichen Wunsch möglich ist, sowohl in Codesegmente zu schreiben als auch ein Datensegment 'auszuführen'. So erhält man mit der Anweisung

```
P := Ptr(Seg(Irgendeineprozedur) +
        SelectorInc,Ofs(Irgendeineprozedur));
```

einen gültigen Zeiger, der 'Irgendeineprozedur' als Datensegment zur Verfügung stellt. Allgemein gilt, daß die Addition der 'magischen' Variablen *SelectorInc* den zu einem Selektor komplementären Selektor ergibt. Bei der Reservierung globalen Speichers von mehr als 64KB über *GlobalAlloc* liefert hingegen die Addition von *SelectorInc* einen gültigen Selektor auf das folgende Segment, wozu im Real-Mode ein Wert von 1000H nötig wäre. Werden also Speicherbereiche reserviert, die größer sind als ein Segment (64KB), so stellt DOS im Abstand von *SelectorInc* so viele Selektoren zur Verfügung, wie erforderlich sind, um auf den gesamten Speicherbereich zuzugreifen. Werden 65 KB Speicher reserviert, so stellt das DPMI zwei Selektoren im 'Abstand' von SelectorInc zur Verfügung. Der zweite Selektor zeigt auf ein Segment von 1KB Größe. Dieses

Verfahren gilt auch für Windows, das ebenfalls - auch im erweiterten 386er-Modus - 16Bit-Segmente verwendet. Man kann unter Windows allerdings auch 32-Bit-Segmente allozieren, wenn der Prozessor ein 80386 oder höher ist und die Datei 'WINMEM32.DLL' zur Verfügung steht.

Zusätzlich zu den Aliasselektoren stehen Selektoren zur Verfügung, mit deren Hilfe auf die 'allgemeinen' Segmente zugegriffen werden kann, wie etwa auf den BIOS-Datenbereich, den Videospeicher oder das ROM-BIOS. Für den Zugriff auf den BIOS-Datenbereich steht z.B. standardmäßig ein gültiger Selektor in der Variablen Seg0040 zur Verfügung, so daß die Anweisung

```
Variable:=Mem[Seg0040:$XXXX]
```

unproblematisch ist. Andere Standardselektoren sind SegB000, SegB800 und SegA000 für den freien Zugriff auf den Videospeicher. (Diese Selektoren existieren auch im Realmode und entsprechen dann den nämlichen Segmentwerten SegA000 = A000H.) Weitere Selektoren (z.B. SegF000 oder SegC000) werden in der UNIT SYSINFO deklariert.

All dies erklärt ganz gut, warum der freie Zugang zum PM solange auf sich warten ließ: Im PM steht das BIOS nicht mehr ohne weiteres zur Verfügung, da es nicht mit Selektoren umgehen kann. Und auch DOS existiert nur in Form des DPMI (DOS Protected Mode Interface), und die Interruptvektortabelle hat nicht mehr ihre ursprüngliche Position oder Funktion. Die Interruptvektoren werden vielmehr über die Interrupt-Deskriptor-Tabelle (IDT) gefunden. Das bedeutet nicht, daß die BIOS-Funktionen gar nicht mehr nutzbar sind, sondern, daß der Prozessor zur Ausführung einer solchen Routine kurzzeitig in den Real- bzw. den *Virtual*-Mode umgeschaltet werden muß. (Der *Virtual Mode* ist eine Spielart des Protected Mode, in der einem Programm eine scheinbare (virtuelle) Real-Mode-Umgebung 'vorgespiegelt' wird. Das Programm EMM386.EXE schaltet z.B. in den Virtual Mode). Das DPMI stellt hierfür eine Reihe von Funktionen zur Verfügung, die in diesem Kapitel z.T näher vorgestellt werden sollen. Vorab: Fast alle Funktionen des DOS-Interrupts 21H sind unverändert nutzbar, ebenso die BIOS-Funktionen der Interrupts 10h/16h. Schwierigkeiten ergeben sich im wesentlichen dann, wenn Funktionen aufgerufen werden sollen, die in den Registern gültige Real-Mode-Zeiger erwarten, da es ja wie gesagt im PM gar nicht möglich ist, Segmentregister mit Real-Mode-

Segmentwerten zu laden, andererseits die BIOS-Routinen etwa mit Selektoren nichts anzufangen wissen. Unter diese Aufrufe fallen die Funktionen des BIOS-Interrupt 13h für Disketten- und Plattenzugriffe ebenso wie die DOS-Interrupts 25h/26h und die IO-Ctrl-Funktionen 44xxh des DOS-Interrupts 21h. Wie dieses Problem lösbar ist, wird an dem Beispiel der Diskettenfunktionen in der UNIT DISK_OBJ vorgeführt (vgl. Kapitel 9).

12.1 Selektoren und Deskriptoren

Im Real Mode beinhalten die Segment-Register CS, DS, SS und ES (zzgl. FS und GS ab dem 80386) die *physikalische* Angabe der Paragraphenadresse eines Segments. Dies ist im Protected Mode grundsätzlich anders. Hier beinhalten die Segmentregister *Selektoren*, die u.a. einen Index auf einen Eintrag in die LDT oder GDT beinhalten. Selektoren sind im Detail fogendermaßen aufgebaut:

```
Bit          15 ... 3 2  1 0
Bedeutung    [ Index ] TI  [RPL]
```

Der Deskriptor-Index umfaßt somit 13 Bits, woraus folgt, daß in einer Deskriptorentabelle maximal 8192 Selektoren definiert werden können. Da ein Deskriptor 8 Byte umfaßt, ist eine Deskriptortabelle also maximal 64 KB lang. Die beiden RPL-Bits bezeichnen die Priveligierungsebene des Selektors, und das TI-Bit wählt die Deskriptortabelle aus. Ein gesetztes TI-Bit bezeichnet die LDT, ein gelöschtes die GDT. Den Aufbau eines Deskriptors, d.h. eines Eintrags in einer Deskriptortabelle, zeigt Tabelle 12.1.

Tabelle 12.1: Aufbau eines Deskriptors

Byte	Inhalt
0,1	Bit 0..15 der Segmentlänge (des 'Limits')
2,3,4	Bit 0..23 der Selektorbasisadresse
5	Deskriptorbyte
6	Bit 0..3 entsprechen Bit 20..23 des Limits (ab 386) Bit 4..7 beschreiben das Segment
7	Bit 24..31 der Basisadresse (ab 386)

Das Byte ab Offset 5 hat dabei folgenden Aufbau:

```
Bit          7  6 5  4  3  2  1  0
Bedeutung    P  [DPL] S  [  TYP  ]  A
Code                  1  C  R
Daten                 0  E  W
```

Das gesetzte P-Bit signalisiert die 'Anwesenheit' eines Segment im physikalischen Adressraum. Die DPL-Bits beschreiben die Privilegebene des Deskriptors. So dürfen etwa Programme mit niedrigerer Privilegebene (DPL höher) nicht auf Segmente einer höheren Privilegierungsebene zugreifen. Das gelöschte S-Bit signalisiert einen System-Deskriptor, ein gesetztes S-Bit ein Programm- oder Datensegment. Im weiteren werden nur Nicht-System-Deskriptoren beschrieben.

Die Typkennung des Deskriptors gibt an, welche Art von Segment der Deskriptor beschreibt. Bit drei, das höchste Bit der Typ-Kennung, gibt an, ob es sich um ein Code- oder ein Datensegment handelt. Ein gesetztes Bit signalisiert ein Codesegment. In diesem Fall wird Bit Eins als Leseerlaubnisbit (R) gedeutet, während es bei einem Datensegmentdeskriptor die Schreiberlaubnis ein- und ausschaltet.

Bei Datendeskriptoren signalisiert ein gelöschtes E-Bit eine Aufwärtsrichtung, d.h. die Basisadresse ist die niedrigste Adresse, während ein gesetztes Bit ein in Richtung niedrigerer Adressen wachsendes Segment (Stacksegment) bezeichnet. Bei Codesegmentdeskriptoren signalisiert dieses Bit, ob das Segment auch von niedriger priviligierten Programmen ausgeführt werden darf (Conforming Bit).

Bit Null dient dabei als Zugriffsanzeige (Access-Bit). Es wird gesetzt, wenn auf das Segment lesend oder schreibend zugegriffen wird. Das Betriebssystem kann hierdurch eine bessere Kontrolle darüber erlangen, ob oder wie oft ein Segment tatsächlich genutzt wird.

Byte 6 des Deskriptors hat folgende Belegung:

```
Bit     7  6  5  4  3  2  1  0
Inhalt  G     0  V  [ Limit  ]
Daten      B
Code       D
```

Das B-Bit (Datensegment) schaltet zwischen SP (B=0) und ESP (B=1) als Stackpointer um (ab 386).

Das D-Bit (Codesegment) schaltet zwischen 16-Bit-Standardlänge für Operanden und Adressen (D=0) und 32-Bit-Standardlänge (D=1) um (ab 386).

Das G-Bit legt die 'Granularität' fest. G = 0 steht für Byte-Granularität. Damit kann das Segment maximal 1 MB lang sein (20 Bit für die Längenangabe). G = 1 steht für 4KB-Granularität. Die maximale Segmentlänge beträgt 4 GB. Auf die Basisadresse hat das G-Bit keine direkte Auswirkung.

Man erkennt am Aufbau der Deskriptoren deutlich, wie die CPU im Protected Mode eine umfassende Ablaufkontrolle unterstützt.

12.2 Das DOS-Protected-Mode-Interface (DPMI)

Die Kommunikation mit dem DPMI läuft - wie könnte es bei DOS anders sein - über einen Interruptaufruf, und zwar Interrupt 31H. Im folgenden wird die Aufrufschnittstelle beschrieben. Für diese Schnittstelle wird folgende Registerstruktur (50 Byte lang) definiert:

```
Type DWord = Longint;

TCallStructure = RECORD
 EDI: DWord;
 ESI: DWord;
 EBP: DWord;
 Reserved: DWord;
 EBX: DWord;
 EDX: DWord;
 ECX: DWord;
 EAX: DWord;
 Flags: Word;
 ES: Word;
 DS: Word;
 FS: Word;
 GS: Word;
 IP: Word;
 CS: Word;
 SP: Word;
 SS: Word;
END;
```

12.2.1 Der DPMI-Interrupt

Der DPMI-Interrupt wird immer mit der Funktionsnummer in AX aufgerufen. Das gesetzte Carryflag signalisiert im allgemeinen einen Fehler, das gelöschte eine erfolgreiche Ausführung.

Im folgenden bedeuten:

IDT : Interrupt Descriptor Table

LDT : Local Descriptor Table

GDT : Global Descriptor Table

@Regs: Zeiger auf eine TCallStructure

RMCB : Real Mode Call Back

Interrupt 31H, Funktion 0000: 'Allocate Local Descriptors'

IN:

AX:	0000H
CX:	Anzahl der zu reservierenden Deskriptoren

OUT:

AX:	Base Selector

Anm.: Zurückgegeben wird der erste Deskriptor. Alle weiteren erhält man durch Addition von SelectorInc. Die Deskriptoren verweisen auf Datensegmente, die aber auf Nulladresse und -Längen gesetzt sind. Um die Selektoren nutzen zu können, benutzt man zuerst sowohl 'Set Selector Base' (0007) als auch 'Set Selector Limit' (0008).

Interrupt 31H, Funktion 0001H: 'Disalloc Local Descriptors'

IN:

AX:	0001
BX:	Selektor

Out: -

Anm.: Die mit der Funktion 0 allozierten Selektoren müssen nach Gebrauch einzeln über diese Funktion freigegeben werden. (Es stehen nicht beliebig viele Selektoren zur Verfügung, so daß die nicht freigegebene Selektoren die Systemintegrität beeinträchtigen können.)

Interrupt 31h, Funktion 0003H: 'Get SelectorInc'

IN:

AX: 0003h

OUT:

AX: SelectorInc

(Diese Funktion wird in Borland-Pascal nicht benötigt, da der Wert von SelectorInc von Pascal zur Verfügung gestellt wird.)

Interrupt 31h, Funktion 0006H: 'Get Selector Base Address'

IN:

AX: 0006h

BX: Selektor

Out:

CX:DX: Base Address (32 Bit entspr. Longint)

Interrupt 31h, Funktion 0007H: 'Set Selector Base Address'

IN:

AX: 0007h

BX: Selektor

CX:DX: 32 Bit - Adresse

Out: -

Interrupt 31h, Funktion 0008: 'Set Selector Limit'

IN:

AX: 0008h

BX: Selektor

CX:DX: 32-Bit-Limitwert

Out: -

Anm.: Bei dem 16-Bit-DPMI, das mit Borland Pascal geliefert wird, läßt sich kein Limit von mehr als 64KB setzen. Wird ein Limit von 68KB gefordert, so setzt die Funktion ein Limit von 4KB (= 68 mod 64). Dies ist unter Windows im 386er-Enhanced-Mode anders: Es lassen sich Limits von mehr als 64 KB setzen.

Interrupt 31H, Funktion 0009: 'Set Selector Access Rights'

IN:

AX:	0009h
BX:	Selektor (local)
CL:	Access Rights Byte
CH:	80386 Extended Access Rights Byte

OUT: -

Interrupt 31h, Funktion 000Ah: 'Create Alias Selector'

IN:

AX:	000Ah
BX:	Selektor

Out:

AX:	Data Selektor

Anm.: Die Funktion entspricht der Funktion AllocDStoCSAlias der UNIT WINAPI.

Interrupt 31h Funktion 000Bh: 'Get Deskriptor of Selector'

IN:

AX:	000Bh
BX:	Local Selector
ES:DI:	Zeiger auf 8-Byte-Deskriptorpuffer

OUT: Deskriptor im Puffer

Interrupt 31h, Funktion 000Ch: 'Set Deskriptor of Selector'

IN:

AX:	000Ch
BX:	Local Selector
ES:DI:	Zeiger auf 8-Byte-Deskriptor

OUT: -

Interrupt 31h, Funktion 0100h: 'Allocate DOS Memory'

IN:

AX:	0100h
BX:	Anzahl an Paragraphen

OUT:

AX:	Real-Mode-Segmentwert
DX:	Selektor des Segments für Protected Mode

Carryflag gesetzt: AX = Fehlercode und BX = Maximal freier Speicherbereich in Paragraphen.

Entspricht der WINAPI-Funktion GlobalDOSAlloc; diese Funktion wird benötigt, um Speicherbereich zu reservieren, auf den sowohl Real-Mode-Handler als auch das Protected-Mode-Programm zugreifen können. Der reservierte Speicherbereich liegt bei einem erfolgreichen Aufruf in den unteren 1 MB des Speichers.

Interrupt 31h, Funktion 0101h: 'Free DOS Memory'

IN:

AX:	0101h
DX:	Selektor des Speicherbereichs

OUT: -

Anm.: Entspricht WINAPI-Funktion GlobalDOSFree.

Interrupt 31h, Funktion 0102h: 'Realloc DOS Memory'

IN:

AX:	0102h
BX:	Neue Größe in Paragraphen
DX:	Selektor des DOS-Bereichs

OUT:

CF = 1:	AX = Fehlercode
	BX = maximale Anzahl freier Paragraphen

Die folgende Routine ist nötig, um die Adresse des Real-Mode-Interrupt-Handler für den Diskettenzugriff (Int 25h/26h) zu erfahren. Im Kapitel 9, 'Disketten und Platten', erfahren Sie mehr hierzu.

Interrupt 31h, Funktion 0200h:
'Get Real-Mode-Interrupt-Vector'

IN:

AX:	0200h
BL:	Nummer des Interrupts

OUT:

CX:DX:	Adresse des Handlers

Anm.: Im Protected Mode gibt es zwei Interrupt-Vektor-Tabellen: Die Real-Mode-Interrupt-Tabelle an ihrer alten Adresse und die IDT (Interrupt Descriptor Table), über die alle direkten Interrupts laufen.

Man kann aber mit Hilfe des DPMI auch Real-Mode-Interrupts aufrufen und deren Vektoren lesen und setzen.

Interrupt 31h, Funktion 0201h:
'Set Real-Mode-Interrupt-Vector'

IN:

AX:	0201h
BL:	Nr. des Interrupt
CX:DX:	Real-Mode-Adresse (Segment:Offset)

OUT: -

Anm.: In einer Protected-Mode-Anwendung werden Real-Mode-Interrupts nicht direkt aufgerufen. Nur Real-Mode-Tasks, die von einer DPMI-Anwendung aus gestartet werden, werden hiervon direkt betroffen.

Interrupt 31h, Funktion 0202h:
'Get Exception Handler Address'

IN:

AX:	0202h
BL:	Exception Nummer

OUT:

CX:DX:	Adresse des Exception-Handlers

Interrupt 31h, Funktion 0203h:
'Set Exception Handler Address'

IN:

AX:	0203h
BL:	Exception Nummer
CX:DX:	Adresse des neuen Handlers

OUT: -

Interrupt 31h, Funktion 0204h:
'Get Protected-Mode-Interrupt-Vector'

IN:

AX:	0204h
BL:	Nummer des Interrupt

OUT:

CX:DX:	Interrupt Vektor

Interrupt 31h, Funktion 0205h: 'Set Protected-Mode-Interrupt-Vector'

IN:

AX:	0205h
BL:	Nummer des Interrupt
CX:DX:	Adresse des neuen Interrupt-Handlers

OUT: -

Interrupt 31h, Funktion 0210h: 'Get Protected-Mode-Exception-Handler'

IN:

AX:	0210h
BL:	Exception Nummer

OUT:

CX:DX:	Adresse des Handlers

Interrupt 31h, Funktion 0211h: 'Get Real-Mode-Exception-Handler'

IN:

AX:	0211h
BL:	Nummer der Ausnahmebedingung

OUT:

CX:DX:	Adresse des Handlers

Interrupt 31h, Funktion 0212h: 'Set PM-Exception-Handler'

IN:

AX:	0212h
BL:	Nr. der Ausnahmebedingung
CX:DX:	Handler-Adresse

OUT: -

Interrupt 31h, Funktion 0213h: 'Set Real-Mode-Exception-Handler'

IN:

AX:	0213h
BL:	Nr. der Ausnahmebedingung
CX:DX:	Adresse (Selektor:Offset)

OUT: -

Interrupt 31h, Funktion 0300h: 'Simulate Real-Mode-Interrupt'

IN:

AX:	0300h
BL:	Nummer des Interrupt
BH:	0
CX:	Anzahl der Parameter, die vom Protected-Mode-Stack auf den Real-Mode-Stack kopiert werden sollen.
ES:DI:	Zeiger auf tCallStructure

OUT: ES:DI: Zeiger auf bearbeitete tCallStructure

Anm.: Die Werte in CS:IP der tCallstructure werden ignoriert. Man sollte SS:SP der tCallstructure auf Null setzen, da dann ein Real-Mode-Stack vom DPMI-Server installiert wird. Das Flagwort der tCallstructure muß mit einem gültigen Wert belegt sein, da zufällige Werte unerwartete Folgen haben können (z.B. wenn das Trap-Flag gesetzt ist). Soll die Realmode-Routine auf DOS-Speicher zugreifen, so müssen die entsprechenden Segment-Felder der tCallStructure mit den *Segmentwerten* belegt werden und nicht etwa mit Selektoren. Ansonsten hat die Funktion große Ähnlichkeit mit der Turbo-Pascal-Routine Intr(No:byte;var Regs:Registers).

Interrupt 31h, Funktion 0301h: 'Call Real-Mode Procedure'

IN:

AX:	0301h
BH:	0
CX:	Anzahl der Parameter (wie oben)
ES:DI:	Zeiger auf tCallstructure

OUT:

ES:DI:	Zeiger auf veränderte tCallstructure

Anm.: Die aufzurufende Real-Mode-Routine muß mit einem RETF abschließen. Die Adresse der Routine wird über die tCallStructure in CS:IP übergeben. Diese Funktion wird z.B. in der UNIT DISK_OBJ benutzt, um die Real-Mode-Handler der Disketteninterrupts 25h/26h aufzurufen, da diese mit einem RETF abschließen.

Interrupt 31h, Funktion 0302h: 'Call Real-Mode-Interrupt-Handler'

Wie Funktion 0301h, nur daß die Routine mit einem IRET abschließen muß.

Interrupt 31h, Funktion 0303h: 'Install Real-Mode-Callback'

IN:

AX:	0303h
DS:SI:	Zeiger auf Protected Mode Routine
ES:DI:	Zeiger auf tCallStructure

OUT:

CX:DX:	Zeiger auf Real-Mode-CallBack

Anm.: Es gibt (Real-Mode-) DOS-Treiber, die die Möglichkeit bieten, eine Service-Routine zu installieren, wie etwa der Maustreiber. Diese Treiber erwarten, daß ihnen eine Real-Mode-Funktions-Adresse übergeben wird. Eine solche Adresse steht in einem Protected-Mode-Programm aber erstens nicht zur Verfügung und zweitens ließe sie sich nicht ohne weiteres von einem Real-Mode-Treiber aufrufen, da im Protected Mode die Segmentregister nur gültige Selektoren enthalten dürfen. Der DPMI-Server stellt deshalb (maximal 16) Real-Mode-Callbacks zur Verfügung. In diesem Fall wird eine Real-Mode-Routine des DPMI-Servers aufgerufen, die sämtliche Real-Mode-Registerwerte in eine tCallStructure kopiert, die Register mit gültigen Selektoren initialisiert und dann die Kontrolle an das Protected-Mode-Programm übergibt. Die Protected-Mode-Routine wird mit bestimmten Registerwerten aufgerufen:

DS:SI = Zeiger auf Real-Mode-Stack

ES:DI = Zeiger auf tCallStructure

Da das DPMI nur über 16 Call-Back-Adressen verfügt, so muß der Callback freigegeben werden, sobald er nicht mehr benötig wird.

Interrupt 31h, Funktion 0304h: 'Free Real-Mode-Callback'

IN:

AX:	0304h
CX:DX:	Adresse des Callbacks

OUT: -

(Vergl. Funktion 303h)

Interrupt 31h, Funktion 0400h: 'Get Version Number'

IN:

AX:	0400h

OUT:

AH:AL:	Hauptversionsnummer:Unterversionsnummer
BX:	Flagwort: Bit 0 = 1: 32Bit-DPMI-Server Bit 1 = 1: V86-Mode wird für Interrupt-Routinen Bit 2 = 1: Unterstützung des virtuellen Speichers
CL:	CPU: 2 = 286, 3 = 386, 4 = 486

Interrupt 31h, Funktion 0500h: 'Get Free Memory Info'

IN:

AX:	0500h
ES:DI:	Zeiger auf 48-Byte-Puffer für Informationen

OUT: Informationen im Puffer.

Der 48-Byte-Puffer hat folgende Struktur:

```
tFreeMemInfo = Record
  MaxAvail         :Longint;
  MaxUnlockedPages:Longint;
  MaxLockedPages  :Longint;
  NoOfPages        :Longint;
  NoOfUnlockedPages:Longint;
  NoOfFreePages   :Longint;
  NoOfPhysicalPages:Longint;
  NoOfFreePhysPages:Longint;
  NoOfSwapFilePages:Longint;
  Reserved:Array[1..3] of Longint; { Mit FFh gefüllt }
end;
```

Interrupt 31h, Funktion 0501h: 'Global Allocate Memory'

IN:

AX:	0501h
BX:CX:	Größenangabe

OUT:

BX:CX:	Lineare (physikalische) Adresse
SI:DI:	Handle des Speicherblocks

Anm.: Da die UNIT WINAPI hier genügend Funktionen zur Verfügung stellt, sollte man auf jene zurückgreifen.

Interrupt 31h, Funktion 0502h: 'Global Free Memory'

IN:

AX:	0502h
SI:DI:	Handle des Blocks

OUT: -

Interrupt 31h, Funktion 0503h: 'Relocate Allocated Memory'

IN:

AX:	0503h
BX:DX:	Neue Größe in Bytes
SI:DI:	Handle des Speicherblocks

OUT:

BX:CX:	Neue linare Adresse
SI:DI:	Neues Handle

Interrupt 31h, Funktion 050Ah: 'Get Memory Block Information'

IN:

AX:	050Ah
SI:DI:	Handle des Speicherblocks

OUT:

BX:CX:	Adresse des Blocks
SI:DI:	Größe des Blocks in Bytes

Interrupt 31h, Funktion 050Bh: 'Get Memory Information'

IN:

AX:	050Bh
ES:DI:	Zeiger auf 128 Byte Puffer

OUT: Daten im Puffer

Anm.: Der Puffer hat folgendes Format:

```
tMemoryInfo = Record
  DPMI_PhysMemSize    : Longint;
  DPMI_VirtMemSize    : Longint;
  DPMI_VirtFreeMem    : Longint;
  Machine_VirtAllocMem    : Longint;
  Machine_VirtFreeMem : Longint;
  Client_VirtAllocMem : Longint;
```

```
    Client_VirtFreeMem  : Longint;
    Client_LockedMem    : Longint;
    Client_MaxLockMem   : Longint;
    Client_MaxLinearMem : Longint;
    MaxFreeBlockSize    : Longint;
    MinAllocationSize   : Longint;
    AllocationAlignment : Longint;
    Reserved            : Array[1..19] of Longint;
  end;
```

Interrupt 31h, Funktion 0600h: 'Lock Memory Region'

IN:

AX:	0600h
BX:DX:	Lineare Basisadresse
SI:DI:	Länge der Region in Bytes

OUT: -

Anm.: Da die Seitenlänge (im Seitenmodus des 386) des Virtual Memory 4KB beträgt, wird in diesem Modus auf volle Seiten aufgerundet. Wird diese Funktion für den gleichen Speicherblock mehrfach aufgerufen, so muß die Freigabe ebensooft erfolgen!

Interrupt 31h, Funktion 0601h: 'Unlock Memory Region'

IN:

AX:	0601h
BX:CX:	Lineare Basisadresse
SI:DI:	Länge der Region in Bytes

OUT: -

Interrupt 31h, Funktion 0702h: 'Mark Pages for Swapping'

IN:

AX:	0702h
BX:CX:	Lineare Startadresse
SI:DI:	Länge des Bereichs

Out: -

Anm.: Nur für DPMI, das die virtuelle Speicherverwaltung unterstützt. Dem DPMI wird hiermit mitgeteilt, daß der Speicherbereich ausgelagert werden *kann*. Die Funktion veranlaßt das DPMI jedoch nicht unbedingt, dies auch zu tun. Betrifft nur jene Speicherseiten, die *ganz* in dem genannten Bereich liegen.

Interrupt 31h, Funktion 0703h: 'Discard Pages'

IN:

AX:	0703h
BX:CX:	Lineare Startadresse
SI:DI:	Länge des Bereichs

OUT: -

Anm.: Im Gegensatz zu Funktion 0702h veranlaßt ein DPMI, das virtuelle Speicherverwaltung unterstützt, den Bereich zu verwerfen. Es werden immer ganze Seiten verworfen und zwar nur solche, die ganz in dem Bereich liegen.

Interrupt 31h, Funktion 0900h: 'Disable Interrupts'

IN:

AX:	0900h

OUT:

AL:	Bisheriger Status: 0: Gesperrt 1: Erlaubt

Anm.: Im Protected Mode lassen sich Interrupts nicht von jeder Privilegierungsstufe mit dem CPU-Befehl CLI aus sperren, zumindest nicht für jede Task. Nur das Betriebssystem (d.h. das DPMI) hat diese Befugnis.

Interrupt 31h, Funktion 0901: 'Enable Interrupts'

(wie bei Funktion 0900h)

Interrupt 31h, Funktion 0902: 'Get Interrupt State'

(wie bei Funktion 0900h)

12.2.2 Funktionen von 32-Bit-DPMIs

Die folgenden Funktionen werden nur auf 386er/i486er-Prozessoren unter einem 32-Bit-Server unterstützt. Das mit Borland-Pascal 7.0 gelieferte DPMI unterstützt diese Funktionen *nicht*. Sie stehen jedoch im erweiterten 386er-Modus unter Windows zur Verfügung:

Interrupt 31h, Funktion 0504h: 'Global Alloc 32-Bit-Block'

IN:

AX:	0504h
EBX:	Seitenausgerichtete 32-Bit-Adresse oder Null
ECX:	Blockgröße in Bytes
EDX:	0/1.

OUT:

EBX:	Lineare Adresse des Speicherblocks
ESI:	Handle des Speicherblocks

(Nur 32-Bit-DPMI oder Windows)

Interrupt 31h, Funktion 0505h: 'Reallocate 32-Bit-Memory-Block'

IN:

AX:	0505h
ECX:	Neue Blockgröße
EDX:	Flags:
ESI:	Blockhandle
ES:EBX =	
EDI =	

OUT:

EBX:	Neue lineare Adresse
ESI:	Neues Handle

(Nur 32-Bit DPMI oder Windows)

Interrupt 31h, Funktion 0506h: 'Get Page Attributes'

IN:

AX:	0506h
EBX:	Basisadresse der Seite im Speicherblock
ECX:	Anzahl der Seiten
ESI:	Handle des Blocks
ES:EDX:	Zeiger auf Datenpuffer für jeweils ein Wort/Seite

OUT:

Daten im Puffer; jedes Wort beschreibt eine Seite (4KB), wobei folgende Belegung gilt:

Bit 6: Gesetzt, wenn Seite modifiziert wurde

Bit 5: Gesetzt, wenn auf die Seite zugegriffen wurde

Bit 4: Gesetzt, wenn Bit 5/6 gültig sind

Bit 3: Gesetzt, wenn die Seite nur gelesen werden darf

Bit 0..2: 0: Uncommitted Page

1: Committed Page

2: Mapped Page

(Nur 32-Bit-DPMI oder Windows)

Interrupt 31h, Funktion 0507h: 'Set Page Attributes'

IN: wie Funktion 0506h.

OUT:

CF = 1: Fehler und ECX = Anzahl der gesetzten Attribute

(Nur 32-Bit-DPMI bzw. Windows)

Interrupt 31h, Funktion 0604h:'Get Page Size'

IN:

AX: 0604h

OUT:

BX:CX: Seitengröße in Bytes

(Nur 32-Bit-DPMI oder 386-Windows)

12.2.3 Ein Beispiel für die Nutzung der DPMI-Funktionen

Ein Beispiel für die Möglichkeiten, die die DPMI-Funktionen bieten, ist das Durchsuchen des DOS-MCBs nach einem bestimmten Eintrag im Protected Mode. In Kapitel 11 wurde bereits gezeigt, wie sich die Kette der Memory-Control-Blöcke im Real Mode durchsuchen läßt. Die Schwierigkeit für den Protected Mode besteht darin, daß auf zahlreiche (nicht unmittelbar als Selektor verfügbare) Segmente zugegriffen werden muß (weshalb diese Aufgabe hier auch als Beispiel verwendet wird). Um diesen Zugriff zu ermöglichen, werden die DPMI-Funktionen *AllocSelector*, *SetSelectorBase*, *SetSelectorLimit* und *FreeSelector* benötigt. Hierbei werden folgende - in der UNIT _DPMI deklarierte - Funktionen genutzt:

- Die Prozedur *SetPtr* setzt Basis und Limit des (gültigen!) Selektors eines Protected-Mode-Zeigers auf die Werte eines Real-Mode-Zeigers:

```
Procedure SetPtr(var PMPtr:pointer;RMPtr:Pointer);
 var l:longint;
 begin
  l:=PtrRec(RMPtr).segm;
  l:=l shl 4;
  SetSelectorBase(PtrRec(PMPtr).segm,l);
  SetSelectorLimit(PtrRec(PMPtr).segm,$FFF0);
  PtrRec(PMPtr).Offs:=PtrRec(RMPtr).offs;
 end;
```

- Die Funktion *AllocPtr* stellt den zu einem Real-Mode-Zeiger komplementären Protected-Mode-Zeiger zur Verfügung:

```
Function AllocPtr(RM_Ptr:pointer):pointer;
 var s,o:word;
     l:longint;
 begin
  AllocPtr:=NIL;
  s:=allocselector(0);
  if s<>0 then
  begin
   l:=PtrRec(RM_ptr).segm;
   l:=l shl 4;
   if setselectorbase(s,l)=0 then
   begin
    freeselector(s);
    exit;
   end;
   setselectorlimit(s,$FFF0);
   AllocPtr:=ptr(s,ptrrec(rm_ptr).offs);
  end;
 end;
```

- Die Prozedur *FreePtr* gibt einen mit *AllocPtr* reservierten Selektor (oder Zeiger) wieder frei:

```
Procedure FreePtr(var P:Pointer);
 begin
  FreeSelector(PtrRec(P).segm);
  P:=nil;
 end;
```

Schließlich ermittelt die Prozedur *ForEachMCB* die Paragraphenadresse des ersten MCB, durchsucht die Kette der MCBs und ruft für jeden gefundenen Speicherkontrollblock die Prozedur *What* auf. Die Prozedur ermöglicht es damit DPMI-Programmen, die DOS-Speicherblöcke nach Real-Mode-Anwendungen zu durchsuchen.

(Der Quelltext ist auf der Beilagediskette und Teil UNIT SYSINFO bzw. UNIT _DPMI).

```
procedure ForEachMCB(What:MCBProc);
 var MCB:Array[0..1] of tMCB;
     pm,pr:Pointer;
     regs:tCallStructure;
 begin
  preparetCallStruct(regs);
  with Regs do
  begin
   _eax:=$5200;
   if _flags and 1=1 then exit;
   callRealMIntr($21,Regs);
   pm:=AllocPtr(Ptr(_es-1,_ebx+12));
  end;
  pr:=pointer(pm^);
  if (pm<>nil) then
  Repeat
   SetPtr(pm,pr);
   move(pm^,MCB,sizeof(MCB));
   if mcb[0].typ in mcbtypes then
   begin
    What(@MCB[0]);
    if (mcb[0].pspseg=8) and (mcb[1].typ in MCBTypes)
    then inc(ptrrec(pr).s)
    else inc(ptrRec(pr).s,mcb[0].size+1);
   end else break;
  until mcb[0].typ='Z';
  FreePtr(pm);
 end;
```

12.3 Variablen und Puffer von mehr als 64 KB

Wer unter DOS programmiert, hat sich meist mehr oder wenlger damit abgefunden, daß homogene Datenbereiche von mehr als 64 KB nicht verfügbar sind. Mit Borland-Pascal-Protected-Mode-Programmierung scheint dieser unbefriedigende Zustand überwunden zu sein. Der Schein trügt! Zwar läßt sich (fast) beliebig viel Speicher mit den Funktionen *GlobalAlloc / GlobalAllocPtr* reservieren, aber da sich das DPMI - Interface, das mit Borland Pascal 7.0 ausgeliefert wird, auf 16-Bit-Segmente beschränkt, lassen sich in einem DPMI-Programm selbst auf einem 80386 oder i486 nicht mehr als 64KB auf einmal adressieren, da das Offset-Register eben nur 16 Bit breit ist. Soll auf den Bereich über 64KB zugegriffen werden, so muß der

Selektor um *SelectorInc* erhöht werden, so daß der Offset unter 64K bleibt. Dies war auch unter DOS schon möglich (nur nicht mit der gleichen Speichermenge).

Will man also z.B. aus einem 80 KB großen Datenbereich 40KB ab Offset 40K in einen 100KB großen Datenbereich ab Offset 60K kopieren, so steht einem keine einfache Funktion zur Verfügung, die dies problemlos bewerkstelligt, sondern man ist dazu gezwungen, Adress-Arithmetik zu betreiben, d.h. erst 4KB (64K-60K) zu transferieren, dann 20KB (64K-4K-40K), und dann noch einmal 16KB. (An dieser Tatsache würde allerdings ein 32-Bit-DPMI auch dann nichts ändern, wenn ein Programm auch noch auf 80286-Prozessoren lauffähig sein soll.) Damit die Freude über den Durchbruch durch die 640-KB-Begrenzung keinen allzugroßen Dämpfer durch die 64-KB-Grenze erhält, werde ich eine UNIT VMEM32 vorstellen, die Routinen enthält, die die 64-KByte-Segmente scheinbar zu 32-Bit-Segmenten zusammensetzen, zumindest für alle Prozeduren, die angeboten werden oder aus diesen ableitbar sind. Die Unit läßt sich auch im Real-Mode anwenden. Die UNIT HEAP stellt Routinen zur Verfügung, die es auch im Real Mode ermöglichen, mehr als 64 KB am Stück zu reservieren und freizugeben. Das 'Herzstück' der UNIT VMEM32 bilden Assemblerroutinen, die die String-Befehle des 80x86 durch Routinen ersetzen, die mit mehr als 64 KB umgehen können, indem sie zum rechten Zeitpunkt die Segmentregister um den Wert von *SelectorInc* erhöhen oder erniedrigen. Man beachte, daß die 'Move'- und 'Fill'-Prozeduren (im Gegensatz zu der Turbo-Pascal-Routine *Move* bzw. *FillChar*) die Daten wortweise transferieren, d.h. bei großen Datenmengen praktisch doppelt so schnell. Die Standardprozedur *FillChar* wurde durch mehrere Routinen ersetzt: FillByte, FillWord und FillStr, die einen Datenbereich auf sehr spezialisierte Weise zu füllen vermögen. Die String-Routine 'Pos' wird durch FindBuf / FindStr ersetzt, die beliebig lange Datenbereiche nach ebenfalls beliebig langen Bytefolgen durchsuchen können. Um Datenbereiche zu vergleichen, stehen die Funktionen EqualAt / UnEqualAt zur Verfügung. Man muß sich allerdings bei der Programmierung im Protected Mode immer darüber im klaren sein, daß zwei Zeiger, denen jeweils separat über GlobalAllocPtr (UNIT WINAPI) Speicherplatz zugewiesen wurde, nicht *vergleichbar* sind. Man kann unmöglich den Offset des einen Zeigers relativ zum anderen berechnen, es sei denn, beide zeigen auf *einen Datenbereich*, da der Selektor des Zeigers nichts über seine tatsächliche physikalische Adresse verrät. Diese läßt sich allein dem Deskriptor des Zeigers entnehmen. Wird nun aber über GlobalAlloc / GlobalAllocPtr *ein* Datenbereich von mehr als 64KB reserviert, so stellt der Runtimemanager so viele Selektoren zur Verfügung, wie nötig sind, um auf den gesamten Datenbereich zuzugreifen. Deshalb werden für den Zugriff auf einen großen Datenbereich stets mehrere Zeiger benötigt. Diese Zeiger lassen sich vergleichen. Stellt man etwa fest, daß zwischen zwei solchen Zeigern die Relationen PtrRec(p1).Seg + 2 * SelectorInc = PtrRec(p2).Seg und PtrRec(p1).Ofs + 10K = PtrRec(p2).Ofs bestehen, so ist die 'Differenz' der Zeiger gleich 2 * Segmentlänge +10K = 138K. *Nur* auf diese Art von Adressarithmetik sind die Funktionen *SubPtr / IncPtr / DecPtr* der UNIT VMEM32 im Protected Mode anwendbar. Für den Real Mode gilt Äquivalentes: Der Wert von SelectorInc beträgt im Real Mode 1000h. Nur Zeiger, deren Segmentwerte sich um ein Vielfaches hiervon unterscheiden, können mit den Routinen, so wie sie sind, sinnvoll verglichen werden. (Der Turbo Pascal Heapmanager stellt hingegen immer Zeiger zur Verfügung, die auf den minimalen Offset (0..15) normiert sind.)

Die Routinen der UNIT VMEM32 sind so gestaltet, daß sie sich auch ohne weiteres in einer DLL unterbringen lassen. Wer mag, kann den Quellcode entsprechend umschreiben.

```
UNIT VMEM32;
{ Copyright Christian Baumgarten, Hamburg 1993 }
INTERFACE

Function SubPtr(p_hi,p_lo:pointer):Longint;
{ Berechnet den Offsetwert, den p_hi relativ zu p_lo hat. Nur }
{ auf Zeiger anwendbar, die auf den gleichen Datenbereich  }
{ zeigen, d.h. deren Segment/Selektorwerte sich um ein vielfaches }
{ von SelectorInc unterscheiden. }

Function IncPtr(p:pointer;Offset:LongInt):pointer;
{ Gibt einen Zeiger zurück, der um Offset erhöht ist. }

Function DecPtr(p:pointer;offset:Longint):pointer;

Function SameArea(p1,p2:pointer):boolean;
{ Prüft, ob zwei Zeiger 'kompatibel' sind, d.h. ob die }
{ Selektoren beider Zeiger sich um ein Vielfaches von }
{ SelectorInc unterscheiden }

Function EqualAt(p1,p2:pointer;Count:Longint):pointer;
{ Vergleicht zwei Datenbereiche und liefert Zeiger auf das      }
{ erste Byte einer Übereinstimmung relativ zu p1.               }
{ Wird innerhalb der vonCount gesetzten Grenzen keinerlei       }
{ Übereinstimmung gefunden so ist der Rückgabewert NIL.         }
```

```
Function UnEqualAt(p1,p2:pointer;Count:Longint):pointer;
{ Vergleicht zwei Datenbereiche und liefert Zeiger auf das       }
{ erste Byte einer Differenz relativ zu p1.                      }
{ Wird innerhalb der durch Count gesetzten Grenzen keinerlei     }
{ Differenz gefunden, so ist der Rückgabewert NIL, d.h. die      }
{ Datenbereiche sind über Count Bytes identisch.                 }

Procedure _MoveUp(p1,p2:pointer;Count:Longint);
{ Bewegt Count Bytes von p1^ nach p2^. Überschneiden sich die    }
{ Bereiche, so muß die Adresse von p1 kleiner als die von p2     }
{ sein, damit keine Überschneidungen auftreten.                  }

Procedure _MoveDn(p1,p2:pointer;Count:Longint);
{ Bewegt Count Bytes von p1^ nach p2^. Überschneiden sich die    }
{ Bereiche, so muß die Adresse von p1 grösser als die von p2     }
{ sein, damit keine Überschneidungen auftreten.                  }

Function FindByte(what:byte;where:pointer;Len:Longint):pointer;
{ Liefert Zeiger auf das erste Byte im Datenbereich mit dem Wert }
{ What. Ist kein solches Byte vorhanden, so ist das Ergebnis NIL }

Procedure FillByte(what:byte;where:pointer;Len:Longint);
{ Füllt einen Datenbereich der Länge Len mit dem Byte What. }

Procedure FillWord(what:word;where:pointer;Len:Longint);
{ Füllt einen Datenbereich der Länge Len mit dem Wort What. }

Function FindBuf(buf:pointer;buflen:Longint;Where:pointer;
         Len:Longint):Pointer;
{ Durchsucht den Datenbereich Where der Länge Len nach Buf und
liefert
  im Erfolgsfall einen Zeiger relativ zu where auf die
  gefundene Sequenz zurück, ansonsten NIL.                    }

Function FindStr(S:string;Where:pointer;Len:Longint):Pointer;
{ Entspricht FindBuf, nur für Strings. }

Procedure InsertBuf(source,dest:pointer;count,pos,dmaxlen:longint;
var dlen:Longint);
{ Von Source Count Bytes an die Position Pos in Dest transferieren,
wobei dLen Bytes in dest belegt sind und maximal dmaxlen Bytes in
Dest zur Verfügung stehen.                                         }

Procedure DeleteBuf(p:pointer;pos,count:longint;var dlen:longint);
{ Im Datenbereich p count Bytes ab Position pos löschen und }
{ nachfolgende Daten nach vorn schieben.                    }
```

```
IMPLEMENTATION

Function SameArea(p1,p2:pointer):boolean; assembler;
 asm
       mov  ax,p1.word[2]
       mov  bx,p2.word[2]
       cmp  ax,bx
       je   @@2
       ja   @@1
       xchg ax,bx
@@1:   sub ax,bx
       div selectorInc
       or  dx,dx
       je  @@2
       xor al,al
       jmp @@3
@@2:   mov al,1
@@3:
 end;

Function IncPtr(p:pointer;Offset:LongInt):pointer; assembler;
 asm
  les bx,p
  add bx,&offset.word[0]
  mov ax,&offset.word[2]
  mul selectorinc
  mov dx,es
  add dx,ax
  mov ax,bx
 end;

function SubPtr(p_hi,p_lo:pointer):Longint; assembler;
 asm
  les bx,p_hi
  mov ax,es
  sub ax,p_lo.word[2]
  je  @@1
  xor dx,dx
  div selectorinc
@@1:
  mov dx,ax
  sub bx,p_lo.word[0]
  mov ax,bx
 end;

Function DecPtr(p:pointer;offset:Longint):pointer; assembler;
 asm
    les  bx,p
```

```
      mov  ax,&offset.word[2]
      sub  bx,&offset.word[0]
      adc  ax,0
      mul  selectorinc
      mov  dx,es
      sub  dx,ax
      mov  ax,bx
  end;

{ Input: CX = Count für Stringoperation                                 }
{        SI/DI = Offset auf Strings                                     }
{ Falls der Offset zu hoch ist, als daß sauber CX-mal die Operation }
{ ausgeführt werden kann, so wird CX entsprechend vermindert. Der    }
{ Rest des Zählers steht dann in DX.                                   }
procedure check_cx_up; near; assembler;
 asm
     xor dx,dx
     mov ax,cx
     add ax,di
     jnc @@1
     mov dx,ax
@@1: mov ax,cx
     add ax,si
     jnc @@2
     cmp ax,dx
     jbe @@2
     mov dx,ax
@@2: sub cx,dx
 end;

{ Input: CX = Count für Stringoperation                                 }
{        SI/DI = Offset auf Strings                                     }
{ Falls der Offset zu hoch ist, als daß sauber CX-mal die Operation }
{ ausgeführt werden kann, so wird CX entsprechend vermindert. Der    }
{ Rest des Zählers steht dann in DX.                                   }
procedure check_cx_dn; near; assembler;
 asm
     xor dx,dx
     cmp di,cx
     jae @@1
     mov dx,cx
     sub dx,di
@@1: cmp si,cx
     jae @@2
     mov ax,cx
     sub ax,si
     cmp ax,dx
     jbe @@2
```

```
      mov dx,ax
@@2: sub cx,dx
 end;

{ Input DS:SI,ES:DI = Pointer, die gecheckt werden: Ist SI    }
{ oder DI gleich Null, so wird zu DS bzw. ES SelectorInc      }
{ addiert. Der Wert von SelectorInc muß in einer lokalen      }
{ Variablen an der Adresse [BP-2] zur Verfügung gestellt      }
{ werden !!                                                   }
procedure check_si_di_up; near; assembler;
 asm
     or  di,di
     jne @@1
     mov  ax,es
     add  ax,[bp-2]
     mov es,ax
@@1: or  si,si
     jne @@2
     mov ax,ds
     add ax,[bp-2]
     mov ds,ax
@@2:ret
 end;

{ Input DS:SI,ES:DI = Pointer, die gecheckt werden: Ist SI    }
{ oder DI gleich Null, so wird von DS bzw. ES SelectorInc     }
{ subtrahiert. Der Wert von SelectorInc muß in einer lokalen  }
{ Variablen an der Adresse [BP-2] zur Verfügung gestellt      }
{ werden !!                                                   }
procedure check_si_di_dn; near; assembler;
 asm
     cmp di,$FFFF
     jne @@1
     mov  ax,es
     sub  ax,[bp-2]
     mov es,ax
@@1: cmp si,$FFFF
     jne @@2
     mov ax,ds
     sub ax,[bp-2]
     mov ds,ax
@@2:ret
 end;

{ INPUT     BX:CX = Count    }
{           DS:SI = Source   }
{           ES:DI = Dest     }
{           [BP-2] = SelectorInc }
```

```
Procedure repne_cmpsb; near; assembler;
 asm
@@0: call check_cx_up
     repne cmpsb
     pushf
     call check_si_di_up
     add  cx,dx
     popf
     pushf
     je   @@e
     jcxz @@5
     popf
     jmp  @@0
@@5: or   bx,bx
     je   @@e
     popf
     cmpsb
     pushf
     dec  bx
     mov  cx,$FFFF
     call check_si_di_up
     popf
     je   @@e1
     jmp  @@0
@@e: popf
@@e1:
 end;

{ INPUT     BX:CX = Count    }
{           DS:SI = Source   }
{           ES:DI = Dest     }
{           [BP-2] = SelectorInc }
Procedure repe_cmpsb; near; assembler;
 asm
@@0: call check_cx_up
     repe cmpsb
     pushf
     call check_si_di_up
     add  cx,dx
     popf
     pushf
     jne  @@e
     jcxz @@5
     popf
     jmp  @@0
@@5: or   bx,bx
     je   @@e
     popf
```

```
      cmpsb
      pushf
      dec  bx
      mov  cx,$FFFF
      call check_si_di_up
      popf
      jne  @@e1
      jmp  @@0
@@e: popf
@@e1:
 end;

{ INPUT    BX:CX = Count   }
{          DS:SI = Source  }
{          ES:DI = Dest    }
{          [BP-2] = SelectorInc }
Procedure rep_movsb_up; near; assembler;
 asm
@@0: call check_cx_up
     shr  cx,1
     jnc  @@1
     movsb
@@1: rep  movsw
     call check_si_di_up
     add  cx,dx
     jcxz @@5
     jmp  @@0
@@5: or   bx,bx
     je   @@e
     movsb
     dec  bx
     mov  cx,$FFFF
     call check_si_di_up
     jmp  @@0
@@e:
 end;

{ INPUT    BX:CX = Count   }
{          DS:SI = Source  }
{          ES:DI = Dest    }
{          [BP-2] = SelectorInc }
Procedure rep_movsb_dn; near; assembler;
 asm
@@0: call check_cx_dn
     shr  cx,1
     jnc  @@1
     movsb
@@1: dec  si
```

```
        dec  di
        rep  movsw
        call check_si_di_dn
        add  cx,dx
        jcxz @@5
        jmp  @@0
   @@5: or   bx,bx
        je   @@e
        movsb
        dec  bx
        mov  cx,$FFFF
        call check_si_di_dn
        jmp  @@0
   @@e:
    end;

Procedure _MoveDn(p1,p2:pointer;Count:Longint); assembler;
 var s_inc:word;
 asm
  mov  ax,selectorinc
  mov  s_inc,ax
  cld
  push ds
  lds  si,p1
  les  di,p2
  mov  cx,count.word[0]
  mov  bx,count.word[2]
  call rep_movsb_up
  pop  ds
 end;

Procedure _MoveUp(p1,p2:pointer;Count:Longint); assembler;
 var s_inc:word;
 asm
  mov  cx,count.word[0]
  mov  bx,count.word[2]
  sub  cx,1
  sbb  bx,0
  jc   @@1
  les  di,p2
  push es
  push di
  push bx
  push cx
  les  di,p1
  push es
  push di
  push bx
```

```
    push cx
    call IncPtr
    mov  p1.word[0],ax
    mov  p1.word[2],dx
    call IncPtr
    mov  es,dx
    mov  di,ax
    mov  ax,selectorinc
    mov  s_inc,ax
    std
    push ds
    lds  si,p1
    mov  cx,count.word[0]
    mov  bx,count.word[2]
    call rep_movsb_dn
    pop  ds
    @@1:
  end;

Function EqualAt(p1,p2:pointer;Count:Longint):pointer; assembler;
  var s_inc:word;
  asm
   mov  ax,selectorinc
   mov  s_inc,ax
   cld
   push ds
   lds  si,p1
   les  di,p2
   mov  cx,count.word[0]
   mov  bx,count.word[2]
   call repne_cmpsb
   jne  @@2
   mov  dx,ds
   mov  ax,si
   sub  ax,1
   jnc  @@1
   sub  dx,s_inc
@@1:
   jmp  @@3
@@2:
   xor  ax,ax
   mov  dx,ax
@@3:
   pop  ds
  end;

Function UnEqualAt(p1,p2:pointer;Count:Longint):pointer; assembler;
  var s_inc:word;
```

```
 asm
  mov  ax,selectorinc
  mov  s_inc,ax
  cld
  push ds
  lds  si,p1
  les  di,p2
  mov  cx,count.word[0]
  mov  bx,count.word[2]
  call repe_cmpsb
  je   @@2
  mov  dx,ds
  mov  ax,si
  sub  ax,1
  jnc  @@1
  sub  dx,s_inc
@@1:
  jmp  @@3
@@2:
  xor  ax,ax
  mov  dx,ax
@@3:
  pop  ds
 end;

Procedure Check_DI_UP; near; assembler;
 asm
  or  di,di
  jne @@1
  mov si,es
  add si,selectorInc
  mov es,si
@@1:
 end;

Procedure Check_CX_1; near; assembler;
 asm
    mov  dx,di
    add  dx,cx
    jnc  @@1
    sub  cx,dx
    jmp  @@2
@@1:xor  dx,dx
@@2:
 end;

Function FindByte(what:byte;where:pointer;Len:Longint):pointer;
assembler;
```

```
 asm
    cld
    les  di,where
    mov  al,what
    mov  bx,len.word[2]
    mov  cx,len.word[0]
@@0: call check_cx_1
@@1: repne scasb
    pushf
    call check_di_up
    add  cx,dx
    popf
    je   @@e
    jcxz @@5
    jmp  @@0
@@5: sub  cx,1
    sbb  bx,0
    jc   @@X
    call check_cx_1
    inc  dx
    jmp  @@1
@@E: mov  dx,es
    mov  ax,di
    sub  ax,1
    jnc  @@XX
    sub  dx,selectorInc
    jmp  @@XX
@@X: xor  ax,ax
    mov  dx,ax
@@XX:
 end;

Procedure FillByte(what:byte;where:pointer;Len:Longint); assembler;
 asm
    cld
    les  di,where
    mov  al,what
    mov  ah,al
    mov  bx,len.word[2]
    mov  cx,len.word[0]
@@0: call check_cx_1
@@1: shr  cx,1
    jnc  @@2
    stosb
@@2: rep  stosw
    call check_di_up
    add  cx,dx
    jcxz @@5
```

```
      jmp  @@0
@@5: sub  cx,1
      sbb  bx,0
      jc   @@X
      call check_cx_1
      inc  dx
      jmp  @@1
@@X:
 end;

Procedure FillWord(what:word;where:pointer;Len:Longint); assembler;
 asm
      cld
      les  di,where
      mov  ax,what
      mov  bx,len.word[2]
      mov  cx,len.word[0]
      and  cx,$FFFE
@@0: call check_cx_1
@@1: shr  cx,1
      adc  dx,0
      rep  stosw
      call check_di_up
      add  cx,dx
      jcxz @@5
      jmp  @@0
@@5: sub  cx,1
      sbb  bx,0
      jc   @@X
      call check_cx_1
      inc  dx
      jmp  @@1
@@X:
 end;

Function FindBuf(buf:pointer;buflen:Longint;
Where:pointer;Len:Longint):Pointer;
 var b:byte;
     p1,p2:pointer;
 begin
  FindBuf:=nil;
  if (Buflen>0) and (Len>=buflen) then
  begin
   b:=byte(buf^);
   p1:=where;
   repeat
    p2:=nil;
    p1:=FindByte(b,p1,len);
```

```
    if (p1<>nil) and (SubPtr(p1,where)<=len-buflen) then
    begin
     p2:=UnequalAt(buf,p1,buflen);
     if p2<>nil then p1:=IncPtr(p1,1);
    end else p1:=nil;
   until (p2=nil);
   FindBuf:=p1;
  end;
 end;

Function FindStr(S:string;Where:pointer;Len:Longint):Pointer;
 begin
  FindStr:=FindBuf(@S[1],length(S),where,len);
 end;

Procedure InsertBuf(source,dest:pointer;count,pos,dmaxlen:longint;var
dlen:Longint);
 var c:longint;
 begin
  if pos+count>dmaxlen then count:=dmaxlen-pos;
  if count>0 then
  begin
   if dlen>pos then
   begin
    c:=dlen-pos;
    if (c>dmaxlen-pos-count) then c:=dmaxlen-pos-count;
    if c>0 then _MoveUp(incptr(dest,pos),incptr(dest,pos+count),c);
    dlen:=pos+count+c;
   end;
   _MoveUp(source,incptr(dest,pos),count);
   if pos+count>dlen then dlen:=pos+count;
  end;
 end;

Procedure DeleteBuf(p:pointer;pos,count:longint;var dlen:longint);
 begin
  if dlen>pos+count then
  begin
   _MoveDn(incptr(p,pos+count),incptr(p,pos),dlen-pos-count);
  end else dlen:=pos;
 end;

END.
```

13 Prozeß- und Fehlermanagement

Neben dem Management der Speicherresourcen von RAM und Festplatten ist es auch die Aufgabe des Betriebssystems, Prozesse (d.h. Programme) zu starten, zu beenden und den korrekten Ablauf sicherzustellen. Gerätetreiber müssen geladen und installiert werden, Interruptvektoren gesetzt und gelesen werden und vieles mehr.

Diese und verwandte Aufgaben fallen im weiteren Sinne unter das Thema *Prozeßmanagement*. Daneben müssen kritische Fehler (wie der Zugriff auf nicht bereite Diskettenlaufwerke oder ein Überlauf des FPU-Stacks) abgefangen und so behandelt werden, daß die Systemintegrität erhalten bleibt. Dies kann im einfachsten Fall darauf hinauslaufen, das Programm, das den Fehler verursachte oder in dem der Fehler auftrat, zu beenden. Dies ist auch die typische Fehlerbehandlung, die Turbo-Pascal zur Verfügung stellt: Der Abbruch des Programms mit einem *Laufzeitfehler*. Aber auch dieser schlichte Programmabbruch muß schon einigermaßen geordnet vonstatten gehen und fällt damit unter das Thema der *Fehlerbehandlung*.

Im Prinzip gehören zum Prozeßmanagement auch die Installation und die Handhabung von (Hardware-) Interrupts sowie alle Schutzmaßnahmen, die der Protected Mode hardwareseitig zur Verfügung stellt. Der Protected Mode war Thema von Kapitel 12 (und wird hier nicht mehr angesprochen) und zu den Hardwareinterrupts wurde in Kapitel 3.2 schon einiges gesagt.

Auf den Umgang mit TSR (**T**erminate But **S**tay **R**esident)-Programmen wurde auch schon in Kapitel 11.3 - wenn auch nur periphär - Bezug genommen.

In diesem Kapitel sollen vor allem die Funktionen vorgestellt werden, die DOS dem Programm zu diesem Themenkreis anbietet. Schließlich kommt *kein* Programm ohne zumindest eine Funktion dieses Bereichs aus: Jedes Programm muß irgendwie beendet werden können, und man wird dies kaum durch einen Neustart des Systems bewerkstelligen wollen.

13.1 Prozeßmanagement mit DOS-Interrupts

DOS bietet eine ganze Reihe von Interrupts, die allein für das Prozeßmanagement reserviert sind. Auch der DOS-Interrupt 21h bietet eine ganze Reihe von Funktionen, die sich diesem Problemkreis widmen. Wenn möglich, so sollten neuere Programme die Funktionen des Interrupt 21h anwenden. Die Funktionen und Interrupts sollen im folgenden vorgestellt werden.

13.1.1 Die BIOS- / DOS-Interrupts zum Prozeßmanagement

Die Funktionen des Interrupt 21h werden im nächsten Abschnitt besprochen.

Interrupt 0: 'Division by Zero'
Dieser Interrupt wird ausgelöst, wenn bei einer CPU-Operation DIV / IDIV das Ergebnis zu groß ist, um es mit den CPU-Registern noch darstellen zu können, oder versucht wird, durch Null zu teilen. Dabei ist zu beachten, daß beim CPU-Befehl IDIV R/M16 die Register DX:AX durch einen 16-Bit-Operanden geteilt werden, das Ergebnis aber auch in dem 16-Bit-Register AX *darstellbar* sein muß. Sonst wird von einer Division durch Null gesprochen, auch dann, wenn der Divisor nicht wirklich *Null* war.

Interrupt 1:'Trace-Mode-Interrupt'

Ist das Trap-Bit in den CPU-Flags gesetzt (vergl. Kapitel 1.1.1), so wird nach der Ausführung je eines CPU-Befehls der Interrupt 1 ausgelöst. Dies wird für das Debuggen im Einzelschrittmodus benötigt.

(Die CPU behandelt einen Interruptaufruf als *einen* Befehl, nicht jedoch JUMPs und CALLs).

Ist das Trapflag gesetzt, so werden die Flags mit dem *gesetzten* Trapflag gesichert, das Trapflag im CPU-Flagregister gelöscht und die Interrupt-Service-Routine zu Interrupt 1 aufgerufen. Das heißt, das Trapflag wird erst nach dem nächsten IRET wieder gesetzt (da sich sonst der Debugger quasi selbst debuggen würde bzw. eine Endlosschleife entstehen müßte).

Soll ein Programm im Einzelschrittmodus ausgeführt werden, so muß eine entsprechende Debugging-Routine unter Interrupt 1 installiert werden und das auszuführende Programmstück am besten über einen IRET-Befehl aktiviert werden. Hierzu legt man ein Flagwort auf den Stack, bei dem das Trapflagbit gesetzt ist, einschließlich eines Far-Zeigers auf den zu aktivierenden Code. Dann sorgt ein IRET dafür, daß die CPU genau einen Befehl des zu untersuchenden Fragments abarbeitet und zu Interrupt 1 verzweigt.

Wie gesagt: Interruptroutinen lassen sich auf diese Art nicht debuggen. Soll innerhalb einer Interrupt-Routine der Debugger aktiviert werden, so muß ein Breakpoint gesetzt werden. (Vergl. Interrupt 3).

Interrupt 2: 'Non-Maskable-Interrupt'

Der NMI-Interrupt hat seinen Namen daher, daß er nicht durch den CPU-Befehl CLI gesperrt werden kann. Er dient zum Abfangen von RAM-Speicherfehlern.

Interrupt 3: 'Breakpoint-Interrupt'

Der Breakpoint-Interrupt dient ähnlich dem Interrupt 1 dem Debuggen. Wird mit Hilfe eines Debuggers ein *Breakpoint* gesetzt, so schreibt der Debugger an die entsprechende Stelle im Code das Befehlsbyte CCh 'INT3'. Dadurch ruft die CPU an dieser Stelle den Interrupt 3 auf, und der Debugger kann wieder die Kontrolle übernehmen. Auf diese Weise können an beliebiger Stelle im Code Breakpoints gesetzt werden. Der Debugger ersetzt nach seiner Aktivierung den INT3-Aufruf wieder durch das ursprüngliche Befehlsbyte.

Interrupt 4: 'Overflow-Interrupt'

Dieser Interrupt wird aktiviert, wenn im Anwendungsprogramm der Befehl INT0 (CEh) auftritt und das Overflowflag (vergl. Kapitel 1.1.1) gesetzt ist. Die entsprechende Fehlerbehandlung ist Sache des Programms (Bei Turbo-Pascal etwa wie *Range-Checking*).

Interrupt 5: 'Print Screen'

Dieser Interrupt wird aufgerufen, wenn unter DOS die *PrtScr-* oder *SysReq*-Taste gedrückt wird. Das Anwendungsprogramm kann sich hier einhängen, falls es diese Aufgabe selbst übernehmen möchte. Natürlich läßt sich dieser Interrupt auch per Software aufrufen und somit durch das Programm selbst eine Hardcopy initialisieren. Für Hardcopys in den CGA/EGA/VGA-Graphikmodi muß allerdings vor Aufruf der PrintScreen - Routine ein Server installiert worden sein, der eine graphische Hardcopy erzeugt wie das (residente) MS-DOS-Programm *GRAPHICS.COM*.

(Die Interrupts 8h..0Fh sind Hardware-Interrupts und werden von den entsprechenden IRQ-Signalleitungen ausgelöst).

Interrupt 19h: 'Reboot System'

Mit Hilfe dieses Interrupt läßt sich durch die Software ein Warmstart ausführen. (Auch dies gehört im weiteren Sinne zum Prozeßmanagement). Ein Warmstart läßt sich aber auch durch einen direkten FAR-JUMP an die Adresse FFFFH:0000H - der Bootadresse der CPU - auslösen.

Interrupt 1Bh: 'Control-C-Break'

Dieser Interrupt wird aktiviert, sobald der Anwender die Tastenkombination Ctrl-C oder Ctrl-Break drückt (vergl. Interrupt 23h).

Interrupt 20h: 'Terminate Program'

Dieser Interrupt *kann* (sollte aber bei neueren Programmentwicklungen nicht mehr) dazu benutzt werden, einen Prozeß zu beenden.

Der Handler erwartet, daß der Befehl aus einem Programmfragment heraus aufgerufen wird, für das gilt, daß das Codesegment dem PSP-Segment entspricht. Dies ist in der Regel nur bei COM-Programmen der Fall. Schon deshalb ist es ratsam, stattdessen die Funktion 4Ch von Interrupt 21h zum Verlassen eines Programmes zu nutzen (dazu im nächsten Abschnitt mehr).

Interrupt 22h: 'Terminate Exit Address'

Unter diesem Interruptvektor ist die Adresse einer Folgeroutine abgelegt, die aufgerufen wird, sobald das laufende Programm beendet ist (oder wird). Entspricht etwa der Turbo-Pascal-Variablen *ExitProc*.

Interrupt 23h: 'Ctrl-Break-Handler'

Dieser Interrupt wird von DOS aufgerufen, sobald das Ctrl-Break-Flag gesetzt ist und DOS (etwa bei einem I/O-Aufruf) die Kontrolle erhält. Deshalb lassen sich z.B. die meisten DOS-Programme erst bei einer Bildschirmausgabe durch Ctrl-C oder Ctrl-Break stoppen.

Der von DOS installierte Handler bricht dann das laufende Programm meist mit einer schlichten Bildschirmmeldung '^C' ab. Anwendungsprogramme können sich hier einhängen und den Programmabbruch etwas kontrollierter anbieten. Hierbei muß allerdings folgendes beachtet werden: Der ^C-Handler teilt dem System über das Carryflag mit, ob die Programmausführung beendet werden soll oder nicht. Ein gesetztes Carryflag signalisiert, daß das Programm zu beenden ist. Aus diesem Grund *muß* der Interrupt-23H-Handler mit einem einfachen RETF-Befehl abschließen, statt mit einem IRET, weil der Befehl IRET ja die Flags überschreibt.

Das Programm ^C_DEMO.PAS demonstriert, wie ein ^C-Handler in Turbo-Pascal installiert werden kann. Es ist hierbei allerdings zu beachten, daß die UNIT CRT die Ausgabe-Routinen der UNIT System modifiziert, so daß in diesem Fall der ^C-Handler nicht mehr aktiviert wird. Hier das Listing von ^C_DEMO.PAS:

```
{************************************************************}
{         ^C-Demonstrations-Programm                          }
{     Copyright (C) Christian Baumgarten, Hamburg 1993        }
{     Wenn in der 'Uses' Anweisung die UNIT CRT auftaucht,  }
{     wird der Int23-Handler nicht mehr aktiviert !!          }
{     Starten Sie das Programm von der Dos-Ebene, wenn Sie  }
{     sich vergewissern wollen, daß die ^C-Routine auch bei  }
{     der Tastenkombination Ctrl-Break aktiviert wird.        }
{************************************************************}
program Ctrl_C_DEMO;
uses dos;
var int23ptr:pointer;
    oldexit:pointer;

 procedure int23Handler; interrupt;
  begin
   asm
    sti
   end;
   writeln('^C Wurde gedrückt: (A)bbrechen ?');
   asm
    mov ah,1   { Funktion 01h: 'Read Char from Keyboard and Echo' }
    int 21h
    cmp al,'A'
    je  @@1
    cmp al,'a'
    je  @@1
    clc         { Nicht abbrechen: Carryflag löschen.    }
    jmp @@2
@@1:stc         { Programm abbrechen: Carryflag setzen. }
@@2:mov sp,bp   { Interrupt mit RETF abschließen:        }
    pop bp
    pop es
    pop ds
    pop di
    pop si
    pop dx
    pop cx
    pop bx
```

```
      pop ax
      retf
     end;
    end;

   procedure Exit; far;
    begin
     exitproc:=oldexit;
     setintvec($23,int23ptr);
    end;

  begin
   getintvec($23,int23ptr);
   setintvec($23,@int23Handler);
   oldexit:=exitproc;
   exitproc:=@Exit;
   repeat
    writeln('Press ^C to Terminate Program');
   until false;
  end.
```

Natürlich ergeben sich gewisse Unterschiede in der Programmausführung, je nachdem, ob das Programm aus der Turbo-Pascal-IDE oder von DOS aus gestartet wird, da der in Turbo-Pascal integrierte Debugger selbst auf die Tastenkombination Ctrl-Break reagiert.

Ob die Tastenkombination ^C überhaupt überprüft wird, läßt sich über INT 21h, Funktion 33h erfragen (vergl. nächsten Abschnitt). Mit dieser Funktion läßt sich die ^C-Abfrage auch ganz abschalten.

Interrupt 24h: 'Critical Error Handler'

Tritt während der Ausführung eines Programms ein *kritischer* Fehler auf (etwa der Versuch auf ein nicht bereites Diskettenlaufwerk zuzugreifen), so löst DOS einen Interrupt 24h aus. Normalerweise wird dann etwa mit der Abfrage 'Abbrechen, Wiederholen, Ignorieren ?' der Anwender zu einer Aktion aufgefordert. Das Anwendungsprogramm kann diesen Vektor auf eine eigene Routine setzen (wie dies der SysError-Handler der Turbo-Vision zum Beispiel praktiziert), um die Fehlerbehandlung selbst zu übernehmen. Bei Aufruf des Handlers ist das Interruptsystem gesperrt, und es sind folgende Registerwerte definiert:

AX:	Fehlercode
DI:	erweiterter Fehlercode
BP:SI	Zeiger auf den *Device Header* des Treibers, der den Fehler signalisiert hat.

Zu den Fehlercodes siehe Tabelle bei DOS-INT-21H-Funktion 59h im nächsten Abschnitt.

Interrupt 27h: 'Terminate But Stay Resident'

Dieser Interruptaufruf ermöglicht es Programmen, zu 'terminieren' ohne aus dem Speicher entfernt zu werden. Die Turbo-Pascal-Funktion *Keep* nutzt allerdings nicht diesen Interrupt, sondern die Funktion 31h des Interrupt 21h, der bei neueren Programmen der Vorzug gegeben werden sollte.

Der Handler erwartet bei Aufruf in den Registern (CS auf dem Stack):DX einen Zeiger auf das Ende des residenten Moduls.

Interrupt 28h: 'Idle'

Dieser Interrupt wird von DOS aufgerufen, wenn das System auf eine Eingabe des Anwenders *über einen DOS-Interrupt* wartet. Die Funktion *Readkey* der UNIT CRT veranlaßt *nicht* den Aufruf von Interrupt 28h, die Funktion 01h des Interrupt 21h jedoch tut dies. TSR-Programme und andere Anwendungen können sich hier einhängen und die Leerlaufzeit nutzen.

Interrupt 2Eh: 'Call COMMAND.COM'

Dieser (undokumentierte) Interrupt läßt sich nutzen, um DOS-Commandos aufzurufen. Dabei wird in DS:SI ein Zeiger auf die Komandozeile übergeben. Sie muß im ersten Byte die Länge enthalten und mit einem CR (ASCII 13) abschließen. *Alle* Register (einschließlich SS und SP) werden bei dem Aufruf zerstört.

Die Wirkung ist identisch mit einem entsprechenden Kommandozeilenbefehl, der von der DOS-Ebene aus eingegeben wird. Das aufrufende Programm muß jedoch dafür Sorge tragen, daß freier DOS-Speicher zur Verfügung steht, falls der transiente Teil des COMMAND.COM oder ein externes Programm nachgeladen werden muß. Folgende Routine stellt eine mögliche Schnittstelle zu diesem Interrupt dar:

```
uses dos,memory;
 ...
 procedure Comspec(Command:String);
  const _ss:word = 0;
        _sp:word = 0;
  begin
   inc(command[0]);
   command[ord(command[0])]:=#13;
   setmemtop(heapptr);
```

```
   swapvectors;
   asm
      push bp
      mov  _ss,ss
      mov  _sp,sp
      lea  si,command
      push ss
      pop  ds
      int  $2E
      cli
      mov  ax,seg @data
      mov  ds,ax
      mov  ss,_ss
      mov  sp,_sp
      sti
      pop  bp
   end;
   swapvectors;
   setmemtop(heapend);
  end;
```

Sollte diese Prozedur statt des gewünschten Ergebnisses einen fiesen Absturz des Systems zur Folge haben, so kann dies daran liegen, daß sie aus der Turbo-IDE heraus aufgerufen wurde. Die Nutzung innerhalb eines Programms, das von DOS aus gestartet wurde, sollte hingegen keine Schwierigkeiten bereiten.

Interrupt 2Fh: 'Multiplexer-Interrupt'

Dieser Interrupt stellt eine Schnittstelle zur Kommunikation zwischen / mit residenten (TSR-) Programmen und Treibern dar. In dieser Form und Funktionsweise wird er jedoch erst ab DOS-Version 3.0 unterstützt.

Ein TSR-Programm, das über den Interrupt 2Fh kommunizieren will, benötigt eine Kennung. Diese wird bei Aufruf im AH-Register übergeben. Das Programm sichert den ursprünglichen Interrupt-Vektor und setzt ihn auf den eigenen Handler um. Wird der Interrupt nun aufgerufen, so sind zwei Fälle möglich; entweder entspricht der Inhalt von AH der eigenen Kennung. Dann muß das Programm die Funktionsnummer in AL auswerten. Oder es handelt sich um eine andere Kennung. Dann wird der ursprüngliche Handler aufgerufen.

Um zu erfahren, ob eine Kennung in Gebrauch ist, wird die Funktion 0 (AL = 0, AH = Kennung) aufgerufen. Das Ergebnis wird in AL übergeben. Steht nach dem Aufruf immer noch eine Null in AL, so darf man davon ausgehen, daß der entsprechende Treiber nicht installiert ist. Welcher Wert allerdings signalisiert, daß ein Treiber geladen ist, ist nicht einheitlich festgelegt. Viele TSR-Programme signalisieren mit AL = FFh ihre Anwesenheit. Ein TSR-Programm, das sich in den Interrupt 2Fh einhängt, muß sich natürlich ebenfalls über diese Funktion zu erkennen geben.

Die Kennungsnummern 00 bis BFh sind für das Betriebssystem reserviert. Alle anderen TSR-Programme und Treiber müssen sich die Kennungen von C0h bis FFh teilen.

Interessant ist vor allem die Schnittstelle von HIMEM.SYS (Kennung 43h), die man benötigt, wenn man das Extended Memory nutzen will, das *nicht* dem EMM-Manager zugeteilt wurde.

Der Treiber gibt, wenn er installiert ist, bei Unterfunktion 0 in AL den Wert 80h zurück. Wird der Treiber mit Funktion 10h aufgerufen (AX = 4310h), so gibt er in ES:BX die Adresse einer FAR-Routine zurück, über die die verschiedenen Funktionsaufrufe erfolgen (vergl. Kapitel 11).

Eine andere interessante Funktion ist die Installationsabfrage von *GRAPHICS.COM*, Funktion AE00h. Ist das Programm installiert, wird in AX der Wert FFFFh zurückgegeben.

13.1.2 Die Funktionen des Interrupt 21h zum Prozeßmanagement

Neuere Programme sollten sich bei allen Problemen des Prozeßmanagements an die Funktionen des Interrupt 21h halten, soweit dies möglich ist - und auch dort möglichst an die neueren Funktionen.

Interrupt 21h, Funktion 00h: 'Terminate Process'

IN:

AH: 00h

(CS auf dem Stack): Adresse des PSP des aufrufenden Prozesses

Anm.: Dieser Aufruf entspricht weitgehend dem Interrupt 20h. Damit die Rücksprungadresse auf dem Stack tatsächlich dem PSP entspricht, muß der Aufruf entweder in einem COM-Programm oder im Hauptteil eines EXE-Programms erfolgen. Derartige Einschränkungen gelten bei Funktion 4Ch nicht. Deshalb sollte jedes neue Programm die Funktion 00h meiden.

Interrupt 21h, Funktion 25h: 'Set Interrupt Vektor'

IN:

AH:	25h
AL:	Interrupt-Nummer
DS:DX:	Neue Adresse des Handlers

OUT: -

Anm.: Man sollte Interrupt-Vektoren *möglichst niemals* durch direkten Zugriff auf die Interruptvektortabelle setzen. Solches Vorgehen verrät nicht nur einen schlechten Programmierstil, sondern es garantiert auch nicht die Konsistenz der Vektortabelle. Die Turbo-Pascal-UNIT DOS bietet als Schnittstelle zu dieser Funktion die Prozedur *Setintvec.*

Interrupt 21h, Funktion 26h: 'Create New PSP'

IN:

AH:	26h
DX:	Segmentadresse des neuen PSP

OUT: -

Anm.: Die Funktion legt an der genannten Adresse einen neuen *Programm-Segment-Prefix*-Bereich an. Der Aufbau eines PSP ist Thema des nächsten Abschnitts. Bei Start eines neuen Programms legt DOS automatisch einen neuen PSP-Bereich an, so daß diese Funktion hierfür nicht benötigt wird.

Interrupt 21h, Funktion 30h: 'Get DOS Version'

IN:

AH:	30h

OUT:

AL:	Hauptversionsnummer
AH:	Unterversionsnummer
BH:	Seriennummer
BL:CX	Benutzernummer

Anm.: Turbo-Pascal stellt die DOS-Version durch Aufruf dieser DOS-Funktion bei Programmstart automatisch als Wort-Variable zur Verfügung, so daß die Hauptversion mit lo(DosVersion) und die Unterversion mit hi(DosVersion) ermittelt werden kann.

Interrupt 21h, Funktion 31h: 'Keep Resident'

IN:

AH:	31h
AL:	Exitcode
DX:	Anzahl der resident verbleibenden Paragraphen

OUT: -

Anm.: Die Turbo-Pascal-Funktion Keep(Exitcode) reserviert grundsätzlich allen vom Programm aktuell belegten Speicher. Wird aber z.B. für die Installation eines Programms ein Heap benötigt, der später freigegeben werden kann, so kann man *Keep* durch einen Aufruf dieser Funktion ersetzen. Wie man ein residentes Programm wieder aus dem Speicher entfernen kann, wird in Kapitel 11.3 beschrieben.

Interrupt 21h, Funktion 33h: 'Get/Set Ctrl-C Check'

IN:

AH:	33h
AL:	0/1 = Lese Status nach DL / Setze Status auf den Wert in DL
DL:	0/1 Control-C-Abfrage Aus/Ein

Anm.: Mit Hilfe dieser Funktion läßt sich die Control-C-Abfrage ein- und ausschalten.

Interrupt 21h, Funktion 34h: 'Get DOS Critical Interval Flag'

IN:

AH:	34h

OUT:

ES:BX	Zeiger auf die Adresse des Flags

Anm.: DOS benutzt als internen Arbeitsbereich nicht den Stack, sondern legt seine internen Variablen in einem eigens hierfür reservierten Bereich ab. Wird nun eine DOS-Funktion durch einen anderen Prozeß oder einen Interrupt unterbrochen, so kann dies zu 'Interferenzen' führen. Damit ein Interrupt-Handler also ent-scheiden kann, ob sich DOS gerade in einem 'kritischen' Zustand befindet, kann das Flag abgefragt werden. Hat das Flag den Wert Null, so können die DOS-Funktionen voll genutzt werden, bei einem Wert von eins sollte der unterbrechende Prozeß darauf verzichten, noch einmal den Interrupt 21h mit einer Funktionsnummer über 0Ch aufzurufen, da sonst DOS intern in einen inkonsistenten Zustand gerät.

Interrupt 21h, Funktion 35h: 'Get Interrupt Vektor'

IN:

AH:	35h
AL:	Interrupt-Nummer

OUT:

ES:BX	Interruptvektor

Anm.: Im Protected Mode müssen Interruptvektoren über die entsprechende Funktion des DPMI-Servers erfragt werden.

Interrupt 21h, Funktion 4Bh: 'Load and Execute a Program'

Bei dieser Funktion werden mit dem AL-Register Unterfunktionen selektiert:

Unterfunktion 0: 'Load and Execute'

IN:

AX:	4B00h
DS:DX:	Zeiger auf einen ASCIIZ-String mit Pfad- und Dateinamen des zu startenden Programms.
ES:BX	Zeiger auf eine Tabelle mit folgendem Aufbau:

Offset	Länge	Inhalt
0	2	Segmentadresse eines zu übernehmenden Environment-Bereichs oder Null
2	4	Zeiger mit einem 'Pascal'-String auf die Kommandozeile (maximal 128 Byte)
6	4	Zeiger auf einen FCB, der im PSP des neuen Prozesses abgelegt wird
0Ah	4	Zeiger auf den zweiten FCB, der im PSP des neuen Prozesses angelegt wird

OUT:

Carryflag gesetzt: Fehlercode in AX

Carryflag gelöscht: Fehlerfreier Aufruf

Anm.: Der aufrufende Prozeß sollte seinen kompletten Registersatz (einschließlich SS und SP) vor dem Aufruf sichern und danach restaurieren, weil ältere DOS-Versionen diese Register unter Umständen zerstören. Soll ein Programm ausgeführt werden, daß sich nicht im aktuellen Pfad befindet und dessen Pfad auch nicht bekannt ist, so sollte als Kommandozeile 'COMMAND.COM /C Programmpfad Parameter'+CR übergeben werden, oder noch besser die Pfadangabe für 'COMSPEC' aus dem Environmentbereich gelesen werden:

Pfadangabe 'COMSPEC' + ' /C' + Programmname/Kommando + Parameter+CR. Zu beachten ist in jedem Fall, daß der Aufruf nur dann erfolgreich durchgeführt werden kann, wenn genügend freier DOS-Speicher zur Verfügung steht. Dies wird in Turbo-Pascal entweder durch die Begrenzung des zu reservierenden Heapspeichers mit der Compiler - Option {$M Stack, Heapmin, HeapMax} erreicht, oder - wie in der Turbo-Vision - mit der Funktion *Setmemtop(Heapptr)* aus der UNIT MEMORY realisiert.

Unterfunktion 3: 'Load Overlay'

IN:

AX:	4B03h
DS:DX	Zeiger auf ASCIIZ-String mit dem Pfadnamen
ES:BX	Zeiger auf Parameterblock mit folgendem Inhalt:

Offset	Länge	Inhalt
0	2	Segmentadresse, ab der der Overlaycode geladen werden soll
2	2	'Relokationsfaktor'

OUT:

Carryflag gesetzt: Fehlercode in AX

Carryflag gelöscht: Aufruf fehlerfrei

Anm: Turbo-Pascal 7.0 bietet einen Overlay-Manager für DOS-Applikationen, den man im Bedarfsfall auch nutzen sollte.

Interrupt 21h, Funktion 4Ch: 'Terminate Program'

IN:

AH:	4Ch
AL:	Exit-Code (0 = Fehlerfreies Programmende)

OUT: -

Anm.: Mit Hilfe dieser Funktion lassen sich Programme einfach und 'schmerzfrei' beenden. Turbo-Pascal-Programme sollten dies natürlich – wenn überhaupt in expliziter Form – über Halt bewerkstelligen, aber kleine Assemblerprogramme, die mit TASM erstellt wurden, können die Funktion gut nutzen.

Interrupt 21h, Funktion 4Dh: 'Get Exitcode'

IN:

AH: 4Dh

OUT:

AX: Exitcode

Anm.: Die Funktion gibt den Exitcode eines über die Funktion *Exec* vom laufenden Programm aus gestarteten Unterprogramms zurück. Die Turbo-Pascal-Variable *ExitCode* wird über diese Funktion gesetzt.

Interrupt 21h, Funktion 59h: 'Get Extended Error Information'

IN:

AH: 59h

BX: 0

OUT:

AX: Erweiterte Fehlerinformation

BH: Fehlertyp/Fehlerklasse

BL: Vorgeschlagene Maßnahme

CH: Fehlerhinweis

Anm.: Die Funktionen des DOS-Interrupt 21h, über die praktisch die gesamte Kommunikation zwischen Betriebssystem und Programm abgewickelt wird, lassen sich bezüglich der Fehlerhandhabung grob in zwei Blöcke aufteilen: Die *alten* Funktionen und die *neuen* Funktionen. Bei den älteren Funktionen wird nach einem Aufruf meist im AL-Register ein *Statuswert* zurückgegeben, der bei jeder Funktion leicht individuelle Bedeutungen hat. Im allgemeinen bedeutet AL = 0 einen fehlerfreien Aufruf.

Die neueren Funktionen setzen im Falle eines Fehlers bei Rückkehr das Carryflag. In diesem Fall enthält das AX-Register einen Fehlercode, dessen Bedeutung bei allen Funktionen einheitlich festgelegt ist.

Ein Teil der Fehlercodes (0..18) wird im Borland-Pascal-Handbuch beschrieben. Diese und alle weiteren beschreibt Tabelle 13.1. Sie werden automatisch zurückgegeben, auch ohne daß Funktion 59h aufgerufen wurde.

Die Art des Fehlers beschreibt ein Code, der in BH zurückgegeben wird. Tabelle 13.2 listet die definierten Fehlerklassen auf. Tabelle

13.3 zeigt eine Liste der Codes für Maßnahmen, die vom Betriebssystem im Fehlerfall empfohlen werden.

Tabelle 13.4 zeigt die Codierung des Hinweis-Bytes aus Register CH.

Tabelle 13.1: DOS-Fehlercodes

Wert	Fehler
1	Ungültiger Aufruf (Funktionsnummer nicht definiert)
2	Datei nicht gefunden
3	Pfad nicht gefunden
4	Zu viele offene Dateien
5	Zugriff nicht erlaubt
6	Dateihandle ist ungültig
7	Memory Control Block zerstört
8	Nicht genügend freier Speicher
9	Ungültige Speicherblockadresse
10	Fehler im Environmentbereich
11	Formatfehler
12	Fehler im Zugriffscode
13	Datenfehler
15	Laufwerk nicht gefunden
16	Aktuelles Verzeichnis kann nicht gelöscht werden
17	Umbenennen nicht über verschiedene Laufwerke möglich
18	Keine weiteren Dateien gefunden
19	Schreibversuch auf schreibgeschützte Diskette
20	Laufwerk/Einheit unbekannt
21	Laufwerk nicht bereit
22	Kommando nicht bekannt
24	Fehlerhafte Datenstruktur bei Aufruf
25	Seekfehler im Laufwerk
26	Speichermedium unbekannt / nicht formatiert
27	Sektor nicht gefunden (FAT fehlerhaft ?)

Tabelle 13.1 (Fortsetzung)

Wert	Fehler
28	Paper End im Drucker
29	Schreibfehler
30	Lesefehler
33	Verletzung der Zugriffsrechte beim Dateizugriff
34	Laufwerkswechsel abgewiesen
35	Alle verfügbaren FCBs vergeben
36	Überlauf des 'Sharing'-Puffers
38	Dateioperation nicht abschließbar
50	Netzwerksfunktion wird nicht unterstützt
51	Netzwerkknoten nicht ansprechbar
52	Netzwerksname schon belegt
53	Netzwerkeinheit mit diesem Namen nicht gefunden
54	Netzwerk busy
55	Netzwerkeinheit nicht vorhanden
56	Kommandoüberlauf im Netzwerk
57	Hardwarefehler im Netzwerk
58	Netzwerk arbeitet fehlerhaft
59	Unbekannter Netzwerkfehler
60	Kompatibilitätsfehler im Netzwerk
61	Printer busy
62	Zu wenig Speicher für Druckpufferdatei
63	Druckerdatei gelöscht
64	Netzwerkname gelöscht
65	Zugriff unzulässig
66	Netzwerkeinheit ungültig
67	Netzwerkname nicht gefunden
69	Zu viele Teilnehmer im Netzwerk
70	Einheit befindet sich im Pausenzustand
71	Netzwerkaufruf unzulässig

Tabelle 13.1: (Fortsetzung)

Wert	Fehler
72	Drucker- oder Laufwerkseinheit befindet sich in einem Pausenzustand
80	Datei gleichen Namens existiert bereits
82	Verzeichniseintrag kann nicht angelegt werden
83	Fehler im Interrupt-24H-Handler
84	Zu viele Laufwerksumleitungen
85	Fehlerhafte Mehrfachumleitung
86	Passwort ungültig
87	Parameter ungültig
88	Datenfehler im Netzwerk
89	Netzwerk-Funktion wird nicht unterstützt
90	Erforderliches Gerät nicht installiert

Tabelle 13.2: DOS-Fehlerklassen

Wert	Fehlertyp
1	Ressourcen fehlen
2	Fehlerursache ist zeitlich begrenzt (Versuch wiederholen)
3	Fehler besteht in dem Versuch, eine nicht autorisierte Operation durchzuführen
4	Interner DOS-Fehler
5	Hardware ist fehlerhaft
6	Fehler im Betriebssystem
7	Fehler im laufenden Anwendungprogramm
8	Gesuchtes Objekt (was auch immer) nicht gefunden
9	Formatfehler
10	Gerät oder Datei für Zugriff gesperrt
11	Fehlerhafter Datenträger
12	Name existiert bereits
13	Unbekannter Fehler

Tabelle 13.3: Vorgeschlagene Aktionen

Wert	Aktion
1	Versuch wiederholen
2	Wiederholen nach einer Wartezeit
3	Aufforderung an den Anwender, einen Namen (oder Pfad) zu korrigieren
4	Geordnete Programmbeendung (Dateien schließen, Interruptvektoren zurücksetzen etc.)
5	Sofortiger (ungeordneter) Programmabbruch
6	Fehler ignorieren
7	Aufforderung zur Korrektur an den Benutzer und erneuter Versuch (z.B. wenn Diskette nicht im Laufwerk)

Tabelle 13.4: Hinweis zur Lokalität des Fehlers

Wert	Hinweis
1	Fehlergerät unbekannt
2	Blockgerät (Festplatte / Diskette / CD-ROM)
3	Netzwerk
4	Zeichenorientiertes Gerät (z.B. Drucker)
5	RAM (Fehler im Arbeitsspeicher)

Interrupt 21h, Funktion 62h: 'Get Program Segment Prefix'

IN:

AH: 62h

OUT:

BX: PSP-Segmentadresse

Anm.: Der Aufruf ist erst ab DOS-Version 3.0 implementiert. Turbo-Pascal stellt in der Variablen *PrefixSeg* der UNIT SYSTEM aber die PSP-Segmentadresse bereit.

13.1.3 Der Aufbau des Program-Segment-Prefix

Das ***P**rogram-**S**egment-**P**refix* ist ein 256 Byte langer Bereich, der allen Programmen - sowohl COM- als auch EXE-Programmen - vorangestellt wird. In diesem Bereich sind Informationen zu finden, die das Programm u.U. vom Betriebssystem benötigt. So findet sich hier unter anderem auch die Paragraphenadresse des Environmentbereichs (vergl. 13.1.4).

Tabelle 13.5: Aufbau des PSP

Offset	Länge	Inhalt
0	2	CDh 20h (Maschinenbefehl für Interrupt 20h)
2	2	Anzahl der belegten Paragraphen
4	1	reserviert
5	5	FAR-CALL auf Dos-Int-21h-Funktions-Handler
0Ah	4	Vektor zum Interrupt 22h (Program Terminate)
0Eh	4	Vektor zum Interrupt 23h (Ctrl-C-Handler)
12h	4	Vektor zum Interrupt 24h (Critical Error Handler)
16h	22	reserviert
2Ch	2	Segmentadresse des Environmentbereichs
2Eh	34	reserviert
50h	3	CDh/21h/CBh (Int 21h, RETF)
53h	9	reserviert
5Ch	16	1. FCB
6Ch	20	2. FCB
80h	1	Länge der Kommandozeile
81h	127	Kommandozeile

Der Bereich ab Offset 80h wird von DOS als DTA (Disk Transfer Area) genutzt, wenn die Adresse des DTA nicht vom Programm über die DOS-Funktion 1Ah (Set Disk Tranfer Address) verändert wurde. Tabelle 13.5 zeigt den Aufbau des Program-Segment-Prefix.

13.1.4 Der Aufbau des Environmentbereichs

Der Environment-Bereich (oder auch *Programmumgebungsblock*) enthält eine Reihe von Einträgen, denen das Programm bestimmte Informationen über Systemvariablen entnehmen kann. Ein Eintrag in dieser Liste hat das Format eines ASCIIZ-Strings der Form VARIABLE = WERT, also z.B. COMSPEC=C:\DOS\COMMAND.COM. Der Environmentbereich endet, wenn zwei ASCII-Null-Zeichen aufeinander folgen. Daran schließt sich noch ein ASCIIZ-String mit Programmpfad und -Dateinamen an (was ab DOS 3.0 in Turbo-Pascal auch über die Funktion Paramstr(0) zur Verfügung steht).

Typischerweise weist das Environment folgende Einträge auf:

- COMSPEC = XXX
- PATH = XXX
- PROMPT = XXX
- TEMP = XXX

Für den Programmierer dürfte insbesondere der Eintrag 'PATH=...' von Interesse sein, wenn es darum geht, bestimmte Dateien in den Systemverzeichnissen zu finden. Mit dem DOS-Befehl SET läßt sich dem Environmentbereich ein Eintrag hinzufügen. Seine Adresse kann man dem Program-Segment-Prefix entnehmen (vergl. 13.1.3).

13.1.5 Laufzeitfehler in Turbo-Pascal abfangen

Die minimale Fehlerbehandlung ist der geordnete Programmabbruch, wie er in Turbo-Pascal über die Exitprozeduren realisiert wird. Diese Fehlerbehandlung läßt sich *teilweise* durch die Option $I+/$I- außer Kraft setzen, so daß sich eine differenziertere Fehlerbehandlung bei Dateizugriffen realisieren läßt. Auch die Fehlerbehandlung bei der Reservierung oder Freigabe von Heapspeicher läßt sich über die Funktion *HeapErrorFunc* beeinflussen. Will man aber z.B. komplizierte mathematische Berechnungen (z.B. mit Fließkommazahlen) anstellen und verhindern, daß das Programm beim Auftritt eines Fehlers beendet wird, so ist der Aufwand u.U. schon ganz erheblich, wenn z.B. jede Funktion zuerst einmal die Gültigkeit ihrer Argumente überprüfen muß u.s.w. Die Ausführung dieser Prüfungen kann dabei einen Großteil der Rechenzeit in Anspruch nehmen. Zudem muß aufgrund der prozeduralen Verschachtelung praktisch jede Funktion anfangs prüfen, ob bereits ein Fehler auftrat und ggf. die Ausführung abbrechen, um nicht immer weitere Folgefehler zu produzieren bzw. um die Lokalisierung des Fehlers zu gewährleisten.

Um dies zu vermeiden, kann man allerdings auch einen *Trick* anwenden, der allerdings einen ziemlich extremen Eingriff darstellt: Man vermeidet - um beim mathematischen Beispiel zu bleiben - jede Überprüfung von Argumenten in den kritischen Routinen und nimmt den 'Programmabbruch' bei Auftreten eines Fehlers in Kauf. Ein 'Programmabbruch' in Turbo-Pascal besteht in dem Aufruf der Prozedur *ExitProc*. Und hier beginnt die Manipulation: Man setzt vor Aufruf der kritischen Prozedur *ExitProc* auf eine Routine, die nicht zurückkehrt, sondern einen Sprung (FAR-JUMP) auf eine zuvor definierte Adresse ausführt und den Stack in definierter Weise restauriert. (Für die Programmierung in Assembler wäre dies ein relativ 'normales' Manöver, in Turbo-Pascal grenzt es an Hochverrat.) Auf diese Weise werden alle Rücksprungadressen auf dem Stack umgangen und somit Folgefehler vermieden.

Das ganze könnte etwa folgendermaßen implementiert werden:

```
var oldexitproc,runerrorptr:pointer;
    basepointer,stackpointer:word;
    status:integer;

{ Routine, die einen Runtimeerror auffängt }
procedure CatchRunError; far; assembler;
  asm
   mov  dx,seg @data
   mov  ds,dx
   mov  ax,oldexitproc.word[0]
   mov  exitproc.word[0],ax
   mov  ax,oldexitproc.word[2]
   mov  exitproc.word[2],ax
   fninit
   mov  ax,exitcode
   stc            { Carryflag setzen: RunTimeError ist aufgetreten }
   jmp  dword ptr runerrorptr
  end;

Function CallCritical(Call:Pointer):word; assembler;
 asm
   { Adresse, bei der die CPU aufgesetzt wird, }
   { wenn ein RuntimeError auftritt:           }
    mov  ax,cs
    mov  runerrorptr.word[2],ax
    mov  ax,offset @@1
    mov  runerrorptr.word[0],ax
    mov  ax,exitproc.word[0]
    mov  oldexitproc.word[0],ax
    mov  ax,exitproc.word[2]
    mov  oldexitproc.word[2],ax
    mov  ax,cs
    mov  exitproc.word[2],ax
    mov  ax,offset CatchRunError
    mov  exitproc.word[0],ax
{ BP und SP sichern, falls RunTimeError auftritt: }
    mov  stackpointer,sp
    mov  basepointer,bp
    call dword ptr &Call
    mov  ax,oldexitproc.word[0]
    mov  exitproc.word[0],ax
    mov  ax,oldexitproc.word[2]
    mov  exitproc.word[2],ax
@@1:jnc  @@2             { Carry gesetzt = Runtimeerror !  }
    mov  bp,basepointer { Fehler: BP und SP restaurieren. }
    mov  sp,stackpointer
    jmp  @@3
@@2:xor  ax,ax
@@3:
 end;
```

Der Aufruf einer 'kritischen' Prozedur würde dann so aussehen:

```
Status:=CallCritical(@Critical_Prog);
if Status<>0 then
begin
  ...
end;
```

Hierbei ist 'Critical_Prog' eine parameterlose FAR-Prozedur, in der das Auftreten eines Laufzeitfehlers möglich oder wahrscheinlich ist.

13.2 DOS-Geräte-Treiber

MS-DOS besteht zu wesentlichen Teilen aus Treibern, die die entsprechenden Geräte und Schnittstellen ansteuern. Diese Treiber sind nicht mit residenten Programmen zu verwechseln, die z.B. mit einer Anweisung in der AUTOEXEC.BAT aufgerufen werden und danach resident im Speicher verbleiben. So *kann* ein Treiber zwar auch Interruptvektoren manipulieren, aber er *muß* es nicht, um aktivierbar zu sein.

13.2.1 Der Device-Header

Gerätetreiber müssen unter DOS bestimmten Standards entsprechen. Ein Bestandteil dieses Standards ist ein bestimmter festgelegter Aufbau des 'Treiberkopfes' (Device Header), über den die Kommunikation mit dem Treiber erfolgt. Jeder Treiberkopf enthält dabei einen reservierten Platz, in den beim Ladevorgang die Adresse des nächsten Treibers eingetragen wird. Auf diese Weise entsteht eine vorwärts verkettete Liste, die mit dem 'NUL'-Treiber beginnt und die bei dem Treiber endet, dessen Header als Folgezeiger den Eintrag FFFFH:FFFFH enthält. Da der Dos-Control-Block (DCB) auch einen Zeiger auf den NUL-Treiber enthält, hat jedes Anwenderprogramm auf die Treiberkette Zugriff. Auf diese Weise kann ein Anwendungsprogramm in Erfahrung bringen, ob und wenn ja, an welcher Adresse ein Treiber geladen ist. Den Aufbau des Treiberkopfes zeigt Tabelle 13.6.

Treiber können aus Binärdateien (*.SYS) oder aus EXE-Dateien geladen werden, während sich COM-Dateien hierfür nicht eignen. Der Grund liegt darin, daß COM-Dateien ab Offset 100h in den Arbeitsspeicher geladen werden, während Treiber ab Offset 00h geladen werden. (Treiberdateien erhalten keinen eigenen PSP-Bereich). Will man deshalb mit TASM einen eigenen Treiber schreiben, so darf die Anweisung ORG 00H nicht fehlen. Der Treiber erhält auch keinen eigenen Stack.

Tabelle 13.6: Aufbau eines Device Header

Offset	Länge	Inhalt
0	4	Zeiger auf den nächsten Treiberkopf (muß mit FFFFH:FFFFH initialisiert werden.)
4	2	16-Bit-Feld mit den Attributen des Treibers
6	2	Offset der Strategieroutine
8	2	Offset der Interruptroutine
10	8	Name der Geräteeinheit (z.B. 'CON ')

Damit der Gerätetreiber installiert wird, ist die Anweisung 'DEVICE=...' in die Datei CONFIG.SYS aufzunehmen. Bei Systemstart wird der Treiber dann geladen und aufgefordert, sich zu initialisieren.

Das 16-Bit-Feld mit den Treiberattributen legt fest, um welche Art von Treiber es sich dabei handelt. Die einzelnen Bits sind dabei folgendermaßen zu belegen:

Bit	Bedeutung
15	0/1 : Block-/Zeichenorientierte Einheit
14	1: Treiber kann Control-Zeichen verarbeiten
13	Bei Blockorientierten Einheiten:
	1: Medium ist über Media-Descriptor-Byte identifiziert
	0: Medium besitzt kein Media-Descriptor-Byte
	Bei Zeichenorientierten Einheiten:
	1: Treiber unterstützt den 'Output until busy'-Aufruf
	0: Treiber kennt kein 'Output until busy'-Signal
11	1: Speichermedium ist auswechselbar/kann geöffnet werden
6	1: Treiber unterstützt 'Generic-I/O-CTRL'-Aufrufe
3	1: Einheit ist 'CLOCK$'-Treiber
2	1: Einheit ist 'NUL'-Treiber
1	1: Einheit ist Standard-Ausgabeeinheit ('CON'-Treiber)
0	1: Einheit ist Standard-Eingabeeinheit ('CON'-Treiber)

Alle anderen Bits sind reserviert und müssen auf Null gesetzt werden. Die Zeiger auf Strategie- und Interrupt-Routine müssen bereits in der Binärdatei korrekt gesetzt sein.

13.2.2 Der Request-Header

Wird eine Geräteeinheit angesprochen, so führt DOS zwei Aufrufe durch. Zuerst wird die Strategieroutine per FAR-CALL angesprochen. Ihr wird in den Registern ES:BX ein Zeiger auf einen 'Request-Header' übergeben, den der Treiber in eine Liste eintragen muß. Danach wird die 'Interrupt-Routine' per FAR CALL aktiviert, die den von der Strategie-Routine notierten Auftrag abzu-wickeln hat. Ist der Auftrag erfüllt, so setzt die Interruptroutine ein Flag im Request-Header, das dem Betriebssystem signalisiert, daß der Auftrag abgewickelt wurde. Diese Vorgehensweise ist theoretisch für Multitasking-Betriebssysteme geeignet. Praktisch setzt DOS aber stets nur einen Auftrag ab, so daß die 'Auftragsliste' nur aus einem Zeiger zu bestehen braucht. Der Request-Header hat ein Basisformat, an das je nach Auftrag einige Felder angehängt werden. Das Basisformat beschreibt Tabelle 13.7.

Tabelle 13.7: Basisfelder eines Request Headers

Offset	Länge	Inhalt
0	1	Länge des Request-Header in Bytes
1	1	Nummer der Einheit (falls der Treiber mehrere Einheiten unterstützt.)
2	1	Auftrags-Identifikation
3	2	Status-Wort
5	8	reserviert
8	?	Funktionsspezifischer Aufbau

Die Interruptroutine muß also im Request-Header die Auftragsidentität feststellen und je nach Code den Auftrag bearbeiten. Wenn sie damit fertig ist, setzt sie das Status-Wort ab Offset 3. Dabei gilt folgende Belegung:

Bit	Inhalt
0..7	Fehlercode
8	Done-Flag (signalisiert, daß die Bearbeitung beendet ist)
9	Busy-Flag (signalisiert, daß das Gerät zur Zeit beschäftigt ist)
15	Error-Flag (signalisiert einen Fehler)
Die Bits 10..14 sind reserviert und auf Null zu setzen.	

Der Fehlercode in Bit 0..7 wird nur beachtet, wenn das Error-Flag gesetzt ist.

Folgende Fehlercodes sind fest definiert:

Code	Bedeutung
0	Einheit nur zum Lesen geöffnet
1	Einheitennummer ungültig
2	Einheit nicht bereit
3	Fehlerhaftes Kommando
4	CRC-Fehler
5	Fehlerhafter Request-Header
6	Seek-Fehler
7	Unbekanntes Speichermedium
8	Sektor nicht gefunden
9	Paper Out (bei Druckertreibern)
0Ah	Schreibfehler
0Bh	Lesefehler
0Ch	Unbekannter Fehler
0Fh	Unerlaubter Diskettenwechsel

Natürlich sind diese Fehlercodes vom Typ der Einheit abhängig. Die Fehlermeldung 'Sektor nicht gefunden' macht z.B. nur bei blockorientierten Geräten Sinn.

13.2.3 Die Geräte-Aufrufe

Je nach Typ und Attributen des Treibers muß dieser in der Lage sein, folgende Befehle ganz oder zum Teil zu bearbeiten:

Kommando	Bezeichnung
0	Initialisierung (nur einmal bei der Installation)
1	Media Check (nur Blockgeräte)
2	Aufbauen eines BPB (BIOS-Parameter-Blocks, nur Blockgeräte)
3	Steuerzeichen empfangen (IOCTRL Input)
4	Daten lesen
5	Eingabepuffer prüfen (Nondestructive Input No Wait)
6	Lese-Status angeben (nur Zeichengeräte)
7	Lese-Puffer leeren (Input Flush, nur Zeichengeräte)
8	Daten senden
9	Schreiben und Verifizieren (nur Blockgeräte)
10	Schreibstatus angeben (nur Zeichengeräte)
11	Schreibpuffer leeren (Output Flush, nur Zeichengeräte)
12	Steuerzeichen senden
13	Gerät öffnen (nur Zeichengeräte)
14	Gerät schließen (nur Zeichengeräte)
15	Angabe, ob das Medium wechselbar ist (nur Blocktreiber)
16	'Output until busy'
19	Generic IOCTRL Request
23	Get Logical Device
24	Set Logical Device

Die Anzahl der zu unterstützenden Aufrufe kann also je nachdem, welche Attribute der Treiber gesetzt hat, auch sehr gering sein. Ein Test zeigt, daß ein Treiber, in dessen Attributfeld ausschließlich das Bit für den Zeichentreiber gesetzt ist, nur mit den Codes null, vier und acht aufgerufen wird, d.h. mit den Befehlen INIT, READ und WRITE.

Der Aufruf INIT (Code = 0)

Jeder in der Datei CONFIG.SYS eingetragene Gerätetreiber wird direkt nach dem Ladevorgang einmal mit dem Kommando-Code null aufgerufen. Der Request-Header wird dabei um folgende Felder erweitert:

Offset	Länge	Inhalt
13	1	Zahl der unterstützten Einheiten
14	4	Zeiger auf das Ende des residenten Treiberteils
18	4	Zeiger auf Kommandozeile/BIOS-Parameter-Block
22	1	Nummer des ersten unterstützten Laufwerks
23	2	Fehlerstatus-Wort (ab DOS 4.0)

In das erste Feld müssen blockorientierte Einheitentreiber die Zahl der unterstützten Laufwerke eintragen und im vierten Feld die Nummer des ersten unterstützten Laufwerks (A=0, B=1,...), während zeichenorientierte Gerätetreiber stets nur eine Einheit unterstützen und diese Felder ignorieren. Besonders wichtig ist das zweite Feld. In ihm muß der Treiber das eigene Ende eintragen. Auf diese Weise kann ein Treiber mehr Speicher reservieren als die Datei, aus der er geladen wurde, umfaßt oder auch weniger. *Weniger* insbesondere, wenn die Routinen zur Initialisierung an das Ende der Treiberdatei gelegt werden. Diese Routinen werden ja nur einmal aufgerufen und können somit *nach* der Initialisierung anderweitig genutzt werden.

Ist die Initialisierung des Treibers mißlungen, so wird hier die Startadresse des Treiberkopfes eingetragen (und die Anzahl der Laufwerke auf Null gesetzt), so daß das Betriebssystem den Treiber nicht installiert.

Das dritte Feld enthält bei Aufruf einen Zeiger auf die Kommandozeile inklusive Dateinamen und Pfad, exklusive der Anweisung 'DEVICE='. Auf diese Weise können dem Treiber bei der Initialisierung eventuell benötigte Parameter übergeben werden. Sind die Parameter fehlerhaft, so kann ab DOS 4.0 im letzten Feld ein Fehlercode übergeben werden.

In dem gleichen Feld legen blockorientierte Einheitentreiber einen Zeiger auf eine Tabelle ab, die für jede unterstützte Einheit einen 16-Bit-Zeiger (Offset) auf einen BIOS-Parameterblock enthält. Handelt es sich dabei um identische Einheiten, kann es sich auch um *denselben* Parameterblock handeln.

Media Check (Code = 1)

Dieser Aufruf betrifft nur blockorientierte Einheiten. Der Request Header wird hierfür um folgende Felder erweitert:

Offset	Länge	Inhalt
13	1	Media Desciptor Byte des Medium (vergl. Kapitel 9.1.3)
14	1	Diskettenwechsel-Flag
15	4	Zeiger auf den Laufwerksbezeichner (ab DOS 3.0)

Das Diskettenwechselflag hat folgende Belegung:

Wert	Bedeutung
1	Medium wurde gewechselt
0	Diskettenwechsel kann nicht erkannt werden
FFh	Das Medium wurde gewechselt

Build BIOS-Parameter-Block (Code = 2)

Dieser Aufruf erfolgt bei blockorientierten Treibern, wenn das Speichermedium gewechselt wurde. Der Request Header wird bei diesem Aufruf um folgende Felder erweitert:

Offset	Länge	Inhalt
13	1	Media Descriptor
14	4	Zeiger auf Transferbereich
18	4	Zeiger auf BPB

Der Treiber muß die Daten vom Bootrecord des Mediums in den Transferbereich lesen und anschließend die BPB daraus erstellen.

Read from Device/Write to Device (Codes 3,4,8,9,12,16)

Diese Aufrufe entsprechen sich im Aufbau des Request Headers. Bei zeichenorientierten Treibern wird pro Aufruf tatsächlich maximal ein Zeichen übertragen. Dennoch existiert ein Feld, über das die Anzahl der zu transferierenden Zeichen definiert ist. Aus diesem Grund sollte der Treiber dieses Feld auch auswerten und zumindest in der Lage sein, auch mehr als ein Zeichen pro Aufruf zu übertragen.

Folgende Erweiterungsfelder sind definiert:

Offset	Länge	Inhalt
13	1	Media Descriptor Byte
14	4	Zeiger auf Transferbereich (von DOS gesetzt)
18	2	Anzahl der Blöcke (Sektoren) oder Zeichen
20	2	Startsektor
22	4	Zeiger auf Laufwerksnamen (ab DOS 3.0)
26	4	Startsektor (ab DOS 4.0 eine 32-Bit-Zahl)

Bei zeichenorientierten Einheiten sind die letzten drei Felder ohne Bedeutung.

Eingabepuffer prüfen (Code 5)
Diese Funktion ist nur bei zeichenorientierten Treibern sinnvoll. Sie liest ein Zeichen aus dem Empfangspuffer, ohne dessen Inhalt zu verändern (Nondestructive Input No Wait). Der Request-Header wird bei diesem Aufruf nur um ein einziges Byte mit dem gelesenen Zeichen verlängert.

Lese- /Schreibstatus ermitteln (Code 6, 10)
Dieser Aufruf dient vor allem zur Überprüfung des Busy-Bits im Statuswort, das der Treiber, je nach aktuellem Zustand, zu setzen oder zu löschen hat. Der Request-Header hat bei diesem Aufruf keine Erweiterungsfelder.

Lese- /Schreibpuffer leeren (Flush Buffer, Code 7 und 11)
Der Aufruf dient im wesentlichen bei zeichenorientierten Einheiten dazu, den Treiber in einen definierten Zustand zu versetzen. Der Treiber wird angewiesen, seine Puffer zu löschen, d.h. alle Aufträge zu stoppen.

Öffnen / Schließen der Einheit (Code 13, 14)
Diese Aufrufe sind erst ab DOS 3.0 definiert. Sie dienen dazu, dem Treiber zu signalisieren, daß er ein Peripheriegerät initialisieren kann. Der Request-Header hat keine zusätzlichen Felder. Der Aufruf ist nur zulässig, wenn das entsprechende Attributbit im Treiberkopf gesetzt ist. Ist es nicht gesetzt, so wird auch mit der Turbo-Pascal-Anweisung *Open(File)* oder *Close(File)* kein solcher Aufruf an den Treiber abgegeben.

Prüfen, ob Einheit wechselbar ist (Code 15)

Diese Funktion ist nur bei Treibern zulässig, deren Attribut-Bit elf gesetzt ist und erst ab DOS 3.0 definiert. Der Treiber muß das Busy-Bit des Statuswortes setzen, wenn das Medium nicht wechelbar ist.

Der Request Header enthält keine zusätzlichen Felder.

Generic IO-CTRL Request (Code 19)

Dieser Aufruf ist erst ab DOS 3.2 definiert und dient zur Unterstützung der DOS-Interrupt-21h-Funktionen 44h (Unterfunktion 0Ch und 0Dh). Über diese Funktionen lassen sich neue Zeichensätze auswählen und laden. Sie werden z.B. durch das DOS-Programm MODE aufgerufen.

Der Aufruf ist nur bei Treibern zulässig, bei denen das IO-CTRL-Bit im Treiberkopf gesetzt ist. Der Request-Header wird durch folgende Felder erweitert:

Offset	**Länge**	**Inhalt**
13	1	Einheitentyp (Hauptfunktion)
14	1	Unterfunktion
15	2	Inhalt des SI-Registers bei Aufruf
17	2	Inhalt des DI-Registers bei Aufruf

Get / Set Logical Device (Code 23, 24)

Die Funktionen sind ab DOS 3.2 definiert und erlauben die Abfrage, ob einem blockorientierten Gerät mehrere logische Laufwerke zugeordnet sind, bzw. die Festlegung einer solchen Zuordnung. So können zum Beispiel dem gleichen Diskettenlaufwerk mehrere logische Laufwerke zugerodnet werden, so daß mit einem physikalischen Laufwerk dennoch Diskettenkopien angefertigt werden können.

13.2.4 Beispiel für einen Zeichentreiber

In diesem Abschnitt will ich einen einfachen zeichenorientierten Treiber vorstellen. Der Treiber ist eine Art 'NUL'-Gerät, d.h. er steuert kein Gerät. Es handelt sich vielmehr um einen Testtreiber, der allein dazu da ist, wiederzugeben, wie und mit welchen Codes er von DOS angesprochen wird. Mit seiner Hilfe läßt sich z.B. überprüfen, wann ein Zeichen-Treiber mit der Turbo-Pascal-Anweisung *RESET* und *CLOSE* angesprochen wird. (Nämlich dann, wenn das entsprechende Attribut-Bit in seinem Header gesetzt ist.)

Das absolute Minimum, was der Treiber - abgesehen von der Installation - tun muß, ist, in der Strategieroutine die Adresse des Request-Headers entgegenzunehmen und in der Interruptroutine das Setzen des Statuswortes im Request-Header vorzunehmen. Ein Treiber, der diese Verrichtungen (und nichts weiter) ausführt, kann als 'NUL'-Treiber bezeichnet werden. Natürlich sollte er dennoch nicht den Namen 'NUL' erhalten, da dieser Name bereits vergeben ist. Soll der Treiber mehr können (z.B. Zeichen über eine IEEE-Meßgeräteschnittstelle senden / empfangen), so sind die entsprechenden Funktionscodes separat zu bearbeiten.

Der Sourcecode befindet sich als DEVICE.ASM auf der Beilagediskette. Mit der Batch-Datei MAKE_DEV.BAT wird die Treiberdatei DEVICE.SYS erstellt.

13.3 Die DOS-Programmformate

In diesem Kapitel will ich kurz die grundlegenden Dateitypen von DOS (d.h. COM-, EXE-Dateien) näher vorstellen. Die detaillierte Darstellung der weiteren - ebenso wichtigen - Dateitypen, wie OBJ-Dateien, DLLs u.s.w. würde ausreichen, ein eigenes Buch zu füllen und muß deshalb an dieser Stelle unterbleiben.

13.3.1 COM-Dateien

COM-Programme werden vom Programmlader (COMMAND.COM) direkt in den Arbeitsspeicher geladen. Sie dürfen deshalb keine relativen Segmentbezüge (FAR-CALLs u.a.) enthalten, da sie über keine Relokationstabelle verfügen. Es ist jedoch zu beachten, daß COM-Programme einen PSP-Bereich erhalten, so daß alle absoluten Offsetbezüge um einen Wert von 100h 'erhöht' werden müssen. Bei der Assembler-Programmierung wird dies mit der Anweisung ORG 100H am Anfang des Programmbereichs erreicht. Weiterhin ist zu bemerken, daß in COM-Programmen alle Segmentregister den gleichen Inhalt aufweisen, d.h. Code, Daten und Stack befinden sich im sowohl logisch als auch physikalisch gleichen Segment. Daher kann es auch keine COM-Programme für den Protected Mode geben, da Protected-Mode-Programme immer mehrere logische Segmente aufweisen müssen - mindestens aber ein Code- und ein Stacksegment. Diese können aber unmöglich den gleichen Deskriptor besitzen.

13.3.2 EXE-Dateien

Der Turbo-Pascal-Compiler erstellt immer Programmdateien im EXE-Format. Diese Dateien bestehen im Gegensatz zu den COM-Dateien nicht aus einem direkten Abbild des Programmcodes, wie er im Speicher stehen soll. Der Grund hierfür ist leicht einzusehen. Wenn ein Programm absolute Adressen enthält (und EXE-Programme enthalten solche Adressen), so gibt es für den Programmlader zwei Möglichkeiten: Entweder, er muß das Programm immer an die gleiche Adresse im Arbeitsspeicher laden - was aus naheliegenden Gründen nicht möglich ist - oder er muß alle Adressbezüge beim Laden des Moduls an die aktuelle Ladeadresse anpassen. Dieser Vorgang wird 'Relokation' genannt. Damit der Programmlader die Adressen im Modul anpassen kann, muß er natürlich wissen, an welchen relativen Adressen im geladenen Programm Segmentwerte stehen, die an die tatsächliche Programmsegmentadresse angepaßt werden müssen. Der Programmlader erfährt dies über die Relokationstabelle der EXE-Datei.

Tabelle 13.8: Aufbau eines EXE-Headers

Offset	**Länge**	**Inhalt**
0	2	EXE-Datei-Kennung 'MZ'
2	2	Anzahl der 512-Byte-Seiten, die das Programmmodul umfaßt
4	2	Länge der letzten Seiten (= Länge mod 200H)
6	2	Anzahl der Einträge in der Relokationstabelle
8	2	Größe des EXE-HEADERS in Paragraphen
0Ah	2	Minimale Speicheranforderungen über die Länge des Programmmoduls hinaus in Paragraphen
0Ch	2	Maximale Speicheranforderung in Paragraphen
0Eh	2	Relative Segmentadresse des anzulegenden Stacks
10h	2	Inhalt des Stackpointer, wenn Programm gestartet wird
12h	2	Checksumme über die Worte der Datei (wird nicht immer korrekt ausgefüllt)
14h	2	Offsetwert der Programmstartadresse
16h	2	Relatives Codesegment bei Programmstart
18h	2	Relativer Offset der Relokationstabelle
1Ah	2	Overlaynummer der Datei.

EXE-Dateien liegen deshalb in der Form vor, wie sie im Arbeitsspeicher stehen würden, wenn sie ab Paragraphenadresse 0000H geladen würden, d.h., die tatsächliche Ladeadresse muß zu allen Segmentwerten im Lademodul hinzugezählt werden. Um welche Worte des Programmcodes es sich dabei handelt, beschreibt die Relokationstabelle. Jeder ihrer Einträge umfaßt ein Doppelwort, in dem die relative Adresse des anzupassenden Segmentwertes in Segment:Offset-Notation steht. Enthält die Relokationstabelle also einen Eintrag 0010H: 0100H, und das Programm wurde an die Paragraphenadresse 1000H geladen, so steht im Arbeitsspeicher an der Adresse 1010H:0100H ein Wort, zu dem 1000H hinzuaddiert werden müssen, da es eine Segmentadresse darstellt. Die Informationen über Lage und Länge der Relokationstabelle in einer EXE-Datei stehen im Dateikopf, dem 'EXE-Header'. Tabelle 13.8 zeigt seinen Aufbau.

Zu der Anzahl der Speicherseiten des Lademoduls ist anzumerken, daß dieser Wert alle (auch die angebrochenen) Speicherseiten umfaßt; es handelt sich also nicht um 'Programmlänge DIV 200H' !

An den eigentlichen Programmcode können sich weitere Bereiche (wie z.B. symbolische Debuggerinformationen oder Ressourcen) anschließen, so daß die Länge der EXE-Datei die Programmlänge gemäß EXE-HEADER durchaus übertreffen kann.

14 TURBO VISION IM GRAPHIKMODUS (TGV)

Für viele Anwendungen genügt die Darstellbarkeit der Dialoge und Fenster im Textmodus vollkommen. Will man jedoch Graphiken in ein Turbo-Vision-Programm einbinden, so wird man vielleicht enttäuscht sein, daß die von Borland angebotene Version keinerlei Graphikfähigkeiten aufweist. Natürlich kann man mit etwas Aufwand in den Graphikmodus umschalten - nur hat man im Graphikmodus eben keine *Vision* mehr. Für diejenigen, die mit dem Start des Computers zu Windows wechseln und es erst wieder verlassen, wenn sie die Kiste ausschalten, ist dies nicht weiter tragisch - schließlich kann man mit Borland Pascal oder Turbo Pascal für Windows spielend leicht (?) und professionell Programme schreiben, die sich ausschließlich graphisch präsentieren. Dann hat man zwar den Ärger mit den Bildschirmkontexten, aber praktisch keinerlei Ärger mehr mit den verschiedenen Graphikadaptern und ihren Eigenheiten. (Diesen hat nur noch der Anwender, wenn er Windows installiert).

Da aber erstens die Turbo-Vision nun einmal existiert und Windows unter Borland Pascal 7.0 nicht mehr nötig ist, um Programme für den Protected Mode zu schreiben, und zweitens der PM die graphischen Möglichkeiten extrem erweitert, wenn genug Megabytes installiert sind, so liegt es eigentlich nahe, der Vision Graphikfähigkeiten einzuhauchen und somit eine Art 'Windows' ohne Windows zu erhalten. Genau dies soll hier geschehen, wobei allerdings einschränkend gleich zu Beginn gesagt sei, daß die von mir entwickelte Turbo-Graphics-Vision (TGV) nur die Standard-Videomodi der gängigen Graphikkarten bedient, d.h. CGA, Hercules und EGA/VGA. Alle anderen exotischen (wenn vielleicht auch besseren) Graphiksysteme und erweiterten Super-VGA-Graphikmodi mag der geneigte Leser dann selbst implementieren. Dies fällt einem sicherlich leichter, wenn man das Prinzip der TGV verstanden hat.

KISS

Das erste Prinzip, das mich bei der Implementierung leitete, war KISS: 'Keep it simple, stupid'. Alle Turbo-Vision-Objekte wissen ja bereits, wie sie sich am Bildschirm darzustellen haben. Es wäre zu aufwendig (und zu langweilig), allen Objekten einzeln beizubringen, wie sie sich im Graphikmodus zu präsentieren haben (in dem z.B. jede 'Draw'-Methode durch eine 'Paint' ergänzt würde). Zum Glück geht es viel einfacher und eleganter: Alle Vision-Objekte benutzen vordergründig vier Methoden, um sich auf dem Bildschirm darzustellen: WriteLine, WriteBuf, WriteString, und WriteChar. Bei genauerer Betrachtung zeigt sich jedoch, daß alle vier Methoden gemeinsam genau eine Prozedur benutzen: 'WriteView'.

WriteView ist das Herzstück der Turbo-Vision-Bildschirmausgabe. Writeview überprüft, ob und was am View-Objekt sichtbar ist und schreibt die entsprechenden Daten ggf. sowohl auf den Bildschirm als auch in den Bildschirmpuffer der übergeordneten Gruppenobjekte. Als Eingabe erhält WriteView einen Puffer vom Typ 'tDrawBuffer', der entsprechend dem Videospeicher im Textmodus abwechselnd ein ASCII-Zeichen und das dazugehörige Bildschirmattribut enthält. WriteView schreibt bei jedem Aufruf maximal eine Zeile auf den Bildschirm. Als erstes überprüft die Routine, ob die gemäß der Z-Ordnung 'höherliegenden' Viewobjekte der gleichen Gruppe einen Teil des darzustellenden Abschnitts überdecken. Wenn ja, so wird der Bereich entsprechend reduziert. Bleibt etwas übrig, so wird dieser Teil in den Gruppenpuffer (wenn vorhanden) transferiert. Das gleiche Spiel wiederholt sich mit der nächsthöheren Gruppe (nach Addition der Ursprungskoordinaten) bis hin zur Applikation, deren 'Puffer' schließlich der Videospeicher ist. All dies mag sich sehr kompliziert anhören - es braucht aber nicht weiter abzuschrecken, da ich an diesem Teil der Prozedur (wohlweislich) keine Änderungen vorgenommen habe. Die Änderung wird an der Stelle vorgenommen, an der bereits feststeht, daß Daten in den *Bildspeicher* transferiert werden sollen. Ab hier spätestens muß 'WriteView' für den Graphikmodus modifiziert werden, da (abgesehen von der Bildschirmausgabe des Textes) z.B. der Test, ob die Maus auszuschalten ist, im Graphikmodus anders ausfällt - der Mauscursor ist schließlich ein anderer.

Somit ist auch klar, daß die TGV zuerst einmal nichts anderes sein wird, als die 'stinknormale' Turbo Vision, abgesehen davon, daß die Textausgabe im Graphikmodus erfolgt, also ein Textbildschirm emuliert wird. Dies bringt es mit sich, daß die graphischen Objekte - anders als in Windows - nicht beliebig verschiebbar sein werden, sondern jeweils nur an den Grenzen, die durch die Zeichenbox vorgegeben sind. Dies dürfte dem Ergebnis aber weder in optischer noch in funktionaler Hinsicht einen Zacken aus der Krone brechen, zumal die Ausrichtung an Bytegrenzen in der x-Koordinate die Möglichkeit einer schnellen graphischen Ausgabe extrem steigert. (Windows ist in dieser Hinsicht ja nicht gerade berauschend leistungsfähig). Aber natürlich wird die TGV noch wesentlich mehr können: Nur die Objekte, die bereits in der Vision implementiert sind und es eben 'gewohnt' sind, sich im Textmodus darzustellen, werden sich auch weiterhin zeichenorientiert darstellen. Allen neuen Objekten wird es freigestellt, sich über den ASCII-Zeichensatz zu präsentieren oder aber als Graphik. Ein Turbo-Vision-Objekt wird einfach dadurch zum 'echt' graphischen Objekt, daß man das neu definierte Status-Flag 'sfgraphical' des Objekts setzt. Sobald der Graphikmodus eingeschaltet ist, wird dann die neu hinzugefügte virtuelle Methode *PaintBits* aufgerufen, die dem Objekt mitteilt, welcher Bereich gerade wo auf dem Bildschirm dargestellt werden soll. Das bringt es jedoch mit sich, daß eine Gruppe, in die ein 'echt graphisches' Objekt eingefügt wird, keinen Textpuffer für die Bildschirmausgabe benutzen darf, da sonst beim Neuzeichnen der Gruppe das graphische Objekt gar nicht aufgefordert wird, sich zu zeichnen. Insbesondere darf also auch der Desktop nicht gepuffert sein.

Weitere Probleme

Natürlich ist es damit noch nicht getan. Es müssen noch weitere Modifikationen vorgenommen werden, wenn sich die Vision im Graphikmodus so präsentieren soll, wie sie es im Textmodus tut. Zunächst muß die Vision einen Textcursor selbst erzeugen und darstellen. Zu diesem Zweck wird die tView-Methode 'ResetCursor' modifiziert und eine Interruptroutine in den Timer-Interrupt eingehängt, die den Textcursor in regelmäßigen Abständen ein- bzw. ausblendet. Änderungen sind auch an denjenigen Routinen notwendig, die die Mauskoordinaten in Empfang nehmen, da diese im Graphikmodus feiner gerastert sind. Ein weiteres Problem stellen die 'Syserror'-Funktionen dar, da beim Auftreten eines Fehlers anders als sonst direkt in den Bildschirmspeicher geschrieben wird. Dieses Problem wurde der Einfachheit halber umgangen, so daß bei dem Auftreten eines Systemfehlers schlicht in den Textmodus zurückgeschaltet wird. Die Fehlermeldung erscheint dann wie gewohnt in der Statuszeile.

Das nächste Problem besteht darin, daß nicht jeder Graphikadapter über ein ROM-BIOS mit den nötigen Zeichensätzen verfügt. Deshalb werden insgesamt vier verschiedene Fonts mitgeliefert, jeweils ein Font mit einer Zeichenhöhe von acht (etwa für CGA), zwölf Zeilen (Hercules u.a.), 14 Zeilen (EGA u.a.) und 16 Zeilen (VGA u.a.). Natürlich kann im Prinzip jeder Zeichensatz auf jedem Adapter genutzt werden. Die angegebene Zuordnung ist nur eine Empfehlung, mehr nicht.

Damit die monochromen Graphikmodi nicht allzu negativ abschneiden, sind sie so programmiert, daß zwei verschiedene Fonts genutzt werden. Dies hat darin seinen Grund, daß der monochrome Textmodus (vergl. Kapitel 7) mehrere 'Farben', sprich: Darstellungsarten kennt. Allein die Unterstrichene fällt bei der TGV unter den Tisch. Der Normaldarstellung entspricht bei der TGV die Darstellung in Weiß auf Schwarz mit einem mageren Font, der Hervorgehobenen dasselbe mit dem fetten Font. Die inverse Darstellung gibt es auch in der Graphik. Allein die Mühe, die unterstrichene Darstellung im Graphikmodus nachzubilden, habe ich gescheut.

Graphikfähigkeiten

Es bleibt natürlich noch die Aufgabe, den View-Objekten tatsächliche Graphikfähigkeiten einzuhauchen. Bisher kann die Vision ja noch nicht mehr als im Textmodus, und sie präsentiert sich auch nicht anders, abgesehen davon, daß eventuell ein anderer Font benutzt wird und der Bildschirm unter Umständen mehr Zeilen aufweist.

Wie schon gesagt, wird jedes beliebige (sichtbare) Vision-Objekt zum echt graphischen Objekt, indem die entsprechende Zustandsflagge gesetzt wird. In diesem Fall ruft 'writeview' die (neue) tView-Methode 'PaintBits' auf, damit das Objekt sich auf den Bildschirm zeichnen kann. Um zu demonstrieren, wie so etwas funktionieren kann, habe ich ein von *tScroller* abgeleitetes Objekt mit dieser Fähigkeit ausgestattet. Das Programm TGVDEMO.EXE zeigt ein solches tGraphScroller-Objekt, wenn man eine Windows-Bitmap-Datei (.BMP) lädt.

Weitere Features

Nebenbei wurde die ja sowieso schon erheblich modifizierte Turbo-Vision noch mit einem Bildschirmschoner versehen. Wer viel programmiert, hat sich vielleicht (wie ich) schon geärgert, daß die Turbo-Pascal-IDE keinen solchen Bildschirmschoner besitzt - und das, obwohl der Aufwand, einen solchen in die Turbo-Vision (bzw. TGV) zu implementieren, minimal ist.

Geschwindigkeit

Damit die neue Vision wirklich nutzbar ist, muß die Ausgabegeschwindigkeit natürlich gewissen Anforderungen genügen. (Ich habe die TGV auf einem 80386SX mit nur 16 MHz Taktfrequenz entwickelt und die Geschwindigkeit als ausreichend empfunden.)

Um eine solche Geschwindigkeit zu erreichen, ist es jedoch notwendig, in Assembler zu programmieren und die Register der Graphikkarten direkt anzusprechen. Dies ist auch deshalb unumgänglich, da das BIOS (der EGA-/VGA-Karte) leider in den Graphikmodi keine Möglichkeit bietet, Text mit frei wählbarer *Vorder- und Hintergrundfarbe* auszugeben. Wer die Routinen der Graphiksteuerung verstehen will, sollte sich deshalb vorher mit den EGA-/VGA-Registern vertraut gemacht haben, z.B. in dem er ein wenig in Kapitel 8.2 schmökert.

Ich habe die Routinen einige Male überarbeitet und vereinfacht. Sicherlich bin ich in dieser Hinsicht noch nicht an das Ende aller Weisheiten vorgedrungen. Das Entscheidende an der hier vorgestellten Version ist aber meines Erachtens auch nicht Perfektion im letzten Detail, sondern das Konzept, wie man der Turbo Vision beibringt, sich graphisch darzustellen, ohne daß dadurch aller bereits erstellte Turbo-Vision-Quelltext neu überarbeitet werden muß. Und dies kann eben nicht anders erreicht werden als dadurch, daß alle bereits vorhandenen Draw-Methoden so übernommen werden, wie sie sind. Dies bedeutet, daß jede beliebige Applikation im Prinzip sofort die TGV nutzen kann. Allein die in ihr enthaltenen *'uses'*-Anweisungen sollten komplett auf die neuen Units umgeschrieben werden. Die einzigen Units, die hiervon unberührt bleiben, sind solche, die weder direkt noch indirekt auf die UNIT VIEWS oder die UNIT DRIVERS zugreifen, d.h. OBJECTS, MEMORY, HISTLIST und VALIDATE.

14.1 Die Turbo-Graphics-Vision (TGV): Das Konzept

Die TGV entsteht durch einige Änderungen an den UNITS VIEWS, DRIVERS und APP, durch eine kleine Modifikation im Modul SYSINT.ASM und durch Hinzunahme der UNIT TVGRAPH (und evtl. der UNIT TVBITMAP). Die Turbo-Pascal-Unit GRAPH wird *nicht* verwendet. Natürlich *kann* man sie im Prinzip verwenden, aber erstens widerspricht das der Idee einer *schnellen* graphischen Ausgabe und zweitens dem Konzept der TV/TGV, da die Textausgabe praktisch ausschließlich über WriteBuf/WriteLine erfolgt und diese Textpuffer des Inhalts [Zeichen, Attribut, Zeichen, Attribut...] benutzen, die es erforderlich machen, die Farbe u.U. nach jedem Zeichen umzuschalten.

Das einzige, wo man die UNIT GRAPH in diesem Rahmen (vielleicht) sinnvoll einsetzen könnte, wäre innerhalb der neuen Methode *tView.Paintbits*. Doch auch hiervon rate ich ab. Ich halte es in jedem Fall für sinnvoll, die Graphikausgabe der 'echt graphischen' Objekte, d.h. solcher, deren StatusBit *sfgraphical* gesetzt ist, über einen Puffer vorzunehmen, wie in dem Beispielprogramm TGVDEMO.PAS gezeigt wird. In diesem Fall hilft die UNIT GRAPH aber nicht weiter, da sie (leider) keine Möglichkeit bietet, die Graphikfunktionen auf einem Puffer arbeiten zu lassen. Es bleibt einem also wahrscheinlich nichts anderes übrig, als die evtl. benötigten graphischen Funktionen (wie 'ellipse', 'arc' u.s.w.) selbst zu implementieren. Da dies aber nicht zum engeren Konzept der TGV gehört und auch sicherlich den Umfang dieses Buches sprengen würde, werde ich nur eine 'Line'-Routine vorstellen.

Die graphische Textausgabe der TGV wurde für die 16-Farben-Modi der EGA- und VGA-Karte zum einen und für die monochromen Graphikkarten zum anderen sehr unterschiedlich realisiert. Die 16-Farben-Lösung arbeitet grundsätzlich mit *einem* Font, die monochrome Lösung mit zwei Fonts: einem normalen (fetten) und einem mageren. Auf diese Weise lassen sich auch auf monochromen Graphikkarten die Hervorhebungen realisieren, die im Textmodus durch die erhöhte Intensität erreicht werden. Allein auf die Möglichkeit der Unterstreichung wurde - wie erwähnt - verzichtet, so daß der monochrome Modus der TGV im Prinzip vier 'Farben' oder bessere Darstellungsarten kennt: Die normale und die invertierte jeweils mit dem mageren oder dem fetten Zeichensatz. Um den Zeichensatz umschaltbar zu machen, ohne die graphische Ausgabe wesentlich zu verlangsamen, wird ein String im Gegensatz zu den Farbmodi nicht zeichen-, sondern zeilenweise ausgegeben. Der Vorteil ist vor allem der, daß die Berechnung des nächsten Zeilenoffsets jeweils erst nach einer Zeile und nicht nach jedem Buchstaben zu erfolgen braucht, da diese Berechnung bei der CGA und der Herculeskarte wesentlich aufwendiger ist als bei der EGA-/VGA-Karte. Um die zeilenweise Ausgabe weiter zu verbessern und zu beschleunigen, wird ein (durchaus legitimer) Trick angewandt: Der Zeichensatz selbst wird nicht zeichen-, sondern zeilenweise abgespeichert. Damit entfällt die ebenfalls aufwendige Berechnung des Zeichenoffsets. Zur Verdeutlichung: Ein Font mit 16 Zeilen wird normalerweise in folgendem Format gespeichert:

```
tFont = Array[0..255,0..15] of byte;
```

Stellt die Unit TVGRAPH nun fest, daß eine monochrome Graphikkarte vorliegt, so wird der Font umsortiert:

```
tFont = Array[0..15,0..255] of byte;
```

Somit stellen die ersten 256 Byte der Fontdaten die jeweils erste Zeile der Bitmuster aller ASCII-Zeichen dar, die 256 Byte ab Offset 256 die zweite Zeile.

Die Zeichenausgabe wird dann sehr einfach, wenn diese Zeilendaten über DS:BX adressiert werden, da ein ASCII-Zeichen in AL mit dem Befehl XLAT sofort durch das Bitmuster der entsprechenden Zeile des Zeichens ersetzt wird. Von einer Zeile zur nächsten muß dann nur noch BX durch BX+256 ersetzt werden. Steht der Offset eines zweiten Fonts in DX, so läßt sich der Font sofort durch den Befehl xchg BX, DX umschalten.

Bei den Farbgraphikadaptern ist diese Methode nicht so günstig, da erstens das DX-Register zur Portadressierung benötigt wird und zweitens, weil die aufwendige Umwandlung des Attributbytes in Vorder- und Hintergrundfarbe sonst zu oft vorgenommen werden müßte. Zudem ist die Berechnung des Zeilenoffsets bei EGA und VGA denkbar einfach. Ein weiterer Grund, die Ausgabe bei EGA und VGA zeichenweise vorzunehmen besteht darin, daß diese Karten einige Fonts über ihr ROM-BIOS zur Verfügung stellen. Ein Umsortieren - das ja nur bei einer Kopie des Zeichensatzes erfolgen könnte - würde hier somit zusätzlichen Speicher beanspruchen, der sonst frei bliebe, während für die monochromen Graphikmodi von CGA und HGC der Zeichensatz sowieso von der Platte geladen werden muß. (Beim CGA-Adapter wird ausschließlich der 'hochauflösende' monochrome Modus sechs mit 640 mal 200 Bildpunkten benutzt. Der Farbmodus ist aufgrund seiner elend schlechten Auflösung untauglich).

Die Textausgabe in Farbe erfolgt über den EGA-/VGA- Schreibmodus zwei. In diesem Modus interpretiert der Adapter die Daten, die vom Prozessor kommen, als Farbwerte. Die Bitmuster werden über das Bit-Mask-Register (vergl. Kapitel 8.2) erzeugt.

(Bei der VGA-Karte wäre zwar im Prinzip auch die Nutzung des Schreibmodus drei möglich, jedoch ohne nennenswerten Vorteil.)

Bei der EGA- und VGA-Karte muß stets beachtet werden, daß zum Setzen der zweiten Farbe (d.h. der Hintergrundfarbe, wenn die Vordergrundfarbe zuerst gesetzt wurde) zuerst ein Lesezugriff zu erfolgen hat, damit die Latchregister geladen werden. Wird dies nicht beachtet, so wird die zuerst gesetzte Farbe überschrieben.

14.2 Die Turbo-Graphics-Vision (TGV): Das Kochrezept

Ich werde im folgenden alle Modifikationen und Änderungen beschreiben, die an den Turbo-Vision-Units - insbesondere DRIVERS, VIEWS und APP - vorgenommen werden müssen, um zur TGV zu gelangen. Diese Änderungen sollten *buchstäblich* vorgenommen werden, da das Ergebnis sonst unvorhersehbar ist.

Der erste Schritt besteht für denjenigen, der die RTL-Diskette noch nicht auf der Festplatte installiert hat, natürlich darin, dies erst einmal zu tun. Im folgenden Schritt ist ein neues Verzeichnis (z.B. C:\BP\TGV) anzulegen, alle Units der TV außer OBJECTS, MEMORY, HISTLIST und VALIDATE in das neue Verzeichnis zu kopieren und folgendermaßen umzubenennen:

VIEWS => GVIEWS

DRIVERS => GDRIVERS

APP => GRAPHAPP

u.s.w.

Das Umbenennen schließt natürlich ein, in allen UNITS die 'uses'-Anweisungen im *Interface und Implementationsteil* auf die neuen Namen zu setzen. (Wenn dies getan ist, so kann man sich davon überzeugen, daß keine der 'alten' Units benutzt wird, indem man ein Minimalprogramm, das alle Units benutzt, compiliert und sich dabei vergewissert, daß keine alte TV-Unit erneut compiliert wird.)

Das gleiche wird mit der Assembler-Datei SYSINT.ASM (=> GSYSINT.ASM) gemacht. Das impliziert natürlich, daß die Linker-Anweisung in der UNIT GDRIVERS aus GSYSINT geändert werden muß.

Als nächstes sollte man die mitgelieferten Dateien und Units zur TGV von der beiliegenden Diskette in das neue Verzeichnis kopieren.

14.2.1 Die Änderungen an der UNIT DRIVERS

Folgende Schritte sind an der Unit GDRIVERS vorzunehmen:

1) Ersetzen des tEvent der UNIT DRIVERS durch den folgenden
   - leicht modifizierten - Record:

```
TEvent = record
 What: Word;
 case Word of
   evNothing: ();
   evMouse: (
     Buttons: Byte;
     Double: Boolean;
     Where: TPoint;
     {*}
     GraphWhere:TPoint);
     {*}
   evKeyDown: (
     case Integer of
  {...}
  { wie in der TV }
  {...}
end;
```

2) Einfügen der globalen Variablen:

```
LastEventTime:Longint;
```

(etwa hinter der Deklaration der 'CursorLines')

4) Einfügen der Anweisung 'USES TVGRAPH' im Implementationsteil.

5) Modifikationen der Prozeduren

StoreEvent, GetMouseState, MouseInt, InitEvents, GetMouseEvent, GetKeyEvent, DoneVideo, SetVideoMode, ClearScreen:

Die Änderungen an den Event-Routinen sind zum einen durch die Notwendigkeit gegeben, die graphischen Mauskoordinaten zugänglich zu machen, zum anderen ermöglichen sie den Bildschirmschoner.

```
procedure StoreEvent; near; assembler;
const GX = - 2;  { Lokale Variablen für die Mauskoordinaten }
      GY = - 4;
      Event = 6;
asm
    LES DI,DWORD [BP].Event
    CLD
    STOSW
    XCHG    AX,BX
    STOSW
    XCHG    AX,CX
    STOSW
    XCHG    AX,DX
    STOSW
    MOV     AX,[BP].GX { Die graphischen Mauskoordinaten speichern }
    STOSW
    MOV     AX,[BP].GY
    STOSW
end;

procedure GetMouseState; near; assembler;
 const GX = - 2;
       GY = - 4;
       Event = 6;
 asm
    CLI
    CMP     EventCount,0
    JNE     @@1
 {***}
    MOV     AX,MouseGraphWhere.X
    MOV     [BP].GX,AX
    MOV     AX,MouseGraphWhere.Y
    MOV     [BP].GY,AX
 {***}
    MOV     BL,MouseButtons
    MOV     CX,MouseWhere.Word[0]
    MOV     DX,MouseWhere.Word[2]
    MOV     ES,Seg0040
    MOV     DI,ES:Ticks
```

```
        JMP     @@3
@@1:    MOV SI,EventQHead
        CLD
        LODSW
        XCHG    AX,DI
        LODSW
        XCHG    AX,BX
        LODSW
        XCHG    AX,CX
        LODSW
        XCHG    AX,DX
  {***}
        PUSH    AX
        LODSW
        MOV     [BP].GX,AX
        LODSW
        MOV     [BP].GY,AX
        POP     AX
   {***}
        CMP     SI,OFFSET EventQLast
        JNE     @@2
        MOV     SI,OFFSET EventQueue
@@2:    MOV     EventQHead,SI
        DEC     EventCount
@@3:    STI
        CMP     MouseReverse,0
        JE      @@4
        MOV     BH,BL
        AND     BH,3
        JE      @@4
        CMP     BH,3
        JE      @@4
        XOR     BL,3
@@4:
end;

{ Diese Routine wird vom Maustreiber aufgerufen, sobald die Maus
 bewegt wird, oder eine Taste gedrückt wurde. Die Graphikkoordinaten
 der Maus werden in der globalen Variablen MouseGraphWhere (tPoint)
 abgelegt. Die Zeit des Events wird (für den Bildschirmschoner) in
der  Variablen 'Lasteventtime' festgehalten. }

procedure MouseInt; far; assembler;
 asm
        MOV     SI,SEG @DATA
        MOV     DS,SI
        MOV     MouseGraphWhere.X,CX
        MOV     MouseGraphWhere.Y,DX
```

```
        MOV     SI,CX
        MOV     CL,3
        SHR     SI,CL
        CMP     GraphPlanes,0
        JE      @@T1
        XCHG    AX,DX
        DIV     CharHeight.BYTE[0]
        XOR     AH,AH
        XCHG    DX,AX
        JMP     @@G1
@@T1:SHR        DX,CL
@@G1:MOV        MouseButtons,BL
        MOV     MouseWhere.X,SI
        MOV     MouseWhere.Y,DX
        TEST    AX,11110B
        JE      @@2
        CMP     EventCount,EventQSize
        JE      @@2
        MOV     ES,Seg0040
        MOV     AX,ES:Ticks
        MOV     DI,EventQTail
        PUSH    DS
        POP     ES
        CLD
        STOSW
        XCHG    AX,BX
        STOSW
        XCHG    AX,SI
        STOSW
        XCHG    AX,DX
        STOSW
{*}
        MOV     AX,MouseGraphWhere.X
        STOSW
        MOV     AX,MouseGraphWhere.Y
        STOSW
{*}
        CMP     DI,OFFSET EventQLast
        JNE     @@1
        MOV     DI,OFFSET EventQueue
@@1:    MOV     EventQTail,DI
        INC     EventCount
@@2:    MOV     MouseIntFlag,1
 {*}
        MOV     ES,SEG0040
        MOV     AX,ES:[$6C]
        MOV     LastEventTime.word[0],ax
        MOV     AX,ES:[$6E]
```

```
     MOV      LastEventTime.word[2],ax
 {*}
 end;

procedure InitEvents; assembler;
 asm
     XOR      AX,AX
     CMP      AL,ButtonCount
     JE       @@1
     MOV      DownButtons,AL
     MOV      LastDouble,AL
     MOV      EventCount,AX
     MOV      AX,OFFSET DS:EventQueue
     MOV      EventQHead,AX
     MOV      EventQTail,AX
     MOV      AX,3
     INT      33H
     MOV      MouseGraphWhere.X,CX
     MOV      MouseGraphWhere.Y,DX
     MOV      LastGraphWhere.X,CX
     MOV      LastGraphWhere.Y,DX
     XCHG     AX,CX
     MOV      CL,3
     SHR      AX,CL
     CMP      GraphPlanes,0
     JE       @@T1
     XCHG     AX,DX
     DIV      CharHeight.BYTE[0]
     XOR      AH,AH
     XCHG     DX,AX
     JMP      @@G1
@@T1:SHR      DX,CL
@@G1:MOV      MouseButtons,BL
     MOV      MouseWhere.X,AX
     MOV      MouseWhere.Y,DX
     MOV      LastButtons,BL
     MOV      LastWhere.X,AX
     MOV      LastWhere.Y,DX
     MOV      AX,12
     MOV      CX,0FFFFH
     MOV      DX,OFFSET CS:MouseInt
     PUSH     CS
     POP      ES
     INT      33H
     MOV      AX,1
     INT      33H
     MOV      MouseEvents,1
@@1:
end;
```

```
{ Die Prozedur stellt u.a. fest, wann ein Doppelklick auftrat. Da ein
 Doppelklick nur im Textraster Sinn macht, muß hier nur wenig geän-
dert     werden. }

procedure GetMouseEvent(var Event: TEvent);
var GX,GY:Word;
begin
 asm
     CMP     MouseEvents,0
     JE      @@2
     CALL    GetMouseState
     MOV     BH,LastDouble
     MOV     AL,LastButtons
     CMP     AL,BL
     JE      @@1
     OR      AL,AL
     JE      @@3
     OR      BL,BL
     JE      @@5
     MOV     BL,AL
@@1: CMP     CX,LastWhere.X
     JNE     @@6
     CMP     DX,LastWhere.Y
     JNE     @@6
     OR      BL,BL
     JE      @@2
     MOV     AX,DI
     SUB     AX,AutoTicks
     CMP     AX,AutoDelay
     JAE     @@7
@@2: XOR     AX,AX
     MOV     BX,AX
     MOV     CX,AX
     MOV     DX,AX
     MOV     GX,AX
     MOV     GY,AX
     JMP     @@9
@@3: MOV     BH,0
     CMP     BL,DownButtons
     JNE     @@4
     CMP     CX,DownWhere.X
     JNE     @@4
     CMP     DX,DownWhere.Y
     JNE     @@4
     MOV     AX,DI
     SUB     AX,DownTicks
     CMP     AX,DoubleDelay
     JAE     @@4
     MOV     BH,1
```

```
        @@4:    MOV DownButtons,BL
        MOV     DownWhere.X,CX
        MOV     DownWhere.Y,DX
 {***}
        MOV     AX,GX
        MOV     DownGraphWhere.X,AX
        MOV     AX,GY
        MOV     DownGraphWhere.Y,AX
 {***}
        MOV     DownTicks,DI
        MOV     AutoTicks,DI
        MOV     AX,RepeatDelay
        MOV     AutoDelay,AX
        MOV     AX,evMouseDown
        JMP     @@8
@@5:    MOV     AX,evMouseUp
        JMP     @@8
@@6:    MOV     AX,evMouseMove
        JMP     @@8
@@7:    MOV     AutoTicks,DI
        MOV     AutoDelay,1
        MOV     AX,evMouseAuto
@@8:    MOV     LastButtons,BL
        MOV     LastDouble,BH
        MOV     LastWhere.X,CX
        MOV     LastWhere.Y,DX
{***}
        PUSH    AX
        MOV     AX,GX
        MOV     LastGraphWhere.X,AX
        MOV     AX,GY
        MOV     LastGraphWhere.Y,AX
        POP     AX
{***}
@@9:    CALL    StoreEvent
 end;
end;

{ Diese Routine erhält nur die beiden Variablen GX und GY verpaßt. }
procedure GetKeyEvent(var Event: TEvent);
var GX,GY:Word;
begin
asm
        MOV     AH,1
        INT     16H
        MOV     AX,0
        MOV     BX,AX
        JE      @@1
```

```
      MOV     AH,0
      INT     16H
      XCHG    AX,BX
      MOV     AX,evKeyDown
@@1:  XOR     CX,CX
      MOV     DX,CX
      CALL    StoreEvent
 end;
end;

{ In die Routinen DoneVideo/SetVideoMode wird ausschließlich die
Zeile    'CALL LEAVEGRAPH' als erste Anweisung eingefügt. }
procedure DoneVideo; assembler;
asm
       Call     LeaveGraph
      {...}
end;

procedure SetVideoMode(Mode: Word); assembler;
asm
       CALL     LeaveGraph
      {...}
end;

{ Die Prozedur ClearScreen wird nur durch folgende Anweisung
 umklammert: }

procedure ClearScreen;
 begin
  if GraphPlanes=0 then
  asm
     MOV     AX,600H
     {...}
     CALLVideoInt
  end else ClearDevice;
end;
```

6) Ersetzen der zu linkenden Assembler-Datei SYSINT.OBJ / SYSINT.OBP durch GSYSINT.OBJ / GSYSINT.OBP.

7) Ergänzen von der Funktion *SystemError*:

```
function SystemError(ErrorCode: Integer; Drive: Byte): Integer;
 var
  C: Word;
  P: Pointer;
  S: string[63];
  B: array[0..79] of Word;
begin
```

```
    if FailSysErrors then
    begin
      SystemError := 1;
      Exit;
    end;
    {*}
    LeaveGraph;
    {*}
    if Lo(ScreenMode) = smMono then
    {...}
  end;
```

8) Ergänzen der Prozedur 'ExitDrivers' durch den Aufruf von 'LeaveGraph':

```
procedure ExitDrivers; far;
 begin
  LeaveGraph;
  {...}
 end;
```

14.2.2 Modifikationen an dem Modul SYSINT.ASM:

Diese Modifikationen sind allein für den Bildschirmschoner notwendig:

1) Ändern der Deklaration der globalen, externen Variablen:

```
EXTRN   LastEventTime:DWORD   { Hinzufügen }
EXTRN   Seg0040:WORD
{ Ändern, da sonst nur bei DPMI deklariert }
```

2) Ändern der ersten paar Zeilen der Prozedur Int09, damit der Bildschirmschoner auch bei Tastatur-Ereignissen wieder ausgeschaltet wird.

```
Int09Handler:
        PUSH     DS
        PUSH     DI
        PUSH     AX
        ;***** Den aktuellen Zählerstand des Timers in die Variable
        ;***** LastEventTime übertragen:
        PUSH     ES
        PUSH     SI
        MOV      AX,SEG DGROUP
        MOV      DS,AX
        MOV      ES,AX
        MOV      DS,Seg0040
```

```
CLD
MOV     DI,OFFSET LastEventTime
MOV     SI,006Ch
MOVSW
MOVSW
POP     SI
POP     ES
;***** Fertig. Ab hier wieder original:
MOV     DI,DS:KeyBufTail
IN      AL,60H
MOV     AH,DS:KeyFlags
PUSHF
CALL    OldInt09
{ ... }
```

14.2.3 Änderungen an der UNIT VIEWS

Folgende Änderungen sind an der UNIT VIEWS vorzunehmen:

1) Umbenennen in 'GVIEWS' und Namen in der Deklaration ändern.
2) Ändern der 'Uses'-Anweisung auf GDRIVERS.
3) Einfügen des neuen State-Flags im Interfaceteil:

```
sfGraphical   = $8000;
```

4) Einfügen der zusätzlichen tView-Methode 'Paintbits' als *letzte* Methode:

```
    ...
    procedure ResetCursor; virtual;
  public
    procedure PaintBits(x_abs,y_abs,x_rel,y_rel,count:word); virtual;
  end;
```

5) Einfügen der Anweisung 'uses tvgraph' in den Implementationsteil:

```
implementation
 uses tvgraph;
 ...
```

6) Einfügen der Compiler-Anweisung '{$I Graphics}' in den Implementationsteil hinter die Deklaration der lokalen Variablen:

```
...
CurCommandSet: TCommandSet =
  [0..255] - [cmZoom, cmClose, cmResize, cmNext, cmPrev];
```

```
{$I Graphics}

{ Convert color into attribute                              }
  ...
```

7) Modifizieren der Prozedur 'WRITEVIEW' in folgender Weise:

```
{ Write to view                                             }
{ In    AX    = Y coordinate                                }
{       BX    = X coordinate                                }
{       CX    = Count                                       }
{       ES:DI = Buffer Pointer                              }
procedure WriteView; near; assembler;
const
  Self   =   6;
  Target =  -4;
  Buffer =  -8;
  BufOfs = -10;
{***}
  MovMode  = -12;
  Color    = -14;
  Y_REL    = -16;
  { VMT-Offset der Methode Paintbits: }
  tView_PaintBits = vmtHeaderSize + $4C;
{***}
  asm
        {*}
        MOV     [BP].Y_REL,AX
        {*}
        MOV     [BP].BufOfs,BX
        MOV     [BP].Buffer[0],DI
        MOV     [BP].Buffer[2],ES

        { ... }
        { Mit dem Original identisch bis @@40: }
        { ... }

@@31:   RET
@@40:   LES     DI,ES:[DI].TView.Owner
        MOV     SI,ES:[DI].tGroup.Buffer.word[2]
        OR      SI,SI
        JZ      @@44
        {***}
        CMP     SI,ScreenBuffer.word[2]
        JNE     @@400
        CMP     GraphPlanes,0
        JE      @@41
        CLI
        PUSH    AX
```

```
           PUSH   BX
           SUB    AX,MouseWhere.Y
           JS     @@402
           JE     @@404
           DEC    AX
           JE     @@404
           DEC    AX
           JNE    @@402
@@404:     SUB    BX,MouseWhere.X
           JE     @@403
           CMP    BX,2
           JG     @@402
           CMP    CX,MouseWhere.X
           JAE    @@403
@@402:     POP    BX
           POP    AX
           MOV    MouseIntFlag,0
           CALL   @@80
           STI
           CMP    MouseIntFlag,0
           JE     @@44
           JMP    @@405
@@403:     POP    BX
           POP    AX
@@405:     STI
           CALL   HideMouse
           CLI
           CALL   @@80
           STI
           CALL   ShowMouse
           JMP    @@44
           {***}
@@400:     CALL   @@50
           JMP    @@44
@@41:      CLI

           { ... }
           { Von Label @@41 bis @@70 mit dem Original identisch }
           { ... }

@@70:      MOV    SI,ES
           POP    AX
           POP    CX
           POP    DI
           POP    DS
           POP    ES
           RET
           {***}
```

```
@@80:   PUSH    ES
        PUSH    DI
        PUSH    DX
        PUSH    CX
        PUSH    BX
        PUSH    AX
        { Aufruf von tView.PaintBits }
         LES     DI,[BP].Self
         TEST    ES:[DI].tView.state,sfgraphical
         jz      @@801
         sub     cx,bx
         push    bx                      { = X_Abs }
         push    ax                      { = Y_ABS }
         sub     bx,[bp].bufofs
         push    bx                      { = X_REL }
         push    word ptr [bp].y_rel     { = Y_REL }
         push    cx                      { = Count }
         push    es                      { = SELF  }
         push    di
         mov     di,es:[di]
         call    dword ptr [di].tView_paintbits
         jmp     @@802
@@801:   { Aufruf von PaintChar/PaintBuf }
         push    bx     { X      }
         push    ax     { Y      }
         sub     cx,bx  { CX = X2 - X1 = Count }
         push    cx     { Count }
         cmp     word ptr [bp].movmode,mm_chars
         je      @@80C
         LES     DI,[BP].Buffer
         sub     bx,[bp].bufofs
         shl     bx,1
         add     di,bx  { ES:DI = ^Buffer }
         push    es
         push    di
         call    PaintBuf
         jmp     @@802
@@80C:   PUSH    word ptr [BP].Color  { DL = Char, DH = Color        }
         call    paintchar
@@802:  POP     AX     { Register restaurieren: }
        POP     BX
        POP     CX
        POP     DX
        POP     DI
        POP     ES
        RET
        {***}
end;
```

8) Modifizieren der Methode 'tView.ResetCursor' ab dem lokalen Label @@5:

```
        {...}
@@5:    MOV     DH,AL
        XOR     BH,BH
        MOV     AH,2
        {***}
        call    _cursorint_ah2
        {***}
        MOV     CX,CursorLines
        LES     DI,Self
        TEST    ES:[DI].TView.State,sfCursorIns
        JE      @@6
        MOV     CH,0
        OR      CL,CL
        JNE     @@6
        MOV     CL,7
@@6:    MOV     AH,1
        {***}
        call    _cursorint_ah1
        {***}
end;
```

9) Modifizieren der tView-Methoden WriteBuf, WriteLine, WriteStr und WriteChar:

```
procedure TView.WriteBuf(X, Y, W, H: Integer; var Buf); assembler;
var
  Target: Pointer; {Variables used by WriteView}
  Buffer: Pointer;
  Offset: Word;
  {***}
  MovMode : Word;
  Color : Word;
  Y_REL:Word;
  {***}
asm
        {***}
        MOV     MovMode,mm_buf
        {***}
        CMP     H,0
        JLE     @@2

        { ... }
        { wie Original }
        { ... }
```

```
        JNE     @@1
@@2:
end;

procedure TView.WriteChar(X, Y: Integer; C: Char; Color: Byte;
  Count: Integer); assembler;
var
  Target: Pointer; {Variables used by WriteView}
  Buffer: Pointer;
  Offset: Word;
  {***}
  MovMode : Word;
  TheColor: Word;
  Y_REL   : WORD;
  {***}
asm
        MOV     AL,Color
        CALL    MapColor
        {***}
        mov     MovMode,mm_chars
        {***}
        MOV     AH,AL
        MOV     AL,C
        {***}
        MOV     TheColor,AX
        {***}
        MOV     CX,Count
        OR      CX,CX
        JLE     @@2
        CMP     CX,256
        JLE     @@1
        MOV     CX,256
@@1:    {*}
        CMP     GRAPHPLANES,0
        JNE     @@3
        {*}
        MOV     DI,CX
        SHL     DI,1
        SUB     SP,DI
        MOV     DI,SP
        PUSH    SS
        POP     ES
        MOV     DX,CX
        CLD
        REP     STOSW
        MOV     CX,DX
        MOV     DI,SP
@@3:    MOV     AX,Y
```

```
        MOV     BX,X
        CALL    WriteView
@@2:
end;

procedure TView.WriteLine(X, Y, W, H: Integer; var Buf); assembler;
var
  Target: Pointer; {Variables used by WriteView}
  Buffer: Pointer;
  Offset: Word;
  {***}
  MovMode : Word;
  Color : Word;
  Y_REL : WORD;
  {***}
asm
        {***}
        MOV     MovMode,mm_buf
        {***}
        CMP     H,0

        {...}

procedure TView.WriteStr(X, Y: Integer; Str: String; Color: Byte);
assembler;
var
  Target: Pointer; {Variables used by WriteView}
  Buffer: Pointer;
  Offset: Word;
  {***}
  MovMode : Word;
  TheColor: Word;
  Y_ReL   : Word;
  {***}
asm
        {***}
        mov     movmode,mm_buf
        {***}
        MOV     AL,Color

        {...}
```

14.2.4 Modifikationen der UNIT APP

1) Umbenennen in GRAPHAPP und Namen in der Deklaration ändern.
2) Ändern der 'Uses'-Anweisung auf folgende Zeile:

```
uses Objects, gDrivers, Memory, HistList, gViews, gMenus, gDialogs;
```

3) Einfügen einer Verzögerungszeit-Variablen für den Bildschirmschoner in den Interfaceteil:

```
 const
{ Knapp drei Minuten Verzögerung für Bildschirmschoner }
  SparingDelay : word = 3000;
```

4) Einfügen einer Befehlskonstanten für den Wechsel des Bildschirmmodus:

```
   cmSwapGraph = 1001;
```

5) Einfügen der folgenden tProgram-Methoden:

```
    ...
    function ValidView(P: PView): PView;
    { Proceduren/Funktionen des Bildschirmschoners: }
    Function  SparingOn:Boolean; virtual;
    Procedure Init_Sparer;       virtual;
    Procedure Exec_Sparer;       virtual;
    Procedure Done_Sparer;       virtual;
  end;

Function tProgram.SparingOn:Boolean;
 begin
  SparingOn:=MemL[Seg0040:$6C] > LastEventTime + SparingDelay;
 end;

Procedure tProgram.Init_Sparer;
 begin
  HideCursor;
  HideMouse;
  ClearScreen;
 end;

Procedure tProgram.Exec_Sparer;
 const LastTime:Longint=0;
       S:String = 'Copyright (C) Christian Baumgarten, Hamburg 1993';
       X:Word = 0;
       Y:Word = 0;
       Color:Byte  = 0;
 begin
  if MemL[Seg0040:$6C] > LastTime + 10 then
  begin
   LastTime:=MemL[Seg0040:$6C];
   ClearScreen;
   X:=(X+1) mod screenwidth;
```

```
    Y:=(Y+1) mod screenheight;
    Color:=(Color + 1) mod 15;
    PaintStr(X,Y,Color+1,S);
   end;
  end;

 Procedure tProgram.Done_Sparer;
  begin
   ShowMouse;
   ShowCursor;
  end;
```

6) Einfügen der folgenden Far-Prozeduren in den Implementationsteil, vor die tProgram-Methoden:

```
procedure AppGraphInit; far;
 var R:TRECT;
     I:word;
begin
 if OldGraphInit<>nil then
 asm
  call dword ptr oldgraphinit
 end;
 with Application^ do
 begin
   DoneMemory;
   InitMemory;
   ShadowSize.X := 0;
   ShadowSize.Y := 0;
   if GraphMaxPlanes=4 then
   begin
    ShowMarkers := False;
    AppPalette := apColor;
   end else
   begin
    ShowMarkers := True;
    AppPalette := apMonochrome;
   end;
   Buffer:=ScreenBuffer;
   R.Assign(0, 0, ScreenWidth, ScreenHeight);
   ChangeBounds(R);
   HideCursor;
   ShowMouse;
  end;
  Application^.Redraw;
end;
```

```
procedure AppGraphExit; far;
 var R:TRECT;
 begin
  if OldGraphExit<>nil then
  asm
   call dword ptr oldgraphexit
  end;
  DoneMemory;
  InitMemory;
  with Application^ do
  begin
   InitScreen;
   Buffer:=ScreenBuffer;
   R.Assign(0, 0, ScreenWidth, ScreenHeight);
   ChangeBounds(R);
   HideCursor;
   ShowMouse;
  end;
  Application^.Redraw;
 end;
```

7) Einfügen der folgenden Zeilen in den Implementationsteil:

```
uses Dos,tvgraph;

const
    OldGraphInit:pointer=nil;
    OldGraphExit:pointer=nil;
```

8) Modifizieren des Konstruktors von tDesktop:

```
constructor TDesktop.Init(var Bounds: TRect);
begin
  inherited Init(Bounds);
  {*}
  options:=options and not ofbuffered;
  {*}
  GrowMode := gfGrowHiX + gfGrowHiY;
  {...}
```

9) Modifizieren der Konstruktors von tProgram:

```
constructor TProgram.Init;
var
  R: TRect;
begin
  {*}
  LastEventTime:=MemL[Seg0040:$6C];
  OldGraphInit:=GraphInit;
```

```
    GraphInit:=@AppGraphInit;
    OldGraphExit:=GraphExit;
    GraphExit:=@AppGraphExit;
    {*}
    Application := @Self;

    {...}
```

10) Einfügen der folgenden Zeilen in tProgram.Idle:

```
    {*}
    if SparingOn then
    begin
     Init_Sparer;
     While SparingOn do Exec_Sparer;
     Done_Sparer;
     Application^.Redraw;
    end;
    {*}
  end;
```

11) Modifizieren von tProgram.PutEvent:

```
procedure TProgram.PutEvent(var Event: TEvent);
begin
  Pending := Event;
  LastEventTime:=MemL[Seg0040:$6C];
end;
```

12) Einfügen der Methode tProgram.SwapGraph:

```
procedure TProgram.SwapGraph;
begin
 if Graphplanes=0 then EnterGraph else LeaveGraph;
end;
```

13) Modifizieren der tApplication-Methode DosShell:

```
procedure TApplication.DosShell;
 var WasGraph:Boolean;
 begin
  WasGraph:=GraphPlanes<>0;
  DoneSysError;
  DoneEvents;
  DoneVideo;
  DoneMemory;
  DoneDosMem;
  WriteShellMsg;
  SwapVectors;
```

```
  Exec(GetEnv('COMSPEC'), '');
  SwapVectors;
  InitDosMem;
  InitMemory;
  InitVideo;
  InitEvents;
  InitSysError;
  if WasGraph then SwapGraph;
  Redraw;
end;
```

14) Einfügen des Befehls cmSwapGraph in die Methode tApplication.HandleEvent:

```
...
case Event.Command of
  cmTile: Tile;
  cmCascade: Cascade;
  cmDosShell: DosShell;
  cmSwapGraph:SwapGraph;
else
...
```

15) Modifizieren der Funktion StdStatusKeys:

```
function StdStatusKeys(Next: PStatusItem): PStatusItem;
begin
  StdStatusKeys :=
    NewStatusKey('~Alt-X~ Exit', kbAltX, cmQuit,
    NewStatusKey('', kbF10, cmMenu,
    {*}
    NewStatusKey('~F9~ Graphik Ein/Aus', kbF9,cmSwapGraph,
    {*}
    NewStatusKey('', kbAltF3, cmClose,
    NewStatusKey('', kbF5, cmZoom,
    NewStatusKey('', kbCtrlF5, cmResize,
    NewStatusKey('', kbF6, cmNext,
    NewStatusKey('', kbShiftF6, cmPrev,
    Next))))))));
end;
```

16) Entfernen der Zeile 'Application:=nil;' aus dem Destruktor von tProgram und Einfügen dieser Zeile an das Ende des Destruktors von tApplication. Dieser Punkt ist wichtig, da sich der Computer sonst beim Beenden des Programms aufhängt.

14.3 Die TGV - UNIT TVGRAPH

14.3.1 Einführung

Wenn man die Zutaten zur TGV nach dem Kochrezept gemixt hat, hat man leider noch immer keine TGV. Die wesentlichen Routinen stecken samt und sonders in der UNIT TVGRAPH. Hier findet sich die Bildschirmausgabe für die verschiedenen Graphikkarten, die Initialisierung der FONTS - und der Vorläufer des ersten *echt* graphischen Objekts der TGV, das Objekt TGraphImage. Von ihm wird in der UNIT TBITMAPS das Objekt tBitImage abgeleitet. Es dient zur Aufnahme einer Windows-Bitmap-Datei (BMP-Datei).

Aber nun erst zur UNIT TVGRAPH und der eigentlichen Organisation der Bildschirmausgabe. Das erste Problem bei einer schnellen graphischen Textausgabe liegt in der Adressierung von drei Variablen bei einer CPU, die im Prinzip nur für jeweils zwei Operanden ausgelegt ist. *Drei* Variablen deshalb, weil ein *Textpuffer* mit Hilfe eines *Fonts* in den *Graphikspeicher* geschrieben oder 'übersetzt' werden muß.

Natürlich ließen sich die Adressen jeweils neu laden, doch dies wäre (insbesondere im Protected Mode) zu zeitaufwendig. Somit bleibt als einzige Alternative die Adressierung einer Variablen über das Stacksegment. Hierbei kann es sich nur um den Textpuffer handeln, da dieser ja meistens schon auf dem Stack lokalisiert ist, wenn es sich um einen tDrawBuffer in einer 'Draw'-Methode handelt. Dennoch wird dies von den Ausgaberoutinen stets überprüft. Liegt der Textpuffer einmal nicht im Stacksegment, so wird er dorthin kopiert. Das Registerpaar ES:DI wird zur Adressierung des Bildspeichers verwendet, so daß für den Font nur noch DS:Offset übrigbleibt. Dies ist - wie bereits erwähnt - für die monochrome Ausgabe gerade recht, da hier mit dem Befehl XLAT gearbeitet wird und natürlich bei den Farbroutinen auch nicht schädlich. Das einzige, was in diesem Fall genau beachtet werden muß, ist, daß globale Variablen nicht mehr adressierbar sind, sobald der Font adressiert wird. Dies erzwingt teilweise ein Übertragen der einen oder anderen globalen in lokale Variablen, die ja über SS:BP stets erreichbar sind. Um nicht alle möglichen Code-Fragmente mehrfach für verschiedene Graphikadapter implementieren zu müssen, werden bestimmte Aufgaben - wie die Berechnung des Bildschirmoffset - durch lokale als NEAR deklarierte Routinen erledigt, deren Offset dann in globalen

Variablen notiert wird. Diese Routinen (_getcgaoffs, _gethgcoffs, _getvgaoffs etc.) arbeiten der Geschwindigkeit halber nur mit den CPU-Registern als Variablen für Input und Output. Auf diese Weise ist es möglich, die gleichen Ausgaberoutinen für die monochromen Modi von CGA, HERCULES und MCGA zu verwenden. Um die Berechnung des Bildschirmoffset möglichst einfach zu gestalten, wird diese bei jeder Textausgabe nur *einmal* vorgenommen. Bei der jeweils folgenden Scanzeile wird nur die *Differenz* neu berechnet. Dies scheint nur bei der EGA-/VGA-Karte nahezuliegen, ist aber auch bei der HGC- und CGA-Karte recht einfach durchführbar, obwohl die Scanzeilen in verschiedenen Speicherblöcken liegen. Bei der Herculeskarte etwa ist der Offset der jeweils nächsten Zeile um genau 2000h Byte höher, es sei denn, der Offset ist bereits über 6000h. In diesem Fall liegt er um 6000h-90d niedriger. (Für die CGA-Karte gilt im Video- Modus sechs entsprechend, daß der Offset der nächsten Zeile abwechselnd um 2000h höher bzw. um 2000h-80d niedriger ist.)

Wichtig ist zudem das Verständnis einiger globaler Variablen, die in der UNIT TVGRAPH deklariert werden. So beinhaltet z.B. *GraphMaxPlanes* die Information, ob die Graphikkarte mehrere Speicherebenen (d.h. Bits pro Pixel, d.h. Farben) benutzt. Sie wird bei der Unit-Initialisierung 'InitTVGraphics' auf den korrekten Wert gesetzt. Die Variable *Graphplanes* hingegen beinhaltet die *aktuelle* Anzahl an Graphikebenen. Sie wird im Textmodus somit auf Null gesetzt. Sehr wichtig ist auch die Variable *CharHeight*, die die aktuelle Anzahl der Scanzeilen einer Textzeile wiedergibt. Sie wird beim Laden des Zeichensatzes initialisiert. Die Variable *TheFont* enthält die Adresse des aktuellen Zeichensatzes. Die Variablen *Screenheight* und *Screenwidth*, die in der UNIT DRIVERS bzw. GDRIVERS deklariert sind, enthalten nach wie vor die Bildschirmhöhe und Breite in *Textzeichen*. Die Variablen *GraphMaxX* und *GraphMaxY* hingegen beinhalten die maximalen Koordinaten des Graphikbildschirmes. *Graphdriver und Graphmode* beinhalten die Konstanten für Graphiktreiber und Videomodus (nicht zu verwechseln mit denen der UNIT GRAPH !).

Natürlich werden auch einige Variablen für die Darstellung des Cursors benötigt, die aber nur deshalb im Interfaceteil deklariert sind, damit sie für die Cursorsteuerung in der UNIT GVIEWS erreichbar sind. Diese Variablen sind für den direkten schreibenden Zugriff *tabu*. Die Variablen MouseGraphWhere etc. ergänzen lediglich die entsprechenden Variablen der UNIT (G)DRIVERS für den Textmodus und werden vom Eventmanager jeweils aktualisiert (vergl. vorigen Abschnitt).

Die eigentlichen Text-Ausgaberoutinen sind *PaintChar, PaintStr* und *PaintBuf.* Sie sind so ausgelegt, daß sie (z.B. vom Bildschirmschoner) auch im Textmodus genutzt werden können, obwohl sie *im Prinzip* nur von der Routine *writeview* aufgerufen werden sollten, da die Bildschirmausgabe der Turbo-Vision ja stets über die *tView*-Methoden *WriteChar, WriteStr* und *WriteBuf* zu erfolgen hat. Dies gilt im übrigen auch für *echt graphische* Objekte. Ihre Ausgabe erfolgt *nie* direkt, sondern stets über diese drei Methoden. Damit ein *echt graphisches* Objekt auf dem Bildschirm ausgegeben wird, reicht es aus, daß die entsprechende *Draw-Methode* den gesamten vom Objekt beanspruchten Platz über *WriteChar, WriteStr* oder *WriteBuf* ausfüllt und die *tView*-Methode *Paintbits* - die auch *nie* direkt aufgerufen wird - den entsprechenden Bereich korrekt darstellt, d.h. in der geeigneten Weise überschrieben wurde. (Ein entsprechendes Beispiel hierfür findet sich in der UNIT TBITMAPS.)

Die Koordinaten der *Paint*-Routinen - X und Y - sind übrigens jeweils Textkoordinaten.

Die UNIT TVGRAPH enthält neben diesen Variablen und Methoden noch die Deklaration eines von *tCollection* abgeleiteten Graphikpuffers, das *tGraphImage*-Objekt. An ihm und dem davon abgeleiteten Objekt *tBitImage* (UNIT TBITMAPS) soll beispielhaft verdeutlicht werden, wie in der TGV graphische Objekte definiert und genutzt werden können. Sie haben mit dem *Kern* der TGV jedoch nichts zu tun und können - je nach Aufgabenstellung - auch vollkommen andersartig realisiert werden.

Die Kernpunkte der TGV sind damit besprochen. Was bleibt, ist der Quelltext in seiner vollen Schönheit und Länge. Ich habe mir Mühe gegeben, ihn ausreichend zu kommentieren und hoffe, daß mir das auch einigermaßen gelungen ist.

14.3.2 Der Quelltext der UNIT TVGRAPH

```
{*****************************************************************}
{                  Turbo Vision Graphik Unit                      }
{        Copyright (c) Christian Baumgarten, Hamburg 1993         }
{*****************************************************************}

UNIT TVGRAPH;
{$F+}
```

```
INTERFACE
Uses Objects;

const  { Konstanten für verschiedene Graphikfonts: }

 Font8x8  = 8;
 Font8x12 = 12;
 Font8x14 = 14;
 Font8x16 = 16;

       { Konstanten für EGA-/VGA-GetFontPtr-Routinen }

 GetRom8x14   = 2;
 GetRom8x8    = 3;
 GetRom8x16   = 6;

       { Graphikkarten-Konstanten: }

  CGA          = 1;
  MCGA         = 2;
  EGA          = 3;
  EGA64        = 4;
  EGAMono      = 5;
  HercMono     = 7;
  VGA          = 9;

       { Farbkonstanten für Text & EGA-/VGA-Graphik: }

  Black        = 0;
  Blue         = 1;
  Green        = 2;
  Cyan         = 3;
  Red          = 4;
  Magenta      = 5;
  Brown        = 6;
  LightGray    = 7;
  Gray         = 8;
  LightBlue    = 9;
  LightGreen   = 10;
  LightCyan    = 11;
  LightMagenta = 12;
  LightRed     = 13;
  Yellow       = 14;
  White        = 15;

  { Portadressen der EGA-/VGA-Karte: }

const _GCtrl_ = $03CE;
```

```
        _ACtrl_ = $03C0;
        _Sequ_  = $03C4;

    { Registerindices der EGA-VGA-Karte: }

        sq_mapmask   = 02;
        sq_memmode   = 04;

        gc_setreset  = 00;
        gc_sr_enable = 01;
        gc_colorcmp  = 02;
        gc_DataRot   = 03;
        gc_ReadSel   = 04;
        gc_Mode      = 05;
        gc_Miscell   = 06;
        gc_ColDont   = 07;
        gc_bitmask   = 08;

   { Konstanten für verschiedene Mauscursor: }

        idc_arrow     = 01;
        idc_black     = 02;
        idc_wait      = 03;

Type  tCursorMask = Array[0..63] of byte;

const CursorMasks : Array[1..3] of tCursorMask =
       (($ff,$3f,$ff,$1f,$ff,$0F,$ff,$07,
          $ff,$03,$ff,$01,$ff,$00,$7f,$00,
  $3f,$00,$1f,$00,$ff,$01,$ff,$10,
  $ff,$30,$7f,$78,$7f,$F8,$ff,$FC,
  $00,$00,$00,$40,$00,$60,$00,$70,
  $00,$78,$00,$7c,$00,$7E,$00,$7F,
  $80,$7F,$00,$7C,$00,$6C,$00,$46,
  $00,$06,$00,$03,$00,$03,$00,$00),
 ($FF,$3f,$FF,$1f,$FF,$0f,$FF,$07,
  $FF,$03,$FF,$01,$FF,$00,$7F,$00,
  $3F,$00,$1F,$00,$0F,$00,$0F,$00,
  $FF,$07,$FF,$0f,$FF,$1f,$FF,$3f,
  $00,$C0,$00,$A0,$00,$90,$00,$88,
  $00,$84,$00,$82,$00,$81,$80,$80,
  $40,$80,$20,$80,$10,$80,$F0,$87,
  $00,$88,$00,$90,$00,$A0,$00,$C0),
 ($00,$00,$01,$80,$01,$80,$03,$C0,
  $07,$E0,$0F,$F0,$1F,$F8,$3F,$FC,
  $3F,$FC,$1F,$F8,$0F,$F0,$07,$E0,
  $03,$C0,$01,$80,$01,$80,$00,$00,
  $00,$00,$FC,$3F,$F8,$1F,$F0,$0B,
```

```
    $60,$05,$80,$02,$00,$01,$80,$00,
    $00,$01,$80,$00,$40,$03,$E0,$06,
    $70,$0D,$B8,$1A,$5C,$35,$00,$00));

Var  { Zusätzliche Variablen für den Graphikmodus: }

  MouseGraphWhere:TPoint;
  LastGraphWhere:TPoint;
  DownGraphWhere:TPoint;

  GraphDriver,GraphMode:integer;
  GraphMaxX  : word;
  GraphMaxY  : Word;

  SaveScreenBuffer:Pointer;
  SaveScreenWidth:Byte;
  SaveScreenHeight:Byte;

  CursorVis:Boolean;
  CursorOn:boolean;
  CursorPos:word;
  CursorForm:word;
  CursorFlag:byte;

  CharHeight : word;

Const
  GraphPlanes: Word = 0;
  GraphMaxPlanes: Word = 0;
  TheFont    : Pointer = nil;
  FontSize   : word = 0;
  GraphInit  : Pointer = nil;
  GraphExit  : Pointer = nil;
  SegC000 : word = $C000;

  { Die Unit TVGraph initialisieren:     }
  Procedure InitTVGraphics;
  { Die Unit TVGraph deinitialisieren:   }
  Procedure DoneTVGraphics;
  { Graphikmodus einschalten:              }
  procedure EnterGraph;
  { Graphikmodus ausschalten:          }
  procedure LeaveGraph;
  { Textcursor invertieren:            }
  { Sollte nie direkt aufgerufen werden }
  procedure InvCursor;
  { Setzen eines bestimmten Mauscursors:}
  Procedure SetMausCursor(Id:word);
```

```
  { Graphik-Bildschirm löschen:       }
  procedure ClearDevice;
  { Aktuelle Graphikkarte ermitteln:  }
  Function  DetectGraphCard:Integer;
  { Zeiger auf das Bildschirmbyte mit }
  { den Koordinaten (x,y) ermitteln:  }
  { Dabei ist x Textkoordinate und y  }
  { Graphikkoordinate.              }
  Function  GetScreenPtr(x,y:word):pointer;

  { Diese Routinen sind die Ausgaberoutinen für den Graphikmodus. }
  { und werden von 'writeview' aufgerufen:                        }
  { Die Koordinaten sind Textkoordinaten:                         }
  Procedure PaintChar(X,Y,Count,CharColor:Word);
  Procedure PaintStr(X,Y:word;Color:Byte;Var S:String);
  Procedure PaintBuf(X,Y,W:Word;Var Buf);

  { Rechteckigen Bildschirmbereich im Graphikmodus }
  { mit der Farbe Color füllen. (Textkoordinaten)  }
  Procedure FillRect(X,Y,W,H:Word;Color:Byte);

  { Zeilentyp für eine BitMap: }
type
  pScanLine = ^tScanLine;
  tScanLine = Array[0..0] of byte;

  { tGraphimage-Typ, der Vorläufer von tBitImage:  }
type
 pGraphImage = ^tGraphImage;
 tGraphImage = object(tCollection)
  Width:word;
  BitsPP:Word;
  FC,BC:Byte;
  Constructor init(aWidth,aHeight,aBitsPP:word);
  Procedure FreeItem(Item:Pointer); virtual;
{ BitMapAusschnitt (ix,iy,w,h) an die Bildschirmposition          }
{ (sx,sy) kopieren.                                               }
{ Die Koordinaten sind TextKoordinaten !                          }
  Procedure PutImage(ix,iy,w,h,sx,sy:integer);
  Procedure PutPixel(x,y:integer;color:byte);
  Procedure Line(x1,y1,x2,y2:integer;color:byte);
  Function  GetPixel(x,y:integer):byte;
  Procedure Switch2Mono;              virtual;
 end;

{ Größe einer einzelen Graphikzeile in Byte berechnen:       }
 Function ScanLineSize(width,bitsPP:word):word;
{ Einzelne Scanzeile für tGraphimage auf dem Heap reservieren }
```

```
 Function NewScanLine(Width,BitsPP:word):pScanLine;
{ Einzelne Scanzeile für tGraphimage auf dem Heap freigeben   }
 Procedure DisposeLine(TheLine:pScanLine;Width,BitsPP:word);

{$IFDEF DPMI }
{ Dieser Selektor wird unter DPMI für die             }
{ EGA-/VGA-Romzeichensätze benötigt                   }
  PROCEDURE __C000H; FAR;
{$ENDIF}

IMPLEMENTATION

Uses gdrivers,dos;

const
 { Interne Variablen für den Graphikmodus: }
 GraphScreen:Pointer = Nil;

{ Offset zweier Near-Routinen, die für jede Karte         }
{ unterschiedlich realisiert werden müssen                }

 ScreenDelta:word = 0;
 ScreenOffs :word = 0;

 { Verzögerung des Cursor-Blinkens: }
 Int1CDelay = 3;

 { Timer-Interrupt-Nr.              }
 TimerIntNo = $1C;
var  SaveInt1C:pointer;
     Int1CCount:word;
     OldCursorLines:word;
     OldVideoMode:Byte;
     SysFont : Byte;

Procedure SetMausCursor(Id:word);
 var p:pointer;
 begin
   p:=@CursorMasks[id];
   asm
    mov ax,9
    xor bx,bx
    xor cx,cx
    les dx,p
    int 33h
   end;
 end;
```

```
Function SetVideoMode(Mode:byte):Boolean; near; assembler;
 asm
  xor ah,ah    { Set Video Mode }
  mov al,mode
  push ax
  int $10
  mov ah,$0F   { Get Video Mode: Überprüfen, ob die Initialisierung
                  erfolgreich gewesen ist. }
  int 10h
  pop bx
  cmp al,bl
  jne @@No     { Hat nicht funktioniert }
  mov al,1     { Hat funktioniert       }
  jmp @@YES
@@No:
  xor al,al
@@YES:
 end;

function GetVideomode:byte; assembler;
 asm
  mov ah,$0F
  int 10h
 end;

{ Laden eines Fonts aus dem Systemverzeichnis in den Arbeitsspeicher}
Function LoadFont(Font:Byte):Pointer;
 var Dir:DirStr;
     Name:NameStr;
     Ext:ExtStr;
     Path:PathStr;
     S:SearchRec;
     F:File;
     P:Pointer;
 begin
  LoadFont:=Nil;
  Path:=ParamStr(0);
  FSplit(Path,Dir,Name,Ext);
  Str(Font,Name);
  Name:='FONT8X'+Name;
  Ext:='.FNT';
  Path:=Dir+Name+Ext;
  FindFirst(Path,$3F,S);
  if Doserror = 0 then
  begin
   {$I-}
   assign(F,path);
   if ioresult<>0 then exit;
```

```
    reset(F,256);
    if ioresult<>0 then exit;
    if GraphMaxPlanes=1 then Font:=Font shl 1;
    FontSize:=Font;
    FontSize:=FontSize shl 8;
    GetMem(P,FontSize);
    BlockRead(F,P^,Font);
    close(F);
    {$I+}
    LoadFont:=P;
   end;
 end;

{ Erfragen der Adresse der EGA-/VGA-Rom-Fonts: }
Function GetROMPtr(Font:Byte):Pointer; assembler;
  asm
   push bp
   mov  ax,1130h
   mov  bh,font
   int  10h
   mov  dx,es
   mov  ax,bp
   pop  bp
   {$IFDEF DPMI}
   mov  dx,segC000
   {$ENDIF}
   xor  bx,bx
   mov  Fontsize,bx
  end;

{ Hilfsroutine für XLATFont: }
procedure _xlat_; near; assembler;
 asm
    mov  dx,256
@@2:push di
    push cx
@@1: movsb
     add  di,255
     loop @@1
    pop  cx
    pop  di
    inc  di
    dec  dx
    jnz  @@2
 end;
```

```
{ Transponiert die Font-Daten für die monochromen Graphikkarten }
Procedure XLATFont(Var Source,Dest;Font:Byte); assembler;
 asm
  cld
  push ds
  lds  si,source
  les  di,dest
  mov  cl,font
  xor  ch,ch
  push di
  call _xlat_
  pop  di
  mov  ax,256
  mul  cx
  add  di,ax
  call _xlat_
  pop  ds
 end;

{ Auswahl des Font treffen: Je nach Karte und Font entweder }
{ aus dem ROM oder aus einer Datei laden:                  }
Function SelectFont(Font:Byte):Boolean;
 Var P:Pointer;
     OldSize:word;
 begin
  P:=NIL;
  OldSize:=FontSize;
  FontSize:=0;
  case Graphdriver of
   EGA: begin
         case Font of
          8 : P:=GetRomPtr(GetRom8x8);
          12: P:=LoadFont(Font);
          14: P:=GetRomPtr(GetRom8x14);
          16: P:=LoadFont(Font);
         end;
        end;
   VGA: begin
         case Font of
          8 : P:=GetRomPtr(GetRom8x8);
          12: P:=LoadFont(Font);
          14: P:=GetRomPtr(GetRom8x14);
          16: P:=GetRomPtr(GetRom8x16);
         end;
        end;
   else P:=LoadFont(Font);
  end;
  if (P<>Nil) then
```

```
  begin
   if (OldSize<>0) then FreeMem(TheFont,OldSize);
   TheFont:=P;
   if graphmaxplanes=1 then
   begin
    getmem(P,FontSize);
    XLATFont(TheFont^,P^,Font);
    MOVE(P^,TheFont^,FontSize);
    freeMem(P,FontSize);
   end;
  end else FontSize:=OldSize;
  SelectFont:=P<>nil;
 end;

{ Zeilenoffset (Hercules) berechnen:          }
{ = ((y and 3) shl 13) + (y shr 2) * 90 + x }
{ input:  ax = y  (Zeilen)                     }
{         bx = x  (Zeichen)                    }
{        (cx = plane)                          }
{ output: di = offs(x,y)                       }
procedure _gethgcoffs; near; assembler;
 asm
  push ax
  push cx
  push dx
   push ax
   shr  ax,2
   mov  dx,90
   mul  dx
   pop  dx
   and  dx,3
   mov  cl,13
   shl  dx,cl
   add  ax,dx
   add  ax,bx
   mov  di,ax
  pop  dx
  pop  cx
  pop  ax
 end;

procedure _gethgcdelta; near; assembler;
 asm
  cmp di,$6000        { Letzter Block ?          }
  jae @@1
  add di,$2000        { Nein: Nächster Block, d.h. 2000H addieren }
  ret
@@1:
```

```
  sub di,$6000 - 90  { Ja: ($6000-90) abziehen: eine Zeile weiter,
drei Blöcke zurück }
 end;

{ Zeilenoffset (CGA) berechnen:                }
{ = ((y and 1) shl 13) + (y shr 1) * 80 + x }
{ input:  ax = y  (Zeilen)                     }
{         bx = x  (Zeichen)                    }
{        (cx = plane)                          }
{ output: di = offs(x,y)                       }
procedure _getcgaoffs; near; assembler;
 asm
  push ax
  push cx
  push dx
   push ax
   shr  ax,1
   mov  dx,80
   mul  dx
   pop  dx
   and  dx,1
   mov  cl,13
   shl  dx,cl
   add  ax,dx
   add  ax,bx
   mov  di,ax
  pop  dx
  pop  cx
  pop  ax
 end;

procedure _getcgadelta; near; assembler;
 asm
  cmp di,$2000        { Letzter Block ?           }
  jae @@1
  add di,$2000        { Nein: Nächster Block, d.h. 2000H addieren }
  ret
@@1:
  sub di,$2000 - 80  { Ja: ($2000-80) abziehen: eine Zeile weiter,
                          einen Block zurück }
 end;

{ Zeilenoffset (VGA) berechnen        }
{ EGA/VGA : (Y * 80) + X              }
{ input:  ax = y                      }
{         bx = x                      }
{ output: di = offset(x,y)            }
procedure _getvgaoffs; near; assembler;
```

```
 asm
   push dx
   push ax
   mov  dx,80
   mul  dx
   add  ax,bx
   mov  di,ax
   pop  ax
   pop  dx
 end;

{ DI auf nächste Zeile setzen:  }
procedure _getvgadelta; near; assembler;
 asm
   add  di,80
 end;

 { Variablen und Konstanten für die Herculeskarte: }

 type  CRTRegs = Array[0..11] of Byte;

 const HGCGraphRegs: CRTRegs
       =($35,$2D,$2E,$07,$5B,$02,$57,$57,$02,$03,$00,$00);
       HGCTextRegs: CRTRegs
       =($61,$50,$52,$0F,$19,$06,$19,$19,$02,$0D,$0B,$0C);

 { CRTC-Register-Adressen: }

      hgc_ModeReg   = $03B8;
      hgc_ConfigReg= $03BF;
      hgc_IndexReg  = $03B4;
      hgc_DataReg   = $03B5;

procedure HGCInit(Cfg,Mode1,Mode2:Byte;Var CRT6845:CRTRegs);
assembler;
 asm
  mov dx,hgc_configreg
  mov al,cfg
  out dx,al
  mov dx,hgc_modereg
  mov al,mode1
  out dx,al
  les si,crt6845
  mov cx,12
  cld
  mov dx,hgc_IndexReg
  xor ah,ah
@@1:mov al,ah
```

```
    out dx,al
    seges lodsb
    inc dx
    out dx,al
    dec dx
    inc ah
   loop @@1
  mov dx,hgc_modereg
  mov al,mode2
  out dx,al
  { Neuen Wert des Modusregisters im BIOS-Datenberich ablegen: }
  mov es,seg0040
  mov es:[$65],al
 end;

Function InitGraph:Boolean;
 var OK:Boolean;
 begin
  OK:=False;
  OldVideoMode:=GetVideoMode;
  SaveScreenBuffer:=ScreenBuffer;
  SaveScreenWidth:=ScreenWidth;
  SaveScreenHeight:=ScreenHeight;
  if graphdriver=HercMono then
  begin
    HGCInit(1,2,$0A,HGCGraphRegs);
    { Videomode=6, damit der Maustreiber die Herculeskarte erkennt }
    Mem[Seg0040:$49]:=6;
    OK:=true;
  end else OK:=SetVideoMode(GraphMode);
  InitGraph:=OK;
  if not OK then exit;
  ScreenBuffer:=GraphScreen;
  GraphPlanes:=GraphMaxPlanes;
  ScreenHeight:=(GraphMaxY+1) div CharHeight;
  ScreenWidth:=(GraphMaxX+1) shr 3;
 end;

Procedure CloseGraph;
 begin
  if GraphDriver=HercMono then
  begin
   Mem[Seg0040:$49]:=7;
   HGCInit(1,0,8,HGCTextRegs);
  end else setvideomode(oldvideomode);
  ScreenBuffer:=SaveScreenBuffer;
  ScreenWidth:=SaveScreenWidth;
  ScreenHeight:=SaveScreenHeight;
```

```
  GraphPlanes:=0;
 end;

procedure ClearDevice; assembler;
 asm
  cld
  mov al,screenwidth
  mul byte ptr screenheight
  mul charheight
  add ax,$0FFF
  and ax,$F000
  mov cx,ax
  xor ax,ax
  les di,screenbuffer
  shr cx,1
  rep stosw
 end;

Procedure InitTVGraphics;
 begin
  {$IFDEF DPMI}
  SegC000:=Ofs(__C000H);
  {$ENDIF}
  GraphPlanes:=0;
  GraphDriver:=DetectGraphCard;
  Case GraphDriver of
   CGA,MCGA,EGAMONO,EGA64,HercMono: GraphMaxPlanes:=1;
   EGA,VGA:GraphMaxPlanes:=4;
   else exit;
  end;
  case graphdriver of
   CGA: begin
          ScreenOffs:=Ofs(_GetCGAOffs);
          ScreenDelta:=Ofs(_getCGAdelta);
          GraphMode:=6;
          GraphMaxX:=639;
          GraphMaxY:=199;
          SysFont:=Font8x8;
          GraphScreen:=Ptr(SegB800,0);
        end;
   HercMono: begin
         ScreenOffs:=Ofs(_GetHGCOffs);
          ScreenDelta:=Ofs(_getHGCdelta);
         GraphMode:=6;
         GraphMaxX:=719;
         GraphMaxY:=347;
         SysFont:=Font8x12;
         GraphScreen:=Ptr(SegB000,0);
        end;
```

```
    MCGA:begin
            ScreenOffs:=Ofs(_GetVgaOffs);
            ScreenDelta:=Ofs(_getvgadelta);
            GraphMode:=$11;
            GraphMaxX:=639;
            GraphMaxY:=479;
            SysFont:=Font8x16;
            GraphScreen:=Ptr(SegA000,0);
          end;
    EGA64,
    EGAMONO: begin
            ScreenOffs:=Ofs(_GetVgaOffs);
             ScreenDelta:=Ofs(_getvgadelta);
            GraphMode:=$F;
            GraphMaxX:=639;
            GraphMaxY:=349;
            SysFont:=Font8x14;
            GraphScreen:=Ptr(SegA000,0);
          end;
    EGA: begin
             ScreenOffs:=Ofs(_GetVgaOffs);
            ScreenDelta:=Ofs(_getvgadelta);
            GraphMode:=$10;
            GraphMaxX:=639;
            GraphMaxY:=349;
            SysFont:=Font8x14;
            GraphScreen:=Ptr(SegA000,0);
          end;
    VGA: begin
            ScreenOffs:=Ofs(_GetVgaOffs);
            ScreenDelta:=Ofs(_getvgadelta);
            GraphMode:=$12;
            GraphMaxX:=639;
            GraphMaxY:=479;
            SysFont:=Font8x16;
            GraphScreen:=Ptr(SegA000,0);
          end;
  end;
  CharHeight:=SysFont;
  SelectFont(SysFont);
 end;

Procedure DoneTVGraphics;
 begin
  if GraphPlanes>0 then LeaveGraph;
  if FontSize>0 then FreeMem(TheFont,FontSize);
 end;
```

```
Function  GetScreenPtr(x,y:word):pointer; assembler;
 asm
   mov  ax,y
   mov  bx,x
   call word ptr screenOffs
   mov  ax,di
   mov  dx,ScreenBuffer.word[2]
 end;

 procedure InvCursor; assembler;
  asm
    mov  cursorflag,1
    mov  cx,cursorform
    mov  dl,ch            { DX = Startzeile }
    xor  ch,ch            { CX = Endzeile   }
    xor  dh,dh
    mov  ax,cursorpos
    mov  bx,ax
    xor  al,al
    xchg al,ah            { AX = Y - Pos }
    xor  bh,bh            { BX = X - Pos }
    push ax
    sub  ax,MouseWhere.y
    js   @@3
    je   @@4
    dec  ax
    je   @@4
    dec  ax
    jne  @@3
@@4:push bx
    sub  bx,MouseWhere.X
    js   @@2
    je   @@ee
    dec  bx
    je   @@ee
    dec  bx
    je   @@ee
@@2:pop  bx
@@3:pop  ax
    mul  charheight.byte[0]
    add  ax,dx
    sub  cx,dx
    js   @@exit
    inc  cx
    cmp  graphplanes,1
    je   @@1
    mov  dx,_GCtrl_     { DX = Indexport     }
    push ax
```

```
        xor  al,al        { Set/Reset-Register }
        out  dx,al
        mov  al,$0F       { In alle Ebenen $FF schreiben }
        inc  dx
        out  dx,al
        dec  dx
        mov  al,1         { Enable-Set/Reset-Register }
        out  dx,al
        mov  al,$0F       { Alle Ebenen zulassen }
        inc  dx
        out  dx,al
        dec  dx
        mov  al,3         { Data-Rotate-Register }
        out  dx,al
        mov  al,$18       { Wert für XOR-Verknüpfung }
        inc  dx           { Die Werte werden somit invertiert ! }
        out  dx,al
        pop  ax
    @@1:call word ptr screenoffs
        mov  es,screenbuffer.word[2]
         { Bei Monochromkarten=Inversion, bei EGA/VGA              }
         { in Folge ein Lese- und ein Schreibzugriff:              }
    @@r:not  byte ptr es:[di]
        call word ptr screendelta
        loop @@r
        xor  cursorvis,1
        jmp  @@exit
    @@ee:pop bx
         pop ax
    @@exit:
        mov  cursorflag,0
        cmp  graphplanes,1
        je   @@X
        mov  dx,_GCtrl_      { Indexregister }
        mov  al,3         { Index Data-Rotate-Register }
        out  dx,al
        xor  al,al        { Keinerlei Datenoperationen einstellen }
        inc  dx
        out  dx,al
        dec  dx
        mov  al,1         { Index Enable-Set/Reset-Register }
        out  dx,al
        xor  al,al
        inc  dx
        out  dx,al
        dec  dx
    @@X:
      end;
```

```
 procedure TimerInt; interrupt;
  begin
   asm
    cmp  cursorflag,1     { Wird gerade der Cursor gezeichnet ?     }
    je   @@exit
    cmp  cursorOn,0       { Cursor eingeschaltet ?                  }
    je   @@1
    dec  int1ccount { Muß der Cursor wieder umgeschaltet werden ? }
    jnz  @@exit
    mov  int1CCount,int1Cdelay
@@2:call invcursor
    jmp  @@exit
@@1:cmp  cursorvis,0 { Ist der Cursor ausgeschaltet und sichtbar ? }
    jne  @@2
@@exit:
    pushf
    call dword ptr SaveInt1C; { Alte Interruptroutine aufrufen }
   end;
  end;

procedure InitGraphCursor;
 begin
   CursorVis:=False;
   CursorOn:=False;
   Int1CCount:=Int1CDelay;
   asm
    mov  ah,3
    xor  bh,bh
    int  10h
    or   cl,cl
    je   @@1
    push cx
    inc  cl
    cmp  cl,charheight.byte[0]
    pop  cx
    je   @@1
    sub  ch,cl
    add  ch,charheight.byte[0]
    mov  cl,charheight.byte[0]
    dec  cl
    dec  ch
 @@1:
    mov  cursorform,cx
    mov  cursorpos,dx
   end;
   OldCursorLines:=CursorLines;
   CursorLines:=(charheight-1) + (charheight-2) shl 8;
   CursorFlag:=0;
```

```
    getintvec($1C,SaveInt1C);
    setintVec($1C,@TimerInt);
  end;

procedure ExitGraphCursor;
 begin
  setintvec($1C,saveint1C);
  if cursorvis then invcursor;
  CursorLines:=OldCursorLines;
 end;

procedure EnterGraph;
 begin
  if GraphMaxPlanes>0 then
  begin
   donevideo;
   doneEvents;
   If Not InitGraph then
   begin
    CloseGraph;
    initvideo;
    initevents;
    exit;
   end;
   if Buttoncount>0 then
   asm
    xor ax,ax
    int 33h
   end;
   InitEvents;
   InitGraphCursor;
   if GraphInit<>Nil then
   asm
    call dword ptr graphinit
   end;
  end;
 end;

procedure LeaveGraph;
 begin
  if GraphPlanes>0 then
  begin
   HideMouse;
   DoneEvents;
   ExitGraphCursor;
   CloseGraph;
   if Buttoncount>0 then
   asm
```

```
     xor ax,ax
     int 33h
    end;
    InitVideo;
    InitEvents;
    ShowMouse;
    if GraphExit<>nil then
    asm
     call dword ptr graphexit
    end;
  end;
 end;

procedure GetDisplayType; near; assembler;
 asm
     MOV     AX, $1A00    { Read Monitor Status: EGA-/VGA-BIOS }
     INT     $10
     CMP     AL,$1A { Wenn Funktion unterst. wird, steht in AL 1Ah }
     JNE     @@2
     CMP     BL,$07       { BL = 'Active Display Mode' }
     JZ      @@1
     CMP     BL,$08
     JZ      @@1
     CMP     BL,$0B
     JB      @@2
     CMP     BL,$0C
     JA      @@2
@@1: STC
     JMP     @@3
@@2: CLC
@@3:
 end;

Function DetectGraphCard:Integer; assembler;
 const Card:integer = -1;
 asm
     CMP     CARD,-1
     JNE     @@EXIT
     MOV     AX, $1200   { Alternate Function Select: EGA-/VGA-BIOS }
     MOV     BX, $FF10   { Get Ega/Vga Info                          }
     MOV     CL, $0F     { Rückgabe in CL = 'Feature Bits'           }
     INT     10H
     CMP     CL,$0C
     JAE     @@10
     CMP     BH,$01      { BH = 1 Monochrome Mode, 0 = Colormode     }
     JA      @@10
     CMP     BL,$03  { BL=Speicher, 0: 64KB,1:128KB,2:196KB,3:256KB }
     JA      @@10
```

```
        CMP     BH,1
        JNE     @@1
        MOV     CARD,EGAMONO
        JMP     @@EXIT
@@1:    CMP     CL,2
        JB      @@2
        OR      BL,BL
        JZ      @@2
        CALL    GETDISPLAYTYPE
        JC      @@3
        MOV     ES,SEGC000
        CMP     WORD PTR ES:[$39],345AH
        JNE     @@4
        CMP     WORD PTR ES:[$3B],3934H
        JE      @@3
@@4:    MOV     CARD,EGA
        JMP     @@EXIT
@@3:    MOV     CARD,VGA
        JMP     @@EXIT
@@2:    MOV     CARD,EGA64
        JMP     @@EXIT
@@10:MOV        AH,$0F
        INT     10H
        CMP     AL,7
        JE      @@7
        CALL    GETDISPLAYTYPE
        JNC     @@C0
        CMP     BL,0BH
        JB      @@EXIT
        MOV     CARD,MCGA
        JMP     @@EXIT
@@7:    MOV     DX, $03BA  { $3BA: Statusregister der HGC/MDA-Karte   }
        XOR     BL,BL      { Bei der HGC-Karte flippt Bit 7,da es die }
        IN      AL,DX      { vertikale Synchronisation anzeigt        }
        AND     AL,$80
        MOV     AH,AL
        MOV     CX, $8000
@@H1:IN         AL,DX
        AND     AL,$80
        CMP     AL,AH
        JZ      @@H2
        INC     BL
        CMP     BL,$0A
        JNB     @@H3
@@H2:LOOP       @@H1
        JMP     @@C0
@@H3:MOV        CARD,HERCMONO
        JMP     @@EXIT
```

```
@@C0:MOV     SI, $B800      { Die CGA-Karte beginnt bei B8000H }
     MOV     ES,SI
     XOR     SI,SI
     MOV     AX,WORD PTR ES:[SI]
     NOT     AX
     NOT     WORD PTR ES:[SI]
     NOP
     NOP
     CMP     AX,WORD PTR ES:[SI]
     JNZ     @@EXIT
     MOV     CARD,CGA
@@EXIT:
     MOV     AX,CARD
 end;

{ INPUT :  CX = Count                          }
{          DS:DX = @Thinfont                   }
{          DS:BX = @ThickFont                  }
{          SS:SI = Source (tDrawbuffer)        }
{          ES:DI = Destination (Videoram)      }
procedure MonoMoveBuff;  near; assembler;
const CharH = - 2;
      GraphDelta = -6;
 asm
     cld
     xchg bx,dx      { Standardfont ist dünn }
@@11:push cx
     push si
     push di
@@1: segss lodsw
      test ah,8      { Zeichen dick zeichnen ? }
      jz   @@12
      xchg bx,dx
      xlat           { Bitmuster dicker Font }
      xchg bx,dx
      jmp  @@13
@@12: xlat           { Bitmuster dünner Font }
@@13: and  ah,$77    { Zeichen invertiert ?  }
      cmp  ah,$70
      jne  @@15
      not  al
      jmp  @@14
@@15: or   ah,ah    { Zeichen schwarz ? }
      jnz  @@14
      xor  al,al
@@14: stosb
     loop @@1
     pop  di
```

```
      pop  si
      pop  cx
      dec  word ptr [bp].CharH
      jz   @@17
      add  bx,256                  { Nächste BitTabelle      }
      add  dx,256
      call word ptr [bp].graphdelta { Nächste Bildschirmzeile }
      jmp  @@11
@@17:
 end;

{ INPUT :  CX = Count                 }
{          AH = Color                 }
{          DS:DX = @Thinfont          }
{          DS:BX = @ThickFont         }
{          SS:SI = Source (tDrawbuffer) }
{          ES:DI = Destination (Videoram) }
procedure MonoMoveStr;  near; assembler;
const CharH      = - 2;
      Graphfunc  = - 4;
      GraphDelta = - 6;
 asm
     cld
     test ah,8
     jnz  @@1
     xchg bx,dx
@@1: and  ah,$77
     cmp  ah,$70
     jnz  @@2
     mov  word ptr [bp].graphfunc,offset @@Inverted
     jmp  @@11
@@2: mov  word ptr [bp].graphfunc,offset @@Normal
     or   ah,ah
     jnz  @@11
     mov  word ptr [bp].graphfunc,offset @@Black
@@11:push cx
     push si
     push di
     call word ptr [bp].graphfunc
     pop  di
     pop  si
     pop  cx
     dec  word ptr [bp].CharH
     jz   @@17
     add  bx,256                  { Nächste BitTabelle      }
     call word ptr [bp].graphdelta { Nächste Bildschirmzeile }
     jmp  @@11
@@Normal:
```

```
     segss lodsb
     xlat
     stosb
     loop  @@normal
     ret
@@Black:
     xor   al,al
     rep   stosb
     ret
@@Inverted:
     segss lodsb
     xlat
     not   al
     stosb
     loop  @@inverted
     ret
@@17:
 end;

{ INPUT :  CX = Count                          }
{          AH = Color                          }
{          AL = Zeichen                        }
{          DS:DX = @Thinfont                   }
{          DS:BX = @ThickFont                  }
{          ES:DI = Destination (Videoram)      }
procedure MonoMoveChr;  near; assembler;
const CharH      = - 2;
      Graphfunc  = - 4;
      GraphDelta = - 6;
 asm
     cld
     test ah,8
     jnz  @@1
     xchg bx,dx
@@1: and  ah,$77
     cmp  ah,$70
     jnz  @@2
     mov  word ptr [bp].graphfunc,offset @@Inverted
     jmp  @@11
@@2: mov  word ptr [bp].graphfunc,offset @@Normal
     or   ah,ah
     jnz  @@11
     mov  word ptr [bp].graphfunc,offset @@Black
@@11:push cx
     push di
     call word ptr [bp].graphfunc
     pop  di
     pop  cx
```

```
        dec  word ptr [bp].CharH
        jz   @@17
        add  bx,256                    { Nächste BitTabelle      }
        call word ptr [bp].graphdelta  { Nächste Bildschirmzeile }
        jmp  @@11
@@Normal:
        push  ax
        xlat
        rep   stosb
        pop   ax
        ret
@@Black:
        push  ax
        xor   al,al
        rep   stosb
        pop   ax
        ret
@@Inverted:
        push  ax
        xlat
        not   al
        rep   stosb
        pop   ax
        ret
@@17:
 end;

{ INPUT :  CX = Count                        }
{          DS:BX = @ThickFont                }
{          SS:SI = Source (tDrawBuffer)      }
{          ES:DI = Destination (Videoram)    }
procedure EGAMoveBuff; near; assembler;
const CharH = - 2;
      Graphfunc = - 4;
 asm
    mov  ch,cl
    mov  cl,byte ptr [bp].charh
    push bp
    mov  bp,si
    mov  si,bx
    mov  dx,_GCtrl_         { DX = Indexport                }
    mov  al,gc_mode         { Mode Register                 }
    out  dx,al
    mov  al,$02             { Schreibmodus 2 einstellen     }
    inc  dx
    out  dx,al
    dec  dx
    mov  al,gc_bitmask    { Bit-Mask-Register }
```

```
    out  dx,al
    inc  dx                  { Datenport          }
  @@1:push di
     push si
     push cx
     mov  ax,[bp]            { ASCII-Zeichen nach AL, Farbe nach AH }
     inc  bp
     inc  bp
     mov  bl,ah
     mov  bh,ah
     and  bl,$0F             { BL = Vordergrundfarbe                }
     shr  bh,4               { BH = Hintergrundfarbe                }
     mul  cl
     add  si,ax
     xor  ch,ch              { Innere Schleife: nur über Zeichenzeilen }
  @@2: lodsb                 { Fontbyte laden                    }
       out  dx,al            { Bitmuster Vordergrund             }
       mov  es:[di],bl       { Vordergrundfarbe schreiben        }
       not  al
       out  dx,al            { Bitmuster Hintergrund             }
       mov  al,bh            { Mit Lesezugriff Latch-Register laden }
       xchg al,es:[di]       { Hintergrundfarbe schreiben        }
  @@X: add  di,80            { Nächste Zeile                     }
       loop @@2
     pop  cx
     pop  si
     pop  di
     inc  di                 { Nächstes Bildschirmzeichen }
     dec  ch
     jnz  @@1
    pop  bp
    mov  al,$FF              { Alle Bits zulassen   }
    out  dx,al
    dec  dx                  { Indexport            }
    mov  al,gc_mode          { Mode Register        }
    out  dx,al
    xor  al,al               { Schreibmodus 0       }
    inc  dx
    out  dx,al
  end;

{ INPUT :  CX = Count                              }
{          AH = Color                              }
{          DS:BX = @ThickFont                      }
{          SS:SI = Source (Array[..] of Char)      }
{          ES:DI = Destination (Videoram)          }
procedure EGAMoveStr;  near; assembler;
const CharH = - 2;
```

```
asm
  mov  ch,cl
  mov  cl,byte ptr [bp].charh
  push bp
  mov  bp,si
  mov  si,bx
  mov  bl,ah
  mov  bh,ah
  and  bl,$0F
  shr  bh,4
  mov  dx,_GCtrl_        { DX = Indexport                  }
  mov  al,gc_mode        { Mode Register                   }
  out  dx,al
  mov  al,$02            { Schreibmodus 2 einstellen       }
  inc  dx
  out  dx,al
  dec  dx
  mov  al,gc_bitmask     { Bit-Mask-Register               }
  out  dx,al
  inc  dx                { DX = Datenport                  }
@@1:push di
    push si
    push cx
    mov  al,[bp]         { Asciizeichen laden              }
    inc  bp
    mul  cl              { Offset in den Font berechnen }
    add  si,ax
    xor  ch,ch           { Innere Schleife: nur über Zeichenzeilen }
@@2: lodsb               { Fontbyte laden                  }
     out  dx,al
     mov  es:[di],bl     { Vordergrundfarbe schreiben    }
     not  al
     out  dx,al
     mov  ah,es:[di]     { Lesezugriff, um die Latchreg.zu laden;  }
                         { sonst wird die bereits gesetzte Vorder- }
                         { grundfarbe überschrieben    }
     mov  es:[di],bh     { Hintergrundfarbe schreiben }
@@X: add  di,80          { Nächste Zeile               }
     loop @@2
    pop  cx
    pop  si
    pop  di
    inc  di
    dec  ch
    jnz  @@1
  pop  bp
  mov  al,$FF           { Alle Bits zulassen }
  out  dx,al
```

```
   dec dx              { Indexport      }
   mov al,gc_mode      { Mode Register  }
   out dx,al
   xor al,al           { Schreibmodus 0 }
   inc dx
   out dx,al
 end;

{ INPUT :  CX = Count                          }
{          AH = Color                          }
{          AL = Zeichen                        }
{          DS:BX = @ThickFont                  }
{          ES:DI = Destination (Videoram)      }
procedure EGAMoveChr;  near; assembler;
const CharH      = - 2;
      Graphfunc  = - 4;
      GraphDelta = - 6;
 asm
   cld
   mov   si,bx
   mov   bl,ah
   mov   bh,bl
   and   bl,$0F        { BL = Vordergrundfarbe }
   shr   bh,4          { BH = Hintergrundfarbe }
   xor   ah,ah
   mul   word ptr [bp].charh
   add   si,ax
   mov   dx,_GCtrl_    { DX = Indexport d. Graphic-Controllers }
   mov   al,gc_mode    { Mode Register                         }
   out   dx,al
   mov   al,2
   inc   dx
   out   dx,al         { Schreibmodus 2 einstellen             }
   dec   dx
   mov   al,gc_bitmask
   out   dx,al         { Bitmasken-Register adressieren        }
   inc   dx            { Datenregister einstellen              }
@@2: lodsb
     out   dx,al
     not   al
     mov   ah,al
     mov   al,bl
     push  di
     push  cx
      rep  stosb
     pop   cx
     pop   di
     mov   al,ah
```

```
      out   dx,al
      push  di
      push  cx
@@1:   mov  al,bh
       xchg al,es:[di]
       inc  di
       loop @@1
      pop   cx
      pop   di
      dec   word ptr [bp].charh
      jz    @@3
      call  word ptr [bp].graphdelta
      jmp   @@2
@@3:mov    al,$FF
     out   dx,al       { Alle Bits zulassen }
     dec   dx          { DX = Indexregister }
     mov   al,gc_mode
     out   dx,al
     inc   dx
     xor   al,al
     out   dx,al       { Schreibmodus 0 einstellen }
 end;


Procedure PaintStr(X,Y:word;Color:Byte;Var S:String); assembler;
 var CharH:word;
     Graphfunc:word;
     GraphDelta:word;
  asm
     cmp   GraphPlanes,0
     je    @@Text
     cld
     mov   ax,screendelta
     mov   Graphdelta,ax
     mov   ax,Charheight
     mov   CharH,ax
     les   si,S
     seges lodsb
     mov   cl,al
     xor   ch,ch
     mov   ax,ss
     cmp   ax,S.word[2] { Liegt der Puffer bereits auf dem Stack ? }
     je    @@1 { Wenn nicht: Relevanten Bereich auf Stack kopieren }
     sub   sp,cx
     mov   di,sp
     mov   dx,ds
     mov   ds,S.word[2] { DS:SI = ^Buffer        }
     mov   es,ax         { ES:DI = Zeiger auf Stackbereich }
```

```
    push  di
    push  cx
    shr   cx,1
    jnc   @@10
    movsb
@@10:rep  movsw
    pop   cx
    pop   si           { SS:SI = ^Stack-Buffer    }
    mov   ds,dx
@@1:                   { CX = Count               }
    mov   ax,y
    mul   charh
    mov   bx,x
    mov   es,screenbuffer.word[2]
    call  word ptr screenoffs { ES:DI = ^Videomem  }
    mov   ah,byte ptr color
    push  ds
    cmp   graphplanes,1
    lds   bx,Thefont          { DS:BX = ^Thickfont }
    jne   @@EGAVGA
    call  monomovestr
    jmp   @@exit
@@EGAVGA:
    call  egamovestr
    jmp   @@exit
@@text:
    push  ds
    mov   ax,y
    mul   screenwidth
    add   ax,x
    shl   ax,1
    les   di,screenbuffer
    add   di,ax
    mov   ah,color
    lds   si,S
    lodsb
    mov   cl,al
    xor   ch,ch
@@T:lodsb
    stosw
    loop  @@T
@@exit:
    pop   ds
 end;

Procedure PaintChar(X,Y,Count,CharColor:Word); assembler;
 var CharH:word;
     Graphfunc:word;
```

```
      GraphDelta:word;
   asm
     cld
     cmp   graphplanes,0
     je    @@Text
     mov   ax,screendelta
     mov   Graphdelta,ax
     mov   ax,Charheight
     mov   CharH,ax
     mov   cx,count              { CX = Count }
     mul   y
     mov   bx,x
     mov   es,screenbuffer.word[2]
     call  word ptr screenoffs
     mov   ax,CharColor
     push  ds
     cmp   graphplanes,1
     jne   @@EGAVGA
     push  ax
     mov   ax,256
     mul   charH
     mov   dx,ax
     lds   bx,Thefont  { DS:BX = ^Thickfont }
     add   dx,bx       { DS:DX = ^Thinfont  }
     pop   ax
     call  MonoMovechr
     jmp   @@exit
@@EGAVGA:
     lds   bx,Thefont  { DS:BX = ^Thickfont }
     call  egamovechr
     jmp   @@exit
@@text:
     push  ds
     mov   ax,y
     mul   screenwidth
     add   ax,x
     shl   ax,1
     les   di,screenbuffer
     add   di,ax
     mov   cx,count
     mov   ax,CharColor
     rep   stosw
@@exit:
     pop   ds
   end;

 Procedure PaintBuf(X,Y,W:Word;Var Buf); assembler;
 var CharH:word;
```

```
      Graphfunc:word;
      GraphDelta:word;
   asm
     cld
     cmp   graphplanes,0
     je    @@Text
     mov   ax,screendelta
     mov   Graphdelta,ax
     mov   ax,Charheight
     mov   CharH,ax
     mov   cx,w
     mov   si,buf.word[0]
     mov   ax,ss
     cmp   ax,buf.word[2] { Liegt der Puffer bereits auf dem Stack ?}
     je    @@1  { Wenn nicht: Relevanten Bereich auf Stack kopieren }
     sub   sp,cx
     sub   sp,cx
     mov   di,sp
     mov   dx,ds
     mov   ds,buf.word[2]  { DS:SI = ^Buffer       }
     mov   es,ax     { ES:DI = Zeiger auf Stackbereich }
     push  di
     push  cx
     rep   movsw
     pop   cx
     pop   si          { SS:SI = ^Stack-Buffer    }
     mov   ds,dx
@@1:                   { CX = Count }
     mov   ax,y
     mul   charh
     mov   bx,x
     call  word ptr screenoffs
     mov   es,screenbuffer.word[2]  { ES:DI = ^Videomem }
     push  ds
     cmp   graphplanes,1
     lds   bx,Thefont  { DS:BX = ^Thickfont }
     jne   @@EGAVGA
     mov   ax,256
     mul   charh
     mov   dx,ax
     add   dx,bx       { DS:DX = ^Thinfont  }
     call  MonoMovebuff
     jmp   @@exit
@@Text:
     push  ds
     mov   ax,y
     mul   screenwidth
     add   ax,x
```

```
    shl   ax,1
    les   di,screenbuffer
    add   di,ax
    mov   cx,W
    lds   si,Buf
    rep   movsw
    jmp   @@exit
@@EGAVGA:
    call  egamovebuff
@@exit:
    pop   ds
 end;

 procedure _dostore_; near; assembler;
  asm
@@1:push di
    push cx
    shr  cx,1
    jnc  @@2
    stosb
@@2:rep  stosw
    pop  cx
    pop  di
    call word ptr screendelta
    dec  si
    jnz  @@1
  end;

 Procedure FillRect(X,Y,W,H:Word;Color:Byte); assembler;
  asm
   cld
   mov  ax,y
   mul  charheight
   mov  bx,x
   call word ptr screenoffs
   mov  es,screenbuffer.word[2]
   mov  ax,h
   mul  charheight
   mov  si,ax
   mov  cx,w
   mov  bl,color
   cmp  graphplanes,1
   je   @@Mono
   mov  dx,_gctrl_
   mov  al,gc_setreset
   out  dx,al
   mov  al,bl
   inc  dx
```

```
    out  dx,al
    dec  dx
    mov  al,gc_sr_enable
    out  dx,al
    mov  al,$0F
    inc  dx
    out  dx,al
    call _dostore_
    xor  al,al
    out  dx,al
    jmp  @@exit
@@Mono:
    or   bl,bl
    jz   @@Black
    mov  ax,$FFFF
    jmp  @@White
@@Black:
    xor  ax,ax
@@White:
    call _dostore_
@@exit:
  end;

 constructor tGraphImage.init(aWidth,aHeight,aBitsPP:word);
  var i:integer;
      longsize:longint;
  begin
   i:=aHeight mod charheight;
   if i<>0 then aHeight:=aHeight + Charheight - i;
   inherited init(aHeight,10);
   Width:=aWidth;
   BitsPP:=aBitsPP;
   BC:=Black;
   FC:=lightgray;
   Longsize:=scanlinesize(aWidth,aBitsPP);
   Longsize:=(Longsize + 4) * aHeight;
   if MemAvail<LongSize then fail;
   for i:=1 to aHeight do insert(NewScanLine(Width,BitsPP));
  end;

 procedure tGraphImage.FreeItem(Item:Pointer);
  begin
   DisposeLine(pScanLine(Item).Width,BitsPP);
  end;

 Procedure tGraphImage.PutImage(ix,iy,w,h,sx,sy:integer); assembler;
  var list:pointer;
      scrDelta:word;
```

```
  asm
   { Koordinaten überprüfen: }
   cld
   push ds
   les di,self
   mov ax,es:[di].width
   shr ax,3
   sub ax,ix
   jbe @@exit
   cmp ax,w
   jae @@101
   mov w,ax
@@101:
   mov ax,es:[di].count
   xor dx,dx
   div charheight
   sub ax,iy
   jbe @@exit
   cmp ax,h
   jae @@102
   mov h,ax
@@102:
   { Monochrom oder Farbkarte ? }
   cmp graphplanes,1
   je  @@monodraw
   { Farbkarte: 2 oder 16 Farben ? }
   cmp es:[di].bitsPP,1
   je  @@2cols
   cmp es:[di].bitsPP,4
   jne @@exit
   { 16-Farben-Darstellung: 4 Farb-Ebenen in den Bildspeicher schrei-
ben. }
   mov  ax,h
   mul  charheight
   mov  cx,ax
   push cx                       { CX = Zeilen          }
   mov  ax,es:[di].width
   mul  es:[di].bitsPP
   add  ax,31
   mov  bx,ax
   shr  bx,5                     { BX = Anzahl der Byte/Farbe }
   push bx
   les  di,es:[di].items         { Zeiger auf die Scanzeilen laden }
   mov  ax,iy
   mul  charheight
   shl  ax,2
   add  di,ax
   mov  list.word[0],di
```

```
      mov  list.word[2].es   { List = ^Array of ^Scanzeilen             }
      mov  ax.sy             { AX = Y, BX = X für Bildspeicher-Offset }
      mul  charheight
      mov  bx.sx
      call word ptr screenoffs     { DI = Bildspeicheroffset      }
      mov  es.screenbuffer.word[2] { ES:DI = ^VideoRam            }
      pop  bx                      { BX = Anzahl der Byte/Farbe }
      pop  cx                      { CX = Zeilen                  }
      mov  dx._gctrl_              { DX = Indexregister des EGA-
                                           /VGA-Graphikcontrollers }
      mov  al.gc_sr_enable
      out  dx.al
      inc  dx
      xor  al.al
      out  dx.al               { Set/Reset-Register sperren }
      mov  dx._sequ_           { DX = Indexregister des Sequencers  }
      mov  al.sq_mapmask       { Map-Mask-Register adressieren      }
      out  dx.al
      inc  dx
@@24:mov  al.1                 { 1. Farbebene selektieren           }
      out  dx.al
      lds  si.list
      lds  si.[si]             { DS:SI = Zeiger auf Quelldaten      }
      add  list.word[0].4
      push cx                  { Anzahl der Scanzeilen sichern      }
      mov  cx.w                { Zähler für eine Scanzeile setzen   }
      add  si.ix               { DS:SI = ^Bits                      }
@@14: push di
      push si
      push cx
      shr  cx.1               { Daten in den Bildspeicher schreiben: }
      jnc  @@100
      movsb
@@100:rep  movsw
      pop  cx
      pop  si
      pop  di
      add  si.bx      { Offset auf nächste Farbe der Scanzeile
                               setzen }
      shl  al.1       { Maske für nächste Farbebene setzen }
      cmp  al.$10     { Letzte Ebene bereits geschrieben ? }
      jae  @@34
      out  dx.al
      jmp  @@14
@@34:add  di.80       { Bildspeicheroffset auf nächste Scanzeile }
     pop  cx          { Zeilenzähler restaurieren                }
     loop @@24
     mov  al.$0F      { Alle Ebene wieder zulassen               }
```

```
     out  dx,al
    jmp @@exit          { Fertig => EXIT                    }
  @@2cols:  {**** 2-Farbige Darstellung auf EGA-/VGA-Karte: ****}
    mov  ax,h
    mul  charheight
    mov  cx,ax
    push cx                      { CX = Zeilen           }
    mov  bl,es:[di].FC
    mov  bh,es:[di].BC           { BX = Farben           }
    push bx
    les  di,es:[di].items
    mov  ax,iy
    mul  charheight
    shl  ax,2
    add  di,ax                   { ES:DI = ^Scanzeilenliste }
    mov  list.word[0],di
    mov  list.word[2],es
    mov  ax,sy
    mul  charheight
    mov  bx,sx
    call word ptr screenoffs     { Bildspeicheroffset berechnen }
    mov  es,screenbuffer.word[2] { ES:DI = ^VideoRam }
    pop  bx                      { BX = Farben           }
    pop  cx                      { CX = Zeilen           }
    mov  dx,_gctrl_              { Schreibmodus 2 einstellen: }
    mov  al,gc_mode
    out  dx,al
    mov  al,2
    inc  dx
    out  dx,al
    dec  dx
    mov  al,gc_bitmask           { Bitmaskenregister adressieren }
    out  dx,al
    inc  dx
  @@20:lds  si,list
      lds  si,[si]
      add  list.word[0],4
      push cx
      mov  cx,w
      add  si,ix                 { DS:SI = ^Quellzeile }
      push di
  @@10: lodsb                    { Bitmuster laden.. }
       out dx,al
       mov es:[di],bl            { Vordergrundfarbe schreiben. }
       not al                    { Bitmuster invertieren..     }
       out dx,al      { ..und in das BitMaskRegister schreiben. }
       mov ah,es:[di]{ Lesezugriff, um die Latchregister zu laden }
       mov al,bh
```

```
        stosb                         { Hintergrundfarbe schreiben.   }
        loop @@10
       pop  di
       pop  cx
       add  di,80                     { Offset nächste Scanzeile      }
       loop @@20
    mov al,$FF                        { Alle Bits wieder zulassen     }
    out dx,al
    dec dx
    mov al,gc_mode                    { Schreibmodus 0 einstellen     }
    out dx,al
    xor al,al
    inc dx
    out dx,al
    jmp @@exit                        { FERTIG }
@@monodraw:
    mov  ax,screendelta        { Offset der aktuellen Routine laden.}
    mov  Scrdelta,ax
    mov  ax,h
    mul  charheight
    mov  cx,ax
    push cx                           { CX = Zeilen        }
    les  di,es:[di].items
    mov  ax,iy
    mul  charheight
    shl  ax,2
    add  di,ax
    mov  list.word[0],di
    mov  list.word[2],es
    mov  ax,sy
    mul  charheight
    mov  bx,sx
    call word ptr screenoffs
    mov  es,screenbuffer.word[2] { ES:DI = ^VideoRam }
    pop  cx
@@21:lds  si,list
     lds  si,[si]
     add  list.word[0],4
     push cx
     mov  cx,w
     add  si,ix                       { DS:SI = ^Bits }
     push di
     push si
     shr  cx,1
     jnc  @@50
     movsb
@@50:rep  movsw
     pop  si
```

```
      pop  di
      pop  cx
      call Word ptr ScrDelta
      loop @@21
  @@exit:
    pop  ds
   end;

Procedure PutScanLinePixel(p:pScanLine;X,Width:Integer;
                                  Color,BitsPP:byte); assembler;
 asm
    les  di,p
    mov  ax,X       { Offset auf erstes Byte = X shr 3       }
    mov  cx,ax
    shr  ax,3
    add  di,ax
    and  cx,7
    mov  ah,$80     { Maske = 80H shr (X and 7)                 }
    shr  ah,cl
    mov  al,ah
    not  al
    mov  cl,BitsPP{ CX = Zähler über die Farbebenen        }
    xor  ch,ch
    mov  bl,color { BL = Farbe                               }
    mov  dx,width { DX = Offset-Delta zur nächsten Farbkompo
                    nente }
    add  dx,31
    shr  dx,3
    and  dx,$FFFC
@@1:shr  bl,1          { Farbbit gesetzt ?             }
    jc   @@2
    and  es:[di],al    { Nein: Bit löschen             }
    jmp  @@3
@@2:or   es:[di],ah    { Ja: Bit setzen                }
@@3:add  di,dx
    loop @@1
 end;

Procedure tGraphImage.PutPixel(x,y:integer;color:byte);
 var p:pScanline;
 begin
  if (y<count) and (x<width) and (y>=0) and (x>=0) then
  begin
   p:=at(y);
   putscanlinepixel(p,x,width,color,BitsPP);
  end;
 end;
```

```
Function getscanlinepixel(p:pScanLine;X,Width:Integer;
                                    BitsPP:byte):byte; assembler;
 asm
    les  di,p
    mov  ax,X     { Offset auf erstes Byte = X shr 3              }
    mov  cx,ax
    shr  ax,3
    add  di,ax
    and  cx,7          { CX = X And 7+1                 }
    inc  cx
    mov  bl,BitsPP     { BL = Zähler über die Farbebenen           }
    mov  dx,width      { DX = Offset-Delta zur nächsten Farbkompo
                             nente }
    add  dx,31
    shr  dx,3
    and  dx,$FFFC
    xor  ax,ax
@@1:mov  bh,es:[di]
    shl  bh,cl
    rcl  al,1
    add  di,dx
    dec  bl
    jnz  @@1
 end;

Function tGraphImage.GetPixel(x,y:integer):byte;
 var p:pScanLine;
 begin
  if (x<0) or (x>width) or (y<0) or (y>=count) then
  getpixel:=0 else
  begin
   p:=at(y);
   getpixel:=getscanlinepixel(p,x,width,bitspp);
  end;
 end;

{ Bresenham-Algorithmus: }
Procedure tGraphImage.Line(x1,y1,x2,y2:integer;color:byte);
 var xx,dx,dy,r:integer;
 begin
  if y2<y1 then
  begin
   dx:=x2;
   x2:=x1;
   x1:=dx;
   dy:=y2;
   y2:=y1;
   y1:=dy;
  end;
```

```
  if x2>x1 then xx:=1 else xx:=-1;
  dy:=abs(y2-y1);
  dx:=abs(x2-x1);
  r:=0;
  putpixel(x1,y1,color);
  if dx>dy then while x1<>x2 do
  begin
   x1:=x1+xx;
   inc(r,dy);
   if r shl 1>=dx then
   begin
    inc(y1);
    dec(r,dx);
   end;
   putpixel(x1,y1,color);
  end else while y1<>y2 do
  begin
   inc(y1);
   inc(r,dx);
   if r shl 1>dy then
   begin
    x1:=x1+xx;
    dec(r,dy);
   end;
   putpixel(x1,y1,color);
  end;
 end;

Procedure tGraphImage.Switch2Mono;
 var p2,p1,p0:pScanLine;
     x,y:integer;
     c:byte;
 procedure XChangeLine(p:pScanLine;i:integer);
  var q:pScanline;
  begin
   if (y<count) and (y>=0) then
   begin
    q:=at(i);
    atput(i,p);
    disposeline(q,width,bitspp);
   end;
  end;
 begin
  if bitsPP=1 then exit;
  p1:=nil;
  p2:=nil;
  for y:=0 to count-1 do
  begin
```

```
    p0:=p1;
    p1:=p2;
    p2:=NewScanLine(Width,1);
    for x:=0 to width-1 do
    begin
     c:=getpixel(x,y);
     if (getpixel(x-1,y)>c) or (getpixel(x+1,y)>c)
      or (getpixel(x,y-1)>c) or (getpixel(x,y+1)>c) then
      PutScanLinePixel(p2,X,Width,1,1);
    end;
    if (p0<>nil) and (y>1) then XChangeLine(p0,y-2);
  end;
  if p1<>nil then XChangeLine(p1,count-2);
  if p2<>nil then XChangeLine(p2,count-1);
  BitsPP:=1;
 end;

Function ScanLineSize(width,bitsPP:word):word; assembler;
 asm
  mov ax,width
  mul bitsPP
  add ax,31
  shr ax,3
  and ax,$FFFC
 end;

Function NewScanLine(Width,BitsPP:word):pScanLine;
 var s:word;
     p:pScanLine;
 begin
  p:=nil;
  s:=ScanLineSize(width,bitsPP);
  if MaxAvail>s then
  begin
   Getmem(p,s);
   asm
    cld
    mov cx,s
    shr cx,1
    les di,p
    xor ax,ax
    rep stosw
   end;
  end;
  NewScanLine:=p;
 end;
```

```
Procedure DisposeLine(TheLine:pScanLine;Width,BitsPP:word);
 begin
  if TheLine<>nil then FreeMem(TheLine,ScanLineSize(width,bitsPP));
 end;

{$IFDEF DPMI }
  PROCEDURE __C000H; EXTERNAL 'KERNEL' INDEX 195;
{$ENDIF}

BEGIN
 InitTVGraphics;
END.
```

14.4 Das Demoprogramm TGVDEMO.PAS

Natürlich gehört zu einem System wie der TGV ein Demoprogramm, das seine Fähigkeiten anschaulich unter Beweis stellt.

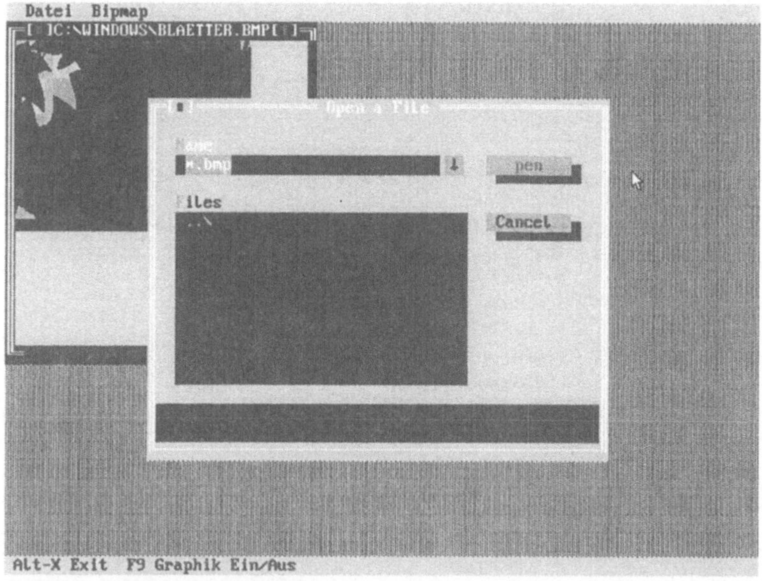

Abb. 14.1: Bildschirm-Hardcopy von TGVDEMO

Für den Umbau der TURBO-VISION zur TGV benötigt man zwar allenfalls ein bis zwei Stunden, möchte dann aber sicherlich die Funktionalität sofort selbst begutachten. Hierbei ist allerdings noch folgendes zu beachten:

1) Die auf der Diskette mitgelieferten Font-Dateien werden von der TGV im Graphikmodus benötigt, sofern man nicht über einen EGA-/VGA-Adapter verfügt. Sie müssen dem Programm in seinem Stammverzeichnis zur Verfügung stehen.
2) Die mit Borland Pascal 7.0 ausgelieferte Turbo-Vision-Version 2.0 vom 28.10.1992 enthält ein paar *Bugs*. Die noch vorzunehmenden Modifikationen an den Units (g)Dialogs und (g)StdDlg werden in Kapitel 15 beschrieben.
3) Man muß über einen Assembler (am besten TASM) verfügen, um die für den Bildschirmschoner notwendigen Modifikationen des Moduls SYSINT.ASM (bzw. GSYSINT.ASM) compilieren zu können. Steht kein Assembler zur Verfügung, so muß auf den Bildschirmschoner verzichtet werden.
4) Um sich von den graphischen Fähigkeiten der TGV voll überzeugen zu können, sieht das Demo-Programm die Möglichkeit vor, Windows-Bitmap-Dateien (*.BMP) zu laden und in einem Fenster anzuzeigen. Sollte jemand keine .BMP - Datei besitzen (so unwahrscheinlich dies auch sein mag), so befindet sich für diesen Fall eine BMP-Datei auf der Beilagediskette.

Soweit diese Details beachtet werden, sollte sich das Demo-Programm TGVDEMO.PAS sowohl für den Realmodus als auch für den Protected Mode einwandfrei compilieren lassen und (nach dem Laden einer Bitmap-Datei) gemäß Abbildung 14.1 präsentieren.

15 Nachlese

Im Prinzip sollte die Turbo-Vision den Abschluß des Buches bilden. Aber erstens kommt es anders und zweitens als man denkt, wie das Sprichwort behauptet; daher dieses Kapitel. Im ersten Teil werde ich nur kurz auf zwei Fehler in der TURBO VISION eingehen, die allerdings korrigiert werden müssen, wenn das Beispiel-Programm zur TGV überhaupt 'laufen' soll, da sich sonst der tFileDialog nicht so verhält, wie man - verwöhnt von der Turbo-Pascal-IDE - erwarten würde.

Danach möchte ich noch ein paar Gedanken zur TGV - bzw. zu naheliegenden Erweiterungen in Richtung eines Graphikpaketes - äußern. Schließlich soll noch ein Fließkommaemulator vorgestellt werden.

15.1 Nachlese zur TURBO VISION

Wie schon im letzten Kapitel angekündigt, will ich an dieser Stelle noch auf einige (kleine) Fehler der mit Borland Pascal 7.0 ausgelieferten TURBO VISION 2.0 aufmerksam machen. Diese betreffen im wesentlichen die Funktionalität des tFileDialog-Objekts.
So heißt es in der Funktion *'RelativPath'* der UNIT STDDLGS

```
RelativePath := not (S <> '') and ((S[1] = '\') or (S[2] = ':'));
```

Besser scheint mir die folgende Zeile zu sein:

```
RelativePath := not ((S[0]<>#0) and ((S[1] = '\') or (S[2] = ':')));
```

Des weiteren ergibt sich bei der Handhabung des tFileDialog die Schwierigkeit, daß das an das tFileInputLine angekoppelte History-Objekt zwar die Datei- aber nicht die Pfadnamen entgegennimmt. Dies kann für den Anwender eines Programms äußerst lästig sein.

Eine genauere Überprüfung dieses Fehlverhaltens legt den Schluß nahe, daß das Problem durch eine dem 'Paradigma der objektorientierten Programmierung' zuwiderlaufende Programmierung entsteht. Das Paradigma besagt, daß der Zugriff auf die Daten eines Objekts nur über hierfür vorgesehene Methoden dieses Objekts erfolgen sollte (Kapselung). Dementgegen liest man in der UNIT DIALOGS (in der Methode tHistory.HandleEvent):

```
1) RecordHistory(Link^.Data^);          ( 2 mal )
2) Link^.Data^ := Rslt;
```

Und eigentlich müßte es (dem erwähnten Paradigma brav folgend) heißen:

```
1)  Link^.GetData(Rslt);
    RecordHistory(Rslt);
2)  Link^.SetData(Rslt);
```

Natürlich sind diese 'Fehler' allein noch nicht für die Disfunktionalität verantwortlich zu machen, aber wenn man noch in der UNIT STDDLG folgende (virtuelle) Methode einfügt bzw. überschreibt, so sollte das Zusammenspiel der Dialogelemente in der gewünschten Weise vonstatten gehen:

```
procedure tFileInputLine.GetData(var Rec);
 begin
  Owner^.getdata(Rec);
 end;
```

15.2 Welches Zahlenformat sollte ein Graphikpaket benutzen ?

Die TGV kann in der hier vorgestellten Form nicht aller Weisheit letzter Schluß sein. Sie läuft zwar wie gewünscht im Graphikmodus und läßt sich offensichtlich auch zur Darstellung von Graphiken gut verwenden - aber eben nicht mehr. D.h., ihr fehlen bis jetzt praktisch alle Fähigkeiten zur *Erstellung* von Graphiken. Nun ist dies zwar nicht ein Buch über PC-Graphik (derer es ja auch schon einige gibt), und der Umfang erlaubt es auch nicht, hier detailliert auf dieses Thema einzugehen, es sollen aber ein paar grundsätzliche Überlegungen dazu angestellt werden.

Alle (mir bekannten) Graphikpakete haben eines gemeinsam: Sie benötigen ein Koordinatensystem. Das Koordinatensystem ist sozusagen der *Stoff*, aus dem die Graphik besteht. Die möglichen graphischen Operationen ergeben die *Form* des Systems. Wie sollte nun aber dieser *Stoff* beschaffen sein ? Oft wird diese Frage - meines Erachtens zu arglos - durch die Wahl von Fließkommazahlen beantwortet. Sicher haben diese einige unübersehbare Vorteile. Sie können sehr flexibel eingesetzt werden, und es stehen ohne weiteres Funktionen wie die Wurzelfunktion, Sinus und Cosinus zur Verfügung, die in graphischen (d.h. geometrischen) Berechnungen oft benötigt werden. Aber abgesehen von diesen Vorteilen ist es dennoch Tatsache, daß eine nicht unwesentliche Komponente der Qualität eines Graphikpaketes in der Geschwindigkeit zu sehen ist, mit der dieses System bestimmte Operationen (wie etwa Kreise oder Linien zu zeichen) ausführen kann. Ein kurzer Blick in das TASM-Referenzhandbuch (oder ein ähnliches Werk) liefert nun die folgende Bearbeitungsdauer arithmetischer Operationen in Taktzyklen:

Befehl	**8086/87**	**80286/287**	**80386/87**	**i486**
ADD	4..17	2..7	2..7	1..3
SUB	4..17	2..7	2..7	1..3
IMUL	80..160	13..24	9..25	13..26
IDIV	165..190	17..28	18..27	19..28
FADD	70..125	70..125	23..37	8..20
FSUB	70..125	70..125	24..36	5..17
FMUL	90..168	90..168	27..57	11..16
FDIV	193..230	193..230	88..94	73

Aus dieser Aufstellung wird sicher sofort deutlich, warum die Verwendung von Fließkommazahlen in graphischen Routinen umgangen werden sollte, *wo es nur immer geht*: Die Operationen brauchen bis zu zehnmal mehr Zeit als die entsprechenden Integer-Operationen. Nun hat man bei 16-Bit-Integer-Zahlen (oder 32 Bit ab dem 80386) vielleicht das Gefühl, daß diese 'nicht genau genug' seien, um den Ansprüchen zu genügen (ich unterstelle dies, weil mir dieses Gefühl nicht unbekannt ist). Dazu folgende Überlegungen:

Nimmt man z.B. an, daß das Ausgabe- bzw. Druckmedium eines Graphikpaketes 1200 DPI maximale Auflösung besitzt - was auch gute Laserdrucker kaum schaffen -, so lassen sich mit dem Zahlenumfang einer Integerzahl (- 32738..+32767) bis zu 54.6 Inch große Druckpapiere auf den Punkt genau adressieren (54.6 Inch sind 1,387 Meter und entsprechen etwas mehr als der Länge eines DIN-A-0-Papiers). Bei einem 24-Nadeldrucker mit 180 DPI ließe sich jeder Punkt auf einer Fläche von 9,2 x 9,2 m = 85,5 m^2 adressieren. Oder anders ausgedrückt: Jeder Pixel auf einem Bildschirm mit einer Auflösung von 1280 x 1024 Punkten ließe sich in mindestens 25 x 25 = 625 Teilpunkte zerlegen. D.h., es ließen sich zur Auf- oder Abrundung auf einen vollen Bildpunkt mindestens 4 Bit des Integers abzweigen !

Wenn man sich diese kleinen Rechnungen einmal auf der Zunge zergehen läßt, so wird man schnell zu dem Ergebnis kommen, daß selbst das 16-Bit-Integerformat keineswegs 'ungenau' ist.

Das zweite mögliche Argument gegen Integer-Zahlen könnte man in der Notwendigkeit der Anwendung oben erwähnter Funktionen sehen. Die Wurzelfunktion läßt sich ebenso in die Ganzzahlarithmetik einführen, wie ich in Kapitel eins bereits zeigte - und die Winkelfunktionen Sinus und Cosinus lassen sich ohne weiteres durch Tabellen realisieren. Legt man als Winkelgenauigkeit ein Grad zu Grunde, so reichen 90 Integerzahlen als Tabelle aus. Natürlich kann man in dieser Tabelle nicht den Sinus eines Winkels direkt angeben, da dieser ja zwischen null und eins liegt, aber z.B. den Sinus, multipliziert mit einer großen Normierungszahl. Auch hier läßt sich der Einwand der Ungenauigkeit entkräften. Angenommen, man benötigt den Sinus zur Darstellung von Kreisen (oder Ellipsen), so resultiert aus der Anwendung einer solchen Sinus-Tabelle natürlich die Darstellung des Kreises als 360-seitiges, regelmäßiges Vieleck. (Der Fehler durch das typische 'Abschneiden' von Integerzahlen bei der Division läßt sich durch eine geeignete Ganzzahl-Rundung auffangen - schließlich muß auch jede Fließkommazahl einmal gerundet werden, wenn sie in Rastergraphik einen Bildpunkt bezeichnen soll.) Damit sich die Darstellung eines solchen Vielecks von der Darstellung eines 'wirklichen' Kreises in einer Rastergraphik auch nur um einen Pixel unterscheidet, muß die Höhe h eines Kreissegments über der Mitte einer Seite des Vielecks größer oder gleich 0.5 sein, d.h. es muß folgendes gelten:

```
cos(Pi/360) <= (R-h) / R.

R >= h / (1 - cos(Pi/360))
```

Hieraus folgt, daß der Radius - bei h = 1/2 größer 13131 (Pixel) sein muß. Unterhalb dieses Wert *ist die Darstellung so exakt wie mit Fließkommazahlen.* Und sollte dies dennoch ein Problem darstellen, weil so große Kreise gezeichnet werden müssen, so ist es mit Sicherheit kein Problem, die Feinheit der Gradeinteilung in der Tabelle entsprechend zu steigern. Der Geschwindigkeitsvorteil, der sich aus dieser Technik gegenüber der Anwendung von Fließkommaarithmetik ergibt, ist in keinem Fall zu verachten.

Ein weiterer Vorzug der Integer-Arithmetik ist natürlich ihr geringerer Speicherbedarf gegenüber Fließkommazahlen. (Dieser Unterschied besteht allerdings zwischen Longints und Single-Precision-Zahlen nicht mehr.)

Natürlich sei es jedem unbenommen, sich dennoch bei der Programmierung graphischer Algorithmen für ein Gleitkommaformat zu entscheiden. Unbestritten sei auch, daß es sicher Aufgabenstellungen gibt, bei denen kein noch so schönes Ganzzahlformat ausreicht - aber für die 'schlichten' graphischen Operationen - wie sie z.B. auch Grundlage der UNIT GRAPH sind - ist ein solcher 'Aufwand' sicher fehl am Platz.

15.3 Ein Fließkommaemulator für Extendedzahlen

Borland Pascal 7.0 verfügt über einen eigenen eingebauten Fließkommaemulator, der automatisch benutzt wird, wenn ein 80x87er-Prozessor nicht installiert ist, vorausgesetzt, die entsprechende Compileroption wurde eingeschaltet. Wozu also dieses Kapitel ?

Erstens ist die Programmierung eines Fließkommaemulators interessant und auch in Bezug auf die Assembler-Programmierung sehr informativ, zweitens ist die hier erläuterte 32-Bit-Version für 80386er-Prozessoren fast doppelt so schnell wie die von Turbo-Pascal implementierte Version, und drittens gibt es durchaus mathematische Probleme, die selbst bei Anwendung des Extended-Formats nur sehr ungenaue Ergebnisse liefern, so daß es von Interesse sein kann, bestimmte Rechnungen mit einem erweiterten Zahlenformat durchzuführen, um eine höhere Genauigkeit zu erzielen. Hierzu wird die 16-Bit-Version des Emulators (für 8086..80286er Prozessoren) einfach auf die breiten Register des 80386 umgeschrieben, wodurch sofort ein verdoppeltes Extendedformat entsteht. Der hier vorgestellte Emulator ist sozusagen eine Demo-Version. Er produziert keinen RunTimeError bei Division durch Null oder bei einem Overflow. Auch die Parameterübergabe kann je nach Aufrufkonvention durchaus verändert (bzw. verbessert) werden; dennoch aber ist es ein vollwertiger Emulator für die Grundrechenarten, das Ziehen von Quadratwurzeln und die Berechnung von Logarithmen. Der Emulator arbeitet nicht direkt als Ersatz für den 80x87 wie der

BP-Emulator, d.h. er emuliert nicht die FPU-Befehle und -Register, sondern er besteht aus Assembler-Routinen, die vom Programm aufgerufen werden können wie andere Funktionen auch. Der Emulator für das Extended-Format verwendet die Tatsache, daß die Aufrufparameter auf dem Stack übergeben werden und Turbo Pascal für das Funktionsergebnis lokalen Speicherplatz an der Adresse SS:[BP-10] reserviert. Die Assemblerroutinen greifen entsprechend auf den Speicher zu.

15.3.1 Das Datenformat Extended

Das Extended-Format besteht aus zehn Byte, wobei die ersten acht Byte für die Mantisse reserviert sind und die letzten 2 Byte für den Exponenten und das Vorzeichen. Im Gegensatz zu den anderen Fließkommaformaten (Real,Single,Double) muß die eins *vor dem Komma* gesetzt sein, so daß genaugenommen ein Bit verschenkt wird:

```
Bit 79   78..64 63   62..0
    s    eeeeee i    mmmmm
```

s: Vorzeichenbit

e: Exponent + 16383 (= *BIAS*), ohne Vorzeichen.

i: Eins vor dem Komma

m: 63 Bit Nachkommastellen

Eine Extended-Zahl läßt sich darstellen als

$$(-1)^{s} * 2^{(e-16383)} * (i + m62 * 2^{-1} + m61 * 2^{-2} + \ldots + m0 * 2^{-63}).$$

Diese Darstellung verdeutlicht aber noch nicht, worum es tatsächlich geht. Da die 80 Bit nicht auf einmal in ein 16- bzw. 32-Bit-Register ladbar sind, schreibt man besser:

$$(-1)^{(w5\ \mathrm{shr}\ 15)} * 2^{(w5\ \mathrm{and}\ 7FFFh\ -\ 3FFFh)} * (1 + w4 * 2^{-15} + \ldots + w1 * 2^{-63}),$$

wobei wn das n-te Wort darstellt. Im weiteren Verlauf des Kapitels werde ich folgende (vektorielle) Schreibweise für die Mantisse verwenden: (w4,w3,w2,w1). Die Mantisse stellt also sowohl ein Polynom vierten Grades dar (bei 16-Bit-Registern), als auch ein vorzeichenloses QWort. Wird die Mantisse als aus zwei Doppelworten (entsprechend den 80386/i486-Registern) bestehend betrachtet, so ist die Darstellung entsprechend kürzer: (d_2,d_1).

Bei Additionen und Subtraktionen muß stets der Übertrag im Carryflag beachtet werden, bei der Multiplikation, daß das Produkt zweier 16-Bit Zahlen i.a. eine 32-Bit-Zahl ergibt. Bei der Division kommt die Schwierigkeit hinzu, daß nicht jede 32-Bit-Zahl als Produkt zweier 16-Bit-Zahlen darstellbar ist, d.h., die größte 32-Bit-Zahl, die noch als Produkt zweier 16-Bit-Zahlen darstellbar ist, ist FFFFh * FFFFh = FFFE0001, so wie die größte zweistellige Dezimalzahl, die sich als Produkt einstelliger Dezimalzahlen darstellen läßt, 81 = 9 * 9 ist (und eben nicht 99). Versucht man, eine große 32-Bit-Zahl mit dem Asm-Befehl DIV durch eine zu kleine 16-Bitzahl zu teilen, so wird ein Runtimeerror (Division by Zero) erzeugt, da der ASM-Befehl DIV XX den Wert von DX:AX durch XX teilt, das Ergebnis nach AX schreibt und den Rest nach DX; "Division by zero" ist einfach die Standardfehlermeldung, wenn Ergebnis nicht mehr in AX darstellbar ist.

15.3.2 Addition/Subtraktion von Extendedzahlen

Die Addition bzw. Substraktion von Fließkommazahlen besteht aus mindestens drei Schritten. Im ersten Schritt werden die Vorzeichen getestet und entschieden, ob die Mantissen effektiv zu addieren oder zu subtrahieren sind. Im zweiten Schritt werden die Exponenten angeglichen, d.h. eine Mantisse wird solange nach rechts geschoben, bis die Exponenten übereinstimmen oder die angepaßte Mantisse leer ist, so daß quasi 'null' addiert oder subtrahiert wird. Im dritten Schritt werden die Mantissen addiert bzw. subtrahiert und bei einem Übertrag die Darstellung wieder normalisiert.

```
Ein Beispiel hierfür:

1.01011101100 * 2^8 + 1.11001010000 * 2^4 =

1.01011101100 * 2^8 +
0.00011100101 * 2^8
____111_11______(Überträge)
1.01111010001 * 2^8
```

Die additiven Operationen stellen somit keine wirkliche Schwierigkeit dar.

15.3.3 Multiplikation

Bei der Multiplikation ist das Vorgehen vollständig anders. Folgende Schritte sind nötig:

1) Setze das Ergebnis auf Null
2) Addiere Exponenten der Multiplikanten (Hierbei ist zu beachten, daß beide Exponenten den 'Bias' enthalten).
3) Verknüpfe die Vorzeichen (XOR)
4) Normalisieren der Mantissen (einen nach links schieben)
5) Multiplizieren der Mantissen:

   (a4,a3,a2,a1) * (b4,b3,b2,b1) = (c4,c3,c2,c1) =

   (hi(a4*b4),lo(a4*b4)+hi(a4*b3)+hi(b4*a3),...)

   Man multipliziert die Mantissen also ähnlich wie Polynome, wobei das jeweils vierte Wort der Mantisse implizit einen '2er-Exponenten' von -16 hat, das dritte Wort von -32 usw. Daraus ergibt sich bei der Multiplikation von a4 und b4 ein Exponent von -32, so daß c4 allein aus dem höherwertigen Wort des Produkts besteht. Das Produkt aus a2 und b2 hat einen Exponenten von -96, so daß dieses Produkt nur noch für die Rundung eine Rolle spielt.

   Der Algorithmus ist natürlich bei 32-Bit-Registern ein ganzes Stück kürzer, da hier nur (a_2,a_1) * (b_2,b_1) berechnet werden muß.
6) Normalisieren der Mantisse von C.

   Da das Extended-Format eine Eins im höchsten signifikanten Bit vorschreibt, die Berechnung ohne dieses Bit aber erheblich erleichtert wird, werden beide Mantissen vor der Rechnung um eine Binärstelle nach links geschoben. Nach der Berechnung des Produkts muß die Mantisse wieder soweit nach links geschoben werden, bis das MSB (Most Significant Bit) auf eins steht. Für jede Stelle, die die Mantisse nach links geschoben wird, ist der Exponent um eins zu dekrementieren.

15.3.4 Division

Die Division wird gleich zweimal implementiert - als FDIV und FQDIV. Die Routine FDIV ist an die bitweise Integerdivision angelehnt (vergl. Kapitel 1), während sich FQDIV das Darstellungsformat der Extended-Zahlen zunutze macht, das es (im Gegensatz zur Ganzzahldivision über mehrere Worte) ermöglicht, den Befehl DIV einzusetzen:

Ist

```
(a_4,a_3,a_2,a_1) * (b_4,b_3,b_2,b_1) = (c_4,c_3,c_2,c_1),
```

so ist (wie schon weiter oben erwähnt)

```
c_4 = hi(a_4 * b_4).
c_3 = lo(a_4 * b_4) + hi(a_4 * b_3)+hi(a_3 * b_4)
u.s.w.
```

Daraus folgt, daß man mit etwas Geschick den Quotienten C/A mit Divisionsbefehlen und sukzessiver Subtraktion berechnen können muß:

```
b_4 = (c_4,c_3)  div a_4
b_3 = (c_3 - lo(a_4 * b_4) - hi(a_3 * b_4)) div a_4
etc.
```

Das eigentliche Problem besteht in den Überträgen zwischen den verschiedenen 16-Bit-Worten, d.h. daß b_4 - derart berechnet - stets um einen Übertrag daneben liegen kann. Da die Sache im letzten Detail einigermaßen komplex ist und hier nur die leitende Idee erläutert werden soll, so empfehle ich bei Interesse die Lektüre des Quelltextes der Divisionsroutine.

15.3.5 Quadratwurzeln

Die Berechnung der Quadratwurzel einer Integerzahl wurde in Kapitel eins dargestellt. Wie auch bei der Division geht der Ansatz über die sukzessive Subtraktion:

Wenn

$$A^2 = (a\_4,a\_3,a\_2,a\_1)^2 = (b\_4,b\_3,b\_2,b\_1) = B,$$

so gilt:

```
B_4 = Hi(A_4*A_4)
B_3 = Lo(A_4 * A_4) + 2 * Hi(A_4 * A_3)
u.s.w.
```

Berechnet man also die (Integer-) Quadratwurzel von B_4, so hat man (bis auf einen Übertrag) A_4. Dann geht es folgendermaßen weiter:

```
A_3 = (B_3 - Lo(A_4*A_4)) div (2*A_4)
etc.
```

Für A_1 ist die Formel schon etwas lang, daher verweise ich auch hier auf den Quelltext von FSQRT / FSQRT386.

15.3.6 Logarithmieren

Es mag überraschen, daß der Logarithmus hier als einzige 'transzendente' Funktion neben den vergleichsweise einfachen algebraischen Rechenarten mit einem 'exakten' Algorithmus angeführt wird.

Dies hat jedoch einen ganz einfachen Grund: Der Logarithmus zur Basis zwei läßt sich als einzige transzendente Funktion ohne Näherung über eine Potenzreihe direkt aus der Binärdarstellung einer Fließkommazahl berechnen. Ich will hier nur versuchen, die Idee zu erläutern:

Wenn $y = ln_2(x)$ der Logarithmus zur Basis zwei von X ist, so gilt natürlich umgekehrt $x = 2^y$. Eine Fließkommazahl wird jedoch binär schon folgendermaßen dargestellt: $x = m * 2^e$. Zerlegt man nun y in y = t + f = trunc(y) + frac(y), so gilt demnach:

$$m * 2^e = 2^{t+f} = 2^{t+1} * 2^{f-1} = 2^{t+1} * (1/2)^{1-f}.$$

Vergleicht man die rechte Seite mit der linken, so zeigt sich, daß der ganzzahlige Anteil von y praktisch dem Exponenten von x entspricht. Von der Mantisse von x wissen wir, daß sie (entsprechend normiert) zwischen 0.5 und 1 liegen muß. Dies tut $(1/2)^{1-f}$ auch, da vorausgesetzt werden kann, daß 1-f zwischen 0 und 1 liegt. Wir müssen also nur 1-f (nennen wir es mal g) berechnen, und das geht folgendermaßen:

$$m = (1/2)^g$$
$$g = g_1 * 1/2 + g_2 * 1/4 + g_3 * 1/8 \ldots$$

(mit g_i = Null oder Eins.)

Wenn g_1 gleich Null ist, so ist $g < 0.5$; ist g_1 gleich Eins, so ist $1 > g >= 0.5$.

Wenn wir nun m quadrieren, so folgt: $m^2 = (1/2)^{2g}$. Ist g kleiner als 0.5, so ist 2*g kleiner als 1 und m^2 größer 0.5. Ist also umgekehrt m^2 größer 0.5, so ist $g_1 = 0$. Ist g_1 hingegen gleich Eins, so werden beide Seiten einfach mit zwei multipliziert und das Ganze wird für g_2 wiederholt. Da g im Extendedformat 63 Binärstellen hat, so muß man also 'nur' m 63-mal quadrieren, testen und ggf. mit zwei multiplizieren. Anschließend wird durch Negation aus g = 1 - f der gebrochene Anteil von y berechnet, und man hat nach Addition des ganzzahligen Anteils $y = ln_2(x)$ gelöst. Der Algorithmus scheint zwar sehr aufwendig zu sein, ein Geschwindigkeitsvergleich zeigte jedoch (auf meinen 80386 SX mit CYRIX-387 Coprozessor), daß die Routine unter Verwendung der 32-Bit-Register des 80386 nur fünf mal langsamer als der Coprozessor ist. Nur bei Zahlen, die sehr nahe bei eins liegen, versagt der Algorithmus, was sich durch entsprechende Umrechnung umgehen läßt:

$$\ln_2(a) = \ln_2(2^{1/2} * a) - 0.5.$$

Anhang

A Portadressen / Interrupts etc.

A.1 Portadressen des PC

Adresse	Nutzung
0000..000F	1. DMA-Controller
0010..001F	2. DMA-Controller (nur AT)
0020..003F	1. Interruptcontroller
0040..005F	Timer
0060..006F	Tastatur
0070..007F	CMOS-Uhrenbaustein
0080..009F	1. DMA-Controller
00A0..00BF	2. Interruptcontroller (nur AT)
00C0..00DF	2. DMA-Controller (nur AT)
00F0..00FF	Coprozessor
0100..01EF	?
01F0..01F8	Hard Disk Controller
0200..020F	Gameport
0278..027F	LPT3
02B0..02DF	2. EGA-Adapter
02E0...02EF	GPIB-Board
02F8..02FF	COM2
0300..031F	Prototypkarte
0320..032F	Harddisk-Controller
0360..036F	Netzwerkkarten

Adresse	Nutzung
0378..037F	LPT2
0380..038F	2. Bisynchron-Adapter
03A0..03AF	1. Bisynchron-Adapter
03B0..03BB	Monochromer Videoadapter
03BC..03BF	LPT1
03C0..03CF	EGA/VGA-Karten
03D0..03DF	Farb-Bildschirmadapter
03F0..03F7	Disketten-Controller
03F8..03FF	COM1

Die Belegung der Interrupt-Vektoren

Nummer	Belegung
0	Division durch Null
1	Tracemode-Interrupt
2	NMI-Interrupt
3	Breakpoint-Interrupt
4	Overflow-Interrupt
5	Printscreen
6	-
7	reserviert
8..0F:	**Hardwareinterrupts (IRQ 0..IRQ 7)**
8	Timer
9	Tastatur
0Ah	Interrupt-Controller-Kaskadierung (AT)
0Bh	COM2
0Ch	COM1
0Dh	Harddisk (XT) / LPT2 (AT)
0Eh	Floppylaufwerk
0Fh	LPT1
10h	Bildschirm (BIOS)
11h	Konfiguration (BIOS)

Nummer	Belegung
12h	Speichergröße (BIOS)
13h	Disketten- u. Plattenzugriff (BIOS)
14h	RS232-Schnittstelle (BIOS)
15h	Verschiedenes (BIOS)
16h	Tatstatur (BIOS)
17h	Parallel-Schnittstalle, d.h. Drucker (BIOS)
18h	ROM-Basic (IBM-PC)
19h	Reboot (BIOS)
1Ah	Real-Time-Clock (BIOS)
1Bh	Ctrl-Break (BIOS)
1Ch	Timer-Folge-Interrupt
1Dh	Zeiger auf Videoparametertabelle (BIOS)
1Eh	Zeiger auf Floppy-Parametertabelle
1Fh	Zeiger auf Graphikzeichensatz (ASCII 128..255)
20h	Program Terminate (DOS)
21h	DOS-Funktionsaufrufe (DOS)
22h	Program Exit Address (DOS)
23h	Ctrl-C-Handler (DOS)
24h	Critical Error Handler (DOS)
25h	Sector Read (DOS)
26h	Sector Write (DOS)
27h	TSR: Terminate But Stay Resident
28h	Idle-Interrupt (DOS)
29h..2Dh	reserviert (DOS)
2Eh	Aufruf COMMAND.COM
2Fh	Multiplexer-Interrupt
31h	DPMI-Funktionsaufrufe (DPMI-Server)
33h	Maustreiber
34h..3Eh	Borland-Floatingpoint-Emulator
3Fh	Overlay-Manager

Nummer	Belegung
40h	Floppyserver
41h/42h	Festplattenparametertabelle (BIOS)
43h	EGA/VGA-Graphikzeichensatz
44h	EGA-Interrupt
4Ah/50h	Timeralarm (BIOS)
67h	EMS-Manager
6Ch	RTC (Real-Time-Clock)
6Dh	VGA-Interrupt
70h..77h	**Hardware-Interrupts (AT IRQ8 .. IRQ15)**
70h	RTC (Echtzeituhr)
75h	Coprozessor
76h	Harddisk

A.3 Funktionen des DOS-Interrupt 21h

Nummer	Funktion	DOS-Version
00h	Terminate Program	1.0
01h	Read Keyboard and Echo	1.0
02h	Display Charakter	1.0
03h	Auxiliary Input	1.0
04h	Auxiliary Output	1.0
05h	Print Charakter	1.0
06h	Console In-/Output	1.0
07h	Console Output	1.0
08h	Read Keyboard	1.0
09h	Display String	1.0
0Ah	Buffered Keyboard Input	1.0
0Bh	Keypressed	1.0
0Ch	Flush Buffer, Read Keyboard	1.0
0Dh	Disk Reset	1.0
0Eh	Select Default Disk	1.0

Nummer	Funktion	DOS-Version
0Fh	Open File via FCB	1.0
10h	Close File via FCB	1.0
11h	Search For First FCB-Entry	1.0
12h	Search For Next FCB-Entry	1.0
13h	Delete File via FCB	1.0
14h	Read File via FCB	1.0
15h	Write to File via FCB	1.0
16h	Create File via FCB	1.0
17h	Rename File via FCB	1.0
19h	Get Default Disk	1.0
1Ah	Set Disk Transfer Address	1.0
1Bh	Get Default Drive Data	1.0
1Ch	Get Drive Data	1.0
21h	Random Read	1.0
22h	Random Write	1.0
23h	Get File Size	1.0
24h	Set Relativ Record of FCB	1.0
25h	Set Interrupt Vector	1.0
27h	Random Block Read	1.0
28h	Random Block Write	1.0
29h	Parse File Name	1.0
2Ah	Get Date	1.0
2Bh	Set Date	1.0
2Ch	Get Time	1.0
2Dh	Set Time	1.0
2Eh	Set/Get Verify Flag	1.0
2Fh	Get Disk Transfer Address	2.0
30h	Get DOS-Version	2.0
31h	Keep Resident	2.0
32h	Get Disk Parameter Block	2.0
33h	Ctrl-C-Check	2.0
34h	Get DOS Critical Interval Flag	2.0

Nummer	Funktion	DOS-Version
35h	Get Interrupt Vector	2.0
36h	Get Free Disk Space	2.0
37h	Set Switch Character	
38h	Get / Set Country Data	3.0
39h	Create Directory	2.0
3Ah	Remove Directory	2.0
3Bh	Change Current Directory	2.0
3Ch	Create File/Device via Handle	2.0
3Dh	Open File/Device via Handle	2.0
3Eh	Close File/Device via Handle	2.0
3Fh	Read from File/Device via Handle	2.0
40h	Write to a File/Device via Handle	2.0
41h	Delete File/Directory	2.0
42h	Move File Pointer	2.0
43h	Get/Set File Attributes	2.0
44h	IO-Ctrl-Funktionen	
4400h	Get Device Attributes	2.0
4401h	Set Device Attributes	2.0
4402h	Read Ctrl-Character	2.0
4403h	Write Ctrl-Character	2.0
4406h	Get IOCtrl-Input State	2.0
4407h	Get IOCtrl-Output State	2.0
4408h	IOCtrl is Changeable Device	3.0
440Ah	IOCtrl is Redirected Handle	3.1
440Bh	Set IOCtrl Retry	3.0
440Ch	Code Page Functions	3.3
440Dh	Generic IOCtrl-Request	3.2
45h	Duplicate File Handle	2.0
46h	Force Duplicate File Handle	2.0
47h	Get Current Directory	2.0
48h	Allocate Memory	2.0
49h	Free Allocated Memory	2.0

Nummer	Funktion	DOS-Version
4Ah	Set Memory Block Size	2.0
4Bh	Load Overlay/Execute Program	2.0
4Ch	Terminate Program	2.0
4Dh	Get Program-Exitcode	2.0
4Eh	Find First Directory Entry	2.0
4Fh	Find Next Directory Entry	2.0
52h	Get DOS Data Area	2.0
54h	Get Verify State	2.0
56h	Rename File	2.0
57h	Get / Set File Date and Time	2.0
58h	Get / Set Allocation Strategy	2.0
59h	Get Extended Error Information	3.0
5Ah	Create Temporary File	3.0
5Bh	Create New File via Handle	3.0
5Ch	Lock / Unlock File Access	3.0
5Eh/5Fh	Network Printer Functions	3.1
62h	Get PSP-Adress	3.0
65h	Get Extended Country Information	3.3
66h	Get / Set Global Code Page	3.3
67h	Set Handle Count	3.3
68h	Commit File	3.3
69h	Get / Set Disk Serial Number	4.0
6Ch	Extended Open/Create File via Handle	4.0

A.4 Abkürzungen

Kürzel	Bedeutung
BCD	Binary Coded Decimal
BIOS	Basic Input/Output System
Bit	Binary Digit
BPB	BIOS Parameter Block
CON	Console
CGA	Color Graphics Adapter

Kürzel	Bedeutung
CPU	Central Processing Unit
CRC	Cyclical Redundancy Check
CRT	Cathod Ray Tube
CRTC	CRT-Controller
DAC	Digital Analog Converter
DCB	DOS-Control-Block
DLHB	Divisor Latch High Byte (Serielle Schnittstelle)
DLL	Dynamic Link Library
DLLB	Divisor Latch Low Byte (Serielle Schnittstelle)
DMA	Direct Memory Access
DOS	Disk Operating System
DPB	Disk-Parameter-Block
DPI	Dot Per Inch (Punkte / Zoll)
DPMI	DOS Protected Mode Interface
DTA	Disk Transfer Area
DTP	Desktop Publishing
DTR	Data Terminal Ready (Serielle Schnittstelle)
ECC	Error Correction Code
EGA	Enhanced Graphics Adapter
EMS	Expanded Memory Specification
EMM	Expanded Memory Manager
FAT	File Allocation Table
FCB	File Control Block
FPU	Floating Point Unit
GDT	Global Descriptor Table
HGC	Hercules Graphics Card
HMA	High Memory Area
IDT	Interrupt Descriptor Table
IER	Interrupt Enable Register (Serielle Schnittstelle)
IIR	Interrupt Identification Register (Serielle Schnittstelle)
LCR	Line Control Register (Serielle Schnittstelle)
LDT	Local Descriptor Table

Kürzel	Bedeutung
LSB	Least Significant Bit
LSR	Line Status Register (Serielle Schnittstelle)
MCB	Memory Control Block
MCGA	Multicolors Graphics Adapter
MCR	Modem Control Register (Serielle Schnittstelle)
MDA	Monochrom Display Adapter
MSB	Most Significant Bit
MSR	Modem Status Register (Serielle Schnittstelle)
NMI	Non-Maskable Interrupt
PM	Protected Mode
PRN	Printer
PSP	Program Segment Prefix
RAM	Random Access Memory
RBR	Receiver Buffer Register (Serielle Schnittstelle)
ROM	Read-Only Memory
RTC	Real Time Clock
SCB	Sub-Control-Block
TGV	Turbo Graphics Vision (Kapitel 14)
THR	Transmitter Holding Register (Serielle Schnittstelle)
TSR	Terminate but Stay Resident
UMA	Upper Memory Area
VGA	Video Graphics Array
XMS	E**x**tended **M**emory **S**pecification

B Dateien auf Diskette, Tabellen etc.

B.1 Dateien auf der Beilagediskette

Kapitel	Datei
1.2.3	UNIT DWORDS
	UNIT QWORDS
	DWORDS.ASM

Kapitel	Datei
1.3	UNIT CPU
1.3.4	CPU.ASM
1.3.5	UNIT CODES
2.2.3	UNIT FPU
	FPU.ASM
	FPUDEMO.PAS
	UNIT TIMER
3.2.2	IRQ_DEMO.PAS
4.2.5	UARTDEMO.PAS
5.2.1	UNIT KEYBOARD
	KBD_DEMO.PAS
8.1.2	UNIT HERCULES
8.2.6	UNIT VGA
8.3.3	UNIT PALETTES
	PALDEMO.PAS
9	UNIT DISC_REC
	UNIT DISC_OBJ
	DPBDEMO.PAS
10.1.1	FCBDEMO1.PAS
10.1.1	UNIT FCBS
10.3	UNIT HANDLES
11.1	UNIT SYSINFO
11.3	TSRDEMO1.PAS
	TSRDEMO2.PAS
11.4.3	UNIT _XMS_
12	UNIT _DPMI
	UNIT VMEM32
	UNIT HEAP
13.1.1	^C_DEMO.PAS
13.2.4	DEVICE.ASM
	MAKE_DEV.BAT
14	TGVDEMO.PAS

Kapitel	Datei
14.1	UNIT TVGRAPH
	UNIT TVBITMAPS
14.2.3	GRAPHICS.PAS
14.4	FONT8X8.FNT
	FONT8X12.FNT
	FONT8X14.FNT
	FONT8X16.FNT
	TGVDEMO.BMP
15	Emulator-Dateien:
	EXPANDED.PAS
	XFLOATS.PAS
	FLOAT86.ASM
	FLOAT386.ASM
	EXPANDED.ASM

B.2 Tabellen

C Literaturhinweise

- Burda, Arthur: VGA und SuperVGA-professionell programmiert, Vieweg Verlag, 1992
- Wallrabe, Arnulf: Die Turbo Vision zu Turbo Pascal 7.0, Vieweg Verlag, 1993
- Bartel, Andreas: Graphik und Animation mit Borland Pascal 7.0, Vieweg Verlag, 1993
- Fedtke, Stephen: AT-Betriebssysteme, Vieweg-Verlag, 1991
- Norton, Peter: Programmierhandbuch für IBM PC & PS/2, Vieweg Verlag, 1989
- Schäpers, Arne: DOS 5.0 für Programmierer, Addison-Wesley, 1991
- Uphoff, Matthias: Die Programmierung der EGA/VGA Grafikkarte, Addison-Wesley, 1990
- Althaus, Martin:Das PC Grafik Buch, Sybex Verlag, 1989/90/91
- Matthes, Wolgang: Intel's i486, Elektor Verlag, 1992
- Kopp, Herbert: Graphische Datenverarbeitung, Hanser Verlag, 1989
- Weißl, Karl: Vom Objectcode zum fertigen Programm (Band 1), Vogel Verlag, 1991
- Williams, Al: DOS and WINDOWS Protected Mode, Addison-Wesley, 1993

Sachwortverzeichnis

E

F

G

H

I

K

L

M

N

O

P

Q

R

S

T

U

V

W

X

Z